机械精度设计与检测技术

（第2版）

主　编　刘笃喜　王　玉
副主编　蔡安江　张云鹏
参　编　朱建生　宋绍忠　惠旭升

国防工业出版社

·北京·

内容简介

本书共分 10 章,主要讲述机械精度设计与检测的基本概念、检测技术基础、尺寸精度设计与检测、几何精度设计与检测、表面结构与检测、典型零部件精度设计及检测、齿轮传动及螺旋传动精度设计与检测、尺寸链、机械精度设计综合应用实例,以及现代几何量检测技术简介等。

本书既适于用作高等工科院校机械设计制造及其自动化、机械电子工程、精密仪器与机械、车辆工程、飞行器制造工程、材料成型与控制工程、工业工程等机械类、近机械类相关专业的教材或教学参考书,也可供从事机械设计、机械制造、机电一体化、质量检验、计量测试及标准化管理等工作的企业工程技术人员参考使用。

图书在版编目(CIP)数据

机械精度设计与检测技术/刘笃喜,王玉主编. ——
2 版. ——北京:国防工业出版社,2013.10 重印
ISBN 978-7-118-07792-6

Ⅰ. ①机… Ⅱ. ①刘… ②王… Ⅲ. ①机械 – 精度 –
设计②机械元件 – 测量 Ⅳ①TH122②TG801

中国版本图书馆 CIP 数据核字(2011)第 280606 号

※

国防工业出版社出版发行
(北京市海淀区紫竹院南路 23 号 邮政编码 100048)
北京奥鑫印刷厂印刷
新华书店经售

*

开本 787×1092 1/16 印张 20 字数 452 千字
2013 年 10 月第 2 版第 2 次印刷 印数 4001—8000 册 定价 38.00 元

(本书如有印装错误,我社负责调换)

国防书店:(010)88540777 发行邮购:(010)88540776
发行传真:(010)88540755 发行业务:(010)88540717

第 2 版前言

本书第 1 版自 2005 年 8 月出版以来,发行量已逾万册。近年来,机械精度设计与检测技术方面有了不少新的发展,特别是新一代产品几何技术规范(GPS)正在迅速发展和更新,标志着公差配合标准跨入了一个新的发展时代。为了反映当前的最新科技成果,博采同类教材之长,结合编者多年来在本课程教学和科研实践中的经验体会,并采纳本书众多读者的反馈意见和建议,进行此次修订。本次主要进行了以下几个方面的修订:

(1)对第 1 版的体系结构和章节进行了较大的修改和整合,对教材结构及内容做了精心组织和新编排,体现了机械精度设计及检测技术的科学性、先进性及工程实用性,更加突出了本书面向工程应用、工程实用性强的特色,以便更好地适应新时代的课程教学需要。

(2)适应新一代产品几何技术规范(GPS),及时反映并采用最新的机械精度设计检测技术、标准和规范,注意与现行技术标准和方法的衔接。

(3)取消了第 1 版第 10 章"机械精度检测",第 3～8 章均改为由精度设计和精度检测两大板块有机构成,使精度设计和精度检测的联系更加紧密,更有利于保证教学效果。

(4)增加了第 10 章"现代几何量检测技术简介",以反映目前先进新颖且面向工程实用的最新机械精度检测技术,加强了精度检测技术方面的知识内容。

(5)鉴于滚珠丝杠的应用日益广泛,正在替代梯形丝杠螺母,故在传动精度设计中,补充了滚珠丝杠精度设计的内容。

(6)为了控制总篇幅,删去了第 1 版第 11 章"现代制造中的精度设计、检测与质量保证",将有关内容压缩、合并到有关章节。

本书第 2 版由西北工业大学刘笃喜、王玉担任主编,西安建筑科技大学蔡安江、西北工业大学张云鹏担任副主编。本书编写分工如下:刘笃喜编写第 1、7、10 章,王玉编写第 4 章,蔡安江编写第 2、5 章,张云鹏编写第 3 章,西北工业大学朱建生编写第 9 章,西北工业大学宋绍忠编写第 6 章,西安建筑科技大学惠旭升编写第 8 章。全书由刘笃喜、王玉负责统稿。

在本书第 2 版编写过程中,得到了西北工业大学、西安建筑科技大学等单位有关部门领导、同事的热心支持、指导和帮助,参考了国内外大量有关教材、技术文献、网络资源和最新技术标准,在此谨一并表示诚挚的感谢。

机械精度设计技术及其标准规范以及机械精度检测技术仍在不断发展中,特别是新一代产品几何技术规范(GPS)尚处于陆续制定、颁布过程中,限于编者水平,时间仓促,本书在体系结构构建、内容取舍等诸多方面可能会存在疏漏和不当之处,恳请读者不吝批评指正。

编者

2012 年 1 月

第1版前言

"互换性与测量技术基础"是高等工科院校机械类、近机械类和仪器仪表类各专业机械基础课程体系中一门重要的技术基础课。为适应 21 世纪对高等工程学科技术人才的需求,根据机械基础课程体系改革精神,我们在总结多年来教学改革与实践经验的基础上,编写了本教材。

本书在编写过程中,参考了现已出版的同类教材,融入了编者多年的教学经验,具有如下特点:

(1)在教学内容上注重加强基础,力求反映国内外最新成就。书中全部采用最新的国家标准,对传统的"互换性与测量技术基础"内容进行了精选,并增加了新知识内容,如现代制造精度设计与精度保证基本知识,以体现教材的系统性和先进性。

(2)取材新颖,理论联系实际,结构紧凑,文字精炼,强调了机械精度设计这一主题,重点突出。

(3)内容安排遵循"由浅入深,循序渐进"的认知规律,系统、准确、逻辑性强。

(4)本书适用面广,既可作为本科生、专科生教材,也可供广大工程技术人员在从事机械设计、制造、标准化和计量测试工作时参考。

本教材可按 40~48 学时进行讲授,也可结合不同专业的具体情况进行调整,部分章节供学生自学。

本书由西北工业大学王玉副教授担任主编,西北工业大学刘笃喜副教授、西安建筑科技大学蔡安江副教授任副主编。参加本书编写的有:王玉(第 2~3 章),刘笃喜(第 1、6、11 章),蔡安江(第 4、9、10 章),西北工业大学朱建生副教授(第 5、8 章),西安建筑科技大学惠旭升讲师(第 7 章)。

本书承蒙西安交通大学崔东印教授主审,对本书的编写给予了精心的指导和审阅。在本书的编写过程中,西北工业大学史义凯教授、王俊彪教授、孙根正教授、高满囤教授、齐乐华教授、李辉副研究员提供了许多宝贵的意见,在此一并表示衷心的感谢。

由于编者水平有限,书中难免有错误和不当之处,敬请读者批评指正。

目　录

第1章 绪 论

1.1 互 换 性

1.1.1 互换性的含义

互换性是指某一产品、过程或服务替代另一产品、过程或服务并满足同样要求的能力。产品互换性是指某一产品(包括零件、部件、构件)与另一产品在尺寸、功能上能够彼此互相替换的性能。在机械制造中,零部件的互换性是指机器或仪器中,在不同工厂、不同车间,由不同工人生产的同一规格的一批合格零部件,在装配前,不需作任何挑选,任取其中一个,装配中,无需进行修配和调整,装配后,能满足预定的使用功能和性能要求。

机械零部件互换性表现在装配过程的三个阶段:装配前不需要经过任何挑选;装配中不需要修配或调整;装配或更换后能满足预定的功能和性能要求。

互换性概念的应用已经非常普遍。例如,日光灯管或节能灯坏了,可以换个新的安上;自行车上一个螺钉掉了,换上一个相同规格的新螺钉即可;机器、仪器、汽车、飞机上某个零件坏了或磨损了,可以迅速换上一个新的,并且在更换与装配后,能很好地满足使用要求。其所以如此是因为这些零部件都具有互换性。

近代互换性始于兵工生产,现已广泛应用于机械、电子、汽车、航空航天等几乎所有工业生产领域。

1.1.2 互换性的种类

1. 功能互换性与几何参数互换性

按照使用要求,互换性可分为功能互换性与几何参数互换性。几何参数(又称为几何量)一般分为长度参数和角度参数。长度参数具体包括尺寸、几何形状、几何要素的相互位置和表面粗糙度等。几何参数互换性是指机电产品在几何参数方面充分近似所达到的互换性,属于狭义互换性。产品功能性能不仅取决于几何参数互换性,还取决于其物理、化学和机械性能等参数的一致性。功能互换性是指产品在机械性能、物理性能和化学性能等方面的互换性,如强度、刚度、硬度、使用寿命、抗腐蚀性、导电性、热稳定性等,又称广义互换性。功能互换性往往着重于保证除尺寸配合要求以外的其他功能和性能要求。本课程仅研究几何参数的互换性。

通常把仅满足可装配性要求的互换称为装配互换性,而把满足各种使用功能要求的互换称为功能互换性。装配互换是为了保证产品精度,而功能互换则是为了保证产品质量。

2. 完全互换(绝对互换)与不完全互换

按照互换程度和范围,互换性可分为完全互换与不完全互换。

1) 完全互换(绝对互换)

完全互换是指同一规格的零部件在装配或更换时,既不需选择,也不需要任何辅助加工与修配,装配后就能满足预定的使用功能及性能要求。完全互换常用于专业化生产、厂外协作及批量生产。

2) 不完全互换(有限互换)

不完全互换允许零部件在装配前可以有附加选择,如预先分组挑选,或者在装配过程中进行调整和修配,装配后能满足预期的使用要求。不完全互换一般用于中小批量生产的高精度产品,通常为厂内生产的零部件或机构的装配。

当产品使用要求很高、装配精度要求较高时,采用完全互换会使零件制造公差减小,制造精度提高,加工困难,加工成本提高,甚至无法加工。通常采用不完全互换,通过分组装配法、调整法或修配法来解决这一矛盾。

分组装配法就是将零件的制造公差适当放大,使之便于加工,在零件完工后再经测量将零件按实际尺寸大小分组,使每组零件间实际尺寸的差别减小,再按相应组零件进行装配(即大孔与大轴相配,小孔与小轴相配)。这样既可保证装配精度和使用要求,又能降低加工难度和制造成本。此时仅组内零件可以互换,组与组之间不可互换,故属于不完全互换。

调整法是指在加工、装配及使用过程中,对某特定零件的位置进行适当调整,以达到装配精度要求。例如要使车床尾顶尖和主轴顶尖之间的连线与车床导轨平行,就要采用调整法。

3. 外互换与内互换

按照应用场合,互换性可分为外互换与内互换。外互换是指部件或机构与其相配件间的互换性,例如滚动轴承内圈内径与轴的配合、外圈外径与轴承座孔的配合。内互换是指部件或机构内部组成零件间的互换性,例如滚动轴承内、外圈滚道与滚动体之间的装配。

对标准化部件或机构,内互换是指组成标准化部件的零件之间的互换,外互换则是指标准化部件与其他零部件之间的互换。组成标准化部件的零件精度要求高,加工困难,为了制造方便和降低成本,内互换应当采用不完全互换。为了便于用户使用,标准化部件的外互换应当采用完全互换,它适用于生产厂商以外。

在工程实践中,究竟采用哪一种互换形式,需要综合考虑产品的精度要求、复杂程度、产量大小(生产规模)、生产设备及技术水平等一系列因素。

1.1.3　互换性的作用

所有的机电产品都是由若干通用与标准零部件和专用零部件组成的,其中,通用与标准零部件往往是由不同的专业化生产厂商制造及提供,而只有少数专用零部件由产品生产厂商生产制造。只有零部件具有互换性,才能将构成一台复杂机器的成千上万零部件进行高效率、分散的专业化生产,然后集中到总装厂或总装车间装配成为机器。例如,汽车上成千上万个零件分别由几百家工厂生产,汽车制造厂只负责生产若干主要零部件,并与其他工厂生产的零部件一起装配成汽车。为了顺利实现专业化的协作生产,各工厂生产的零部件都应该有适当、统一的技术要求。否则,就可能在装配时发生困难,或者不能满足产品的功能要求。

现代化生产活动是建立在先进技术装备、严密分工、广泛协作基础上的社会化大生产。产品的互换性生产,无论从深度或广度上都已进入新的发展阶段,远超出了机械制造

2

的范畴,并扩大到国民经济各个行业和领域。

互换性已经成为提高制造水平、促进技术进步的强有力手段之一,在产品设计、制造、使用和维修等方面发挥着极其重要的作用。

1)在设计方面

零部件具有互换性,就可以最大限度地采用标准零部件和结构,使得许多零部件不必重复设计计算,大大减轻了设计、计算和绘图等工作量,缩短了产品开发设计周期,有利于推行计算机辅助设计(CAD)。这对开发系列产品,促进产品结构、性能的不断改进都具有重要意义。

2)在制造装配方面

互换性有利于组织专业化协作生产。同一台机器的各个零部件可以分散在多个工厂同时加工,有利于采用先进工艺和高效率的加工设备,有利于实现加工过程和装配过程的机械化、自动化,有利于推广计算机辅助制造(CAM)、柔性制造系统(FMS)和计算机集成制造系统(CIMS)等现代制造技术,从而提高劳动生产率,保证和提高产品质量,降低生产成本,缩短生产周期。零部件具有互换性,可顺利进行装配作业,易于实现流水线或自动化装配,从而缩短装配周期,提高装配效率和作业质量。

3)在使用、维护及维修方面

机电产品上的零部件具有互换性,一旦某个零部件磨损或损坏,就可方便及时地用相同规格型号的备用件替换,从而减少机器的维修时间和费用,增加机器的平均无故障工作时间,保证机器连续持久地正常运转,延长机器的使用寿命,提高其使用价值。没有互换性,维修行业就无法立足。在电厂、航天、核工业、国防军工等特殊应用场合,互换性的作用难以用经济价值衡量,必须采用具有互换性的零部件,以确保机器设备持续正常运转。

4)从生产组织管理方面

无论是技术和物资供应、计划管理,还是生产组织和协作,零部件具有互换性,更便于实行科学化管理。

总之,互换性原则已经是现代工业生产中普遍遵循的基本原则,给产品的设计、制造、使用、维护以及组织管理等各个领域带来巨大的经济效益和社会效益,而生产水平的提高、技术的进步又促进互换性不断发展。

1.1.4 实现互换性的技术措施

要保证某产品的互换性,就要使该产品的几何参数及其物理、化学性能参数一致或在一定范围内相似,因而互换性的基本要求是同时满足装配互换和功能互换。具有互换性的零件,其几何参数是否必须制成绝对准确呢?这种理想情况在现实世界中既不可能实现,也无必要。因为产品及其零部件都是制造出来的,任何制造系统都不可避免地存在误差,因而任何零部件都存在加工误差,无法保证同一规格零部件的几何参数和功能参数完全相同。另一方面,工程实践中,只要使同一规格零部件的有关参数(主要是几何参数)变动控制在一定范围内,就能达到实现互换性并取得最佳经济效益的目的。给有关参数规定合理的公差,是实现互换性的基本技术措施。

制造出来的零部件和产品是否满足设计要求,还要依靠准确有效的检测技术手段来验证,检测测量技术同样也是实现互换性的基本技术保证。

1.2　标准化与优先数系

1.2.1　标准化

1. 标准化的基本概念

GB/T 20000.1—2002 对标准化的定义为：为了在一定范围内获得最佳社会秩序，对现实问题或潜在问题制定共同使用和重复使用的规则的活动。标准化是指在经济、技术、科学及管理等社会实践中，对重复性事物和概念通过制订、发布和实施标准达到统一，以获得最佳秩序和社会效益的全部活动过程。标准化是一个不断循环往复而又不断提高其水平的动态过程，这个过程是从探索标准化对象开始，经调查、实验、分析，进而制订、贯彻和修订标准。标准化的主要形式有简化、统一化、系列化、通用化、组合化。

标准化是一个系统工程，其任务是设计、组织和建立标准体系，以促进人类物质文明及生活水平的提高。标准化也是一门与许多学科交叉渗透的重要综合性学科，是技术与管理交叉融合的学科，是介于自然科学与社会科学之间的边缘学科。

2. 标准化的地位和作用

标准化是广泛实现互换性生产的前提。现代工业生产的特点是规模大、分工细、协作单位多、互换性要求高。为了适应生产中各个部门之间的协调和各生产环节的衔接，必须有一种手段，使分散的、局部的生产部门和生产环节保持必要的技术统一，成为一个有机的整体，以实现互换性生产。为了全面保证互换性，不仅要合理确定零部件的制造公差，采取有效的检测技术手段，而且还要对影响制造精度及质量的各个生产环节、阶段和方面实施标准化。

世界各国的经济发展历程表明，标准化是实现专业化协作生产的必要前提和基础，是组织现代化大生产、提高生产效率和效益的重要手段，是科学管理的重要组成部分。标准化是联系科研、设计、生产和使用等方面的纽带，是使整个社会经济合理化的技术基础，也是发展贸易、提高产品在国际市场上竞争能力的技术保证。

标准化是反映社会现代化水平的一个重要标志，现代化的程度越高，对标准化的要求也越高。搞好标准化，对于加速发展国民经济、提高产品和工程建设质量、提高劳动生产率、搞好环境保护和安全卫生以及改善人民生活等都有着重要作用。积极运用标准化成果，创造和发展标准化，已经成为现代工业发展的必然趋势。

由于科学技术的迅猛发展和全球经济一体化进程的加快，标准化已经从传统的工农业产品向高新技术、信息技术、环境保护和管理、产品安全和卫生、服务等领域发展。标准化不仅渗透到现代科技发展的前沿，促进高新技术转化为新的产业，形成新的生产力；而且突破了传统的标准化领域，从产品标准和方法标准发展到了管理标准，直接为提高企业经济效益和促进国际贸易服务，为人类社会的可持续发展服务。

1.2.2　标准

1. 标准的含义

标准化的主要体现形式是标准。标准是指对需要协调统一的重复性事物（如产品、零部件)和概念(如术语、规则、方法、代号、量值)所做的统一规定。标准以科学技术和实践经验的综合成果为基础,经有关方面协商一致,由主管机构批准,以特定形式发布,作为共同遵守的准则和依据。

标准是人类科学知识的积淀、技术活动的结晶和多年实践经验的总结,代表着先进的生产力,对生产具有普遍的指导意义,能够促进技术交流与合作,有利于产品的市场化。因此,在生产活动中,应积极采用最新标准。

2. 标准的种类

按照标准化对象的特性,标准通常分为技术标准、管理标准和工作标准三大类。

1)技术标准

技术标准是指根据生产技术活动的经验和总结,作为技术上共同遵守的法规而制订的各项标准。技术标准又分为基础标准、产品标准、方法标准、工艺标准、检测试验标准,以及安全、卫生、环境保护标准等。

基础标准是指在一定范围内作为其他标准的基础并普遍使用、具有广泛指导意义的标准。在每个领域中,基础标准是覆盖面最大的标准,它是该领域中所有标准的共同基础。基础标准以标准化共性要求和前提条件为对象,它是为了保证产品的结构、功能和制造质量而制订的、一般工程技术人员必须采用的通用性标准,也是制订其他标准时可依据的标准。基础标准是产品设计和制造中必须采用的工程语言和技术数据,也是机械精度设计和检测的依据。本课程所涉及的大多数标准都属于基础标准。

2)管理标准

管理标准是指对标准化领域中需要协调统一的管理事项所制订的标准。

3)工作标准

工作标准是指对工作的责任、权利、范围、质量要求、程序、效果、检查方法、考核办法等所制订的标准,一般包括部门工作标准和岗位(个人)工作标准。

标准的分类一览表如下:

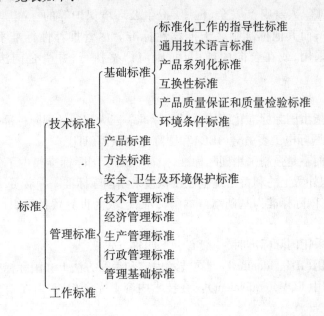

3. 标准的级别

按照级别和作用范围,我国标准分为国家标准、行业标准、地方标准和企业标准四级。低一级标准不得与高一级标准相抵触。为了适应高新技术标准化发展变化快的特点,对于技术尚在发展中、需要有相应的标准文件引导其发展,或具有标准化价值但目前尚不能制订标准的项目,以及采用ISO、IEC及其他国际组织的技术报告的项目,可制订国家标准化指导性技术文件(GB/Z),作为对四级标准的补充。

1) 国家标准

国家标准是指由国家标准化主管机构批准、发布,在全国范围内统一的标准。我国的国家标准分为国标(GB)和国军标(GJB)。

2) 行业标准和专业标准

对没有国家标准而又需要在全国某个行业范围内统一的技术要求,可制订行业标准。专业标准是指由专业标准化主管机构或专业标准化组织批准、发布,在某专业范围统一的标准。部标准是指由各主管部、委(局)批准、发布,在该部门范围内统一的标准,部标准已逐步向专业标准过渡,如机械行业标准(JB)、航空工业标准(HB)等。

3) 地方标准

对没有国家标准和行业标准而需要在省、自治区、直辖市范围内统一的技术要求,可以制订地方标准(DB)。

4) 企业标准

企业标准(QB)是指由企(事)业或其上级有关机构批准发布的标准。企业生产的产品,对没有国家标准、行业标准和地方标准的,应当制订相应的企业标准;对已有国家标准、行业标准或地方标准的,鼓励企业制订严于前三级标准要求的企业标准。

4. 强制性标准和推荐性标准

按照法律属性,标准又分为强制性标准和推荐性标准两大类。强制性国家标准的代号为GB,推荐性国家标准的代号为GB/T。本课程涉及的标准大多为推荐性标准。

涉及人体健康、人身财产安全、健康、卫生及环境保护等的标准属于强制性标准,具有法律约束力,而其他标准则属于推荐性标准。尽管推荐性标准不具有法律约束力,但是一经被采用,或在合同中被引用,则应严格执行,并受合同法或有关经济法的约束。

5. 国际标准

国际标准是指由国际标准化团体通过的标准。三大权威的国际标准化机构为国际标准化组织(ISO)、国际电工委员会(IEC)和国际电信联盟(ITU)。

各国可自愿而不是强制采用国际标准,但往往由于国际标准集中了先进工业国家的技术经验,从本国外贸上的利益出发也往往积极采用国际标准。随着贸易的国际化,标准也日趋国际化,以国际标准为基础制订本国标准,已成为世界贸易组织(WTO)对各成员国的要求。

国家标准在采用国际标准时,一般有以下四种方式:

(1) 等同采用(IDT, identical)。在技术内容和编写方法上和国际标准完全相同。

(2) 等效采用(EQV, equivalent)。在技术内容上完全相同,但在编写方法上和国际标准不完全相同。

（3）不等效采用（NEQ，non-equivalent）。在技术内容上和国际标准不相同。

（4）修改采用（MOD）。

ISO 9000 质量管理体系标准、ISO 14000 环境管理体系标准和 ISO 22000 食品安全管理体系国际标准是当前 3 个应用最广泛的管理体系国际标准。

1.2.3　优先数系与优先数

1. 优先数系

工程上各种技术参数的协调、简化和统一，是标准化的重要内容。工程设计中，各种性能指标参数都要用数值来表示。当选定一个数值作为某种产品的参数指标后，该数值就会按照一定规律向一切相关的制品、材料等的有关参数指标传播扩散。例如动力机械的功率和转速值确定后，不仅会传播到有关机器的相应参数上，而且必然会传播到其本身的轴、轴承、键、齿轮、联轴器等一整套零部件的尺寸和材料特性参数上，进而传播到加工和检验这些零部件的刀具、量具、夹具及机床等的相应参数上。技术参数的数值传播在生产实际中极为普遍，并且跨越行业和部门的界限。工程技术上的参数数值，即使差别很小，经过反复传播以后，也会造成尺寸规格的繁多杂乱，以致给生产组织、协作配套、使用维修及贸易等带来很大困难。因此，必须从全局出发，对各种技术参数加以协调。

优先数系方法就是对各种技术参数的数值进行协调、简化和统一的一种科学的数值取值制度。优先数是在工程设计及参数分级时应当优先采用的等比级数数值。

2. 优先数系的系列和代号

工程技术上通常采用的优先数系是一种十进几何级数，是由 5 种公比且每项含有 10 的整数次幂的等比级数导出的一组近似等比数列，其中每一项数值称为优先数。

优先数系常用的 5 种公比见表 1-1。其中，R5、R10、R20、R40 为基本数列，R80 为补充系列。实际使用时应按照 R5、R10、R20、R40 的顺序优先选用。

表 1-1　优先数系的公比

优先数系	公比
R5	$q_5 = \sqrt[5]{10} \approx 1.60$
R10	$q_{10} = \sqrt[10]{10} \approx 1.25$
R20	$q_{20} = \sqrt[20]{10} \approx 1.12$
R40	$q_{40} = \sqrt[40]{10} \approx 1.06$
R80	$q_{80} = \sqrt[80]{10} \approx 1.03$

优先数的主要优点有：①相邻两项的相对差均匀，疏密适中，而且运算方便，简单易记；②在同一系列中优先数（理论值）的积、商、整数（正或负）幂等仍为优先数；③优先数可以向数值增大和减少两端延伸。

因此，优先数系在产品设计、工艺设计、标准制订等领域广泛应用，并成为国际上统一的标准数值制度。优先数系在公差标准中广泛使用，例如极限与配合国家标准中，公差值就是按 R5 系列确定的。

实践证明，合理选择优先数往往在一定数值范围内能以较少的品种规格满足用户的需要。

GB/T 321—2005《优先数和优先数系》中范围 1~10 的优先数系列如表 1-2 所列，所有大于 10 的优先数均可按表列数乘以 10，100……求得；所有小于 1 的优先数，均可按表列数乘以 0.1，0.01……求得。

表 1-2　优先数系的基本系列(常用值)

R5	1.00	1.60	2.50	4.00	6.30	10.00				
R10	1.00	1.25	1.60	2.00	2.50	3.15	4.00	5.00	6.30	8.00	10.00
R20	1.00	1.12	1.25	1.40	1.60	1.80	2.00	2.24	2.50	2.80	3.15
	3.55	4.00	4.50	5.00	5.60	6.30	7.10	8.00	9.00	10.00	
R40	1.00	1.06	1.12	1.18	1.25	1.32	1.40	1.50	1.60	1.70	1.80
	1.90	2.00	2.12	2.24	2.36	2.50	2.65	2.80	3.00	3.15	3.35
	3.55	3.75	4.00	4.25	4.50	4.75	5.00	5.30	5.60	6.00	6.30
	6.70	7.10	7.50	8.00	8.50	9.00	9.50	10.00			

有时在工程上还采用派生系列,即在基本或补充系列 Rr 中,每逢 p 项选取一个优先数,组成新的系列,以符号 Rr/p 表示。例如,经常使用的派生系列 R10/3 系列即是 1.00, 2.00,4.00,8.00,16.0,31.5……

在机电产品设计中,应当从一开始设计就纳入标准化轨道,优先采用优先数系,针对主要尺寸和参数必须采用优先数。例如,机械产品的主要参数通常按 R5、R10 系列取值,专用工具的主要尺寸按 R10 系列取值,通用零件、工具及通用型材的尺寸按 R20 系列取值。

1.3　几何量检测技术及其发展

1.3.1　几何量检测及其重要作用

要把设计精度转换成为现实,除了选择合适的加工方法和加工设备,还必须进行测量和检测。机械零部件的加工结果是否满足设计精度要求,只有通过检测才能知道。检测是检验和测量的总称。

几何量检测和测量隶属于长度计量,计量学是指保证量值统一和准确性的测量学科。计量比测量的范畴更广,它包含计量单位的建立,基准与标准的建立、传递、保存、使用,测量方法与测量器具,测量精度,观测者进行测量的能力及计量法制、管理等。

在机电产品检测中,几何量检测占的比重最大。几何量检测是指在机电产品整机及零部件制造中对几何量参数所进行的测量和验收过程。实践证明,有了先进的公差标准,对机械产品零部件的几何量分别规定了合理的公差,还要有相应的技术测量措施,才能保证零件的使用功能、性能和互换性。

检测技术是保证机械精度、实施质量管理的重要手段,是贯彻几何量公差标准的技术保证。几何量检测有两个目的,既可用于对加工后的零件进行合格性判断,评定是否符合设计技术要求。通过检测还可获得产品制造质量状况,进行加工过程工艺分析,分析产生不合格品的原因,以便采取相应的调整和改进措施,实现主动质量控制,以减少和消除不合格品。

提高检测精度(检测准确度)和检测效率是检测技术的重要任务。而检测精度的高低取决于所采用的检测方法。工程应用中,应当按照零部件的设计精度和制造精度要求,选择合理的检测方法。检测精度并不是越高越好,盲目追求高的检测精度将加大检测成本,造成浪费,但是降低检测精度则会影响检测结果的可信性,使检测起不到质量把关作用。

检测方法的选择,特别重要的是分析测量误差及其对检测结果的影响。因为测量误差将可能导致误判,或将合格品误判为不合格品(误废),或将不合格品误判为合格品(误收)。误废将增加生产成本,误收则影响产品的功能要求。检测准确度的高低直接影响到误判的概率,且与检测成本密切相关,而验收条件与验收极限将影响误收和误废在误判概率中所占的比重。因此,检测准确度的选择和验收条件的确定,对于保证产品质量和降低制造成本十分重要。

1.3.2 几何量检测技术的发展

检测技术的水平在一定程度上反映了机械制造的精度和水平。机械加工精度水平的提高与检测技术水平的提高是相互依存、相互促进的。根据国际计量大会统计,零件的机械加工精度大约每 10 年提高一个数量级,这都与测量技术的发展密切相关。例如,1940年由于有了机械式比较仪,使加工精度从过去的 $3\mu m$ 提高到 $1.5\mu m$;1950 年,有了光学比较仪,使加工精度提高到 $0.2\mu m$;1960 年,有了电感、电容式测微仪和圆度仪,使加工精度提高到 $0.1\mu m$;1969 年,激光干涉仪的出现,使加工精度提高到 $0.01\mu m$;1982 年发明的扫描隧道显微镜(STM)、1986 年发明的原子力显微镜(AFM),使加工精度达到纳米级,已经接近加工精度的极限。

测量仪器的发展已经进入自动化、数字化、智能化时代。测量的自动化程度已从人工读数测量发展到自动定位、瞄准和测量,计算机处理评定测量数据,自动输出测量结果。测量空间已由一维、二维空间发展到三维空间。进入 21 世纪以来,测量精度正在从万分之一毫米、十万分之一毫米稳步迈入百万分之一毫米,即纳米级精度。

总之,互换性是现代化生产的重要生产原则与有效技术措施,标准化是广泛实现互换性生产的前提;检测技术和计量测试是实现互换性的必要条件和手段,是工业生产中进行质量管理、贯彻质量标准必不可少的技术保证。因此,互换性和标准化、检测技术三者形成了一个有机整体,质量管理体系则是提高产品质量的可靠保证和坚实基础。

1.4 机械精度设计概述

1.4.1 机械精度的基本概念

1. 机械精度与机电产品质量之间的关系

质量是企业的生命。现代机电产品的质量特性指标包括功能、性能、工作精度、耐用性、可靠性、效率等。机械精度是衡量机电产品性能最重要的指标之一,也是评价机电产品质量的主要技术参数。

机械制造质量包含几何参数方面的质量和物理、机械等参数方面的质量。物理、机械等参数方面的质量是指机械加工表面因塑性变形引起的冷作硬化、因切削热引起的金相组织变化和残余应力等。机械加工表面质量(表面结构)是指表面层物理机械性能参数及表面层微观几何形状误差。

几何参数方面的质量即几何量精度,通常包括构成机械零件几何形体的尺寸精度、几何形状精度、方向精度、相互位置精度和表面粗糙度。几何量精度是指零件经过加工后几何参数的实际值与设计要求的理论值相符合的程度,而它们之间的偏离程度则称为加工误差。加工精度在数值上通常用加工误差的大小来反映和衡量。零件的几何形体一定时,误差越小则精度越高,误差越大则精度越低。

机械零部件之间的相互位置精度一般包括以下几个方面:①零部件之间的距离要求,如车床主轴的中心高、齿轮传动副的中心距等;②零部件之间的框架相互位置要求,如车床卡盘轴线与导轨的平行度、立式铣床主轴轴线与工作台面的垂直度等;③零部件的结合(连接)要求,如孔轴配合、滚动轴承与轴颈和壳体孔的配合等。

几何量精度是影响机电产品质量的决定性因素,工程实践表明,结构相同、材料相同的机器设备或仪器,精度不同会引起质量的差异。因此,机械设计时,不但要进行总体设计、运动设计、结构设计、强度及刚度计算,而且还要在合理设计机构、正确选择材料的同时,进行机械精度设计。

产品质量是通过制造过程实现的,制造质量控制是机电产品质量保证的重要环节,其主要任务是将机电产品零部件的加工误差控制在允许的范围内,而允许范围的确定则是机械精度设计的任务。

机电产品设计中,除了必须实现特定的运动、动力功能和规定的工作寿命以外,更重要的是,应使产品具有一定的静态几何量精度以及在运转过程中的动态几何量精度。没有足够的几何量精度,机器就无法实现预定的功能和性能,机械产品也就丧失了使用价值。零件精度高就意味着寿命长,可靠性好。机械产品往往由于其精度的丧失而报废,机械产品的周期性检修,实质上就是对其精度的检定和修复。

2. 加工误差和公差

任何机械制造系统都存在制造误差,例如,切削加工系统的主要误差源包括机床、刀具、夹具、工艺、环境和人员等因素。因此,零件在加工过程中不可能做得绝对准确,必然产生加工误差。零件的几何参数总是不可避免地会存在误差,此即几何量加工误差。

几何量加工误差可分为尺寸(线性尺寸和角度)误差、几何形状误差(包括宏观几何形状误差、微观几何形状误差和表面波纹度)、方向误差、相互位置误差等。

尽管零部件上的几何量误差会影响零部件的使用功能性能和互换性,但是只要将这些误差控制在一定的范围内,即将零件几何量参数实际值的变动控制在一定范围内,保证同一规格的零件彼此充分近似,则零部件的使用功能性能和互换性都能得到保证。因此,零件应当按照规定的极限(即公差)来制造。公差是事先规定的工件尺寸、几何形状和相互位置允许变动的范围,用于限制加工误差。公差是实际参数值的最大允许变动量,是允许的最大误差。

加工误差是在零件加工过程中产生的,而公差则是由设计者给定的。设计者的任务就是正确合理地规定公差。

1.4.2　机械精度设计及其任务

机械设计过程可分为系统设计、参数设计(结构设计)和精度设计三个阶段。机械精度设计是从精度观点研究机械零部件及结构的几何参数。

任何机电产品都是为了满足人们生活、生产或科研的某种特定的需求,表现为机械产品可实现的某种功能性能。机电产品功能性能要求的实现,在相当程度上依赖于组成该产品的各个零部件的几何量精度。因此,机电产品几何量精度设计是实现产品功能和性能要求的基础。

机械精度设计的主要任务是根据给定的机器总体精度要求确定机械各零件几何要素的公差。任何加工方法都不可能没有误差,而零件几何要素的误差都会影响其功能要求的实现,公差的大小又与制造经济性和产品的使用寿命密切相关。因此,精度设计是机械设计的重要组成部分。

精度设计又称公差设计,就是根据机械的功能和性能要求,正确合理地设计机械零件的尺寸精度、形状精度、方向精度、位置精度以及表面精度,并将其正确地标注在零件图和装配图上。

精度设计是通过适当选择零部件的加工精度和装配精度,在保证产品精度要求的前提下,使其制造成本最小。机电产品的性能(精度、振动、噪声等)与其组成零部件的几何量精度有着密切关系,一般可通过控制零部件的几何量精度来改善产品性能。产品及其零部件的精度水平与制造成本有关,精度要求越高,其制造成本越高,在精度较低的区间提高精度,其制造成本增加的幅度不大,而在精度较高的区间提高精度,其制造成本会成倍地增加,因而机械产品都存在一种较为经济的精度区间。在确定了产品精度后,还需要在各种零部件之间和各道制造工序之间进行精度分配。因此,机电产品精度设计就是确定产品的精度以及在零部件之间和加工工序间进行精度分配。

机械精度设计要解决以下三大矛盾:①零件精度与制造之间的矛盾(设计要求、制造成本);②零件(部件)之间的矛盾(装配、配合);③检测精度与检测方法之间的矛盾。

机械精度设计一般分为以下步骤:

(1) 产品精度需求分析;

(2) 总体精度设计;

(3) 机械结构精度设计计算,包括部件精度设计计算和零件精度设计计算。

机械精度设计一般有三种方法:类比法(经验法),试验法,计算分析法。类比法的基础是参考资料的收集、整理和分析。计算法只适用于某些特定场合,而且还要对由计算法得到的公差进行必要调整。试验法主要用于新产品关键和特别重要零部件的精度设计。当前,机械精度设计仍处于经验设计的阶段,主要采用类比法,由设计者根据实际工作经验确定。随着 CAD 的深入应用,计算机辅助精度(公差)设计的研究应用日益受到国内外的高度重视。

传统机械精度设计主要是进行静态精度设计,但是机器的工作性能优劣只有在机器运转过程中才能体现出来,故还必须进行动态精度设计。动态精度设计理论和方法目前尚不成熟。

现代机电产品正在朝光机电一体化方向发展,机械精度问题已不再是单纯的几何量精度问题,还涉及机械量、物理量(如光学量、电量等)等多域耦合和多量纲精度问题,它比传统的几何量精度设计更为复杂。

1.4.3　机械精度设计原则

机械精度设计的基本原则是经济地满足功能需求,应当在满足产品使用要求的前提下,给产品规定适当的精度(合理的公差)。互换性及标准化只是机械精度设计的一部分任务。

不同的机电产品用途不同,机械精度设计的要求和方法也不同,但都应遵循以下原则。

1. 互换性原则

互换性原则是现代化生产中一项普遍遵守的重要技术经济原则,在各个行业被普遍而广泛地采用。在机械制造中,大量使用具有互换性的零部件,遵循互换性原则,不仅能有效保证产品质量,而且能提高劳动生产率,降低制造成本。

互换性原则不仅适用于大批量生产,同样适应中小批量、多品种生产以及大批量定制生产,大批量定制生产对产品零部件以及制造系统的互换性和标准化水平要求更高。

互换性是针对重复生产零部件的要求。只有重复生产、分散制造、集中装配的零件才要求互换。只要按照统一的设计进行重复生产,就可以获得具有互换性的零部件。

2. 标准化原则

机械精度设计时离不开有关公差配合标准,而且要大量采用标准化、通用化的零部件、元器件和构件,以提高产品互换性程度。

3. 精度匹配原则

在机械总体精度设计分析的基础上进行结构精度设计,需要解决总体精度要求的恰当和合理分配问题。精度匹配就是根据各个组成环节的不同功能和性能要求,分别规定不同的精度要求,分配恰当的精度,并且保证相互衔接和适应。

4. 优化原则

优化原则就是通过确定各组成零、部件精度之间的最佳协调,达到特定条件下机电产品的整体精度优化。优化原则已经在产品结构设计、制造等各方面广泛应用,最优化设计已经成为机电产品和系统设计的基本要求。

在几何量精度设计中,优化原则主要体现在以下几个方面:

(1)公差优化。精度设计和互换性是两个完全不同的概念,对于精度要求是合理,而实现互换的方法是统一。无论是否要求互换,零件的精度设计都必须合理,即经济地满足功能要求。

(2)优先选用。优先选用是指在精度设计中,对于相同的系列、相同的等级和档次,在选用时应当按照排列的顺序,区分前后进行优先选择。例如,基准制、孔轴公差带、表面粗糙度等标准中都对优先选用做了明确规定。

(3)数值优化。数值优化是指在设计中所使用的数值,应当采用能够满足工程中数值运算规律的优先数。

5. 经济性原则

在满足功能和使用要求的前提下,精度设计还必须充分考虑到经济性的要求。经济性原则的主要考虑因素包括加工及装配工艺性、精度要求的合理性、原材料选择的合理性、是否设计合理的调整环节以及提高工作寿命等。

高精度(小公差)固然可以实现高功能的要求,但必须要求高投入,即提高制造成本。虽然公差减小(精度提高)一定会导致相对制造成本的增加,但是当公差较小时,相对生产成本随公差减小而增加的速度远远高于公差较大时的速度。因此,在对具有重要功能要求的几何要素进行精度设计时,特别要注意生产经济性,应该在满足功能要求的前提下,选用尽可能低的精度(较大的公差),从而提高产品的性能价格比。

当然,精度要求与制造成本的关系是相对的。随着科学技术的发展以及更为先进的制造技术和方法的应用,可在不断降低制造成本的条件下提高产品的精度。因而满足经济性要求的精度设计主要是一个实践问题。

随着工作时间的增加,运动零件的磨损,将使机械精度逐渐下降直至报废。零件的几何量精度越低,其工作寿命也相对越短。因此,在评价精度设计的经济性时,必须考虑产品的无故障工作时间,以减少停机时间和维修费用,提高产品的综合经济效益。

综上所述,互换性原则体现精度设计的目的,标准化原则是精度设计的基础,精度匹配原则和优化原则是精度设计的手段,经济性原则是精度设计的目标。

1.5 产品几何技术规范

1.5.1 新一代产品几何技术规范

1. 新一代产品几何技术规范的概念

随着 CAD/CAM/CAQ 的应用和发展,新工艺、新技术、新材料的应用,新的测量原理、技术、仪器以及先进制造技术的应用,产品几何技术规范已经由以几何学为基础的第一代产品几何技术规范发展到以数字计量学为基础的第二代产品几何技术规范(即新一代产品几何技术规范)。1996 年成立的"产品尺寸及几何技术规范与检验"标准化技术委员会(ISO/TC 213)是国际上负责产品几何技术规范的标准化机构。

产品几何技术规范(Geometrical Product Specification and Verification, GPS)是一切几何产品(即有尺寸大小和形状的所有产品)的几何量技术规范,是针对所有几何产品建立的一个技术标准体系。它覆盖从宏观到微观的产品几何特征,贯穿从产品开发、设计、制造、检验验收、使用以及维修、报废等产品生命周期全过程。

新一代 GPS 基于计量数学原理,以数学作为基础语言结构,给出产品功能、技术规范、制造与计量之间的量值传递的数学方法。它采用物理学中的物像对应原理(对偶性原理),把标准与计量用不确定度的传递关系联系起来,利用广义的不确定度的量化统计特性和经济杠杆作用,将产品的功能、规范与测量认证集成于一体,统筹优化过程资源的配置。

新一代 GPS 是对传统公差理论和几何量精度控制思想的一次大的变革。新一代 GPS 将着重于提供一个适宜于 CAD/CAM/CAQ 集成环境的、更加清晰明确、系统规范的几何公差定义和数字化设计、计量规范体系来满足几何产品的功能要求,它将成为信息时代集产品功能、规范和测量认证为一体的新型国际标准体系。据 ISO/TC 213 估计,新一代 GPS 可以减少 10% 设计中几何规范的修订成本,节约 20% 制造过程中材料的浪费,节约 20% 检测过程中仪器、测量与评估的成本,缩短 30% 产品开发的周期。

GPS 系列标准是国际标准中影响最广的重要基础标准之一,是所有机电产品标准与计量规范的基础。GPS 不仅是设计人员、产品开发人员以及计量测试人员为了达到产品的功能要求而进行信息交流的基础,更重要的是为几何产品在国际市场竞争中提供了唯一可靠的交流与评判工具。

2. 新一代 GPS 的基本模型

GPS 包括的产品设计、制造与检验的几何规范模型如图 1-1 所示。

图 1-1 产品设计、制造与检验的几何规范模型

(1) 几何规范。进行产品(工件)几何特征(要素)的公差设计,以满足产品的功能要求,同时定义与产品工艺相对应的质量保证标准。

(2) 几何规范过程。设计者首先定义一个能够在形状和尺寸上满足产品功能的具有理想形状的"工件",即公称几何模型。然后根据公称几何量来建立模拟实际工件的表面模型,该表面模型代表了工件的理想几何量,称为规范表面模型。利用该规范表面模型,可以优化工件几何要素的最大允许极限值,并定义工件每个几何特征(要素)的公差。

(3) 制造过程。制造者解释和实施几何规范,完成产品的加工和装配过程。几何规范中定义的几何误差(可允许误差)用于产品制造过程控制。

(4) 验证(认证)过程。检验者利用测量设备测量工件实际表面,确定产品(工件)的实际表面与几何规范定义的可允许误差的一致性。

通过 GPS 规范,能够将"功能描述——规范设计——检验认证"三个阶段统一起来,实现了其从功能要求、规范设计到计量认证的有机统一。

新一代 GPS 采用不确定度概念作为经济杠杆,以控制不同层次和不同精度功能要求产品的规范,并且合理、高效地分配制造和检验资源。不确定度的概念模型如图 1-2 所示。

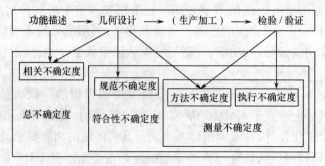

图 1-2 不确定度的概念模型

图 1 – 2 反映了各种不确定度形式与 GPS 规范模型的关系。广义的不确定度(Uncertainty)不仅是指测量(Measurement/verification)不确定度,还包括规范(Specification)不确定度、相关(Correlation)不确定度、方法(Method)不确定度、符合性(Compliance)不确定度、总体(Total)不确定度和执行(Implementation)不确定度等多种形式。

3. 新一代产品几何技术规范(GPS)的总体规划及构成

新一代 GPS 标准体系分为以下四类标准:

1) GPS 基础标准(Fundamental GPS Standards)

它是确定 GPS 的基本原则和体现体系框架及结构的标准,是协调和规划 GPS 体系中各标准的依据;是整个 GPS 标准体系构建和总体规划的依据,是制订其他三类标准的基础。在 GPS 体系中,GPS 基础标准的影响作用覆盖其他三类标准。

2) GPS 综合标准(Global GPS Standards)

它主要是规范产品几何量公差的共性问题,描述了新一代 GPS 标准的数学基础和全新模式。它给出综合概念和规则,涉及或影响所有几何特征标准链的全部链环或部分链环的标准,在 GPS 标准体系中起着统一各 GPS 通用标准链和 GPS 补充标准链技术规范的作用。它是 GPS 标准体系中高层次的标准,主要规定各个标准共同遵守和使用的通用原则、基本概念和术语定义等,如测量的基准温度、通用计量学名词术语与定义、测量不确定度的评估、GPS 基本概念——几何规范和认证模式等。它是制订 GPS 通用标准和 GPS 补充标准的基础和协调依据,具有广泛的通用性。

3) GPS 通用标准(General GPS Standards)矩阵

它是 GPS 标准体系的主体部分,为各种类型的几何特征建立了从图样标注、公差定义和检验要求到检验设备的计量校准等方面的规范。由一系列 GPS 通用标准即可排列组成 GPS 通用标准矩阵。

4) GPS 补充标准(Complementary GPS Standards)矩阵

它是基于制造工艺和几何要素本身的类型,对 GPS 通用标准中各个要素在特定范畴的标注、定义、检验认证原则和方法等方面的补充规定。GPS 补充标准分为两种类型:特定工艺的公差标准(如机加工、铸、锻、焊、高温加工、塑料模具等),典型的机械几何要素(即典型机械零部件)标准(如螺纹、齿轮、键、花键、滚动轴承等)。由一系列 GPS 补充标准即可排列组成 GPS 补充标准矩阵。

将以上四类 GPS 标准有序排列就构成 GPS 矩阵模型,如图 1 – 3 所示。

新一代 GPS 是一套关于产品几何参数的完整技术标准体系,覆盖了产品的各种几何特征,如尺寸、距离、角度、形状、方向、位置、表面粗糙度等,包括工件尺寸和几何公差、表面特征及其相关的检验原则、测量器具及其计量校准要求,还包括尺寸和几何测量不确定度及其基本表达方法和图样标注(符号)的解释。它从术语定义和公差理论方面给出适应现代生产技术的全新概念以及满足现代工艺和检测水平的检测方法和验收规则。

目前,我国的基础几何标准规范还没有完全满足通用产品几何技术规范标准体系的要求,新一代 GPS 标准规范尚在正在陆续建立制订过程中。我国已经发布的采用新一代 GPS 标准的国家标准和标准化指导性技术文件主要涉及:产品几何技术规范(GPS)总体规划,通用概念,极限配合,几何公差(形状和位置公差),统计公差,表面结构、表面粗糙度,长度标准,光滑工件的检验,工件与测量设备的测量检验,圆锥公差与配合等。

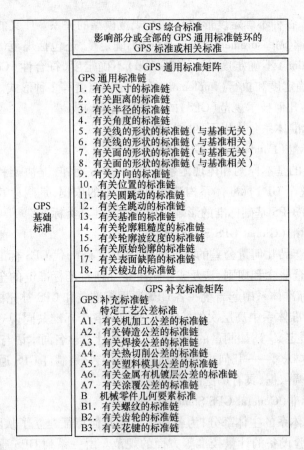

GPS 基础标准	GPS 综合标准 影响部分或全部的 GPS 通用标准链环的 GPS 标准或相关标准
	GPS 通用标准矩阵 GPS 通用标准链 1. 有关尺寸的标准链 2. 有关距离的标准链 3. 有关半径的标准链 4. 有关角度的标准链 5. 有关线的形状的标准链（与基准无关） 6. 有关线的形状的标准链（与基准相关） 7. 有关面的形状的标准链（与基准无关） 8. 有关面的形状的标准链（与基准相关） 9. 有关方向的标准链 10. 有关位置的标准链 11. 有关圆跳动的标准链 12. 有关全跳动的标准链 13. 有关基准的标准链 14. 有关轮廓粗糙度的标准链 15. 有关轮廓波纹度的标准链 16. 有关原始轮廓的标准链 17. 有关表面缺陷的标准链 18. 有关棱边的标准链
	GPS 补充标准矩阵 GPS 补充标准链 A　特定工艺公差标准 A1. 有关机加工公差的标准链 A2. 有关铸造公差的标准链 A3. 有关焊接公差的标准链 A4. 有关热切削公差的标准链 A5. 有关塑料模具公差的标准链 A6. 有关金属有机镀层公差的标准链 A7. 有关涂覆公差的标准链 B　机械零件几何要素标准 B1. 有关螺纹的标准链 B2. 有关齿轮的标准链 B3. 有关花键的标准链

图 1 - 3　GPS 总体规划及矩阵模型

　　目前,基于几何学的第一代 GPS 仍然在国内制造企业广泛应用,新一代 GPS 标准的推广应用将经历一个漫长过程,两代 GPS 仍将在相当长时间内并存。

1.5.2　几何尺寸与公差

　　几何尺寸与公差(Geometric Dimensioning and Tolerancing,GD&T)是一种机械图纸标准,它包括一整套国际通用符号,其目的是提供一种有效、准确的工程项目几何特性要求的交流方式。GD&T 是根据 ASME Y14.5M - 2009 尺寸标注与公差标准而制订的。按照美国机械工程师学会(ASME)的描述,GD&T 有助于"使美国的做法和方法与统一的标准相一致,以便在全球范围进行更加有效的技术交流",应用这种语言或工具"对经济和技术都有利"。

　　GD&T 标准主要包括尺寸标注方法(相当于我国的技术制图标准)与几何公差标准,但是,目前的 GD&T 与有关 ISO 标准及我国国家标准(GB)尚有明显差异。GD&T 广泛应用于设计和质量部门,包括机械图纸读图、解释和理解。GD&T 是产品实现过程的重要工具,是实现和理解客户要求的专业语言。

　　GD&T 的优点是:①它提供了一种精确交流的工具,提供了一种面向工程师的通用符号表达语言,更有利于信息交流。②采用圆柱公差带而不是坐标公差,扩大了尺寸公差范围。公差带范围即合格零件尺寸的范围,范围越大,表明在同样的加工精度下,合格率越高,自然成本也相应降低。③在不影响使用的情况下,放宽了生产公差。④改善了产品设计。

GD&T 是美国的国家标准,在汽车、航空航天,电子和其他生产工业中都已得到广泛的应用。GD&T 主要应用于美国、加拿大的公司及其全球公司,是美国三大汽车公司使用的图纸公差标准,日本和韩国企业也使用 GD&T 几何尺寸与公差。GD&T 也已作为一种国际标准和行业通行术语在国际上广为使用。

习题与思考题

1. 如何理解互换性?在机械制造中,按互换性原则组织生产有哪些优越性?

2. 完全互换和不完全互换有何区别?分别适用于哪些场合?

3. 什么是加工误差和公差?加工误差一般分为哪几种?

4. 什么是标准和标准化?我国技术标准分哪几级?

5. 标准化与互换性有什么关系?

6. 几何量检测的作用是什么?

7. 工程中为什么要采用优先数系和优先数?下列两种数据各属什么基本系列:

(1) 电动机转速:375 r/min,750r/min,1500 r/min,3000r/min,…;

(2) 摇臂钻床的最大钻孔直径:25mm,40mm,63mm,80mm,100mm,125mm;

(3) 测量表面粗糙度时规定的取样长度:0.08mm, 0.25mm, 0.8mm, 2.5mm, 8.0mm,25mm。

8. 机械精度设计的主要任务是什么?机械精度设计应当遵循哪些基本原则?

第2章 检测技术基础

2.1 概 述

2.1.1 测量技术的基本概念

零件加工后是否符合设计图样的技术要求,需要使用适当的测量器具,按一定的测量方法进行测量或检验来加以判定。检测是测量与检验的总称。测量是指将被测的量与一个复现测量单位的标准量进行比较,从而确定被测量的量值过程;检验是指判断被测量是否在规定的极限范围之内(是否合格)的过程;测试是指具有试验研究性质的测量。检测是保证产品精度和实现互换性生产的重要前提,是贯彻质量标准的重要技术手段,是生产过程中的主要环节。

任何一个测量过程都包括被测对象、计量单位、测量方法和测量精度等四个要素,这些因素都将对测量结果的准确性带来影响。

(1)被测对象。本书的被测对象一般是指几何量,包括长度、角度、表面粗糙度、形状与位置误差及螺纹、齿轮的几何参数等。

(2)计量单位。指用来度量同类物理量量值的标准量。我国实行法定计量单位制。本书以后章节出现的几何量,未注明计量单位的均为毫米(mm)。

(3)测量方法。指在进行测量时所采用测量原理、测量器具及测量条件的总和。在测量过程中,应根据被测对象的特点及精度要求来拟定测量方案,选择计量器具和规定测量条件。

(4)测量精度。指测量结果与真实值的一致程度。由于任何测量过程都不可避免地会出现测量误差,因此,应将测量误差控制在允许的范围内。测量误差大小反映测量精度的高低。

检测技术的基本要求是将误差控制在允许的范围内,以保证测量结果的精度。因此,检测时在保证一定的测量条件下,应经济合理地选择测量器具和测量方法,并估计它们可能引起测量误差的性质和大小,以便对测量结果进行正确的处理。

检测技术工作主要有检测条件与环境的设计与建立;测量器具的配备、维护、保养与检定;检测方案的设计;检测工作程序的制订等。

2.1.2 测量技术的作用

测量在机械、仪器仪表行业主要具有以下作用:

(1)测量是产品或零件制造过程中进行工艺分析、确保合理加工参数的依据,在自动化生产中,误差测量是自动控制系统中的关键环节。

(2)产品或零件设计过程中进行测绘,获得设计所需的参数。

（3）产品或零件加工后验收，通过测量可进行合格性判断。

（4）为确保量值准确可靠，在计量器具检定时，需更高精度的测量。为获得可靠的测量结果，保证测量的精度，必须有统一的计量单位，选择适当的测量方法和计量器具。

2.2 长度、角度量值的传递

2.2.1 长度、角度单位及基准

对于几何量计量，计量基准可分为长度基准和角度基准。

统一使用的长度基准是米(m)，1983年第十七届国际计量大会上通过米的定义是："1米是光在真空中 1/299792458 秒的时间间隔内所行进路程的长度"。

在几何量精度与检测中，长度常用单位为毫米(mm)和微米(μm)。$1mm = 10^{-3}m$，$1\mu m = 10^{-3}mm = 10^{-6}m$。在超高精度测量中，采用纳米(nm)为单位，$1nm = 10^{-3}\mu m$。

度(°)和弧度(rad)是常用的角度单位，是由圆周角定义 360°，弧度与度、分、秒有确定的换算关系。机械制造中的一般角度标准是角度量块、测角仪和分度头。

2.2.2 量值的传递

在生产实践中，不便于直接利用光波波长进行长度尺寸的测量，通常要经过中间基准将长度基准逐级传递到生产中使用的各种计量器具上，这就是量值的传递系统。量值传递是将国家基准所复现的计量单位的量值，通过标准器具逐级传递到所应用的测量器具和被测对象，这是保证量值统一和准确一致所必需的。

长度量值是通过端面量具(量块)系统和刻线量具(线纹尺)系统等两个平行系统向下传递。量值传递中以各种标准测量器具为传递媒介，其中量块的应用最为广泛。长度量值的传递系统如图 2-1 所示。

角度量值尽管可以通过等分圆周获得任意大小的角度而无需再建立一个角度自然基准，但在实际应用中为了方便特定角度的测量和对测角量具量仪进行检定，仍需要建立角度量值基准。最常用的实物基准是用特殊合金钢或石英玻璃制成的多面棱体，并由此建立起了角度量值传递系统，如图 2-2 所示。

2.2.3 量块

量块是一种平行平面端面量具，又称块规。它是长度尺寸传递的实物基准，除了作为长度基准的传递媒介之外，还广泛应用于测量器具的检定、校对和调整，以及精密机床的调整、精密划线和精密工件的测量等。

量块是用特殊合金钢(通常是铬锰钢、铬钢或轴承钢)制成的，具有线膨胀系数小、性能稳定、不易变形、硬度高和耐磨性好等特点。

量块通常有正六面体和圆柱体两种形状，其中正六面体应用最广。量块上有两个平行的测量面和四个非测量面，测量面的表面非常光滑平整，两个测量面间具有精确的尺寸。

如图 2-3 所示，量块长度是指量块一个测量面上任一点(距边缘 0.5mm 区域除外)

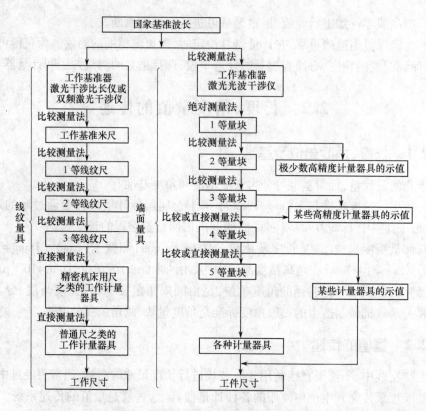

图 2-1　长度量值的传递系统

到与其相对的另一个测量面相研合的辅助表面之间的垂直距离;量块的中心长度是指量块两个测量面上中心点间的距离;量块的标称长度是指标记在量块上,用以表明其与主单位(m)之间关系的量值,也称为量块长度的示值;规定量块的尺寸是以中心长度的尺寸代表工作尺寸。

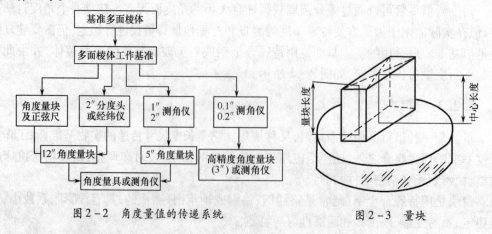

图 2-2　角度量值的传递系统　　　　图 2-3　量块

1. 量块的精度

按照 JJG 146—2003《量块检定规程》的规定,量块的制造精度分为五级:K(校准级)、0、1、2 和 3 级,其中 K 级精度最高,依次降低。量块分"级"的主要依据是量块长度的极限偏差、量块长度变动量的允许值和量块测量面的平面度公差。

按照 JJG 146—2003《量块检定规程》的规定,量块的检定精度分为五等:1、2、3、4、5 等,其中 1 等精度最高,依次降低。量块分"等"的主要依据是量块测量的不确定度的允许值、量块长度变动量的允许值和极限误差以及量块测量面的平面度公差。量块按"等"使用时,以量块检定后给出的量块中心长度的实际尺寸作为工作尺寸,该尺寸排除了量块的制造误差,只包含检定时较小的测量误差。

量块按"级"使用时,以量块的标称长度作为工作尺寸,不考虑量块的制造误差和磨损误差,精度不高,但使用方便。量块按"等"使用比按"级"使用的测量精度高,但增加了检定费用,且要以实际检定结果作为工作尺寸,使用上也有不便之处。此外,受到测量面平行度的限制,并不是任何"级"的量块都可以检定成一定"等"的量块。

2. 量块的应用

量块的基本特性是稳定性、准确性和研合性。

量块是定尺寸量具,每一量块只代表一个尺寸。由于具有可研合性,因此,为了满足一定尺寸范围的不同尺寸的要求,量块可以组合使用。量块是成套生产的,每套包括一定数量不同尺寸的量块。按 GB/T 6093—2001 的规定,我国生产的成套量块有 91 块、83 块、46 块、38 块、12 块、10 块等 17 种规格。表 2 – 1 列出了 83 块一套量块的尺寸构成的系列。

表 2 – 1   83 块一套的量块组成

尺寸范围/mm	间隔/mm	小计/块
1.01 ~ 1.49	0.01	49
1.5 ~ 1.9	0.1	5
2.0 ~ 9.5	0.5	16
10 ~ 100	10	10
1	—	1
0.5	—	1
1.005	—	1

在量块组合测量时,为了减少量块的组合误差,所用量块数应尽可能少,一般不超过 4 块。组成量块时,根据所需尺寸的最后一位数字选第一块量块尺寸的尾数,逐一选取,每选一块量块至少应减去所需尺寸的一位尾数。例如,从 83 块一套的量块中组成所需要的尺寸 37.465mm,则可分别选用 1.005mm、1.46 mm、5 mm、30 mm 四个量块组成量块组。

2.3   测量方法和计量器具

2.3.1   测量方法

广义的测量方法是指测量时所采用的测量原理、测量器具和测量条件的总合。但在实际工作中,测量方法往往是指获得测量值的方式,可从不同角度进行分类。

1. 按实测量是否直接为被测量分类

1)直接测量

直接测量是指直接从测量器具获得被测量值的测量方法,如用游标卡尺测得的工件的轴径。

2）间接测量

间接测量是指欲测量的量值由几个实测的量值按一定的函数式运算后获得的测量方法。如图2-4所示，测量两孔之间的中心距L，可分别测出两孔之间的尺寸A和B，然后通过函数关系$L=(A+B)/2$计算出欲测量的中心距L。

为了减少测量误差，一般都采用直接测量。但某些被测量（如孔心距、局部圆弧半径等）不易采用直接测量或直接测量达不到要求的精度（如某些小角度的测量），则应采用间接测量。

2. 按测量时是否与标准器具比较分类

1）绝对测量

绝对测量是指能从测量器具的示值上得到被测量的整个量值的测量方法，如用游标卡尺测量零件尺寸，其尺寸由刻度尺直接读出。

2）相对测量

相对测量是指测量器具的示值仅表示被测量对已知标准量的偏差，而被测量的量值为测量器具的示值与标准量的代数和的测量方法。如图2-5所示，先用量块调整百分表零位，然后读出轴径相对量块的偏差。

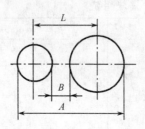

图2-4　两孔中心距的测量

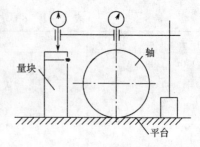

图2-5　相对测量

一般来说，相对测量比绝对测量的测量精度高。

3. 按测头是否与被测表面接触分类

1）接触测量

接触测量是指测量器具的测头在测量时与被测表面直接接触，并有测量力存在的测量方法，如用卡尺、千分尺测量工件。

2）非接触测量

非接触测量是指测量器具的测头在测量时不直接与被测表面接触的测量方法，如用光切显微镜测量表面粗糙度。

非接触测量没有测量力引起的误差，也避免了测头的磨损和划伤被测表面。

4. 按同时测量几何参数的数目分类

1）单项测量

单项测量是指分别测量同一工件上的几何量的测量方法，如用工具显微镜分别测量螺纹的螺距、中径和牙型半角。

2）综合测量

综合测量是指同时测量工件上的几个相关几何参数的综合指标，如用齿轮单啮仪测

22

量齿轮的切向综合误差。

单项测量便于进行工艺分析,但综合测量的效率比单项测量高,且反映误差较为客观。

5. 按测量在工件加工过程中所起的作用分类

1)主动测量

主动测量又称在线测量,是指在加工过程中对工件进行测量的测量方法。测量结果直接用来控制工件的加工过程,以决定是否继续加工或调整机床,能及时防止废品的产生,主要应用于自动加工机床和自动化生产线上。

2)被动测量

被动测量又称离线测量,是指在加工后对工件进行测量的测量方法。测量结果仅用于发现并剔除废品。

主动测量使检测与加工过程紧密结合,保证了产品质量,是检测技术的发展方向。

6. 按被测件与测头的相对状态分类

1)静态测量

静态测量是指在测量时,被测表面与测量器具的测头处于相对静止状态的测量方法,如用千分尺测量工件的直径。

2)动态测量

动态测量是指在测量时,被测表面与测量器具的测头处于相对运动状态的测量方法。其目的是为了测得误差的瞬时值及其随时间变化的规律,如用电动轮廓仪测量表面粗糙度。

动态测量的结果可用来控制加工过程,是检测技术的发展方向。

测量方法的选择一般应考虑被测对象的结构特点、精度要求、生产批量、技术条件和测量成本等因素。

2.3.2　计量器具

计量器具是量具、量规、量仪和用于测量目的的装置总称。计量器具按用途、特点可分为标准量具、极限量规、计量仪器和计量装置四类。

1. 标准量具

标准量具是指以固定形式复现量值的计量器具,它分为单值量具和多值量具。单值量具是指复现单一量值的计量器具,如量块等;多值量具是指复现一定范围内的一系列不同量值的计量器具,如线纹尺等。标准量具一般用来校正或调整其他计量器具,或作为精密测量用,标准量具一般没有放大装置。

2. 极限量规

极限量规是一种没有刻度的专用计量器具。它不能获得被测量的具体量值,只能检验是否合格,如光滑极限量规、位置量规、螺纹综合量规等。

3. 计量仪器

计量仪器(量仪)是指能将被测的量值转换成可直接观测的指示值或等效信息的计量器具,如游标卡尺、千分尺、百分表、干涉仪、气动量仪、电感比较仪、三坐标测量机等。测量仪器一般都有指示、放大装置。

4. 计量装置

计量装置是指为确定被测的量值所必需的计量器具和辅助设备的总称,如渐开线样板检定装置。计量装置能够测量同一工件上较多的几何参数和形状较复杂的工件,有助于实现检测自动化或半自动化。

2.3.3 计量器具的基本度量指标

度量指标是表征计量器具技术性能的重要指标,也是选择、使用和研究计量器具的依据。

1. 刻度间距与分度值

刻度间距是指计量器具标尺或分度盘上相邻两刻线中心之间的距离,如图 2 - 6 所示。为便于目测,一般刻线间距在 0.75mm ~ 2.5mm 范围内。

分度值是指计量器具标尺上每一刻度间距所代表的被测量值。常用的长度计量器具的分度值有 0.1mm、0.05 mm、0.02mm 、0.01 mm、0.005mm、0.002mm、0.001mm 等几种,如图 2 - 6 所示的计量器具的分度值是 0.001 mm。一般而言,计量器具的分度值越小,精度就越高。

数字式量仪采用非标尺或非分度盘显示被测量值,就不称分度值,而称分辨力。

2. 示值范围与测量范围

示值范围是指计量器具所显示或指示的被测量起始值到终止值的范围。如图 2 - 6 所示的计量器具的示值范围是 $\pm 100 \mu m$。

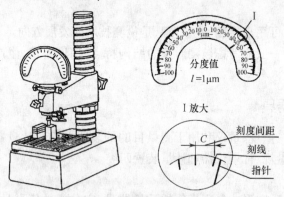

图 2 - 6 计量器具的度量指标

测量范围是指计量器具的误差在允许的极限内,所能测量的被测量最小值到最大值的范围。测量范围的上限值与下限值之差称为量程。有的计量器具的测量范围等于其示值误差,如某些千分尺和卡尺。如图 2 - 6 所示的计量器具,悬臂的升降可使测量范围增大到 0 ~ 180mm。

3. 示值误差与示值变动性

示值误差是指计量器具上的示值与被测量真值之间的差值。仪器示值范围内各点的示值误差不同。各种仪器的示值误差可从其使用说明书或检定中获得。示值误差是计量器具的精度指标,示值误差越小,精度就越高。

示值变动性是指在测量条件不变的情况下,对同一被测量进行多次(一般为 5 次 ~

10次)重复测量,其示值变动的最大范围。示值变动的范围越小,计量器具的精度就越高。

4. 灵敏度

灵敏度是指计量器具对被测量变化的响应能力。若被测量的变化为 Δx,所引起的计量器具相应的变化为 Δy,则灵敏度为 $S = \Delta y / \Delta x$。当分子与分母是同一类量时,灵敏度又称放大比或放大倍数,其值为常数,如长度量仪等于刻度间距与分度值之比。一般分度值越小,灵敏度越高。

5. 回程误差

回程误差是指在相同条件下,计量器具按正反行程对同一被测量值进行测量时,计量器具示值之差的绝对值。当要求往返或连续测量时,应选回程误差小的计量器具。

6. 测量力

测量力是指计量器具的测头与被测表面之间的接触压力。测量力的大小应适当,否则会使测量误差增大。绝大多数采用接触测量法的计量器具,都具有测量力稳定机构。

7. 修正值

修正值是指为消除或减少系统误差,用代数法加到未修正测量结果上的数值,其大小与示值误差的绝对值相等而符号相反。修正值一般通过检定来获得。

2.4 测量误差

2.4.1 测量误差的基本概念

由于计量器具与测量方法、测量条件的限制或其他因素的影响,任何测量过程都存在着测量误差。测量误差是指被测量的实测结果与被测量的真值所相差的程度,一般用绝对误差和相对误差表示。测量误差越小,则测量精度越高。

1. 绝对误差 δ

绝对误差 δ 是指被测量的量值 x(仪表的指示值)与其真值 x_0 之差,即

$$\delta = x - x_0 \qquad\qquad (2-1)$$

绝对误差 δ 可为正值、负值或零。通常以多次重复测量所得测量结果的平均值代替 x_0。

绝对误差可用来评定大小相同的被测量的测量精确度,误差的绝对值越小,测量精度越高。对于大小不同的被测量,则需用相对误差来评定。

2. 相对误差 ε

相对误差 ε 是指被测量的绝对误差的绝对值 $|\delta|$ 与其真值 x_0 之比,即

$$\varepsilon = |\delta| / x_0 \times 100\% \approx |\delta| / x \times 100\% \qquad\qquad (2-2)$$

相对误差是无量纲的数值,通常用百分比表示。相对误差越小,测量精度越高。

在长度测量中,通常所说的测量误差,一般是指绝对误差,而相对误差应用较少。

2.4.2 测量误差的来源

测量误差的来源主要有计量器具、测量方法、测量环境和测量人员等。

1. 计量器具误差

计量器具误差是指计量器具本身所引起的误差。它包括计量器具在设计、制造和装配调整、使用过程中的各项误差,这些误差的总和反映在示值误差和测量的重复性上。相对测量时使用的工具,如量块、线纹尺等的制造误差也会产生测量误差。

2. 测量方法误差

测量方法误差是指测量方法的不完善所引起的误差。它主要包括计算公式不精确、测量方法选用不当、工件安装定位不合理等引起的误差。

3. 测量环境误差

测量环境误差是指测量时的环境条件不符合标准的测量条件所引起的误差。它主要包括温度、湿度、气压、照明以及电磁场、振动等引起的误差,其中温度影响最大。

4. 测量人员误差

测量人员误差是指测量人员人为所引起的误差,如测量人员使用测量器具不正确、视觉偏差、读数或估读错误等引起的误差。

2.4.3 测量误差的分类

测量误差按其特点和性质可分为系统误差、随机误差和粗大误差三类。

1. 系统误差

系统误差是指在相同条件下,连续多次测量同一被测量时,误差的绝对值和符号保持不变或按一定规律变化的测量误差。前者称为定值系统误差,后者称为变值系统误差。如计量器具的刻度盘分度不准确而产生定值系统误差,温度、气压等环境条件的变化而产生变值系统误差。

系统误差对测量结果影响较大,应尽量减少或消除。一般根据系统误差的性质和变化规律,对用计算或实验对比的方法确定的,用修正值从测量结果中消除;对难以准确判断的,可用不确定度给出估计。

2. 随机误差

随机误差是指在相同条件下,连续多次测量同一被测量时,误差的绝对值和符号以不可预定方式变化的测量误差。如计量器具中机构的间隙、测量力的不恒定和测量温度、湿度的波动等产生的误差。

随机误差不可能完全消除,它是造成测得值分散的主要原因,但可以减少并控制其对测量结果的影响。就一次具体的测量而言,随机误差的绝对值和符号是没有规律的,但对同一被测量进行连续多次重复测量而得到一系列测得值时,随机误差的总体就存在一定的规律性,通常符合正态分布规律。

系统误差和随机误差的划分并不是绝对的,它们在一定的条件下是可以相互转化的。

3. 粗大误差

粗大误差是指超出在规定条件下预计的测量误差。它是由某种非正常的原因造成的,如读数错误、温度的突然变动、记录错误等,是明显歪曲测量结果的误差,且数值较大,应避免或按一定准则剔除。

2.4.4　测量精度的分类

测量精度是指被测量的测得值与其真值的接近程度,测量精度和测量误差从两个不同的方面说明了同一概念。测量精度越高,则测量误差越小;反之,测量误差越大。

1. 正确度

正确度反映测量结果中系统误差的影响程度。若系统误差小,则正确度高。

2. 精密度

精密度反映测量结果中随机误差的影响程度。随机误差小,则精密度高。

3. 精确度

精确度反映测量结果中系统误差与随机误差的综合影响程度,说明测量结果与真值的一致程度。系统误差和随机误差都小,则精确度高。

通常,精密度高的,正确度不一定高,但精确度高,则精密度和正确度都高。以射击为例,如图 2 - 7 所示,图 2 - 7(a)中,弹着点集中靶心,但分散范围大,说明随机误差大而系统误差小,即打靶的正确度高而精密度低;图 2 - 7(b)中,弹着点分散范围小,但偏离靶心,说明随机误差小而系统误差大,即打靶的正确度低而精密度高;图 2 - 7(c)中,弹着点既集中靶心,分散范围又小,说明随机误差与系统误差都小,即打靶的精确度高。

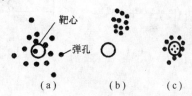

图 2 - 7　正确度、精密度、精确度

2.5　测量数据处理

在相同的测量条件下,对同一被测量进行多次连续测量,得到一系列测得值(简称测量列),其中可能同时存在系统误差、随机误差和粗大误差,因此,对该测量列进行数据处理,可以消除或减少测量误差的影响,提高测量精度。

2.5.1　测量列系统误差的处理

系统误差对测量结果的影响是不容忽视的,因此在发现后就应予以消除。揭示系统误差出现的规律性,消除其对测量结果的影响,是提高测量精度的有效措施。

1. 系统误差的发现方法

系统误差的发现方法主要有实验对比法和残差观察法。

1) 实验对比法

实验对比法是指改变产生系统误差的测量条件而进行不同测量条件下的测量,来发现系统误差。由于定值系统误差的大小和方向不变,对测量结果的影响也是一定值,因此它不能从一系列测得值的处理中揭示,而只能通过实验对比方法去发现,即通过改变测量条件进行不等精度测量。例如,在相对测量中,用量块作标准件并按其标称尺寸使用时,由于量块的尺寸偏差引起的系统误差可用高精度的仪器对量块实际尺寸进行检定来发现它,或用更高精度的量块进行对比测量来发现。

27

2）残差观察法

残差是指各测得值与测得值的算术平均值之差。残差观察法是根据测量列的各残差大小和符号的变化规律，直接由残差数据或残差曲线图形来判断有无系统误差。该方法主要适用于变值系统误差的发现。根据测量先后次序，将测量列的残差作图，观察残差的变化规律，如图2-8所示。若残余误差大体正负相同，无显著变化，则不存在变值系统误差，如图2-8(a)所示；若残余误差有规律地递增或递减，且其趋势始终不变，则可认为存在线性变化的系统误差，如图2-8(b)、(c)所示；若残余误差有规律地增减交替，形成循环重复时，则认为存在周期性变化的系统误差，如图2-8(d)所示。

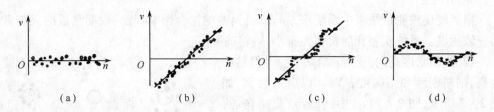

图2-8　变值系统误差的发现

在应用残差观察法时，必须有足够多的重复测量次数，并要按各测得值的先后顺序作图，以提高判断的准确性。

2. 系统误差的消除方法

1）从根源上消除

测量前，对测量过程中可能产生系统误差的环节予以消除。如为了防止测量过程中仪器零位的变动，测量开始和结束时都需检查仪器零位。

2）用修正值消除

测量前，先检定或计算出计量器具的系统误差，作出误差表或误差曲线，然后取与系统误差数值相同而符号相反的值作为修正值，加到实际测得值上，即可得到不包含该系统误差的测量结果。

3）用抵消法消除

若两次测量所产生的系统误差大小相等或相近、符号相反，则取两次测量的平均值作为测量结果。

根据具体情况拟定测量方案，在对称位置上分别测量一次，使得两次测量所得数据出现的系统误差大小相等、方向相反，取两次测得值的平均值作为测量结果，即可消除定值系统误差。如测量螺纹零件的螺距时，分别测出左、右牙面螺距，然后进行平均，则可抵消螺纹零件测量时安装不正确所引起的系统误差。

4）用半周期法消除

对周期性的变值系统误差，可以每相隔半个周期进行一次测量，以相邻两次测量的数据的平均值作为测量结果，即可有效消除周期性系统误差。

5）用对称法消除

测量中，发现有随时间成线性关系变化的系统误差，可用对称法消除，即将测量程序对某一时刻对称地再测一次，通过一定的计算消除此线性系统误差。

6）用反馈修正法消除

当查明某误差因素对测量结果有影响时,就找出影响测量结果的函数关系或近似函数关系,在测量过程中,用传感器将这些误差因素的变化转换成某种物理量形式(一般为电量),按其函数关系,通过计算机算出影响测量结果的误差值,并及时对测量结果自动修正。反馈修正法是消除变值系统误差(还包括一部分随机误差)的有效手段,常用于高精度的自动化测量仪器中。

消除和减小系统误差的关键是找出误差产生的根源和规律。一般来说,系统误差完全消除是不可能的,要求是使其影响减小到相当于随机误差的影响程度。

2.5.2 测量列随机误差的处理

随机误差不可能被消除,它可应用概率与数理统计方法,通过对测量列的数据处理,评定其对测量结果的影响。符合正态分布的随机误差如图 2-9 所示,在具有随机误差的测量列中,常以算术平均值表征最可靠的测量结果,以标准偏差表征随机误差。在实际测量时,当测量次数充分大时,随机误差的算术平均值趋于零,便可以用测量列中各测得值的算术平均值代替真值,并估算出标准偏差,进而确定测量结果。

在假定测量列中不存在系统误差和粗大误差的前提下,可按下列步骤对随机误差进行处理:

（1）计算测量列中各测得值的算术平均值 $\bar{x}$。

在同一条件下,对同一被测量进行多次(n 次)重复测量,得到一系列测得值 x_1、x_2、$\cdots$、x_n,这是一组等精度的测量数据,这些测得值的算术平均值为

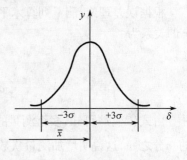

图 2-9 正态分布的随机误差

$$\bar{x} = (x_1 + x_2 + \cdots + x_n)/n = \sum_{i=1}^{n} x_i/n \qquad (2-3)$$

设 x_0 为真值,δ 为随机误差,可得

$$\delta_1 = x_1 - x_0, \delta_2 = x_2 - x_0, \cdots, \delta_n = x_n - x_0$$

对以上各式求和,得

$$\sum_{i=1}^{n} \delta_i = \sum_{i=1}^{n} x_i - nx_0$$

由随机误差的特性可知,当 $n \to \infty$ 时,$\sum_{i=1}^{n} x_i = n x_0$,即 $x_0 = \sum_{i=1}^{n} x_i/n = \bar{x}$。

由此可见,对某一量进行无数次测量时,所有测得值的算术平均值趋于真值。事实上,无限次测量是不可能的。在进行有限次测量时,仍可证明算术平均值 $\bar{x}$ 最接近真值 x_0。当测量列没有系统误差和粗大误差时,一般取全部测得值的算术平均值 $\bar{x}$ 作为测量的最后结果。

（2）计算残差 ν_i。

以残差 ν_i 代替 δ_i,即

$$\nu_i = x_i - \bar{x} \qquad (2-4)$$

在一个测量列中,全部残差的代数和恒等于零,即 $\sum_{i=1}^{n} \nu_i = 0$。

残差的这种特性称为可相消性,可用来检验数据处理中求得的算术平均值和残差是否正确。残差用以代替随机误差计算标准偏差。

（3）计算标准偏差 σ（单次测量精度）。

测得值的算术平均值虽能表示测量结果,但不能表示各测得值的精密度。标准偏差 σ 是表征对同一被测量进行 n 次测量所得值的分散程度的参数,常用贝塞尔(Bessel)公式求值:

$$\sigma = \sqrt{\frac{\sum\limits_{i=1}^{n} v_i^2}{n-1}} = \sqrt{\frac{\sum\limits_{i=1}^{n} (x_i - \bar{x})^2}{n-1}} \qquad (2-5)$$

单次测量值的测量结果 x_e 表达式为

$$x_e = x_i + 3\sigma \qquad (2-6)$$

（4）计算测量列算术平均值的标准偏差 $\sigma_{\bar{x}}$。

在相同的测量条件下,对同一被测量进行 K 组的"n 次测量",则每组 n 次测量结果的算术平均值 $\bar{x}$ 也不会完全相同,但围绕真值 x_0 波动,波动范围比单次测量值的分散程度范围小。描述它们的分散程度同样可以用标准偏差作为评定指标,如图 2-10 所示。

根据误差理论,测量列算术平均值的标准偏差 $\sigma_{\bar{x}}$ 与测量列单次测量值的标准偏差 σ 的关系为

$$\sigma_{\bar{x}} = \frac{\sigma}{\sqrt{n}} = \sqrt{\frac{\sum\limits_{i=1}^{n} v_i^2}{n(n-1)}} \qquad (2-7)$$

由式(2-7)可知,多组测量的算术平均值的标准偏差 $\sigma_{\bar{x}}$ 为单次测量值的标准偏差 σ 的 $\sqrt{n}$ 分之一,这说明增加测量次数 n 可提高测量的精密度。图 2-11 所示,σ 一定时,当 $n > 10$ 后,再增加测量次数,$\sigma_{\bar{x}}$ 减少已很缓慢,对提高测量精密度效果不大,故一般取 $n = 10 \sim 15$。

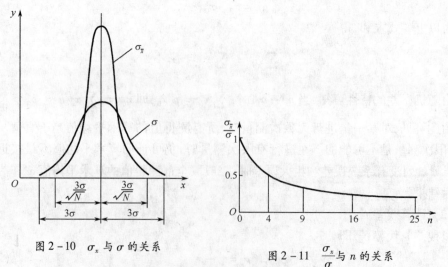

图 2-10　$\sigma_{\bar{x}}$ 与 σ 的关系

图 2-11　$\dfrac{\sigma_{\bar{x}}}{\sigma}$ 与 n 的关系

（5）计算测量列算术平均值的极限误差 $\delta_{\lim(\bar{x})}$。

$$\delta_{\lim(\bar{x})} = \pm 3\sigma_{\bar{x}} \qquad (2-8)$$

(6) 多次(组)测量所得算术平均值的测量结果 x_e 可表示为

$$x_e = \bar{x} \pm \delta_{\lim(\bar{x})} = \bar{x} \pm 3\sigma_{\bar{x}} = \bar{x} \pm 3\frac{\sigma}{\sqrt{n}} \qquad (2-9)$$

2.5.3 测量列粗大误差的处理

粗大误差会使测量结果严重失真,应从测量数据中将其剔除。当测量列中有粗大误差时,则应根据判断粗大误差的准则予以剔除。判别粗大误差的方法和准则主要有拉依达准则(3σ 准则)、罗曼诺夫斯基准则、狄克松准则、格罗布斯准则等,其中 3σ 准则是常用的统计判断准则,罗曼诺夫斯基准则适用于数据较少的场合。

拉依达准则(3σ 准则)认为,当测量列服从正态分布时,残差落在 $\pm 3\sigma$ 外的概率仅有 0.27%,即在连续 370 次测量中只有一次测量的残差超出 $\pm 3\sigma$,而实际上连续测量的次数决不会超过 370 次,测量列中就不应该有超出 $\pm 3\sigma$ 的残差。因此,当测量列中出现绝对值大于 3σ 的残差时,即

$$|v_i| > 3\sigma \qquad (2-10)$$

则认为该残差对应的测得值含有粗大误差,应予以剔除。

测量次数小于或等于 10 时,不能使用拉依达准则,而采用罗曼诺夫斯基准则较为合理。

【例 2-1】 对某一小轴在相同测量条件下进行一系列测量,测得值列于表 2-2(设系统误差已消除),试求测量结果。

表 2-2 数据处理计算表

测得值/mm	残差 $v_i/\mu m$	残差的平方 $v_i^2/\mu m$	测得值/mm	残差 $v_i/\mu m$	残差的平方 $v_i^2/\mu m$
30.454	−3	9	30.456	−1	1
30.459	+2	4	30.458	+1	1
30.459	+2	4	30.458	+1	1
30.454	−3	9	30.455	−2	4
30.458	+1	1			
30.459	+2	4	$\bar{x} = 30.457$	$\sum v_i = 0$	$\sum v_i^2 = 38$

【解】 (1) 计算测量列中各测得值的算术平均值 $\bar{x}$

$$\bar{x} = (x_1 + x_2 + \cdots + x_n)/n = \sum_{i=1}^{n} x_i/n = 30.457\text{mm}$$

(2) 计算残差 v_i 和 v_i^2

$$\sum_{i=1}^{n} v_i = 0; \quad \sum_{i=1}^{n} v_i^2 = 38$$

(3) 计算标准偏差 σ

$$\sigma = \sqrt{\sum_{i=1}^{n} v_i^2/n - 1} = 2.0548\mu m$$

(4) 计算测量列算术平均值的标准偏差 $\sigma_{\bar{x}}$

$$\sigma_{\bar{x}} = \frac{\sigma}{\sqrt{n}} = 0.685\mu m$$

31

（5）确定测量结果 x_e

$$x_e = \bar{x} \pm 3\sigma_{\bar{x}} = (30.457 \pm 0.002)\,\text{mm}$$

2.6　等精度测量列的数据处理

等精度测量是指在测量条件（包括计量器具、测量人员、测量方法及环境条件等）不变的情况下，对某一被测量进行的连续多次测量。虽然在此条件下得到的各个测得值不相同，但影响各个测得值精度的因素和条件相同，故测量精度视为相等。反之，在测量过程中全部或部分因素和条件发生改变，则称为不等精度测量。在一般情况下，为了简化对测量数据的处理，大多采用等精度测量。

2.6.1　直接测量列的数据处理

为了从直接测量列中得到正确的测量结果，应按以下步骤进行数据处理。

（1）计算测量列的算术平均值和残差 $(\bar{x}, \nu_i)$，以判断测量列中是否存在系统误差。如果存在系统误差，则应采取措施（如在测得值中加入修正值）消除。

（2）计算测量列单次测量值的标准偏差 σ。判断是否存在粗大误差。若有粗大误差，则应剔除含粗大误差的测得值，并重新组成测量列，再重复上述计算，直到将所有含粗大误差的测得值都剔除。

（3）计算测量列的算术平均值的标准偏差和测量极限误差 $(\sigma_{\bar{x}}, \delta_{\lim(\bar{x})})$。

（4）给出测量结果表达式 $x_e = \bar{x} \pm \delta_{\lim(\bar{x})}$，并说明置信概率。

2.6.2　间接测量列的数据处理

间接测量是指通过测量与被测几何量有一定关系的几何量，按照已知的函数关系式计算出被测几何量的量值。因此间接测量的被测几何量是测量所得到的各个实测几何量的函数，而间接测量的误差则是各个实测几何量误差的函数，故称这种误差为函数误差。

1. 函数及其微分表达式

间接测量中，被测几何量 y（即间接求得的被测量值）通常是实测几何量 $x_1, x_2, \cdots, x_m$ 的多元函数，可表示为

$$y = F(x_1, x_2, \cdots, x_m) \tag{2-11}$$

该函数的增量可函数的全微分表示，即函数误差的基本计算公式为

$$dy = \frac{\partial F}{\partial x_1}dx_1 + \frac{\partial F}{\partial x_2}dx_2 + \cdots + \frac{\partial F}{\partial x_m}dx_m = \sum_{i=1}^{m} \frac{\partial F}{\partial x_i}dx_i \tag{2-12}$$

式中　dy——被测几何量的测量误差；

　　　dx_i——各个实测几何量的测量误差；

　　　$\dfrac{\partial F}{\partial x_i}$——各个实测几何量的测量误差的传递系数；

2. 函数系统误差的计算

各实测几何量 x_i 的测得值中存在着系统误差 Δx_i，那么被测几何量 y 也存在着系统误

32

差 Δy,则可近似得到函数系统误差的计算式:

$$\Delta y = \frac{\partial F}{\partial x_1}\Delta x_1 + \frac{\partial F}{\partial x_2}\Delta x_2 + \cdots + \frac{\partial F}{\partial x_m}\Delta x_m = \sum_{i=1}^{m} \frac{\partial F}{\partial x_i}\Delta x_i \qquad (2-13)$$

式中 Δy——被测几何量(函数)的系统误差;

Δx_i——各个实测几何量的系统误差。

3. 函数随机误差的计算

各实测几何量 x_i 的测得值中存在着随机误差,因此被测几何量 y 也存在着随机误差。根据误差理论,函数的标准偏差 σ_y 与各实测几何量的标准偏差 σ_{xi} 的关系为

$$\sigma_y = \sqrt{\left(\frac{\partial F}{\partial x_1}\right)^2 \sigma_{X_1}^2 + \left(\frac{\partial F}{\partial x_2}\right)^2 \sigma_{X_2}^2 + \cdots + \left(\frac{\partial F}{\partial x_m}\right)^2 \sigma_{X_m}^2} = \sqrt{\sum_{i=1}^{m}\left(\frac{\partial F}{\partial x_i}\right)^2 \sigma_{X_i}^2} \quad (2-14)$$

各实测几何量的随机误差服从正态分布,则由式(2-14)可推导出函数的测量极限误差的计算计算式:

$$\delta_{\lim(y)} = \pm\sqrt{\left(\frac{\partial F}{\partial x_1}\right)^2 \delta_{\lim(x_1)}^2 + \left(\frac{\partial F}{\partial x_2}\right)^2 \delta_{\lim(x_2)}^2 + \cdots + \left(\frac{\partial F}{\partial x_m}\right)^2 \delta_{\lim(x_m)}^2} = \pm\sqrt{\sum_{i=1}^{m}\left(\frac{\partial F}{\partial x_i}\right)^2 \delta_{\lim(x_i)}^2}$$

$$(2-15)$$

式中 $\delta_{\lim(y)}$——被测几何量的测量极限误差;

$\delta_{\lim(x_i)}$——各实测几何量的测量极限误差。

4. 间接测量列的数据处理步骤

(1) 找出函数表达式:$y = F(x_1, x_2, \cdots, x_m)$。

(2) 求出拟测几何量(函数)值 y。

(3) 计算函数的系统误差值 Δy。

(4) 计算函数的标准偏差值 σ_y 和函数的测量极限误差值 $\delta_{\lim(y)}$。

(5) 给出拟测几何量(函数)的结果计算式 y_e:

$$y_e = (y - \Delta y) \pm \delta_{\lim(y)} \qquad (2-16)$$

最后说明置信概率为 99.73%。

2.7　测量不确定度

不确定度是指由于测量误差的存在而对被测量值不能肯定的程度。它反映了计量器具和测量方法的精度高低,表达了被测量真值所处范围的定量估计,用误差的极限表示。不确定度越小,测量的水平越高,测量数据的质量越高,其使用价值也越高。

不确定度与计量科学技术密切相关,可以表明基准标定、测试检定的水平。在质量管理与质量保证中,非常重视不确定度。ISO 9001 规定,在检验、计量和试验设备使用时,应保证所用设备的测量不确定度已知,且测量能力满足要求。

2.7.1　测量不确定度的基本概念

1. 不确定度

不确定度是指用以表征合理赋予被测量值的分散性而在测量结果中含有的一个参数。

2. 标准不确定度

标准不确定度是以标准差表示的测量结果不确定度。标准不确定度的评定方法有 A 类评定和 B 类评定两种。A 类评定是由观测列统计分析所作的不确定度评定,相应的标准不确定度称为统计不确定度分量或"A 类不确定度分量";B 类评定是由不同于观测列统计分析所作的不确定度评定,相应的标准不确定度称为非统计不确定度分量或"B 类不确定度分量"。将标准不确定度区分为 A 类和 B 类的目的,是使标准不确定度可通过直接或间接的方法获得,两种方法均基于概率分布,只是计算方法的不同,并非本质上存在差异。

3. 合成标准不确定度 $u_c(y)$

合成标准不确定度 $u_c(y)$ 是指测量结果由其他量值得来时,按其他量的方差或协方差算出的测量结果的标准不确定度。合成标准不确定度 $u_c(y)$ 也可简写为 u_c 或 $u(y)$。

4. 展伸不确定度 U

展伸不确定度 U 是确定测量结果区间的量,合理赋予被测量值一个分布区间,可望绝大部分实际值含于该区间。展伸不确定度也称范围不确定度,即被测量的值以某一可能性(概率)落入该区间中。展伸不确定度 U 一般是该区间的半宽。

5. 包含因子 k

包含因子 k 是指为获得展伸(范围)不确定度,对合成标准不确定度所乘的数值,也称范围因子,它是伸展不确定度与合成标准不确定度的比值。

6. 自由度 v

自由度 v 是指求不确定度所用总和中的项数与总和的限制条件之差。

7. 置信水准 p

置信水准 p 是指展伸不确定度确定的测量结果区间包含合理赋予被测量值的分布的概率,也称包含概率。

测量不确定度的主要来源有:①对被测量的定义不完善;②被测量定义复现的不理想;③被测量的样本不能代表定义的被测量;④环境条件对测量过程的影响考虑不周,或环境条件的测量不完善;⑤模拟仪表读数时人为的偏差;⑥仪器分辨力或鉴别阈不够;⑦赋予测量标准或标准物质的值不准;⑧从外部来源获得并用以数据计算的常数及其他参数不准;⑨测量方法和测量过程中引入的近似值及假设;⑩在相同条件下被测量重复观测值的变化等。

2.7.2 测量不确定度与测量误差的区别与联系

测量不确定度表征被测量的真值所处量值范围的评定,是以一个区间的形式来表示的。它是说明测量分散性的参数,是经过分析和评定得到的,是一个定量的概念。测量误差是被测量的测量结果与真值之差。它是单个数值,由于在绝大多数情况下,真值是不知道的,只是在特定的条件下寻求最佳的真值近似值,并称为约定真值,因此它是一个定性的概念。

测量不确定度与测量误差主要有以下区别:

1. 评定目的

测量不确定度评定目的是表明被测量值的分散性;测量误差评定目的是表明测量结果偏离真值的程度。

2. 评定结果

测量不确定度是无符号的参数,用标准差或标准差的倍数或置信区间的半宽表示,由人们根据实验、资料、经验等信息进行评定,可以通过 A、B 两类评定方法定量确定。测量误差为有正、负号的量值,其值为测量结果减去被测量的真值,由于真值未知,往往不能准确得到,当用约定真值代替真值时,只可得到其估计值。

3. 影响因素

测量不确定度是由经过分析和评定得到的,因而与被测量、影响量及测量过程的认识有关。测量误差是客观存在的,不受外界因素的影响,不以人的认识程度而改变,因此,在进行不确定度分析时,应充分考虑各种影响因素,并对不确定度的评定加以验证。否则由于分析估计不足,可能在测量结果非常接近真值(即误差很小)的情况下评定得到的不确定度却较大;也可能在测量误差实际上较大的情况下,给出的不确定度却偏小。

4. 性质区分

不确定度分量评定时一般不必区分其性质,若需要区分时应表述为:"由随机效应引入的不确定度分量"和"由系统效应引入的不确定度分量",测量误差按性质可分为随机误差和系统误差两类,按定义随机误差和系统误差都是无穷多次测量情况下的理想概念。

5. 测量结果修正

"不确定度"一词本身隐含为一种可估计的值,它不是指具体的、确切的误差值,虽可估计,但却不能用以修正量值,只可在已修正测量结果的不确定度中考虑修正不完善而引入的不确定度,而系统误差的估计值如果已知则可以对测量结果进行修正,得到已修正的测量结果。一个量值经修正后,可能会更靠近真值,但其不确定度不但不减小,有时反而会更大。这主要还是因为不能确切地知道真值为多少,仅能对测量结果靠近或离开真值的程度进行估计而已。

虽然测量不确定度与误差有着诸多不同,但仍存在着密切的联系。不确定度的概念是误差理论的应用和拓展,而误差分析依然是测量不确定度评估的理论基础。如测量仪器的特性可以用最大允许误差、示值误差等术语描述。在技术规范、规程中规定的测量仪器允许误差的极限值,称为"最大允许误差"或"允许误差限"。它是制造企业对某种型号仪器所规定的示值误差的允许范围,而不是某一台仪器实际存在的误差。测量仪器的最大允许误差可在仪器说明书中查到,用数值表示时有正负号,通常用绝对误差、相对误差、引用误差或它们的组合形式表示。测量仪器的最大允许误差不是测量不确定度,但可以作为测量不确定度评定的依据。测量结果中由测量仪器引入的不确定度可根据该仪器的最大允许误差按测量不确定度的 B 类评定方法评定。又如测量仪器的示值与对应输入量的约定真值之差,为测量仪器的示值误差,对于实物量具,示值就是其标称值。通常用高一等级测量标准所提供的或复现的量值,作为约定真值(常称校准值或标准值)。在检定工作中,当测量标准给出的标准值的扩展不确定度为被检仪器最大允许误差的1/3~1/10 时,且被检仪器的示值误差在规定的最大允许误差内,则可判为合格。

2.7.3　测量不确定度的评定方法

在评定不确定度之前,必须先作系统误差的修正和粗大误差(异常值)的剔除,以保证测得值为最佳值。评定中评价出来的测量不确定度是测量结果中无法修正的部分。

测量不确定度评定过程如图 2 – 12 所示,步骤如下:

1. 建模

被测量 Y 常取决于其他 N 个量 X_1, $X_2,\cdots,X_N$,即 $Y = f(x_1,x_2,\cdots,x_N)$。由 $X_1,X_2,\cdots,X_N$ 的最佳值 $x_1,x_2,\cdots,x_N$ 而得出 Y 的最佳值,即测量结果为

$$y = f(x_1,x_2,\cdots,x_N) \qquad (2-17)$$

y 的不确定度将取决于 x_i 不确定度 $u(x_i)$,因此,必须首先评定 x_i 的标准不确定度 $u(x_i)$。x_i 是 y 的不确定度的来源,应对来源作全面的分析,可从测量器具、人员、环境、方法等方面考虑,不遗漏、不重复,遗漏会使 y 的不确定度比最佳值小,重复则会使 y 的不确定度偏大。

2. 求 x_i 的标准不确定度

标准不确定度的评定是整个过程的重要环节,x_i 的标准不确定度评定方法分为 A、B 两类。

1) 标准不确定度的 A 类评定

A 类评定是通过对多次重复测量所得数据的统计分析进行的,其流程如图 2 – 13 所示,图中的标准不确定度 $u(x_i) = s(x_i)$,$s(x_i)$ 是用单次测量结果的标准不确定度 $s(x_{ik})$ 算出的,即

$$x(x_i) = s(x_{ik})/\sqrt{n_i} \qquad (2-18)$$

其单次测量结果的标准不确定度 $s(x_{ik})$ 可用贝塞尔法求得,即

$$s(x_{ik}) = \sqrt{\frac{1}{n_i-1}\sum_{j=1}^{n}(x_{ij}-\bar{x}_i)^2}$$
$$(2-19)$$

单次测量结果的标准不确定度 $s(x_{ik})$ 还可有以下求法:

(1) 最大残差法。

$$s(x_{ik}) = c_n \times \max_k|x_{ik}-\bar{x}_i| \qquad (2-20)$$

系数 c_n 的选取如表 2 – 3 所列。

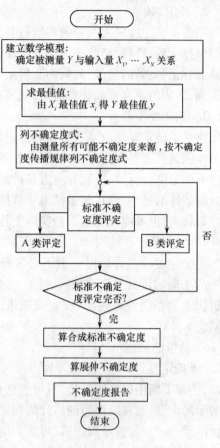

图 2 – 12　测量不确定度评定流程图

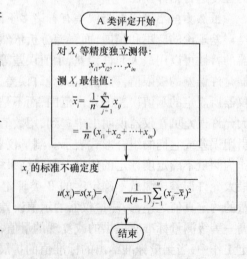

图 2 – 13　标准不确定度的 A 类评定流程图

表 2 - 3　最大残差法系数 C_n

n	2	3	4	5	6	7	8	9	10	15	20
C_n	1.77	1.02	0.83	0.74	0.68	0.64	0.61	0.59	0.57	0.51	0.48

（2）极差法。

居于服从正态分布的测量数据，其中，最大值与最小值之差称为极差。

$$s(x_{ik}) = \frac{1}{d_n}\left(\max_k x_{ik} - \min_k x_{ik}\right) \qquad (2-21)$$

系数 d_n 的选取如表 2 - 4 所列。

表 2 - 4　极差法系数 d_n

n	2	3	4	5	6	7	8	9	10	15	20
d_n	1.13	1.69	2.06	2.33	2.53	2.70	2.85	2.97	3.08	3.47	3.74

2）标准不确定度的 B 类评定

B 类评定是一种非统计方法，是依据经验或其他信息进行估计，并假定存在近似的"标准偏差"所表征的不确定度，测量结果的标准不确定度是通过其他途径获得，信息来源主要是相关仪器和材料的一般知识、制造说明书、校准或其他报告提供的数据、手册提供的参考数据等。B 类评定的过程如图 2 - 14 所示。B 类评定有以下方法：

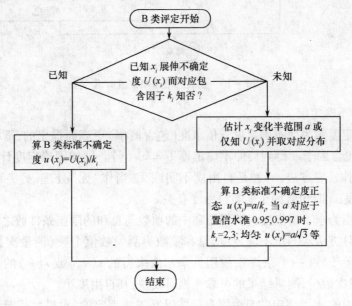

图 2 - 14　标准不确定度的 B 类评定流程图

（1）当得知不确定度 $U(x_j)$ 为估计标准差的 k_j 倍时，标准不确定度 $u(x_j) = U(x_j)/k_j$。

（2）若得知不确定度 $U(x_j)$ 以及对应的置信水准，则可视其服从正态分布。对应置信水准为 0.68、0.95、0.99、0.997，则将 $U(x_j)$ 除以 1、1.96、2.58、3，即可得到标准不确定度 $U(x_j)$。

（3）若得知不确定度 $U(x_j)$（即 x_j 的变化范围）以及其分布规律，计算如下：当 x_j 在 $[x_j - a, x_j + a]$ 内各处出现的机会相等，而在区间外不出现，则 x_j 服从均匀分布，于是

37

$U(x_j)=\dfrac{a}{\sqrt3}$；当 x_j 受到两独立均匀分布的影响，则它服从 $[x_j-a,x_j+a]$ 的三角分布，于是 $U(x_j)=\dfrac{a}{\sqrt6}$。

3. 求合成标准不确定度

测量结果 y 的标准不确定度 $u_c(y)$（或 $u(y)$）应是合成标准不确定度，它是由 x_i 标准不确定度 $u_c(y)$ 按不确定度传播规律合成的。计算方法如图 2 − 15 所示。

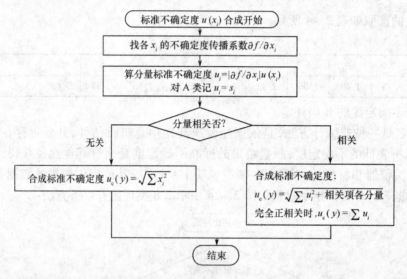

图 2 − 15　合成标准不确定度计算

4. 求展伸不确定度

展伸不确定度是为使不确定度置信水准（包含概率）更高而提出的，需将标准不确定度 $u_c(y)$ 乘以包含因子 k 得到展伸不确定度 $U=ku_c(y)$。展伸不确定度计算如图 2 − 16 所示。它有两种处理方法：一种是自由度不明或无，当作"无"处理；另一种是知道自由度，按"有"处理，此时包含因子 k 与自由度有关。

自由度是指为求不确定度时所用总和中的项数与总和的限制条件数之差。等精度多次测量中用统计方法求测量不确定度，总和项数为测量数值个数（测量次数），而限制条件是残差之和等于零（一个条件），故用贝塞尔法求得的 $s(x_{ik})$ 或 $s(x_i)$ 的自由度为 $v_i=n-1$。可见测量次数少，测量结果的可靠性相对较差，其自由度小。

图 2 − 12 中的 A 类评定的自由度是指按贝塞尔法评定的，对最大残差法、极差法，其自由度如表 2 − 5 所列。

表 2 − 5　最大残差法、极差法系数自由度

n	2	3	4	5	6	7	8	9	10	15	20
最大残差法	0.9	1.8	2.7	3.6	4.4	5.0	5.6	6.2	6.8	9.3	11.5
极差法	0.9	1.8	2.7	3.6	4.5	5.3	6.0	6.8	7.5	10.5	13.1

图 2 − 12 中的 B 类评定是先已知展伸不确定度，故其自由度用相对标准差求得。B 类评定中的自由度为

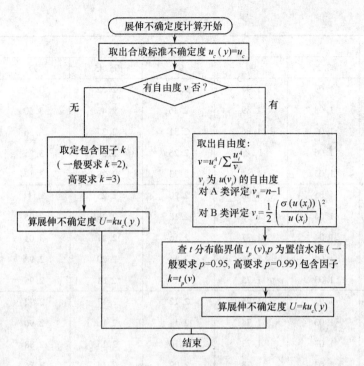

图 2-16　展伸不确定度计算

$$v_i = \frac{0.5}{\left(\dfrac{\sigma(u(x_j))}{u(x_j)} \right)^2} \qquad (2-22)$$

其中，$\dfrac{\sigma(u(x_j))}{u(x_j)}$ 为 $u(x_j)$ 的相对标准差。

由式 (2-22) 可知其自由度与相对标准差的平方成反比，相对标准差越大，自由度越小；相对标准差越小，测量结果越准确可靠，其自由度也越大。

k 由 t 分布临界值给出 $k = t_p(v)$，v 为合成标准不确定度的自由度：

$$v = \frac{u_c^4(y)}{\sum \dfrac{u_i^4}{v_i}} \qquad (2-23)$$

其中，v_i 是 $u(x_i)$ 的自由度，p 的值可选并应说明。t 分布临界值 $k = t_p(v)$ 如表 2-6 所列。

表 2-6　t 分布临界 $t_p(v)$ 表

自由度	$p/\%$					
v	68.27	90	95	95.45	99	99.73
1	1.84	6.31	12.71	13.97	63.66	235.80
2	1.32	2 92	4.30	4.53	9.92	19.21
3	1.20	2.35	3.18	3.31	5.84	9.22
4	1.14	2.13	2.78	2.87	4.60	6.62
5	1.11	2.02	2.57	2.65	4.03	5.51

自由度	p/%					
v	68.27	90	95	95.45	99	99.73
6	1.09	1.94	2.45	2.52	3.71	4.90
7	1.08	1.89	2.36	2.43	3.50	4.53
8	1.07	1.86	2.31	2.37	3.36	4.28
9	1.06	1.83	2.26	2.32	3.25	4.09
10	1.05	1.81	2.23	2.28	3.17	3.96
11	1.05	1.80	2.20	2.25	3.11	3.85
12	1.04	1.78	2.18	2.23	3.05	3.76
13	1.04	1.77	2.16	2.21	3.01	3.69
14	1.04	1.76	2.14	2.20	2.98	3.64
15	1.03	1.75	2.13	2.18	2.95	3.59
16	1.03	1.75	2.12	2.17	2.92	3.54
17	1.03	1.74	2.11	2.16	2.90	3.51
18	1.03	1.73	2.10	2.15	2.88	3.48
19	1.03	1.73	2.09	2.14	2.86	3.45
20	1.03	1.72	2.09	2.13	2.85	3.42
25	1.02	1.71	2.06	2.11	2.79	3.33
30	1.02	1.70	2.04	2.09	2.75	3.27
35	1.01	1.70	2.03	2.07	2.72	3.23
40	1.01	1.68	2.02	2.06	2.70	3.20
45	1.01	1.68	2.01	2.06	2.69	3.18
50	1.01	1.68	2.01	2.05	2.68	3.16
100	1.005	1.66	1.984	2.0525	2.628	3.077
∞	1.00	1.645	1.96	2.00	2.576	3.00

2.7.4　测量不确定度报告

根据上述测量原理,使用测量装置进行测量,求得测量结果以及测量结果的展伸不确定度,最后给出测量结果报告,同时应有测量不确定度报告。测量不确定度报告用展伸不确定度表示,其形式如下。

（1）有自由度 v 时的表达

测量结果的展伸不确定度 $u = \times \times \times$,并加如下附注: u 由合成标准不确定度 $u_c = \times \times \times$ 求得,其基于自由度 $v = \times \times \times$,置信水准 $p = \times \times \times$ 的 t 分布临界值所得包含因子 $k = \times \times \times$。

（2）自由度 v 无法获得时的表达

测量结果的展伸不确定度 $u = \times \times \times$,并加如下附注: u 由合成标准不确定度 $u_c = \times \times \times$ 和包含因子 $k = \times \times \times$ 而得。

测量过程中还有许多不确定因素,如测量条件环境等,为提高测量结果的可靠性,要尽可能不忽视所有的影响因素,且有些测量要用到间接的方法,测得多个参数求得测量结果。这样,评定过程常要用不同的评定方法(A 类、B 类)求得各分量的标准不确定度;求各分量的传递系数,合成测量结果的标准不确定度;计算自由度,确定包含因子;最后才能得到测量结果的展伸不确定度。

习题与思考题

1. 测量的定义是什么? 机械制造技术测量包含哪几个问题? 测量的基本任务是什么?

2. 量块分级与分等的依据是什么? 使用时有何区别?

3. 试用 83 块一套的量块,选择组成尺寸 24.545mm 和 59.98mm 的量块组。

4. 试举例说明绝对测量与相对测量、直接测量与间接测量的区别和应用。

5. 试说明系统误差、随机误差和粗大误差的特性和不同,对测量结果的影响有什么不同。

6. 通过对工件的多次重复测量求得测量结果,可减少哪类误差,为什么?

7. 对某一个轴颈在同一位置上测量 10 次,测得值为 58.855mm,58.855mm,58.858mm,58.856mm,58.857mm,58.858mm,58.858mm,58.855mm,58.859mm,58.857mm。设已消除了系统误差,求测量结果。

8. 等精度测量某一尺寸 5 次,各次的测得值如下:25.002mm,24.999mm,24.998mm,24.999mm,25.000mm。设测得值与计量器具的不确定度($U=0.004$mm,$k=2$)无关,给出测量结果不确定度报告。

9. 不确定度是如何定义的? 测量不确定度和计量器具不确定度有何区别?

第3章 尺寸精度设计与检测

3.1 概　述

任何机械零件都是由若干个点、线、面等几何要素所构成的,机械零件的大小取决于几何要素的尺寸。由于制造过程中存在着各种误差,使得制造出的零件的实际尺寸与其理想尺寸存在一定的差异,因此,为保证零件的使用功能就必须对尺寸的变化范围加以限制,零件在图样上表达的所有要素都要有一定的公差要求,即尺寸精度设计。同时,采取相应的手段对零件尺寸进行检验,以保证零件的互换性。

现行的有关尺寸精度、检验和互换性要求的国家标准如下。

GB/T 1800.1—2009《产品几何技术规范(GPS) 极限与配合第 1 部分:公差、偏差和配合的基础》;

GB/T 1800.2—2009《产品几何技术规范(GPS) 极限与配合第 2 部分:标准公差等级和孔、轴极限偏差表》;

GB/T 1801—2009《产品几何技术规范(GPS) 极限与配合 公差带和配合的选择》;

GB/T 1803—2003《极限与配合　尺寸至 18mm 孔、轴公差带》;

GB/T 1804—2000《一般公差　未注公差的线性和角度尺寸的公差》;

GB/T 3177—2009《产品几何技术规范(GPS)　光滑工件尺寸的检验》;

GB/T 1957—2006《光滑极限量规 技术条件》。

3.2　极限与配合的基本术语及定义

为了正确地理解和应用极限与配合的有关国家标准,首先必须统一术语和定义。本节依据最新国家标准来介绍极限与配合的有关术语。

3.2.1　有关"孔"、"轴"的定义

机械工业是我国的支柱产业之一,孔、轴的配合又是机械工程中应用最多的结构,一般用做相对转动或移动副,也用做固定连接或可拆卸定心连接副,在实际生产中广泛应用。采用孔和轴这两个术语是为了确定零件的尺寸极限和相互的配合关系;在极限与配合中,孔和轴的关系表现为包容与被包容的关系。

(1)孔。通常指工件的圆柱形内表面,也包括非圆柱形内表面(由二平行平面或切面形成的包容面)。

(2)轴。通常指工件的圆柱形外表面,也包括非圆柱形外表面(由二平行平面或切面形成的被包容面)。

由上述定义可知,这里所说的孔、轴与通常的概念不同,具有更广泛的含义,它们不仅仅表示圆柱形的内、外表面,而且也包括由单一尺寸确定的非圆柱形的内、外表面。单一尺寸是两点之间的直线或弧线距离。

由单一尺寸确定的两平行表面相对,其间没有紧邻材料,形成包容面时,称为孔;由单一尺寸确定的两平行表面相对,其外没有紧邻材料,形成被包容面时,称为轴。如果两表面同向,既不能形成包容面,也不能形成被包容面,则属一般长度尺寸,用 L 表示。

如图 3-1 所示,图(a)表示为孔,图(b)表示为轴。在图 3-2 中,由 D_1、D_2、D_3 和 D_4 各尺寸确定的包容面均称为孔;由 d_1、d_2、d_3 和 d_4 各尺寸确定的被包容面均称为轴。L_1、L_2 和 L_3 属一般长度尺寸。

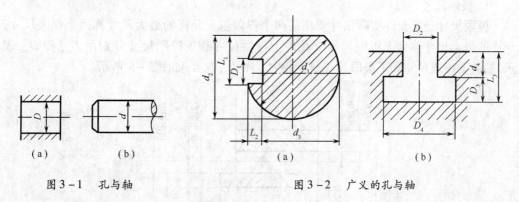

图 3-1　孔与轴　　　　　图 3-2　广义的孔与轴

3.2.2　有关尺寸的术语和定义

尺寸是以特定单位表示线性尺寸值的数值,尺寸也可称为线性尺寸或长度尺寸。尺寸由数字和长度单位两部分组成,如 50mm、60μm 等。

长度值包括直径、半径、宽度、高度、厚度、中心距等,但不包括用角度单位表示的角度尺寸。尺寸的长度单位为毫米(mm),在机械制图中标注时通常将单位省略,只标注数值。当采用其他单位时,则必须在数字后面注写单位。如在企业中由于习惯,也常用道做单位,即 1 道 =0.01mm。

1. 公称尺寸

由图样规范确定的理想形状要素的尺寸称为公称尺寸。它是设计人员根据零件的使用性能、强度和刚度要求,通过计算、试验或者类比相似零件而确定的,其数值一般应按 GB/T 2822—2005《标准尺寸》所规定的数值进行圆整,应尽量按标准系列选取,以减少定值刀具、量具的种类。公称尺寸是计算极限尺寸和尺寸偏差的一个基准尺寸。孔和轴的公称尺寸分别用 D 和 d 表示。

如图 3-3 所示,$\phi30$ 为轴的公称尺寸。

2. 实际尺寸

实际尺寸是通过测量得到的尺寸,孔和轴的实际尺寸分别用 D_a 和 d_a 表示。由于存在测量误差,实际尺寸并非尺寸的真实值;并且由于加工误差的存在,工件上不同部位的实际尺寸也不完全相同,如图 3-4 所示。故实际尺寸是零件上某一位置的测量值,即零件的局部实际尺寸。

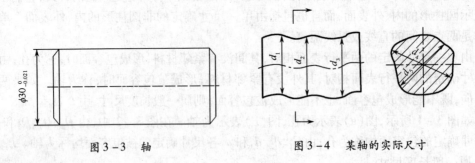

图3-3　轴　　　　　　　　　　　　　图3-4　某轴的实际尺寸

3. 极限尺寸

极限尺寸是指允许实际尺寸变化的两个界限值。允许的最大尺寸称为上极限尺寸,允许的最小尺寸称为下极限尺寸。孔的上极限尺寸和下极限尺寸分别用 D_{max} 和 D_{min} 表示,轴的上极限尺寸和下极限尺寸分别用 d_{max} 和 d_{min} 表示,如图3-5所示。

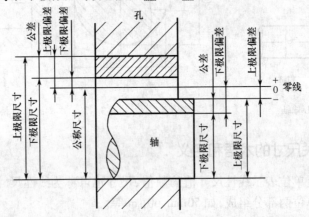

图3-5　孔和轴的公称尺寸,上、下极限尺寸和上、下极限偏差

极限尺寸是以公称尺寸为基数,根据使用上的要求而定的。不考虑形位误差的影响,加工后的零件实际尺寸若在两极限尺寸之间,则零件合格,否则零件不合格。合格零件的实际尺寸应该满足下列条件:

对于孔　　　　　　　　　　$D_{max} \geq D_a \geq D_{min}$　　　　　　　　　　(3-1)

对于轴　　　　　　　　　　$d_{max} \geq d_a \geq d_{min}$　　　　　　　　　　(3-2)

4. 实体状态与实体尺寸

孔、轴的极限尺寸除按其尺寸大小特征分为上、下极限尺寸外,还可按工件实体的大小,即所占有材料的多少为特征分类。

最大实体状态(MMC)和最大实体尺寸(MMS):孔或轴在尺寸公差范围内,具有材料量最多时的状态,称为最大实体状态。在此状态下的极限尺寸称为最大实体尺寸。孔的最大实体尺寸 D_M 为其下极限尺寸 D_{min};轴的最大实体尺寸 d_M 为其上极限尺寸 d_{max}。

最小实体状态(LMC)和最小实体尺寸(LMS):孔或轴在尺寸公差范围内,具有材料量最少时的状态,称为最小实体状态。在此状态下的极限尺寸称为最小实体尺寸。孔的最小实体尺寸 D_L 为其上极限尺寸 D_{max};轴的最小实体尺寸 d_L 为其下极限尺寸 d_{min}。

5. 体外作用尺寸

在被测要素的配合长度上,与实际孔体外相接的最大理想轴,或与实际轴体外相接的最小理想孔的直径或宽度称为体外作用尺寸,如图3-6所示。孔的体外作用尺寸用D_{fe}表示,轴的体外作用尺寸用d_{fe}表示。体外作用尺寸是实际尺寸和形状误差的综合结果,所以,孔、轴的实际配合效果,不仅取决于孔、轴的实际尺寸,而且亦与孔、轴的体外作用尺寸有关。

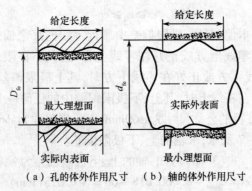

（a）孔的体外作用尺寸 （b）轴的体外作用尺寸

图3-6 孔、轴体外作用尺寸

3.2.3 有关尺寸偏差和公差的术语和定义

1. 尺寸偏差

某一尺寸(实际尺寸、极限尺寸等)减去其公称尺寸所得的代数差称为尺寸偏差,其值可正、可负或为零。

(1) 极限偏差。极限偏差是极限尺寸减去其公称尺寸所得的代数差。由于极限尺寸有上极限尺寸和下极限尺寸之分,因而极限偏差有上、下极限偏差之分,如图3-5所示。

上极限偏差是上极限尺寸减去其公称尺寸所得的代数差。孔和轴的上极限偏差分别用ES和es表示,即

$$ES = D_{max} - D \qquad (3-3)$$

$$es = d_{max} - d \qquad (3-4)$$

下极限偏差是下极限尺寸减去其公称尺寸所得的代数差。孔和轴的下极限偏差分别用EI和ei表示,即

$$EI = D_{min} - D \qquad (3-5)$$

$$ei = d_{min} - d \qquad (3-6)$$

因为偏差是代数值,所以在进行计算或在技术图样上标注时,除零外,上、下极限偏差必须带有正负号。

国标规定:在图样上和技术文件中标注极限偏差时,上极限偏差标注在公称尺寸的右上角,下极限偏差标注在公称尺寸的右下角。特别当偏差为零时,必须在相应的位置上标注"0",而不能省略,如$\phi 30H7\binom{+0.021}{0}$。当上、下极限偏差值相等而符号相反时,可简化标注,如$\phi 40 \pm 0.008$。

(2) 实际偏差。实际偏差是实际尺寸减去其公称尺寸所得的代数差。孔和轴的实际

偏差分别用 E_a 和 e_a 表示,即

$$E_a = D_a - D \tag{3-7}$$

$$e_a = d_a - d \tag{3-8}$$

实际应用中,常以极限偏差来表示尺寸允许的变动范围。孔、轴的尺寸合格的条件也可以用偏差表示为

对于孔: $ES \geqslant E_a \geqslant EI$ (3-9)

对于轴: $es \geqslant e_a \geqslant ei$ (3-10)

(3)基本偏差。基本偏差是指极限偏差中靠近零线的那个偏差,用来确定公差带的位置。当公差带完全在零线上方或正好在零线上方时,其下极限偏差(EI/ei)为基本偏差;当公差带完全在零线下方或正好在零线下方时,其上极限偏差(ES/es)为基本偏差;而当公差带对称地分布在零线上时,其上、下极限偏差中的任何一个都可作为基本偏差。

【例 3-1】 某轴直径的公称尺寸为 $\phi60\text{mm}$,上极限尺寸为 $\phi60.018\text{mm}$,下极限尺寸为 $\phi59.988\text{mm}$,如图 3-7 所示,求轴的上、下极限偏差。

【解】 由式(3-4)、式(3-6)可知,轴的上、下极限偏差为

$$es = d_{\max} - d = 60.018 - 60 = +0.018(\text{mm})$$

$$ei = d_{\min} - d = 59.988 - 60 = -0.012(\text{mm})$$

2. 尺寸公差(T)

尺寸公差是上极限尺寸减去下极限尺寸之差,或上极限偏差减去下极限偏差之差。尺寸公差是设计者根据零件的精度要求并考虑加工时的经济性,对尺寸的变化范围给出的允许值。合格的零件尺寸只能在上极限尺寸与下极限尺寸之间变化,因此公差是一个没有符号的算术值,不能为零。孔和轴的公差分别用 T_D 和 T_d 表示,其表达式为

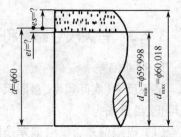

图 3-7 轴的极限偏差计算示例

$$T_D = |D_{\max} - D_{\min}| = |ES - EI| \tag{3-11}$$

$$T_d = |d_{\max} - d_{\min}| = |es - ei| \tag{3-12}$$

从加工的角度讲,公称尺寸相同的零件,公差越大,加工就越容易,反之加工就越困难。

公差与偏差在概念上是不同的,两者的主要区别在于:

(1)偏差可以为正、负或零,而公差是允许尺寸变化的范围,故公差不能为零或负。

(2)极限偏差用于限制实际偏差,而公差用于限制加工误差。

(3)极限偏差主要反映公差带的位置,影响零件配合的松紧程度;而公差代表公差带的大小,影响配合精度。

(4)从工艺上看,偏差取决于加工时机床的调整(如车削时进刀的位置),不反映加工的难易程度;而公差反映零件的加工难易程度。

3. 尺寸公差带及尺寸公差带图

为清晰地表示上述各量及其相互关系,一般采用尺寸公差带示意图,在图中将公差和极限偏差部分放大,从图中可以直观地看出公称尺寸、极限尺寸、极限偏差和公差之间的关系。在实际应用中一般不画出孔和轴的全形,只将轴向截面图中有关公差部分按规定

放大画出,这种图称为尺寸公差带图,如图 3-8 所示。

（1）零线。在公差带图中,表示公称尺寸的一条直线称为零线,它是确定偏差的一条基准线,是偏差的起始线,又称为零偏差线。通常将零线沿水平方向绘制,在其左端标注表示偏差方向的符号 $\overset{+}{0}$,并在左下方画出带单向箭头的尺寸线,标注公称尺寸值。正偏差位于零线上方,负偏差位于零线下方。

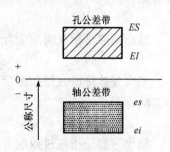

图 3-8　尺寸公差带图

（2）尺寸公差带。在公差带图中,由代表上、下极限偏差的两条直线所限定的区域称为尺寸公差带。在同一公差带图中,孔、轴公差带的位置、大小应采用相同的比例绘制,一般孔公差带用斜线表示,轴公差带用网点表示。

尺寸公差带有两个特性:大小和位置。公差带的大小由尺寸公差确定,公差带的位置由基本偏差确定。

3.2.4　有关配合的术语和定义

配合是指公称尺寸相同的、相互结合的孔和轴公差带之间的关系。配合是由设计图纸表达的功能要求,即对结合松紧程度的要求。

1. 间隙和过盈

孔的尺寸减去相配合的轴的尺寸所得的代数差,此差值为正数时是间隙,为负数时是过盈。间隙用 S 表示,过盈用 δ 表示,如图 3-9 所示。

注意： 过盈量符号为负只表示过盈特征,并不具有数学上的含义。

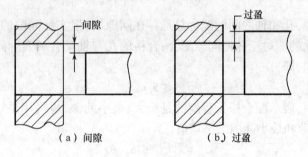

图 3-9　间隙和过盈

（1）实际间隙和实际过盈。实际间隙和实际过盈是指相互配合孔、轴的实际尺寸（或实际偏差）之差,它由两个已加工好的零件的实际尺寸所决定。

实际间隙以 S_a 表示,实际过盈以 δ_a 表示,计算公式为

$$S_a(\delta_a) = D_a - d_a = E_a - e_a \tag{3-13}$$

（2）极限间隙和极限过盈。极限间隙和极限过盈是指相互配合孔、轴的极限尺寸（或极限偏差）之差,是实际间隙和实际过盈允许变动的界限值。

通常,极限间隙分为最大间隙 S_{max} 和最小间隙 S_{min};极限过盈分为最大过盈 δ_{max} 和最小过盈 δ_{min}。极限间隙或极限过盈与极限尺寸的关系如下:

最大间隙是指在间隙配合或过渡配合中,孔的上极限尺寸减轴的下极限尺寸之差,其

值为正,即
$$S_{\max} = D_{\max} - d_{\min} = ES - ei \qquad (3-14)$$

最小间隙是指在间隙配合中,孔的下极限尺寸减轴的上极限尺寸之差,其值为正,即
$$S_{\min} = D_{\min} - d_{\max} = EI - es \qquad (3-15)$$

最大过盈是指在过盈配合或过渡配合中,孔的下极限尺寸减轴的上极限尺寸之差,其值为负,即
$$\delta_{\max} = D_{\min} - d_{\max} = EI - es \qquad (3-16)$$

最小过盈是指在过盈配合中,孔的上极限尺寸减轴的下极限尺寸之差,其值为负,即
$$\delta_{\min} = D_{\max} - d_{\min} = ES - ei \qquad (3-17)$$

2. 配合的种类

根据孔、轴公差带之间的关系,配合分为三大类,即间隙配合、过盈配合、过渡配合。

(1) 间隙配合。孔的尺寸大于等于轴的尺寸的配合,称为间隙配合。此时,孔的公差带位于轴的公差带上方,如图 3-10 所示。

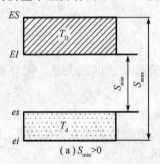 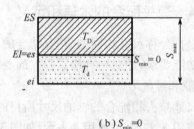

图 3-10　间隙配合

在间隙配合中,孔和轴之间的配合总是存在间隙的,但实际间隙的大小是随孔、轴实际尺寸不同而变化的。对于任何间隙配合,合格的孔与轴配合的实际间隙必须在最大间隙和最小间隙之间,即
$$S_{\min} \leqslant S_a \leqslant S_{\max} \qquad (3-18)$$

在间隙配合中,表示配合松紧程度的是最大、最小间隙,也可用平均间隙表示。平均间隙 S_{av} 是最大间隙和最小间隙的平均值,即
$$S_{av} = (S_{\max} + S_{\min})/2 \qquad (3-19)$$

【例 3-2】　相配合的孔、轴零件,孔的尺寸为 $\phi 80^{+0.030}_{0}$,轴的尺寸为 $\phi 80^{-0.030}_{-0.049}$,分别计算孔与轴的极限尺寸和公差,以及该配合的极限间隙和平均间隙。

【解】　孔与轴的公称尺寸:　$D = d = 80 (\text{mm})$

孔的极限尺寸:$D_{\max} = D + ES = 80 + 0.030 = 80.030 (\text{mm})$; $D_{\min} = D + EI = 80 + 0 = 80 (\text{mm})$

孔的尺寸公差:$T_D = |D_{\max} - D_{\min}| = |ES - EI| = 80.030 - 80 = 0.030 (\text{mm}) = 30 (\mu m)$

轴的极限尺寸: $d_{\max} = d + es = 80 + (-0.030) = 79.970 (\text{mm})$; $d_{\min} = d + ei = 80 + (-0.049) = 79.951 (\text{mm})$

轴的尺寸公差:$T_d = |d_{\max} - d_{\min}| = |es - ei| = 79.970 - 79.951 = 0.019 (\text{mm}) = 19 (\mu m)$

极限间隙:　　　$S_{\max} = D_{\max} - d_{\min} = ES - ei = 80.030 - 79.951$

48

$$= +0.030 + 0.049 = +0.079 （mm） = +79（\mu m）$$

$$S_{\min} = D_{\min} - d_{\max} = EI - es = 80 - 79.97$$

$$= 0 + 0.030 = +0.030 （mm） = +30（\mu m）$$

平均间隙： $S_{av} = (S_{\max} + S_{\min})/2 = +(79 + 30)/2 = +54.5（\mu m）$

（2）过盈配合。孔的尺寸小于等于轴的尺寸的配合，称为过盈配合。此时，孔的公差带位于轴的公差带下方，如图 3-11 所示。

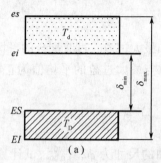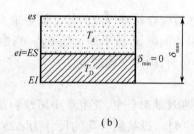

图 3-11 过盈配合

同样，在过盈配合中，孔和轴之间的配合总是存在过盈的，但实际过盈的大小是由孔、轴实际尺寸所决定的。对于任何过盈配合，合格的孔与轴的实际过盈必须在最大过盈和最小过盈之间，即

$$\delta_{\max} \leqslant \delta_a \leqslant \delta_{\min} \tag{3-20}$$

在过盈配合中，表示配合松紧程度的是最大、最小过盈，也可用平均过盈表示。平均过盈 δ_{av} 是最大过盈和最小过盈的平均值，即

$$\delta_{av} = (\delta_{\max} + \delta_{\min})/2 \tag{3-21}$$

【例 3-3】 有一孔、轴相配合，孔的尺寸为 $\phi 100 ^{-0.058}_{-0.093}$，轴的尺寸为 $\phi 100 ^{0}_{-0.022}$，最大过盈、最小过盈及平均过盈是多少？

【解】 孔与轴的公称尺寸：

$$D = d = 100（mm）$$

孔的极限偏差：

$$ES = -0.058（mm） = -58（\mu m）; EI = -0.093（mm） = -93（\mu m）$$

轴的极限偏差：

$$es = 0; ei = -0.022 （mm） = -22（\mu m）$$

最大过盈：

$$\delta_{\max} = D_{\min} - d_{\max} = EI - es = -93 - 0 = -93（\mu m）$$

最小过盈：

$$\delta_{\min} = D_{\max} - d_{\min} = ES - ei = -58 - (-22) = -36（\mu m）$$

平均过盈：

$$\delta_{av} = (\delta_{\max} + \delta_{\min})/2 = (-93 - 36)/2 = -64.5（\mu m）$$

（3）过渡配合。可能具有间隙也可能具有过盈的配合称为过渡配合。此时孔的公差带与轴的公差带相互交叠，如图 3-12 所示。

对于过渡配合，在同一批配合件中，实际配合后具有间隙还是过盈，要由配合件的实

49

际尺寸决定。并且,合格的孔轴配合后的 S_a 或 δ_a 均应满足

$$S_a \leqslant S_{max} \quad \text{或} \quad \delta_a \geqslant \delta_{max} \tag{3-22}$$

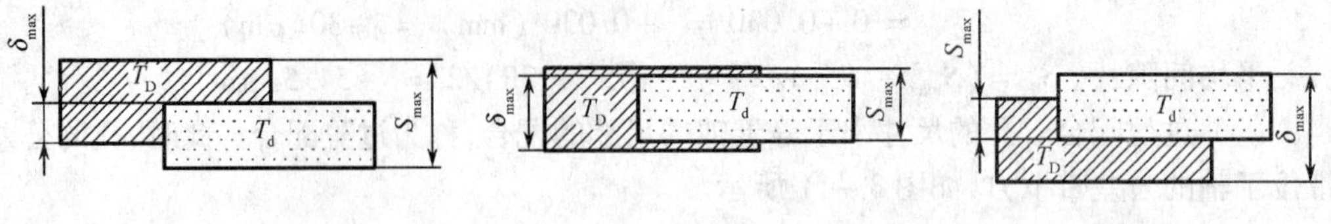

图 3-12 过渡配合

表示过渡配合松紧程度的特征值是最大间隙和最大过盈。过渡配合的平均松紧程度可表示为平均间隙 S_{av} 或平均过盈 δ_{av}。当最大间隙与最大过盈的平均值为正时,则为平均间隙;为负时,则为平均过盈。

$$S_{av}(\delta_{av}) = (S_{max} + \delta_{max})/2 \tag{3-23}$$

注意:在过渡配合中,没有最小间隙和最小过盈。

【例 3-4】 设某配合孔的尺寸为 $\phi 25^{+0.033}_{0}$,轴的尺寸为 $\phi 25^{+0.013}_{-0.008}$,试计算该配合的最大间隙、最大过盈及平均间隙、平均过盈。

【解】 孔与轴的公称尺寸:

$$D = d = 25 \, (\text{mm})$$

孔的极限偏差:

$$ES = +0.033 \, (\text{mm}) = +33 (\mu m); \quad EI = 0$$

轴的极限偏差:

$$es = +0.013 \, (\text{mm}) = +13 (\mu m); \quad ei = -0.008 \, (\text{mm}) = -8 (\mu m)$$

最大间隙:

$$S_{max} = ES - ei = +0.033 - (-0.008) = +0.041 \, (\text{mm}) = +41 (\mu m)$$

最大过盈:

$$\delta_{max} = EI - es = 0 - 0.013 = -0.013 (\text{mm}) = -13 (\mu m)$$

平均间隙:

$$S_{av} = (S_{max} + \delta_{max})/2 = (41 - 13)/2 = +14 (\mu m)$$

因配合类型只与相互结合的孔、轴公差带的相对位置有关,与孔、轴公差带对零线(公称尺寸)的位置无关,所以在表示配合类型的尺寸公差带图解中不标出零线,如图 3-10、图 3-11、图 3-12 所示。

三种配合的特点如下。

◆ 间隙配合:除零间隙外,孔的实际尺寸永远大于轴的实际尺寸;配合时存在间隙,允许孔、轴之间有相对转动;孔的公差带永远在轴的公差带上方。

◆ 过盈配合:除零过盈外,孔的实际尺寸永远小于轴的实际尺寸;配合时存在过盈,不允许孔、轴之间有相对的转动;孔的公差带永远在轴的公差带下方。

◆ 过渡配合:孔的实际尺寸可能大于也可能小于轴的实际尺寸;配合时可能存在间隙也可能存在过盈;孔的公差带和轴的公差带相互交叠。

50

3. 配合公差 T_f

配合公差 T_f 是指允许间隙或过盈的变动量。它是由设计人员根据相互配合零件的使用要求确定的,表示配合精度,是评定配合质量的一个重要指标。配合公差是一个没有符号的绝对值。

对间隙配合:

$$T_f = |S_{max} - S_{min}| = |ES - ei - EI + es| = T_D + T_d \qquad (3-24)$$

对过盈配合:

$$T_f = |\delta_{min} - \delta_{max}| = |ES - ei - EI + es| = T_D + T_d \qquad (3-25)$$

对过渡配合:

$$T_f = |S_{max} - \delta_{max}| = |ES - ei - EI + es| = T_D + T_d \qquad (3-26)$$

由式(3-24)~式(3-26)可知,无论何种配合,其配合公差均等于相配合的孔、轴公差之和。这表明,孔、轴的配合精度取决于相互配合的孔、轴尺寸精度。配合公差表示配合的精度,是按使用要求提出的设计要求;而孔、轴公差则分别表示其加工难度,是对制造上提出的工艺要求,在实际设计中必须正确处理式(3-24)~式(3-26)中左右两端参数的关系,以期合理解决设计与制造的矛盾。

4. 配合公差带图

配合公差带图的画法与尺寸公差带图的画法相似,也是按一定比例将极限间隙或极限过盈放大后画在配合公差带图上。

在配合公差带图中,零线表示间隙或过盈等于零。零线上方为正,表示间隙;下方为负,表示过盈。由代表极限间隙或极限过盈的两条直线所限定的区域,就是配合公差带,如图3-13所示。

5. 配合性质的判断

正确判断配合性质是工程技术人员必须具备的知识,在有基本偏差代号的尺寸标注中,可由基本偏差代号来判断配合的性质。但在尺寸中只标注偏差的大小而未标注基本偏差代号时,就要依据极限偏差的大小来判断配合性质。间隙配合中,孔的下极限偏差(EI)大于或等于轴的上极限偏差(es);过盈配合中,轴的下极限偏差(ei)大于或等于孔的上极限偏差(ES)。这两条同时不成立时,则为过渡配合。

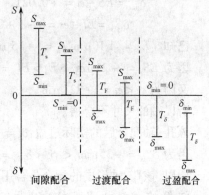

图 3-13　配合公差带图

【例 3-5】　已知某配合的公称尺寸为 $\phi 60mm$,配合公差 $T_f = 49\mu m$,最大间隙 $S_{max} = 19\mu m$,孔的尺寸公差 $T_D = 30\mu m$,轴的下极限偏差 $ei = +11\mu m$,试确定孔的上、下极限偏差和轴的上极限偏差,画出该配合的孔、轴尺寸公差带图和配合公差带图,并说明配合类别。

【解】　因为 $T_f = T_D + T_d$

所以,轴的尺寸公差:

$$T_d = T_f - T_D = 49 - 30 = 19(\mu m)$$

由 $T_d = es - ei$ 得轴的上极限偏差:

$$es = T_d + ei = 19 + (+11) = +30(\mu m)$$

由 $S_{max} = ES - ei$ 得孔的上极限偏差：

$$ES = S_{max} + ei = 19 + (+11) = +30(\mu m)$$

由 $T_D = ES - EI$ 得孔的下极限偏差：

$$EI = ES - T_D = (+30) - 30 = 0$$

由于 $T_f = (S_{max} - S_{min})$ 或 $= (S_{max} - \delta_{max})$，所以 $S_{max} - T_f = 19 - 49 = -30(\mu m) = \delta_{max}$
此配合的孔轴的尺寸公差带图和配合公差带图分别如图 3-14(a) 和图 3-14(b) 所示。由图可知，该配合为过渡配合。

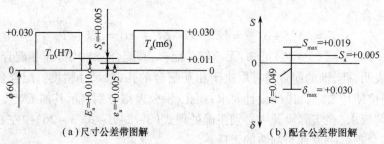

| (a)尺寸公差带图解 | (b)配合公差带图解 |

图 3-14 例 3-5 的尺寸公差带图和配合公差带图

【例 3-6】 已知某配合 $\phi 30H7(^{+0.021}_{0})/p6(^{+0.035}_{+0.022})$，若有一相互结合的孔、轴的实际偏差分别为：$E_a = +10\mu m, e_a = +15\mu m$，试判断该孔、轴的尺寸是否合格，所形成的配合是否合用？

【解】 因 $ei > ES$，所以该配合为过盈配合，且

$$\delta_{min} = ES - ei = +0.021 - (+0.022) = -0.001(mm) = -1(\mu m)$$
$$\delta_{max} = EI - es = 0 - (+0.035) = -0.035(mm) = -35(\mu m)$$

已知 $E_a = +10\mu m, e_a = +15\mu m$

因为 $ES = +21\mu m > E_a > EI = 0$，所以孔的尺寸合格。

又因为 $e_a < ei = +22(\mu m)$，

所以轴的尺寸不合格。

该孔、轴配合后的实际过盈：$\delta_a = E_a - e_a = (+10) - (+15) = -5(\mu m)$

因为 $\delta_{max} = -35\mu m < S_a < \delta_{min} = -1\mu m$

所以，该孔、轴形成的配合是合用的。

注意：在该例中，虽然轴的尺寸不合格，但它仍可以与部分合格孔形成合用的配合。但是该轴无互换性，不能与任一合格的孔都形成合用的配合。

3.3 极限与配合国家标准

为实现零件的互换性和满足各种使用要求，便于国际间的技术交流，极限与配合国家标准采用了国际公差制。在极限与配合国家标准中，规定了配合制、标准公差系列和基本偏差系列，对不同的公称尺寸规定了一系列的标准公差（公差带的大小）和基本偏差（公差带位置），组合构成各种公差带，由这些不同的孔、轴公差带结合，形成各种

配合。

3.3.1 配合制

从上述三类配合的尺寸公差带图可知,孔、轴公差带的相对位置关系的改变,可组成不同性质、不同松紧的配合。但为简化起见,无需将孔、轴公差带同时变动,以两个配合件中的一个作为基准件,其公差带位置不变化,通过改变另一个零件(非基准件)的公差带位置来形成各种配合,便可满足不同使用性能要求的配合,且技术经济效益好。这种孔、轴公差带组成配合的一种制度称为配合制。GB/T 1800.1—2009 规定了两种配合制:基孔制配合与基轴制配合。

1. 基孔制

基本偏差为一定的孔公差带,与不同基本偏差的轴公差带形成各种配合的制度,简称基孔制。

在基孔制中的孔称为基准孔。基准孔的下极限偏差为基本偏差,数值为零,即 $EI = 0$,基本偏差代号为"H"。基孔制配合中的轴为非基准轴,通过改变轴的基本偏差大小(即轴的公差带位置)而形成各种不同性质的配合,如图 3 – 15(a)所示。

2. 基轴制

基本偏差为一定的轴公差带,与不同基本偏差的孔公差带形成各种配合的制度,简称基轴制。

在基轴制中的轴称为基准轴。基准轴以上极限偏差为基本偏差,数值为零,即 $es = 0$,基本偏差代号为"h"。基轴制配合中的孔为非基准孔,通过改变孔的基本偏差大小(即孔的公差带位置)而形成各种不同性质的配合,如图 3 – 15(b)所示。

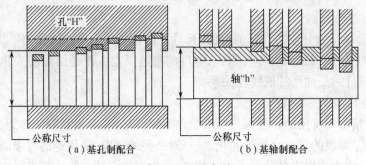

(a)基孔制配合　　　　　　　(b)基轴制配合

图 3 – 15　配合制

按照孔、轴公差带相对位置的不同,两种基准制都可以形成间隙、过盈和过渡三种不同的配合性质。如图 3 – 15 所示,图中基准孔的 ES 边界和基准轴的 ei 边界是两道虚线,非基准件的公差带的一边界也是虚线,表示公差带的大小是可变化的。

基孔制和基轴制是两种等效的配合制,因此,在基孔制中所规定的配合种类,在基轴制中也有相应的同名配合,且配合性质完全一样。

3.3.2 标准公差系列

标准公差系列是极限与配合国家标准制定的一系列标准公差数值。标准公差用 IT(即国际公差 ISO Tolerance 的缩写)表示。

1. 公差单位

标准公差因子是计算标准公差的基本单位,它是制定标准公差数值系列的基础。根据生产实际经验和科学统计分析表明,加工误差不仅与加工方法有关,还与公称尺寸有关,在加工方法和生产条件相同的情况下,加工误差与公称尺寸呈一定的函数关系,如图 3-16 所示。大量生产实践表明,当公称尺寸小于 500mm 时,零件的加工误差与尺寸的关系成立方抛物线关系,即尺寸误差与尺寸的立方根成正比。而随着尺寸增大,测量误差的影响也增大,所以在确定标准公差值时应考虑上述两个因素。国家标准总结出公差单位的计算公式。

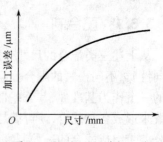

图 3-16 加工误差与公称
尺寸的关系

对于公称尺寸小于等于 500 mm 的尺寸段,IT5~ITl8 的公差单位计算公式为

$$i = 0.45 \sqrt[3]{D} + 0.001D \tag{3-27}$$

式中 i——标准公差因子(μm);

D——公称尺寸分段的计算值(mm)。

式(3-27)等号右边第一项主要反映加工误差随尺寸的变化;第二项反映了由于温度变化及量规变形所引起的测量误差与尺寸的关系。当零件的公称尺寸很小时,第二项在公差因子中所占的比例很小。

对于公称尺寸在 500mm~3150mm 的大尺寸段,IT5~IT18 的标准公差因子 I 的计算公式为

$$I = 0.004D + 2.1 \tag{3-28}$$

式中 I——标准公差因子(μm);

D——公称尺寸分段的计算值(使用尺寸段内首尾两个尺寸的几何平均值)(mm)。

式(3-28)表明,对大尺寸零件来说,零件的制造误差主要是由温度变化所引起的测量误差,它与零件的公称尺寸成线性关系。

2. 标准公差等级及其代号

确定尺寸精确程度用的等级称为标准公差等级,以公差等级系数 a 作为分级的依据。规定和划分公差等级的目的是为了简化、统一对公差的要求,使规定的等级既能满足不同的使用要求,又能大致代表各种加工方法的精度,为零件设计和制造带来极大的方便。

GB/T 1800.1—2009 对公称尺寸至 3150mm 尺寸段,规定了 20 个标准公差等级,用符号 IT 和阿拉伯数字组成的代号表示,记为 IT01、IT0、IT1、IT2、…、IT18。由 IT01 至 IT18,等级依次降低,在同一公称尺寸段内,标准公差值随等级降低而增大,计算公式见表 3-1。

表 3-1 标准公差计算公式(摘自 GB/T 1800.1—2009)

公差等级	公称尺寸/mm		公差等级	公称尺寸/mm	
	$D \leqslant 500$	$D > 500 \sim 3150$		$D \leqslant 500$	$D > 500 \sim 3150$
IT01	$0.3 + 0.008D$		IT9	$40\,i$	$40I$
IT0	$0.5 + 0.012D$		IT10	$64\,i$	$64\,I$
IT1	$0.8 + 0.020D$	$2I$	IT11	$100\,i$	$100\,I$

54

公差等级	公称尺寸/mm		公差等级	公称尺寸/mm	
	$D \leqslant 500$	$D > 500 \sim 3150$		$D \leqslant 500$	$D > 500 \sim 3150$
IT2	$(\text{IT1})(\text{IT5}/\text{IT1})^{1/4}$	$2.7I$	IT12	$160\,i$	$160\,I$
IT3	$(\text{IT1})(\text{IT5}/\text{IT1})^{1/2}$	$3.7I$	IT13	$250\,i$	$250\,I$
IT4	$(\text{IT1})(\text{IT5}/\text{IT1})^{3/4}$	$5I$	IT14	$400\,i$	$400\,I$
IT5	$7\,i$	$7I$	IT15	$640\,i$	$640\,I$
IT6	$10\,i$	$10I$	IT16	$1000\,i$	$1000I$
IT7	$16\,i$	$16I$	IT17	$1600\,i$	$1600\,I$
IT8	$25\,i$	$25I$	IT18	$2500\,i$	$2500\,I$

由表 3 - 1 可知：

（1）对于 IT01、IT0、IT1 三个高精度等级，主要考虑检测误差的影响，其标准公差值与零件的公称尺寸成线性关系，且计算公式中的常数和系数，均采用 R5 优先数系，其公比为 1.6。

（2）IT2、IT3、IT4 三个等级的标准公差，采用在 IT1 与 IT5 之间按等比级数插值的方式得到，其公比为 $q = (\text{IT5}/\text{IT1})^{1/4}$。

（3）在 IT6 ~ IT18 各公差等级中，其标准公差按下式计算：

$$\text{IT}_n = ai \qquad\qquad (3-29)$$

式中，a 是标准公差等级系数，其值采用 R5 优先数系，公比为 1.6。从 IT6 起，每跨 5 项，数值增加 10 倍。显然，标准公差等级越低，公差等级系数 a 就越大。公差等级系数 a 在一定程度上反映了加工的难易程度。

（4）各级公差之间的分布规律性很强，不仅便于向高、低两端延伸，也可在两个公差等级之间插值，以满足各种特殊情况的需要。例如：

向高精度等级延伸　　IT02 = IT01/1.6 = 0.2 + 0.005D

向低精度等级延伸　　IT19 = IT18 × 1.6 = 4000i

中间插值　　　　　　IT6.5 = IT6 × q10 = 1.25 × IT6 = 12.5i

　　　　　　　　　　IT6.25 = IT6 × q20 = 1.12 × IT6 = 11.2i

　　　　　　　　　　…… …… …… ……

3. 公称尺寸分段

根据表 3 - 1 中所列的标准公差计算公式，每个公称尺寸都应有一个相应的标准公差数值，这样既无必要，又不实用，还会给设计和生产带来许多困难。为了简化公差表格和便于应用，国家标准对公称尺寸进行了分段，如表 3 - 2 所列。公称尺寸分段后，在同一尺寸分段内的所有公称尺寸，公差等级相同时，具有相同的标准公差值。

对于同一尺寸段，式（3 - 27）中的 D 及后面计算基本偏差时的 D，按相应尺寸分段的首尾两个尺寸的几何平均值计算。

例如，对于公称尺寸 > 18mm ~ 30mm 尺寸段，公称尺寸的计算值为 $\sqrt{18 \times 30} \approx$ 23.24mm；对于公称尺寸 ≤ 3mm 的尺寸段，公称尺寸的计算值为 $\sqrt{1 \times 3} \approx 1.73$mm。

当公称尺寸相同时，公差值越大，公差等级越低。此时，公差值的大小能够反映公差等级的高低。对于不同的公称尺寸,公差值的大小不能反映公差等级的高低,这时,就要根据公差等级系数 a 来判断,a 越大,公差等级越低,加工越容易;反之,a 越小,公差等级越高,加工越困难。

表 3-2 所列为公称尺寸至 3150mm 的公差等级 IT1~IT18 的标准公差数值。标准公差等级 IT01 和 IT0 在工业中一般很少用到,且只有公称尺寸至 500mm 的公差值,其标准公差值如表 3-3 所列。

表 3-2　公称尺寸至 3150mm 的标准公差数值(摘自 GB/T 1800.1—2009)

公称尺寸 mm		标准公差等级																	
大于	至	IT1	IT2	IT3	IT4	IT5	IT6	IT7	IT8	IT9	IT10	IT11	IT12	IT13	IT14	IT15	IT16	IT17	IT18
		μm											mm						
—	3	0.8	1.2	2	3	4	6	10	14	25	40	60	0.1	0.14	0.25	0.4	0.6	1	1.4
3	6	1	1.5	2.5	4	5	8	12	18	30	48	75	0.12	0.18	0.3	0.48	0.75	1.2	1.8
6	10	1	1.5	2.5	4	6	9	15	22	36	58	90	0.15	0.22	0.36	0.58	0.9	1.5	2.2
10	18	1.2	2	3	5	8	11	18	27	43	70	110	0.18	0.27	0.43	0.7	1.1	1.8	2.7
18	30	1.5	2.5	4	6	9	13	21	33	52	84	130	0.21	0.33	0.52	0.84	1.3	2.1	3.3
30	50	1.5	2.5	4	7	11	16	25	39	62	100	160	0.25	0.39	0.62	1	1.6	2.5	3.9
50	80	2	3	5	8	13	19	30	46	74	120	190	0.3	0.46	0.74	1.2	1.9	3	4.6
80	120	2.5	4	6	10	15	22	35	54	87	140	220	0.35	0.54	0.87	1.4	2.2	3.5	5.4
120	180	3.5	5	8	12	18	25	40	63	100	160	250	0.4	0.63	1	1.6	2.5	4	6.3
180	250	4.5	7	10	14	20	29	46	72	115	185	290	0.46	0.72	1.15	1.85	2.9	4.6	7.2
250	315	6	8	12	16	23	32	52	81	130	210	320	0.52	0.81	1.3	2.1	3.2	5.2	8.1
315	400	7	9	13	18	25	36	57	89	140	230	360	0.57	0.89	1.4	2.3	3.6	5.7	8.9
400	500	8	10	15	20	27	40	63	97	155	250	400	0.63	0.97	1.55	2.5	4	6.3	9.7
500	630	9	11	16	22	32	44	70	110	175	280	440	0.7	1.1	1.75	2.8	4.4	7	11
630	800	10	13	18	25	36	50	80	125	200	320	500	0.8	1.25	2	3.2	5	8	12.5
800	1 000	11	15	21	28	40	56	90	140	230	360	560	0.9	1.4	2.3	3.6	5.6	9	14
1 000	1 250	13	18	24	33	47	66	105	165	260	420	660	1.05	1.65	2.6	4.2	6.6	10.5	16.5
1 250	1 600	15	21	29	39	55	78	125	195	310	500	780	1.25	1.95	3.1	5	7.8	12.5	19.5
1 600	2 000	18	25	35	46	65	92	150	230	370	600	920	1.5	2.3	3.7	6	9.2	15	23
2 000	2 500	22	30	41	55	78	110	175	280	440	700	1100	1.75	2.8	4.4	7	11	17.5	28
2 500	3 150	26	36	50	68	96	135	210	330	540	860	1350	2.1	3.3	5.4	8.6	13.5	21	33

注:1. 公称尺寸大于 500mm 的 IT1-IT5 的标准公差数值为试行的;

2. 公称尺寸小于 1 mm 时,无 IT14~IT18

表 3 – 3　IT01 和 IT0 的标准公差数值（摘自 GB/T 1800.1—2009）

公称尺寸/mm		标准公差等级		公称尺寸/mm		标准公差等级	
		IT01	IT0			IT01	IT0
大于	至	公差/μm		50	80	0.8	1.2
—	3	0.3	0.5	80	120	1	1.5
3	6	0.4	0.6	120	180	1.2	2
6	10	0.4	0.6	180	250	2	3
10	18	0.5	0.8	250	315	2.5	4
18	30	0.6	1	315	400	3	5
30	50	0.6	1	400	500	4	6

3.3.3　基本偏差系列

1. 基本偏差及其代号

基本偏差是用以确定尺寸公差带相对于零线位置的极限偏差，一般为靠近零线位置的那一个极限偏差，基本偏差系列如图 3 – 17 所示。

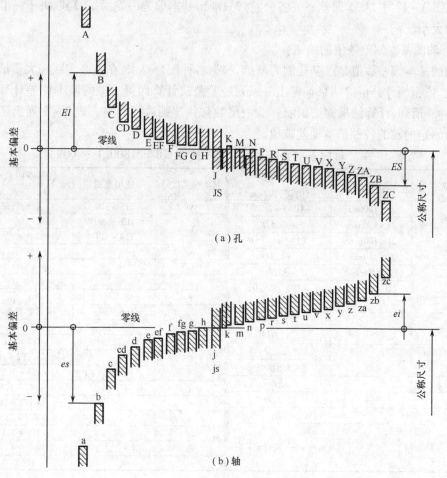

（a）孔

（b）轴

图 3 – 17　基本偏差系列

为了满足工程实践中不同的使用要求,国家标准 GB/T 1800.1—2009 分别对孔、轴规定了 28 种标准基本偏差,每种基本偏差用一个或两个拉丁字母表示,其中孔的基本偏差代号采用大写字母,轴的基本偏差代号采用小写字母表示,称为基本偏差代号。在 26 个拉丁字母中去掉 5 个容易与其他参数相混淆的字母:I、L、O、Q、W(i、l、o、q、w),剩下的 21 个字母加上 7 个双写字母:CD、EF、FG、Js、ZA、ZB、ZC(cd、ef、fg、js、za、zb、zc),即孔、轴各有 28 个基本偏差。其中,JS 和 js 在各公差等级中相对于零线是完全对称的("s"代表"对称偏差"之意),JS 和 js 将逐渐取代近似对称的基本偏差 J 和 j。因此,在国家标准中,孔仅留 J6、J7、和 J8,轴仅留 j5、j6、j7 和 j8。

孔的基本偏差中,A ~ G 的基本偏差均为下极限偏差 EI,皆为正值;H 的基本偏差 EI =0,是基准孔;JS 为对称公差带;J ~ ZC 的基本偏差均为上极限偏差 ES,除 J、K、M 外,皆为负值。

轴的基本偏差中,a ~ g 的基本偏差均为上极限偏差 es,皆为负值;h 的基本偏差 es = 0,是基准轴;js 为对称公差带;j ~ zc 的基本偏差均为下极限偏差 ei,除 j 外,皆为正值。

JS 和 js 在各个公差等级中,公差带完全对称于零线,因此,它们的基本偏差可以是上极限偏差 +(IT/2),也可以是下极限偏差 -(IT/2)。

任何一个尺寸公差带符号都由基本偏差代号和公差等级数联合表示,如 H7、h6、G8 等。在图 3 - 17 中,基本偏差系列各公差带只画出基本偏差一端,另一端取决于标准公差数值的大小。

2. 轴的基本偏差数值的确定

轴的基本偏差数值是以基孔制为基础,根据各种配合要求,在生产实践和大量试验的基础上,依据统计分析的结果整理出一系列经验公式计算而得。轴的基本偏差计算公式如表 3 - 4 所列,计算结果需按国家标准中尾数修约规则进行圆整。表 3 - 5 列出了经上述计算确定的轴的各种基本偏差数值。

表 3 - 4　轴的基本偏差计算公式(摘自 GB/T 1800.1—2009)

基本偏差代号	适用范围	基本偏差 es 计算公式/μm	基本偏差代号	适用范围	基本偏差 ei 计算公式/μm
a	$D \leq 120$mm	$-(265 + 1.3D)$	j	IT5 ~ IT8	经验数据
a	$D > 120$mm	$-3.5D$	k	≤IT3 及 ≥IT8	0
b	$D \leq 160$mm	$-(140 + 0.85D)$	k	IT4 ~ IT7	$+0.6\sqrt[3]{D}$
b	$D > 160$mm	$-1.8D$	m		$+(IT7 - IT6)$
c	$D \leq 40$mm	$-52D^{0.2}$	n		$+5D^{0.34}$
c	$D > 40$mm	$-(95 + 0.8D)$	p		$+IT7 + (0 \sim 5)$
cd		$-\sqrt{cd}$	r		$+\sqrt{ps}$
d		$-16D^{0.44}$	s	$D \leq 50$mm	$+IT8 + (1 \sim 4)$
e		$-11D^{0.41}$	s	$D > 50$mm	$+IT7 + 0.4D$
ef		$-\sqrt{ef}$	t		$+IT7 + 0.63D$
f		$-5.5D^{0.41}$	u		$+IT7 + D$
fg		$-\sqrt{fg}$	v		$+IT7 + 1.25D$
g		$-2.5D^{0.34}$	x		$+IT7 + 1.6D$
h		0	y		$+IT7 + 2D$
			z		$+IT7 + 2.5D$
			za		$+IT8 + 3.15D$
js		$es = +\dfrac{IT}{2}$ 或 $ei = -\dfrac{IT}{2}$	zb		$+IT9 + 4D$
			zc		$+IT10 + 5D$

由图 3 - 17 和表 3 - 4 可知,在基孔制配合中,a ~ h 用于间隙配合,其基本偏差的绝对值

就等于最小间隙,其中 a、b、c 主要用于大间隙或热动配合。考虑到热膨胀的影响,最小间隙与公称尺寸成线性关系。d、e、f 主要用于旋转运动,需要保证良好的液体摩擦。g 主要用于滑动配合或定位配合的半液体摩擦,要求间隙要小。cd、ef、fg 主要用于小尺寸的旋转运动,其基本偏差数值分别按 c 与 d、e 与 f、f 与 g 基本偏差的绝对值的几何平均值来确定。

j ~ n 主要用于过渡配合,间隙或过盈均不太大。要求孔、轴配合时,具有较好的对中性,且容易拆卸。其中,j 主要用于与滚动轴承相配合的轴,其基本偏差数值根据经验数据确定。

p ~ zc 主要用于过盈配合,为了保证孔、轴结合时具有足够的连接强度,其基本偏差数值一般按基准孔的标准公差(通常为 H7)和所需的最小过盈(与公称尺寸成线性关系)量来确定。最小过盈的系数系列符合优先数系,具有较好的规律性,便于应用。

表 3 - 5   轴的基本偏差数值(摘自 GB/T 1800. 1—2009)

公称尺寸/mm		基本偏差数值(上极限偏差 es)/μm											
		所有标准公差等级											
大于	至	a	b	c	cd	d	e	ef	f	fg	g	h	js
—	3	−270	−140	−60	−34	−20	−14	−10	−6	−4	−2	0	
3	6	−270	−140	−70	−46	−30	−20	−14	−10	−6	−4	0	
6	10	−280	−150	−80	−56	−40	−25	−18	−13	−8	−5	0	
10	14	−290	−150	−95	—	−50	−32	—	−16	—	−6	0	
14	18												
18	24	−300	−160	−110	—	−65	−40	—	−20	—	−7	0	
24	30												
30	40	−310	−170	−120		−80	−50	—	−25	—	−9	0	
40	50	−320	−180	−130									
50	65	−340	−190	−140		−100	−60	—	−30	—	−10	0	
65	80	−360	−200	−150									
80	100	−380	−220	−170		−120	−72	—	−36	—	−12	0	偏差 = $\pm\dfrac{\mathrm{IT}_n}{2}$ 式中,IT_n 是 IT 数值
100	120	−410	−240	−180									
120	140	−460	−260	−200		−145	−85	—	−43	—	−14	0	
140	160	−520	−280	−210									
160	180	−580	−310	−230									
180	200	−660	−340	−240		−170	−100	—	−50	—	−15	0	
200	225	−740	−380	−260									
225	250	−820	−420	−280									
250	280	−920	−480	−300		−190	−110	—	−56	—	−17	0	
280	315	−1 050	−540	−330									
315	355	−1 200	−600	−360		−210	−125	—	−62	—	−18	−0	
355	400	−1 350	−680	−400									
400	450	−1 500	−760	−440		−230	−135	—	−68	—	−20	0	
450	500	−1 650	−840	−480									

59

公称尺寸/mm		基本偏差数值(上极限偏差 es)/μm											
		所有标准公差等级											
大于	至	a	b	c	cd	d	e	ef	f	fg	g	h	js
500	560	—	—	—	—	−260	−145	—	−76	—	−22	0	偏差 = ± $\dfrac{IT_n}{2}$ 式中,IT_n 是 IT 数值
560	630	—	—	—	—	−260	−145	—	−76	—	−22	0	
630	710	—	—	—	—	−290	−160	—	−80	—	−24	0	
710	800	—	—	—	—	−290	−160	—	−80	—	−24	0	
800	900	—	—	—	—	−320	−170	—	−86	—	−26	0	
900	1 000	—	—	—	—	−320	−170	—	−86	—	−26	0	
1 000	1 200	—	—	—	—	−350	−195	—	−98	—	−28	0	
1 120	1 250	—	—	—	—	−350	−195	—	−98	—	−28	0	
1 250	1 400	—	—	—	—	−390	−220	—	−110	—	−30	0	
1 400	1 600	—	—	—	—	−390	−220	—	−110	—	−30	0	
1 600	1 800	—	—	—	—	−430	−240	—	−120	—	−32	0	
1 800	2 000	—	—	—	—	−430	−240	—	−120	—	−32	0	
2 000	2 240	—	—	—	—	−480	−260	—	−130	—	−34	0	
2 240	2 500	—	—	—	—	−480	−260	—	−130	—	−34	0	
2 250	2 800	—	—	—	—	−520	−290	—	−145	—	−38	0	
2 800	3 150	—	—	—	—	−520	−290	—	−145	—	−38	0	

公称尺寸/mm		基本偏差数值(下极限偏差 ei)/μm																		
		IT5 和 IT6	IT7	IT8	IT4 ~ IT7	≤IT3 > IT7	所有标准公差等级													
大于	至	j			k		m	n	p	r	s	t	u	v	x	y	z	za	zb	zc
—	3	−2	−4	−6	0	0	2	4	6	10	14	—	18	—	20	—	26	32	40	60
3	6	−2	−4	—	1	0	4	8	12	15	19	—	23	—	28	—	35	42	50	80
6	10	−2	−5	—	1	0	6	10	15	19	23	—	28	—	34	—	42	52	67	97
10	14	−3	−6	—	1	0	7	12	18	23	28	—	33	—	40	—	50	64	90	130
14	18	−3	−6	—	1	0	7	12	18	23	28	—	33	39	45	—	60	77	108	150
18	24	−4	−8	—	2	0	8	15	22	28	35	—	41	47	54	63	73	98	136	188
24	30	−4	−8	—	2	0	8	15	22	28	35	41	48	55	64	75	88	118	160	218
30	40	−5	−10	—	2	0	9	17	26	34	43	48	60	68	80	94	112	148	200	274
40	50	−5	−10	—	2	0	9	17	26	34	43	54	70	81	97	114	136	180	242	325
50	65	−7	−12	—	2	0	11	20	32	41	53	66	87	102	122	144	172	226	300	405
65	80	−7	−12	—	2	0	11	20	32	43	59	75	102	120	146	174	210	274	360	480
80	100	−9	−15	—	3	0	13	23	37	51	71	91	124	146	178	214	258	335	445	585
100	120	−9	−15	—	3	0	13	23	37	54	79	104	144	172	210	254	310	400	525	690
120	140	−11	−18	—	3	0	15	27	43	63	92	122	170	202	248	300	365	470	620	800
140	160	−11	−18	—	3	0	15	27	43	65	100	134	190	228	280	340	415	535	700	900
160	180	−11	−18	—	3	0	15	27	43	68	108	146	210	252	310	380	465	600	780	1 000

公称尺寸/mm		基本偏差数值（上极限偏差 ei）/μm																		
		IT5和IT6	IT7	IT8	IT4~IT7	≤IT3 / >IT7	所有标准公差等级													
大于	至	j			k		m	n	p	r	s	t	u	v	x	y	z	za	zb	zc
180	200									77	122	166	236	284	350	425	520	670	880	1 150
200	225	−13	−21	—	4	0	17	31	50	80	130	180	258	310	385	470	575	740	960	1 250
225	250									84	140	196	284	340	425	520	640	820	1 050	1 350
250	280	−16	−26	—	4	0	20	34	56	94	158	218	315	335	475	580	710	920	1 200	1 550
280	315									98	170	240	350	425	525	650	790	1 000	1 300	1 700
315	355	−18	−28	—	4	0	21	37	62	108	190	268	390	475	590	730	900	1 150	1 500	1 900
355	400									114	208	294	435	530	660	820	1 000	1 300	1 620	2 100
400	450	−20	−32	—	5	0	23	40	68	126	232	330	490	595	740	920	1 100	1 450	1 850	2 400
450	500									132	252	360	540	660	820	1 000	1 250	1 600	2 100	2 600
500	560	—			0	0	26	44	78	150	280	400	600	—						
560	630									155	310	450	660							
630	710	—			0	0	30	50	88	175	340	500	740							
710	800									185	380	560	840	—						
800	900				0	0	34	55	100	210	430	620	940							
900	1 000									220	470	680	1 050							
1 000	1 200				0	0	40	66	120	250	520	780	1 150							
1 120	1 250									260	580	840	1 300							
1 250	1 400				0	0	48	78	140	300	640	960	1 450							
1 400	1 600									330	720	1 050	1 600							
1 600	1 800				0	0	58	92	170	370	820	1 200	1 850							
1 800	2 000									400	920	1 350	2 000							
2 000	2 240				0	0	68	110	195	440	1 000	1 500	2 300							
2 240	2 500									460	1 100	1 650	2 500							
2 250	2 800				0	0	76	135	240	550	1 250	1 900	2 900							
2 800	3 150									280	1 400	2 100	3 200							

3. 孔的基本偏差数值的确定

孔的基本偏差数值是由相同字母轴的基本偏差在相应的公差等级的基础上通过换算得到的。由于基轴制与基孔制是两种并行等效的配合制度,构成非基准件的基本偏差计算公式所考虑的因素是一致的。因此,孔的基本偏差数值不必用公式计算,可以按照一定的换算规则,直接由同名字母轴的基本偏差换算得到。换算的原则是:基本偏差字母代号同名的孔和轴,分别构成的基轴制与基孔制的配合,在相应公差等级的条件下,其配合性质必须相同,即具有相同的极限间隙或极限过盈,如 $\phi 50H9/f9$ 与 $\phi 50F9/h9$, $\phi 30H7/r6$ 与 $\phi 30R7/h6$。

由于在较高的公差等级中,相同公差等级的孔比轴难加工,因此,国家标准规定,为使

61

孔和轴在加工工艺上等价,孔比轴公差等级低一级。在较低精度等级的配合中,孔与轴采用相同的公差等级。

孔的基本偏差按照下述两种规则换算。

(1)通用规则:同名代号的孔和轴的基本偏差绝对值相等,而符号相反,即

对于孔 A ~ H: $\qquad EI = -es$ (3-30)

K ~ ZC(同级配合): $\qquad ES = -ei$ (3-31)

(2)特殊规则:标准公差 ≤ IT8 的 J ~ N 和标准公差≤IT7 的 P ~ ZC,一般采用非同级配合,此时同名代号的孔、轴基本偏差的符号相反,而绝对值相差一个 Δ 值,即

$$ES = -ei + \Delta \qquad (3-32)$$

$$\Delta = IT_n - IT_{n-1} = T_D - T_d \qquad (3-33)$$

式中 IT_n——孔的标准公差,公差等级为 n 级;

IT_{n-1}——轴的标准公差,公差等级为 $n-1$ 级(比孔高一级)。

式(3-32)、式(3-33)推导如下:

在较高公差等级配合中,孔比轴公差等级低一级,但这时,两种基准制所形成的配合性质也要求相同(具有相同的极限间隙或极限过盈),如图 3-18 所示。即

基孔制时 $\qquad \delta_{\min} = ES - ei = (+IT_n) - ei$

基轴制时 $\qquad \delta_{\min} = ES - ei = ES - (-IT_{n-1})$

由于最小过盈必须相等,所以

$$IT_n - ei = ES + IT_{n-1}$$

因此孔的基本偏差为

$$ES = -ei + (IT_n - IT_{n-1}) = -ei + \Delta$$

$$\Delta = IT_n - IT_{n-1}$$

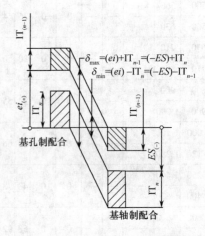

图 3-18 孔的基本偏差换算规则

用上述规则换算出孔的基本偏差按一定规则化整,编制出孔的基本偏差数值表,如表 3-6 所列。实际使用时可直接查表,不必计算。

基本偏差仅确定了孔、轴靠近零线的一个极限偏差,另一个极限偏差则取决于标准公差的数值。

对于孔:A ~ H $\quad$ 基本偏差为 EI $\quad$ 另一极限偏差 $\quad ES = EI + T_D$

$\qquad\quad$ J ~ ZC $\quad$ 基本偏差为 ES $\quad$ 另一极限偏差 $\quad EI = ES - T_D$

对于轴:a ~ h $\quad$ 基本偏差为 es $\quad$ 另一极限偏差 $\quad ei = es - T_d$

$\qquad\quad$ j ~ zc $\quad$ 基本偏差为 ei $\quad$ 另一极限偏差 $\quad es = ei + T_d$

GB/T 1800.1—2009 规定,孔、轴尺寸公差带代号用基本偏差的字母与公差等级数字表示,如 H7(孔公差带)、g6(轴公差带)等。

公差带的尺寸表示方法为在公称尺寸后面标注所要求的公差带代号或(和)对应的极限偏差数值。例如:$\phi 30H7$,$\phi 80G8$,$\phi 50js7$,$\phi 100_{-0.58}^{-0.036}$,$\phi 100f6\left(_{-0.058}^{-0.036}\right)$。

表 3-6 孔的基本偏差数值（摘自 GB/T 1800.1—2009）

基本偏差数值/μm

公称尺寸/mm 大于	至	A	B	C	CD	D	E	EF	F	FG	G	H	JS	J IT6	J IT7	J IT8	K ≤IT8	K >IT8	M ≤IT8	M >IT8	N ≤IT8	N >IT8	P至ZC
—	3	+270	+140	+60	+34	+20	+14	+10	+6	+4	+2	0	偏差 = ±IT$_n$/2，式中，IT$_n$ 是 IT 值数	+2	+4	+6	0	0	-2	-2	-4	-4	在大于 IT7 的相应数值上增加一个Δ值
3	6	+270	+140	+70	+46	+30	+20	+14	+10	+6	+4	0		+5	+6	+10	-1+Δ	—	-4+Δ	-4	-8+Δ	0	
6	10	+280	+150	+80	+56	+40	+25	+18	+13	+8	+5	0		+5	+8	+12	-1+Δ	—	-6+Δ	-6	-10+Δ	0	
10	14	+290	+150	+95	—	+50	+32	—	+16	—	+6	0		+6	+10	+15	-1+Δ	—	-7+Δ	-7	-12+Δ	0	
14	18																						
18	24	+300	+160	+110	—	+65	+40	—	+20	—	+7	0		+8	+12	+20	-2+Δ	—	-8+Δ	-8	-15+Δ	0	
24	30																						
30	40	+310	+170	+120	—	+80	+50	—	+25	—	+9	0		+10	+14	+24	-2+Δ	—	-9+Δ	-9	-17+Δ	0	
40	50	+320	+180	+130	—																		
50	65	+340	+190	+140	—	+100	+60	—	+30	—	+10	0		+13	+18	+28	-2+Δ	—	-11+Δ	-11	-20+Δ	0	
65	80	+360	+200	+150	—																		
80	100	+380	+220	+170	—	+120	+72	—	+36	—	+12	0		+16	+22	+34	-3+Δ	—	-13+Δ	-13	-23+Δ	0	
100	120	+410	+240	+180	—																		
120	140	+460	+260	+200	—	+145	+85	—	+43	—	+14	0		+18	+26	+41	-3+Δ	—	-15+Δ	-15	-27+Δ	0	
140	160	+520	+280	+210	—																		
160	180	+580	+310	+230	—																		
180	200	+660	+340	+240	—	+170	+100	—	+50	—	+15	0		+22	+30	+47	-4+Δ	—	-17+Δ	-17	-31+Δ	0	
200	225	+740	+380	+260	—																		
225	250	+820	+420	+280	—																		
250	280	+920	+480	+300	—	+190	+110	—	+56	—	+17	0		+25	+36	+55	-4+Δ	—	-20+Δ	-20	-34+Δ	0	
280	315	+1 050	+540	+330	—																		
315	355	+1 200	+600	+360	—	+210	+125	—	+62	—	+18	0		+29	+39	+60	-4+Δ	—	-21+Δ	-21	-37+Δ	0	
355	400	+1 350	+680	+400	—																		

说明：下极限偏差 EI（A、B、C、CD、D、E、EF、F、FG、G、H，所有标准公差等级）；上极限偏差 ES（J、K、M、N、P至ZC）。

（续）

基本偏差数值/μm

公称尺寸/mm 大于	至	下极限偏差 EI 所有标准公差等级 A	B	C	CD	D	E	EF	F	FG	G	H	JS	上极限偏差 ES J IT6	J IT7	J IT8	K ≤IT8	K >IT8	M ≤IT8	M >IT8	N ≤IT8	N >IT8	P至ZC ≤IT7
400	450	+1 500	+760	+440	—	+230	+135	—	+68	—	+20	0		+33	+43	+66	−5+Δ	—	−23+Δ	−23	−40+Δ	0	
450	500	+1 650	+840	+480	—	+230	+135	—	+68	—	+20	0	偏差 = ±IT_n/2, 式中,IT_n 是 IT 值数	+33	+43	+66	−5+Δ	—	−23+Δ	−23	−40+Δ	0	在大于 IT7 的相应数值上增加一个Δ值
500	560	—	—	—	—	+260	+145	—	+76	—	+22	0		—	—	—	0	—	−26	—	−44		
560	630	—	—	—	—	+260	+145	—	+76	—	+22	0		—	—	—	0	—	−26	—	−44		
630	710	—	—	—	—	+290	+160	—	+80	—	+24	0		—	—	—	0	—	−30	—	−50		
710	800	—	—	—	—	+290	+160	—	+80	—	+24	0		—	—	—	0	—	−30	—	−50		
800	900	—	—	—	—	+320	+170	—	+86	—	+26	0		—	—	—	0	—	−34	—	−56		
900	1 000	—	—	—	—	+320	+170	—	+86	—	+26	0		—	—	—	0	—	−34	—	−56		
1 000	1 120	—	—	—	—	+350	+195	—	+98	—	+28	0		—	—	—	0	—	−40	—	−66		
1 120	1 250	—	—	—	—	+350	+195	—	+98	—	+28	0		—	—	—	0	—	−40	—	−66		
1 250	1 400	—	—	—	—	+390	+220	—	+110	—	+30	0		—	—	—	0	—	−48	—	−78		
1 400	1 600	—	—	—	—	+390	+220	—	+110	—	+30	0		—	—	—	0	—	−48	—	−78		
1 600	1 800	—	—	—	—	+430	+240	—	+120	—	+32	0		—	—	—	0	—	−58	—	−92		
1 800	2 000	—	—	—	—	+430	+240	—	+120	—	+32	0		—	—	—	0	—	−58	—	−92		
2 000	2 240	—	—	—	—	+480	+260	—	+130	—	+34	0		—	—	—	0	—	−68	—	−110		
2 240	2 500	—	—	—	—	+480	+260	—	+130	—	+34	0		—	—	—	0	—	−68	—	−110		
2 500	2 800	—	—	—	—	+520	+290	—	+145	—	+38	0		—	—	—	0	—	−76	—	−135		
2 800	3 150	—	—	—	—	+520	+290	—	+145	—	+38	0		—	—	—	0	—	−76	—	−135		

公称尺寸/mm		基本偏差数值/μm 上极限偏差 ES 标准公差等级大于 IT7												Δ值/μm 标准公差等级					
大于	至	P	R	S	T	U	V	X	Y	Z	ZA	ZB	ZC	IT3	IT4	IT5	IT6	IT7	IT8
—	3	-6	-10	-14	—	-18	—	-20	—	-26	-32	-40	-60	0	0	0	0	0	0
3	6	-12	-15	-19	—	-23	—	-28	—	-35	-42	-50	-80	1	1.5	1	3	4	6
6	10	-15	-19	-23	—	-28	—	-34	—	-42	-52	-67	-97	1	1.5	2	3	6	7
10	14	-18	-23	-28	—	-33	—	-40	—	-50	-64	-90	-130	1	2	3	3	7	9
14	18	-18	-23	-28	—	-33	-39	-45	—	-60	-77	-108	-150	1	2	3	3	7	9
18	24	-22	-28	-35	—	-41	-47	-54	-63	-73	-98	-136	-188	1.5	2	3	4	8	12
24	30	-22	-28	-35	-41	-48	-55	-64	-75	-88	-118	-160	-218	1.5	2	3	4	8	12
30	40	-26	-34	-43	-48	-60	-68	-80	-94	-112	-148	-200	-274	1.5	3	4	5	9	14
40	50	-26	-34	-43	-54	-70	-81	-97	-114	-136	-180	-242	-325	1.5	3	4	5	9	14
50	65	-32	-41	-53	-66	-87	-102	-122	-144	-172	-226	-300	-405	2	4	5	6	11	16
65	80	-32	-43	-59	-75	-102	-120	-146	-174	-210	-274	-360	-480	2	4	5	6	11	16
80	100	-37	-51	-71	-91	-124	-146	-178	-214	-258	-335	-445	-585	2	4	5	7	13	19
100	120	-37	-54	-79	-104	-144	-172	-210	-254	-310	-400	-525	-690	2	4	5	7	13	19
120	140	-43	-63	-92	-122	-170	-202	-248	-300	-365	-470	-620	-800	3	4	6	7	15	23
140	160	-43	-65	-100	-134	-190	-228	-280	-340	-415	-535	-700	-900	3	4	6	7	15	23
160	180	-43	-68	-108	-146	-210	-252	-310	-380	-465	-600	-780	-1 000	3	4	6	7	15	23
180	200	-50	-77	-122	-166	-236	-284	-350	-425	-520	-670	-880	-1 150	3	4	6	9	17	26
200	225	-50	-80	-130	-180	-258	-310	-385	-470	-575	-740	-960	-1 250	3	4	6	9	17	26
225	250	-50	-84	-140	-196	-284	-340	-425	-520	-640	-820	-1 050	-1 350	3	4	6	9	17	26
250	280	-56	-94	-158	-218	-315	-385	-475	-580	-710	-920	-1 200	-1 550	4	4	7	9	20	29
280	315	-56	-98	-170	-240	-350	-425	-525	-650	-790	-1 000	-1 300	-1 700	4	4	7	9	20	29
315	355	-62	-108	-190	-268	-390	-475	-590	-730	-900	-1 150	-1 500	-1 900	4	5	7	11	21	32
355	400	-62	-114	-208	-294	-435	-530	-660	-820	-1 000	-1 300	-1 650	-2 100	4	5	7	11	21	32

（续）

公称尺寸/mm		基本偏差数值/μm												Δ值/μm					
		上极限偏差 ES												标准公差等级					
		标准公差等级大于 IT7																	
大于	至	P	R	S	T	U	V	X	Y	Z	ZA	ZB	ZC	IT3	IT4	IT5	IT6	IT7	IT8
400	450	-68	-126	-232	-330	-490	-595	-740	-920	-1 100	-1 450	-1 850	-2 400	5	5	7	13	23	34
450	500		-132	-252	-360	-540	-660	-820	-1 000	-1 250	-1 600	-2 100	-2 600	—	—	—	—	—	—
500	560	-78	-150	-280	-400	-600	—	—	—	—	—	—	—	—	—	—	—	—	—
560	630		-155	-310	-450	-660	—	—	—	—	—	—	—	—	—	—	—	—	—
630	710	-88	-175	-340	-500	-740	—	—	—	—	—	—	—	—	—	—	—	—	—
710	800		-185	-380	-560	-840	—	—	—	—	—	—	—	—	—	—	—	—	—
800	900	-100	-210	-430	-620	-940	—	—	—	—	—	—	—	—	—	—	—	—	—
900	1 000		-220	-470	-680	-1 050	—	—	—	—	—	—	—	—	—	—	—	—	—
1 000	1 120	-120	-250	-520	-780	-1 150	—	—	—	—	—	—	—	—	—	—	—	—	—
1 120	1 250		-260	-580	-840	-1 300	—	—	—	—	—	—	—	—	—	—	—	—	—
1 250	1 400	-140	-300	-640	-960	-1 450	—	—	—	—	—	—	—	—	—	—	—	—	—
1 400	1 600		-330	-720	-1 050	-1 600	—	—	—	—	—	—	—	—	—	—	—	—	—
1 600	1 800	-170	-370	-820	-1 200	-1 850	—	—	—	—	—	—	—	—	—	—	—	—	—
1 800	2 000		-400	-920	-1 350	-2 000	—	—	—	—	—	—	—	—	—	—	—	—	—
2 000	2 240	-195	-440	-1 000	-1 500	-2 300	—	—	—	—	—	—	—	—	—	—	—	—	—
2 240	2 500		-460	-1 100	-1 650	-2 500	—	—	—	—	—	—	—	—	—	—	—	—	—
2 500	2 800	-240	-550	-1 250	-1 900	-2 900	—	—	—	—	—	—	—	—	—	—	—	—	—
2 800	3 150		-580	-1 400	-2 100	-3 200	—	—	—	—	—	—	—	—	—	—	—	—	—

注:1. 公称尺寸小于或等于 1mm 时,基本偏差 A 和 B 及大于 IT8 的 N 均不采用,公差带 JS7~JS11,若 IT$_n$ 为奇数,则取偏差 $= \pm \frac{IT_{n-1}}{2}$;

2. 对小于或等于 IT8 的 K、M、N 和小于或等于 IT7 的 P~ZC,所需 Δ 值从表内右侧选取,例如:18mm~30mm 段的 K7,Δ=8μm,所以 ES=(-2+8)μm=+6μm;18mm~30mm 段的 S6,Δ=4μm,所以 ES=(-35+4)μm=-31μm;特殊情况是 250mm~315mm 段的 M6,ES=-9μm(代替-11μm)

【例3-7】 查表确定 $\phi25H7/p6$ 中孔、轴的基本偏差和另一极限偏差,按换算规则求 $\phi25P7/h6$ 中孔、轴的极限偏差,计算两配合的极限过盈并绘制公差带图。

【解】 (1)根据公称尺寸,查表3-2可知,$IT6 = 13\mu m$,$IT7 = 21\mu m$。

$\phi25H7$ 为基准孔: 即 $EI = 0$, $ES = EI + IT7 = +21\mu m$

查表3-5可知:$ei = +22\mu m$,则 $es = ei + IT6 = +35\mu m$

(2) $\phi25h6$ 为基准轴: 即 $es = 0$, $ei = es - IT6 = -13\mu m$

$\phi25P7$ 应按特殊规则计算。

因为 $$\Delta = IT7 - IT6 = 21 - 13 = 8\mu m$$

所以 $$ES = -ei + \Delta = -22 + 8 = -14\mu m$$

$$EI = ES - IT7 = -14 - 21 = -35\mu m$$

由上述计算可得 $\phi25H7 = \phi25^{+0.021}_{0}$, $\phi25p6 = \phi25^{+0.035}_{+0.022}$

$\phi25P7 = \phi25^{-0.014}_{-0.035}$, $\phi25h6 = \phi25^{0}_{-0.013}$

计算 $\phi25H7/p6$ 的极限过盈:

$$\delta_{max} = EI - es = 0 - (+35) = -35\mu m$$

$$\delta_{min} = ES - ei = +21 - (+22) = -1\mu m$$

计算 $\phi25P7/h6$ 的极限过盈:

$$\delta_{max} = EI - es = (-35) - 0 = -35\mu m$$

$$\delta_{min} = ES - ei = (-14) - (-13) = -1\mu m$$

绘制尺寸和配合公差带图如图3-19所示。

计算结果和公差带图表明:$\phi25H7/p6$ 和 $\phi25P7/h6$ 的最大过盈和最小过盈相等,说明两者配合性质完全相同。

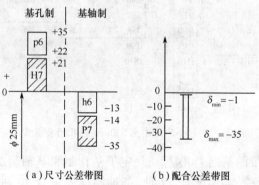

(a)尺寸公差带图　　(b)配合公差带图

图3-19 同名配合的尺寸和配合公差带图

3.3.4 极限与配合的标准化

根据 GB/T 1800.2—2009 规定的标准公差和基本偏差,可以组成许多种公差带。孔可组成543种公差带,轴可组成544种公差带。当按基孔制和基轴制形成配合时,又可得到大量的配合。然而,过多的公差带和配合,势必使标准复杂,增加定值尺寸的刀、量具及工艺装配的品种和规格,既不利于生产管理,又影响经济效益。因此,在最大限度地考虑我国生产、使用和发展的实际需要前提下,国标对极限与配合的选择做了必要的限制。

公称尺寸至 500mm 属于常用尺寸段,应用范围较广。对该尺寸段 GB/T 1801—2009 规定的轴公差带如图 3-20 所示,孔公差带如图 3-21 所示,其中圆圈中的公差带为优先选用的(轴、孔各 13 种),方框中的公差带为常用的(轴 59 种,孔 44 种),其他的为一般用途的公差带(轴 116 种,孔 105 种)。

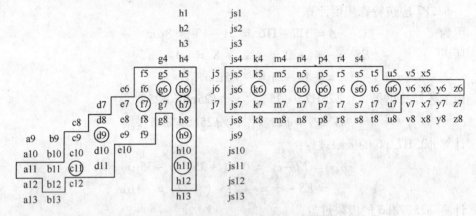

图 3-20　公称尺寸至 500mm 的轴用公差带

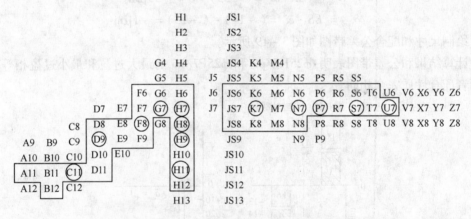

图 3-21　公称尺寸至 500mm 的孔用公差带

在规定轴、孔公差带的基础上,国标还规定了基孔制和基轴制的优先和常用配合,其中基孔制优先配合 13 种、常用配合 59 种,基轴制优先配合 13 种、常用配合 47 种,见表 3-7 和表 3-8。

为了方便使用,国标对优先选用的轴、孔公差带列出了极限偏差表,见附表 3-1 和附表 3-2;对基孔制与基轴制优先配合列出了极限间隙或极限过盈,见附表 3-3。在实际使用中,可直接查表,而不必按上面介绍的公式和规则进行计算。

机械精度设计时,应该按照优先、常用和一般用途公差带的顺序,组成所要求的配合。当一般用途公差带仍不能满足要求时,可以根据标准规定的标准公差和基本偏差组成所需要的新的公差带和配合。

68

表 3-7　基孔制优先、常用配合(摘自 GB/T 1801—2009)

基准孔	轴																					
	a	b	c	d	e	f	g	h	js	k	m	n	p	r	s	t	u	v	x	y	z
	间隙配合								过渡配合				过盈配合								
H6						$\frac{H6}{f5}$	$\frac{H6}{g5}$	$\frac{H6}{h5}$	$\frac{H6}{js5}$	$\frac{H6}{k5}$	$\frac{H6}{m5}$	$\frac{H6}{n5}$	$\frac{H6}{p5}$	$\frac{H6}{r5}$	$\frac{H6}{s5}$	$\frac{H6}{t5}$					
H7						$\frac{H7}{f6}$	$\frac{H7}{g6}$	$\frac{H7}{h6}$	$\frac{H7}{js6}$	$\frac{H7}{k6}$	$\frac{H7}{m6}$	$\frac{H7}{n6}$	$\frac{H7}{p6}$	$\frac{H7}{r6}$	$\frac{H7}{s6}$	$\frac{H7}{t6}$	$\frac{H7}{u6}$	$\frac{H7}{v6}$	$\frac{H7}{x6}$	$\frac{H7}{y6}$	$\frac{H7}{z6}$
H8					$\frac{H8}{e7}$	$\frac{H8}{f7}$	$\frac{H8}{g7}$	$\frac{H8}{h7}$	$\frac{H8}{js7}$	$\frac{H8}{k7}$	$\frac{H8}{m7}$	$\frac{H8}{n7}$	$\frac{H8}{p7}$	$\frac{H8}{r7}$	$\frac{H8}{s7}$	$\frac{H8}{t7}$	$\frac{H8}{u7}$				
H8				$\frac{H8}{d8}$	$\frac{H8}{e8}$	$\frac{H8}{f8}$		$\frac{H8}{h8}$													
H9			$\frac{H9}{c9}$	$\frac{H9}{d9}$	$\frac{H9}{e9}$	$\frac{H9}{f9}$		$\frac{H9}{h9}$													
H10			$\frac{H10}{c10}$	$\frac{H10}{d10}$				$\frac{H10}{h10}$													
H11	$\frac{H11}{a11}$	$\frac{H11}{b11}$	$\frac{H11}{c11}$	$\frac{H11}{d11}$				$\frac{H11}{h11}$													
H12		$\frac{H12}{b12}$						$\frac{H12}{h12}$													

注: 1. $\frac{H6}{n5}$、$\frac{H7}{p6}$ 在基本尺寸小于或等于3mm 和 $\frac{H8}{r7}$ 在基本尺寸小于或等于100mm 时，为过渡配合；

2. 标注 ▼ 的配合为优先配合

表 3-8　基轴制优先、常用配合(摘自 GB/T 1801—2009)

基准轴	孔																				
	A	B	C	D	E	F	G	H	JS	K	M	N	P	R	S	T	U	V	X	Y	Z
	间隙配合								过渡配合				过盈配合								
h6						$\frac{F6}{h5}$	$\frac{G6}{h5}$	$\frac{H6}{h5}$	$\frac{JS6}{h5}$	$\frac{K6}{h5}$	$\frac{M6}{h5}$	$\frac{N6}{h5}$	$\frac{P6}{h5}$	$\frac{R6}{h5}$	$\frac{S6}{h5}$	$\frac{T6}{h5}$					
h6						$\frac{F7}{h6}$	$\frac{G7}{h6}$	$\frac{H7}{h6}$	$\frac{JS7}{h6}$	$\frac{K7}{h6}$	$\frac{M7}{h6}$	$\frac{N7}{h6}$	$\frac{P7}{h6}$	$\frac{R7}{h6}$	$\frac{S7}{h6}$	$\frac{T7}{h6}$	$\frac{U7}{h6}$				
h7					$\frac{E8}{h7}$	$\frac{F8}{h7}$		$\frac{H8}{h7}$	$\frac{JS8}{h7}$	$\frac{K8}{h7}$	$\frac{M8}{h7}$	$\frac{N8}{h7}$									
h8				$\frac{D8}{h8}$	$\frac{E8}{h8}$	$\frac{F8}{h8}$		$\frac{H8}{h8}$													
h9				$\frac{D9}{h9}$	$\frac{E9}{h9}$	$\frac{F9}{h9}$		$\frac{H9}{h9}$													
h10				$\frac{D10}{h10}$				$\frac{H10}{h10}$													
h11	$\frac{A11}{h11}$	$\frac{B11}{h11}$	$\frac{C11}{h11}$	$\frac{D11}{h11}$				$\frac{H11}{h11}$													
h12		$\frac{B12}{h12}$						$\frac{H12}{h12}$													

注: 标注 ▼ 的配合为优先配合

3.3.5 极限与配合在图样上的标注

1. 配合代号

用孔、轴公差带的组合表示,写成分数形式,分子为孔的公差代号,分母为轴的公差代号,标注在公称尺寸之后,如 $\phi100\dfrac{H7}{f6}$ 或 $\phi100\dfrac{F7}{h6}$。

2. 尺寸公差在零件图上的标注

尺寸公差在零件图上有三种标注方式:

（1）标注公称尺寸和公差带代号。

（2）标注公称尺寸和极限偏差。

（3）标注公称尺寸、公差带代号和极限偏差。

对于大批量生产的产品零件,采用第一种标注方式,如图 3－22(a)所示;对于单件或小批量生产的产品零件,采用第二种标注方式,如图 3－22(b)所示;对于中小批量生产的产品零件,采用第三种标注方式,如图 3－22(c)所示。

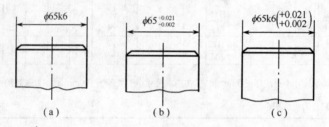

图 3－22　尺寸公差带的标注

3. 装配图中配合的标注

装配图中配合的标注有两种,如图 3－23 所示,其中图(a)的标注方式应用最广泛。

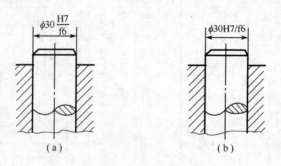

图 3－23　配合的标注方法

3.3.6 一般公差 —— 线性尺寸的未注公差

对机器零件上各要素提出的尺寸、形状或各要素间的位置等要求,取决于它们的功能,但是,对某些在功能上无特殊要求的要素,则可给出未注公差。GB/T 1804—2000 对未注公差的等级及数值都有一定的规定,当零件上的要素采用未注公差时,在图样上不单独标注公差,而是在图样上、技术文件或标准中作出说明。

1. 未注公差的概念

未注公差是指在车间普通工艺条件下,机床设备一般加工能力可保证的公差。在正常维护和操作情况下,它代表经济加工精度。

未注公差主要用于较低精度的非配合尺寸。当功能上允许的公差等于或大于未注公差时,均应采用未注公差。当采用未注公差时,在正常车间精度保证的条件下,尺寸一般可以不进行检验,如冲压件的未注公差由模具保证;短轴端面对外圆轴线的垂直度采用未注公差,外圆和端面在一次装夹中车成,则其垂直度由机床保证。

2. 未注公差的作用及适用范围

零件图样上应用未注公差后,具有如下优点:

(1)简化制图,使图样清晰易读。

(2)突出重要的、有公差要求的尺寸,以在加工和检验时引起重视。

(3)明确了可由一般工艺水平保证的要素,简化了对其检验要求,有助于质量管理。

(4)便于供需双方达成加工和销售合同协议,避免交货时不必要的争议。

适用范围:未注公差标注既适用于金属切削加工的尺寸,也适用于冲压加工的尺寸。非金属材料和其他工艺方法加工的尺寸也可参照采用。

3. 未注公差等级

GB/T 1804—2000 规定了线性和角度尺寸的未注公差的公差等级和极限偏差数值。如表 3-9 所列,线性尺寸的未注公差分为四个等级:f(精密级)、m(中等级)、c(粗糙级)、v(最粗级)。表 3-10 列出了倒圆半径和倒角高度尺寸的极限偏差。

选取 GB/T 1804—2000 规定的未注公差,在图样、技术文件或相应的标准(如企业标准、行业标准)中用标准号和公差等级号表示。例如,当按产品精密程度和车间普通加工经济精度选用中等公差等级时,可表示为:未注线性尺寸公差按 GB/T 1804 - m。这表明图样上凡是未注公差的线性尺寸均按 m(中等)等级加工和验收。

表 3-9 未注公差线性尺寸的极限偏差数值(摘自 GB/T 1804—2000)

公差等级	公称尺寸分段/mm							
	0.5~3	>3~6	>6~30	>30~120	>120~400	>400~1000	>1000~2000	>2000~4000
精密 f	±0.05	±0.05	±0.1	±0.15	±0.2	±0.3	±0.5	—
中等 m	±0.1	±0.1	±0.2	±0.3	±0.5	±0.8	±1.2	±2
粗糙 c	±0.2	±0.3	±0.5	±0.8	±1.2	±2	±3	±4
最粗 v	—	±0.5	±1	±1.5	±2.5	±4	±6	±8

表 3-10 倒圆半径和倒角高度尺寸的极限偏差数值(摘自 GB/T1804—2000)

公差等级	公称尺寸分段/mm			
	0.5~3	>3~6	>6~30	>30
精密 f,中等 m	±0.2	±0.5	±1	±2
粗糙 c,最粗 v	±0.1	±1	±2	±4
注:倒圆半径和倒角的含义见 GB/T 6403.4				

3.4 极限与配合的选用

极限与配合的选用是尺寸精度设计中的一个重要环节,它对产品的性能、质量、使用寿命及制造成本有着重要的影响。

极限与配合选用的内容包括选择基准制、公差等级和配合种类三个方面。选择的原则是在满足使用要求的前提下,获得最佳的技术经济效益。

3.4.1 配合制的选择

基孔制和基轴制是两种等效的配合制,因此配合制的选用与使用要求无关,主要应从结构、工艺性和经济性等几方面综合分析考虑,使所选的配合制能经济地加工制造出零件。

1. 优先选用基孔制

在一般情况下,国标推荐优先选用基孔制。这主要是从工艺和经济效益上来考虑的,因为中小尺寸段的孔的精加工一般采用铰刀、拉刀等定值尺寸刀具,检测也多采用塞规等定值尺寸量具。一种规格的定值尺寸刀具和量具只能加工或检验一种规格的孔,而一把车刀则可加工多种不同尺寸的轴。因此,采用基孔制,使孔的尺寸尽量单一,可大大减少定值尺寸刀具、量具的品种和规格,降低成本。

2. 应选用基轴制的情况

(1) 直接采用冷拔棒材做轴。在农业机械、纺织机械中,常采用 IT8 ~IT11 的不再进行机械加工的冷拔钢材(这种钢材是按基准轴的公差带制造的)做轴,当需要各种不同性质的配合时,可选择不同的孔公差带来实现,可获得明显的经济效益。

(2) 尺寸小于 1mm 的精密轴。这类轴比同级的孔加工困难,因此在仪器、仪表及无线电工程中,常用经过光轧成型的钢丝直接做轴,这时采用基轴制较经济。

(3) 结构上的需要。同一公称尺寸的轴上需要装配几个具有不同配合性质的零件时,应采用基轴制。

例如:如图 3 - 24 所示的活塞连杆机构,根据使用要求,活塞销与活塞应为过渡配合,而活塞销与连杆之间有相对运动,应采用间隙配合。如果三段配合均采用基孔制,则活塞销与活塞配合为 H6/m5,活塞销与连杆的配合为 H6/g5,如图 3 - 25(a)所示,三个孔的公差带一样,活塞销却要制成两端大、中间小的阶梯形,不便于加工。同时在装配的过程中,活塞销两端直径大于连杆的孔径,容易对连杆的内孔表面造成划伤,影响连杆与活塞销的配合质量。

如果采用基轴制,则活塞销与活塞配合为 M6/h5,活塞销与连杆的配合为 G6/h5,如图 3 - 25(b)所示,活塞销制成一根光轴,而活塞孔与连杆孔按不同的公差带加工,获得两种不同的配合。这样不仅有利于轴的加工,并且能够保证它们在装配中的配合性质。

3. 根据标准件选择配合制

当设计的零件与标准件配合时,应按标准件的规定选用配合制。例如,滚动轴承内圈与轴的配合采用基孔制;滚动轴承外圈与壳体孔的配合采用基轴制。

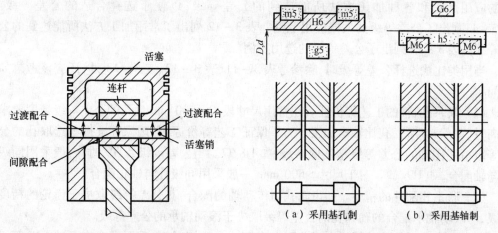

图 3-24 活塞、活塞销和连杆的配合　　　　图 3-25 活塞销配合基准制的选用

4. 可采用非基准制的配合的情况

在某些情况下,为满足配合的特殊需要,可以采用非基准制配合。所谓的非基准制配合就是相配合的两零件既无基准孔 H,又无基准轴 h。当一个孔与几个轴相配合或一个轴与几个孔相配合,其各配合要求各不同时,则有的配合要出现非基准制的配合,如图 3-26(a)所示。与滚动轴承相配的机座孔必须采用基轴制,而端盖与机座孔的配合,由于要求经常拆卸,配合性质需松些,故设计时选用最小间隙为零的间隙配合。为避免机座孔制成阶梯形,采用混合配合 $\phi80M7/f7$,其公差带位置如图 3-26(b)所示。

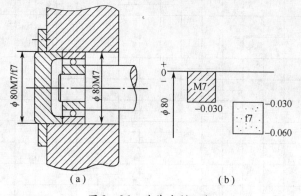

图 3-26 非基准制配合

3.4.2 公差等级的选择

合理选择公差等级,就是为了更好地解决机械零部件使用要求与制造工艺及成本之间的矛盾,公差等级的高低直接影响产品使用性能和加工的经济性。公差等级过低,虽可降低生产成本,但产品质量得不到保证;公差等级过高,加工成本就会增加,特别是当精度高于 IT6 时,制造成本便急剧增加。因此,公差等级的选择原则是:在满足使用要求的前提下,考虑工艺的可能性,尽量选用精度较低的公差等级。

公差等级的选用主要采用类比法和计算法。

1. 类比法

类比法是公差等级选择的主要方法。用类比法选择公差等级时,应掌握各个公差等级的应用范围和各种加工方法所能达到的公差等级,以便于选择合适的公差等级。表3-11列出了公差等级的大概应用范围。表3-12列出了常用加工方法所能达到的公差等级。表3-13列出了公差等级的选用实例。

当用类比法选择公差等级时,除参考表3-11、表3-12、表3-13外,还应该考虑如下问题。

(1) 联系孔、轴的工艺等价性。在常用尺寸段 $D \leqslant 500$ mm 且孔的公差等级精度要求较高时(一般 $\leqslant$ IT8),孔比轴难加工。为了保证工艺等价原则,国家标准推荐选取孔的公差等级精度比轴的公差等级精度低一级,如 H8/f7。当公差等级 $\geqslant$ IT9 时,一般采用同级孔与轴配合,如 H9/d9。对于尺寸 >500 mm,一般采用同级孔与轴相配合。

(2) 联系相配件的精度。如齿轮孔与传动轴的配合,其公差等级取决于齿轮的精度等级,与滚动轴承配合的轴和孔的公差等级取决于滚动轴承的公差等级。

(3) 配合表面的公差等级高于非配合表面。一般情况下,重要配合表面的公差等级较高,孔为 IT6 ~IT8,轴为 IT5 ~IT7;次要配合表面的公差等级较低,孔为 IT9 ~IT12,轴为同级;非配合表面的孔轴公差等级一般大于 IT12。

表3-11 公差等级的应用

应用场合		公差等级(IT)																		
		01	0	1	2	3	4	5	6	7	8	9	10	11	12	13	14	15	16	17	18
量规	量块																				
	高精度量规																				
	低精度量规																				
配合尺寸	个别特别重要的精密配合																				
	特别重要精密配合 孔																				
	特别重要精密配合 轴																				
	精密配合 孔																				
	精密配合 轴																				
	中等精度配合 孔																				
	中等精度配合 轴																				
	低精度配合																				
非配合尺寸,未注公差尺寸																					
原材料公差																					

表3-12 常用加工方法所能达到的公差等级

加工方法	公差等级(IT)																			
	01	0	1	2	3	4	5	6	7	8	9	10	11	12	13	14	15	16	17	18
研磨	—	—	—	—	—	—														
珩					—	—	—	—												
圆磨							—	—	—	—										

74

加工方法	公差等级（IT）																			
	01	0	1	2	3	4	5	6	7	8	9	10	11	12	13	14	15	16	17	18
平磨							—	—	—	—										
金刚石车							—	—	—											
金刚石镗							—	—	—											
拉削							—	—	—											
铰孔								—	—	—	—									
车									—	—	—	—	—							
镗									—	—	—	—	—							
铣										—	—	—	—							
刨、插												—	—							
钻												—	—	—	—					
滚压、挤压												—	—							
冲压												—	—	—	—	—				
压铸													—	—	—	—				
粗末冶金成型								—	—	—	—									
粉末冶金烧结									—	—	—	—								
砂型铸造、气割																		—	—	—
锻造																—	—			

表 3-13　公差等级选用实例

公差等级	应用条件说明	应用举例
IT4	用于精密测量工具，高精度的精密配合和 C 级、D 级滚动轴承配合的轴径和外壳孔径	检验 IT9～IT12 级工件用量规和校对 IT12～IT14 级轴用量规的校对量规，与 C 级轴承孔（孔径大于 100mm 时）及与 D 级轴承孔相配的机床主轴，精密机械和高速机械的轴径，与 C 级轴承相配的机床外壳孔，柴油机活塞销及活塞销座孔径，高精度（1 级～4 级）齿轮的基准孔或轴径，航空及航海工业用仪器中特殊精密的孔径
IT5	用于机床、发动机和仪表中特别重要的配合，在配合公差要求很小、形状精度要求很高的条件下，这类公差等级能使配合性质比较稳定，相当于旧国标中最高精度（1 级精度轴），故它对加工要求较高，一般机械制造中较少应用	检验 IT11～IT14 级工作用量规和校对 IT14～IT15 级轴用量规的校对量规，与 D 级滚动轴承相配的机床箱体孔，与 E 级转动轴承孔相配的机床主轴，精密机械及高速机械的轴径，机床尾座套筒，高精度分度盘轴颈，分度头主轴，精密丝杠基准轴颈，高精度镗套的外径等，发动机中主轴的外径，活塞销外径与活塞的配合，精密仪器中轴与各种传动件轴承的配合，航空、航海工业仪表中重要的精密孔的配合，5 级精度齿轮的基准孔及 5 级、6 级精度齿轮的基准轴

公差等级	应用条件说明	应 用 举 例
IT6	广泛用于机械制造中的重要配合,配合表面有较高均匀性的要求,能保证相当高的配合性质,使用可靠,相当于旧国标中2级精度轴和1级精度孔的公差	检验IT12～IT15级工件用量规和校对IT15～IT16级轴用量规的校对量规,与E级滚动轴承相配的外壳孔与滚子轴承相配的机床主轴轴颈,机床制造中,装配式齿轮、蜗轮、联轴器、带轮、凸轮的孔径,机床丝杠支承轴颈,矩形花键的定心直径,摇臂钻床的立柱等,机床夹具的导向件的外径尺寸,精密仪器光学仪器、计量仪器中的精密轴,航空、航海仪器仪表中的精密轴,无线电工业、自动化仪表、电子仪器、邮电机械中的特别重要的轴,以及手表中特别重要的轴,导航仪器中主罗经的方位轴、微电机轴,电子计算机外围设备中的重要尺寸,医疗器械中牙科直车头,中心齿轮轴及X线机齿轮箱的精密轴等,缝纫机中重要轴类尺寸,发动机中的汽缸套外径,曲轴主轴颈,活塞销,连杆衬套,连杆和轴瓦外径等,6级精度齿轮的基准孔和7级、8级精度齿轮的基准轴径,以及特别精密(1级2级精度)齿轮的顶圆直径
IT7	应用条件与IT6相类似,但它要求的精度可以比IT6稍低一点,在一般机械制造业中应用相当普遍,相当于旧国标中3级精度轴或2级精度孔的公差	检验IT14～IT16级工件用量规和校对IT16级轴用量规的校对量规,机床制造中装配式青铜蜗轮轮缘孔径,联轴器、带轮、凸轮等的孔径,机床卡盘座孔,摇臂钻床的摇臂孔,车床丝杠的轴承孔等,机床夹头导向件的内孔(如固定钻套、可换钻套、衬套、镗套等),发动机中的连杆孔、活塞孔、铰制螺栓定位孔等,纺织机械中的重要零件,印染机械中要求较高的零件,精密仪器光学仪器中精密配合的内孔,手表中的离合杆压簧等,导航仪器中主罗经壳底座孔,方位支架孔,医疗器械中牙科直车头中心齿轮轴的轴承孔及X线机齿轮箱的转盘孔,电子计算机、电子仪器、仪表中的重要内孔,自动化仪表中的重要内孔,缝纫机中的重要轴内孔零件,邮电机械中的重要零件的内孔,7级、8级精度齿轮的基准孔和9级、10级精密齿轮的基准轴
IT8	用于机械制造中属中等精度,在仪器、仪表及钟表制造中,由于基本尺寸较小,所以属较高精度范畴,在配合确定性要求不太高时,可应用较多的一个等级,尤其是在农业机械、纺织机械、印染机械、自行车、缝纫机、医疗器械中应用最广	检验IT16级工件用量规,轴承座衬套沿宽度方向的尺寸配合,手表中跨齿轴,棘爪拨针轮等与夹板的配合,无线电仪表工业中的一般配合,电子仪器仪表中较重要的内孔,计算机中变数齿轮孔和轴的配合,医疗器械中牙科车头的钻头套的孔与车针柄部的配合,导航仪器中主罗经粗刻度盘孔月牙形支架与微电机汇电环孔等,电机制造中铁心与机座的配合,发动机活塞油环槽宽,连杆轴瓦内径,低精度(9～12级精度)齿轮的基准孔和11～12级精度齿轮和基准轴,6～8级精度齿轮的顶圆
IT9	应用条件与IT8相类似,但要求精度低于IT8时用,比旧国标4级精度公差值稍大	机床制造中轴套外径与孔,操纵件与轴、空转带轮与轴,操纵系统的轴与轴承等的配合,纺织机械、印染机械中的一般配合零件,发动机中机油泵体内孔,气门导管内孔,飞轮与飞轮套,圈衬套,混合气预热阀轴,汽缸盖孔径、活塞槽环的配合等,光学仪器、自动化仪表中的一般配合,手表中要求较高零件的未注公差尺寸的配合,单键连接中键宽配合尺寸,打字机中的运动件配合等

公差等级	应用条件说明	应用举例
IT10	应用条件与 IT9 相类似,但要求精度低于 IT9 时用,相当于旧国标的 5 级精度公差	电子仪器仪表中支架上的配合,导航仪器中绝缘村套孔与汇电环衬套轴,打字机中铆合件的配合尺寸,闹钟机构中的中心管与前夹板、衬套与轴,手表中尺寸小于 18mm 时要求一般的未注公差尺寸及大于 18mm 要求较高的未注公差尺寸,发动机中油封挡圈孔与曲轴带轮毂
IT11	用于配合精度要求较低、装配后可能有较大的间隙,特别适用于要求间隙较大,且有显著变动而不会引起危险的场合,相当于旧国标的 6 级精度公差	机床上法兰盘止口与孔、滑块与滑移齿轮、凹槽等,农业机械、机车车箱部件及冲压加工的配合零件,钟表制造中不重要的零件,手表制造用的工具及设备中的未注公差尺寸;纺织机械中较粗糙的活动配合,印染机械中要求较低的配合,医疗器械中手术刀片的配合,磨床制造中的螺纹连接及粗糙的动连接,不作测量基准用的齿轮顶圆直径公差
IT12	配合精度要求很粗糙,装配后有很大的间隙,适用于基本上没有什么配合要求的场合,要求较高的未注公差尺寸的极限偏差,比旧国标的 7 级精度公差值稍小	非配合尺寸及工序间尺寸,发动机分离杆,手表制造中工艺装备的未注公差尺寸,计算机行业切削加工中未注公差尺寸的极限偏差,医疗器械中手术刀柄的配合,机床制造中扳手孔与扳手座的连接
IT13	应用条件与 IT12 相类似,但比旧国标 7 级精度公差值稍大	非配合尺寸及工序间尺寸,计算机、打字机中切削加工零件及图片孔、二孔中心距的未注公差尺寸
IT14	用于非配合尺寸及不包括在尺寸链中的尺寸,相当于旧国标的 8 级精度公差	在机床、汽车、拖拉机、冶金矿山、石油化工、电机、电器、仪器、仪表、造船、航空、医疗器械、钟表、自行车、缝纫机、造纸与纺织机械等工业中对切削加工零件未注公差尺寸的极限偏差,广泛应用此等级
IT15	用于非配合尺寸及不包括在尺寸链中的尺寸,相当于旧国标的 9 级精度公差	冲压件,木模铸造零件,重型机床制造,当尺寸大于 3150mm 时的未注公差尺寸

2. 计算法

计算法是根据工作条件,确定配合的极限间隙(或过盈),计算出配合公差,然后确定相配合孔、轴的公差等级。

采用计算法确定公差等级时,在计算出配合公差后,要通过查表尽量选取标准公差等级,个别情况下,为满足零件的特殊功能要求,可选择非标准的公差数值。所选取的孔轴公差之和不大于计算出的配合公差。

【例 3-8】 已知孔、轴的公称尺寸为 $\phi100$mm,根据使用要求,其允许的最大间隙为 $S_{max} = +55\mu$m,最小间隙为 $S_{min} = +10\mu$m,试确定孔、轴的公差等级。

【解】 (1) 计算允许的配合公差 $[T_f]$。

$$[T_f] = |[S_{max}] - [S_{min}]| = |55 - 10| = 45\mu m$$

(2) 计算、查表确定孔、轴的公差等级。

按要求 $T_D + T_d \leqslant [T_f]$。

由表 3-2 可知,IT5 = 15μm,IT6 = 22μm,IT7 = 35μm。

如果孔、轴公差等级都选 IT6 级,则配合公差 $T_f = 2 \times IT6 = 44\mu m < [T_f] = 45\mu m$,虽然

未超过其要求的允许值,但不符合高精度配合时,孔比轴的公差等级低一级的规定;

如果孔选 IT7 级精度,轴选 IT6 级精度,其配合公差 T_f = IT7 + IT6 = 35 + 22 = 57μm > $[T_f]$ = 45μm,不符合要求;

因此,孔选 IT6 级精度,轴选 IT5 级精度,其配合公差 T_f = IT6 + IT5 = 22 + 15 = 37μm < $[T_f]$ = 45μm,可以满足实用要求。

【例 3 - 9】 已知孔、轴的公称尺寸为 ϕ190mm,根据使用要求,其允许的最大过盈为 $[\delta_{max}]$ = 180μm,最小过盈为 $[\delta_{min}]$ = 45μm,试确定孔、轴的公差等级。

【解】 (1) 计算允许的配合公差 T_f。
$$[T_f] = |[\delta_{max}] - [\delta_{min}]| = |180 - 45| = 135\mu m$$
(2) 计算、查表确定孔、轴的公差等级。

按要求 $T_D + T_d \leqslant [T_f]$。

由表 3 - 2 可知,IT7 = 46μm,IT8 = 72μm,IT9 = 115μm。

如果孔、轴公差等级都选 IT7 级,则配合公差 T_f = 2 × IT7 = 92μm < $[T_f]$ = 135μm,虽然未超过其要求的允许值,但不符合较高精度配合时,孔比轴的公差等级低一级的规定;

如果孔选 IT9 级精度,轴选 IT8 级精度,其配合公差 T_f = IT9 + IT8 = 115 + 72 = 187μm > $[T_f]$ = 135μm,不符合要求;

因此,孔选 IT8 级精度,轴选 IT7 级精度,其配合公差 T_f = IT8 + IT7 = 72 + 46 = 118μm < $[T_f]$ = 135μm,可以满足实用要求。

值得注意的是,在实际生产中,可根据工作条件预先确定极限间隙或过盈的情况不多,因此计算法确定公差等级在实际工程中应用较少,大部分情况下还是采用类比的方法确定公差等级。

3.4.3 配合的选择

基准制和公差等级的选择,确定了基准孔或基准轴的公差带,以及非基准件的公差带的大小,因此配合的选择实际上就是确定非基准件公差带的位置,也就是选择非基准件的基本偏差代号。各种代号的基本偏差,在一定条件下代表了各种不同的配合,因此配合的选择也就是如何选择基本偏差的问题。选择配合的方法有计算法、试验法和类比法 3 种。

计算法是按照一定的理论和公式来确定需要的间隙或过盈,从而进行极限与配合的设计,主要用于间隙配合和过盈配合。例如,对于滑动轴承的间隙配合,要根据液体润滑理论来计算允许的最小间隙,然后选择标准的配合种类。对于过盈配合,要根据传递载荷的大小,按弹塑性理论计算允许的最小和最大过盈,从而选择适当的配合种类,GB/T 5371—2004《极限与配合 过盈配合的计算和选用》已作出了详细的规定。对于过渡配合,目前尚无合适的计算方法。

试验法是通过试验或统计分析来确定间隙或过盈。这种方法合理可靠,但成本较高,因而只用于重要产品的关键配合。

类比法是通过对类似的机器和零部件进行研究、分析对比后,根据前人的经验来选取极限与配合,这是目前应用最多、也是主要的一种方法。在实际工作中,应用最广泛的是类比法,即参照现有同类机器或类似结构,经实践验证的配合,与所设计的零件的使用条件相比较,修正后,确定配合。

1. 运用类比法选择配合的步骤

（1）配合类别的确定。在机械精度设计中，配合类别的选用主要取决于使用要求和工作条件。

如表 3-14 所列，当孔、轴间有相对运动要求时，应选间隙配合；当孔、轴无相对运动时，应根据具体工作条件的不同，选择相应的配合。若要传递足够大的扭矩，且不要求拆卸时，一般选过盈配合；若要求传递一定的扭矩，但要求能够拆卸时，应选过渡配合。

表 3-14　工作条件与配合类别的关系

结合件的工作状况				配合类别或基本偏差代号
有相对运动	转动或转动与移动的复合运动			间隙大或较大的间隙配合，a~f(A~F)
	只有移动			间隙较小的间隙配合，g(G)，h(H)
无相对运动	传递转矩	要精确对中	固定结合	过盈配合
			可拆结合	过渡配合或间隙最小的间隙配合加紧固件
		不需要精确对中		间隙较小的间隙配合加紧固件
	不传递转矩			过渡配合或过小的过盈配合

选用配合种类时，应注意零件的具体工作条件对配合性质的影响，从而对配合的松紧程度形成进一步概括的认识。零件的具体工作条件包括：相对运动的情况；负荷大小和性质；材料的许用应力；配合表面的长度和表面粗糙度；润滑条件；温度变化；对中、拆卸和修理要求等。在全面考虑上述这些因素的基础上，在设计时可对零件的配合间隙或过盈进行适当的调整，以提高机器的使用性能和寿命。

（2）基本偏差代号的确定。基孔制配合，主要是确定轴的基本偏差代号；对于基轴制配合，只要加以相应变换即可。

根据使用要求和工作条件的分析，得到较为明确的配合种类后，再对照实例，可确定基本偏差代号。对间隙配合，由于基本偏差的绝对值等于最小间隙，故应按最小间隙确定；对过渡配合，基本上取决于对中和拆卸两要求在使用中所占的比重；对过盈配合，则由最小过盈确定。

了解和掌握轴的各个基本偏差的特点和应用，对于确定基本偏差代号很重要，也是合理选择配合的关键所在。表 3-15 列出了轴的基本偏差的特点和应用实例。

表 3-15　配合的应用实例

配合	基本偏差	配合特性	应用实例
间隙配合	d	配合一般用于 IT7~IT11 级，适用于松的转动配合，如密封盖、滑轮、空转带轮等与轴的配合，也适用于大直径滑动轴承配合，如透平机、球磨机、轧滚成型和重型弯曲机，及其他重型机械的一些滑动支承	C618 车尾座中偏心轴与尾架体孔的结合

配合	基本偏差	配 合 特 性	应 用 实 例
间隙配合	e	多用于 IT7、8、9 级,通常适用要求有明显间隙、易于转动的支承配合,如大跨距支承、多支点支承等配合。高等级的 e 轴适用于大的、高速、重载支承,如涡轮发电机、大型电动机的支承及内燃机主要轴承、凸轮轴支承、摇臂支承等配合	H7/e6 内燃机主轴承
	f	多用于 IT6、7、8 级的一般传动配合,当温度影响不大时,被广泛用于普通润滑油(或润滑脂)润滑的支承,如齿轮箱、小电动机、泵等的转轴与滑动支承的配合	间隙　H7/js6　H7/f7 齿轮轴套与轴的配合
	g	配合间隙很小,制造成本高,除很轻负荷的精密装置外,不推荐用于转动配合。多用于 IT5、IT6、IT7 级,最适合不回转的精密滑动配合,也用于插销等定位配合,如精密连杆轴承、活塞及滑阀、连杆销等	G7　钻套　衬套　H7/g6　钻模板　H7/n6 钻套与衬套的结合
	h	多用于 IT4～IT11 级,广泛用于无相对转动的零件,作为一般的定位配合。若没有温度、变形影响,也用于精密滑动配合	H6/h5 车床尾座体孔与顶尖套筒的结合
过渡配合	js	为完全对称偏差(±IT/2),平均起来为稍有间隙的配合,多用于 IT4～IT7 级,要求间隙比 h 轴小,并允许略有过盈的定位配合,如联轴器,可用手或木锤装配	齿圈　轮辐　H7/js6 齿圈与钢轮辐的结合

80

配合	基本偏差	配 合 特 性	应 用 实 例
过渡配合	k	平均起来没有间隙的配合,适用于 IT4～IT7 级,推荐用于稍有过盈的定位配合,例如为了消除振动用的定位配合,一般用木锤装配	 某车床主轴后轴承座与箱体孔的结合
	m	平均起来具有不大过盈的过渡配合。适用 IT4～IT7 级,一般可用木锤装配,但在最大过盈时,要求相当的压入力	 蜗轮青铜轮缘与轮辐的结合
	n	平均过盈比 m 轴稍大,很少得到间隙,适用于 IT4～IT7 级,用锤或压力装配,通常推荐用于紧密的组件配合,H6/n5 配合时为过盈配合	 冲床齿轮与轴的结合
过盈配合	p	与 H6 或 H7 配合时是过盈配合,与 H8 孔配合时则为过渡配合。对非铁制零件,为较轻的压入配合,当需要时易于拆卸。对钢、铸铁或铜、钢组件装配是标准压入配合	 提升机的绳轮与齿圈的结合
	r	对铁制零件为中等打入配合,对非铁制零件,为轻打入配合,当需要时可以拆卸。与 H8 孔配合,直径在 100mm 以上时为过盈配合,直径小时为过渡配合	 蜗轮与轴的结合

81

（3）配合的确定。确定了基本偏差代号，配合即已基本选定。但应注意的是，按照国家标准规定，首先应采用优先公差带及优先配合；其次才能采用常用公差带及常用配合；再次可采用一般用途的公差带及一般用途的配合。因此，必须对优先配合及常用配合的性质和特征有所了解，以利配合的最后选定。表3-16列出了优先配合选用说明。

表3-16 优先配合的选用说明

优先配合		说　明
基孔制	基轴制	
$\dfrac{H11}{c11}$	$\dfrac{C11}{h11}$	间隙非常大，用于很松的、转动很慢的转动配合；要求大公差与大间隙的外露组件；要求装配方便的很松的配合
$\dfrac{H9}{d9}$	$\dfrac{D9}{h9}$	间隙很大的自由转动配合，用于精度非主要要求时，或有很大的温度变化、高转速或大的轴颈压力时
$\dfrac{H8}{f7}$	$\dfrac{F8}{h7}$	间隙不大的转动配合，用于中等转速与中等轴颈压力的精确转动，也用于装配较易的中等定位配合
$\dfrac{H7}{g6}$	$\dfrac{G7}{h7}$	间隙很小的滑动配合，用于不希望自由转动，但可自由移动和滑动并精密定位的配合，也可用于要求明确的定位配合
$\dfrac{H7}{h6}\dfrac{H8}{h7}$ $\dfrac{H9}{h9}\dfrac{H11}{h11}$	$\dfrac{H7}{h6}\dfrac{H8}{h7}$ $\dfrac{H9}{h9}\dfrac{H11}{h11}$	均为间隙定位配合，零件可自由装拆，而工作时一般相对静止不动，在最大实体条件下的间隙为零，在最小实体条件下的间隙由公差等级决定
$\dfrac{H7}{k6}$	$\dfrac{K7}{h6}$	过渡配合，用于精密定位
$\dfrac{H7}{n6}$	$\dfrac{N7}{h6}$	过渡配合，允许有较大过盈的更精密定位
$\dfrac{H7}{p6}$	$\dfrac{P7}{h6}$	过盈定位配合，即小过盈配合，用于定位精度特别重要时，能以最好的定位精度达到部件的刚性及中性要求，而对内孔承受压力无特殊要求，不依靠配合的紧固性传递摩擦负荷
$\dfrac{H7}{s6}$	$\dfrac{S7}{h6}$	中等压入配合，适用于一般钢件；或用于薄壁件的冷缩配合，用于铸铁件可得到最紧的配合
$\dfrac{H7}{u6}$	$\dfrac{U7}{h6}$	压入配合，适用于可以承受高压入力的零件，或不宜承受压入力的冷缩配合

2. 根据极限间隙（或过盈）确定配合的步骤和应注意的问题

1）步骤

根据所要求的极限间隙（或过盈）计算配合公差→根据配合公差选取标准公差等级→确定配合制→计算非基准件的基本偏差→查表确定非基准件的基本偏差代号→画公差带及配合公差带图→验证计算结果。

2）应注意的问题

为了保证零件的功能要求，所选配合的极限间隙（或过盈）应尽可能符合或接近设计要求。对于间隙配合，所选配合的最小间隙应大于等于原要求的最小间隙；对于过盈配合，所选配合的最小过盈应大于等于原要求的最小过盈。

【例3-10】　一公称尺寸为 $\phi50$mm 的孔、轴配合，其允许的最大间隙为 $[S_{max}]=+120\mu m$，允许的最小间隙为 $[S_{min}]=+48\mu m$，试确定孔、轴公差带和配合代号，并画出其尺寸和配合公差带图。

【解】 （1）确定孔、轴的公差等级。

按照例3-8的方法，可确定 $T_D = IT8 = 39\mu m$，$T_d = IT7 = 25\mu m$。

（2）确定孔、轴公差带。

选用基孔制　　　孔为 $\phi 50H8$，$EI = 0$，$ES = +39\mu m$。

确定轴的基本偏差　$es \leqslant -[S_{min}] = -48\mu m$

确定轴的基本偏差代号　由 $es \leqslant -48\mu m$，查表3-5知基本偏差代号为 $\phi 50e7$。

轴的极限偏差为　$es = -50\mu m$，$ei = es - T_d = -50 - 25 = -75\mu m$。

（3）画公差带图及配合公差带图，如图3-27所示。

（4）验证。

由图3-27可知，所选配合的最大间隙为 $S_{max} = ES - ei = +39 - (-75) = +114\mu m$；所选配合的最小间隙为 $S_{min} = EI - es = 0 - 50 = +50\mu m$。

因为 $S_{min} > [S_{min}]$；$S_{max} < [S_{max}]$，所选配合适用。

所以，确定该孔轴的配合为 $\phi 50H8/e7$。

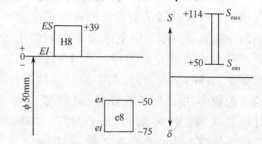

图3-27　例3-10的尺寸、配合公差带图

3.5　光滑工件尺寸的检验

要实现零部件的互换性，除了尺寸精度设计外，还必须选择合适的加工工艺进行加工，同时采用相应检验方法对光滑零件尺寸进行检验，才能满足产品的使用要求，保证其互换性。零部件的检验方法主要有两大类：一类是使用通用计量器具检测；另一类是使用专用的检验工具进行验收。

3.5.1　用通用计量器具检测

1. 工件验收原则

由于存在各种测量误差，若按零件的上、下极限尺寸验收零件，当零件的实际尺寸处于上、下极限尺寸附近时，有可能将本来处于公差带内的合格品判为废品，也可能将处于公差带以外的废品误判为合格品，前者称为"误废"，后者称为"误收"。误废和误收是尺寸误检的两种形式。

国家标准规定的工件验收原则是：所用验收方法原则上应只接收位于规定的尺寸极限之内的工件，即只允许有误废而不允许有误收。

2. 验收极限与安全裕度的确定

验收极限是判断所检验尺寸合格与否的尺寸界限。验收极限可以按照下列两种方式之一确定。

1）内缩的验收极限

内缩方式的验收极限是从规定的最大实体极限尺寸（MMS）和最小实体极限尺寸

83

（LMS）分别向工件尺寸公差带内移动一个安全裕度（A）来确定，如图 3-28 所示。

孔尺寸的验收极限为

$$上验收极限 = 最小实体极限尺寸（LMS） - 安全裕度（A） \qquad (3-34)$$

$$下验收极限 = 最大实体极限尺寸（MMS） + 安全裕度（A） \qquad (3-35)$$

轴尺寸的验收极限为

$$上验收极限 = 最大实体极限尺寸（MMS） - 安全裕度（A） \qquad (3-36)$$

$$下验收极限 = 最小实体极限尺寸（LMS） + 安全裕度（A） \qquad (3-37)$$

安全裕度 A 是用来表征测量过程中，各项误差因素对测量结果分散程度综合影响的一个总误差限。安全裕度 A 的取值主要从技术和经济方面考虑。若 A 值过大，减少了工件的生产公差，加工的经济性差；若 A 值较小，生产经济性较好，但提高了对计量器具的精度要求。GB/T 3177—2009 规定 A 值按工件尺寸公差 T 的 1/10 确定，其数值由表 3-17 查得。

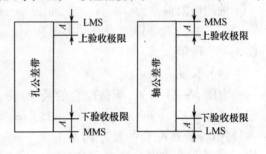

图 3-28 内缩的验收极限

由于验收极限向工件的公差带内移动是为了保证验收时合格，所以在生产时不能按原有的极限尺寸加工，应按由验收极限所确定的范围生产，这个范围称为"生产公差"。

$$生产公差 = 上验收极限 - 下验收极限 \qquad (3-38)$$

2）不内缩的验收极限

即验收极限等于规定的最大实体极限尺寸（MMS）和最小实体极限尺寸（LMS），即取安全裕度 A 值等于零。

表 3-17 安全裕度（A）与计量器具的测量不确定度允许值 u_1（摘自 GB/T 3177—2009）

（μm）

公差等级		7					8					9				
公称尺寸/mm		T	A	u_1			T	A	u_1			T	A	u_1		
大于	至			Ⅰ	Ⅱ	Ⅲ			Ⅰ	Ⅱ	Ⅲ			Ⅰ	Ⅱ	Ⅲ
—	3	10	1.0	0.9	1.5	2.3	14	1.4	1.3	2.1	3.2	25	2.5	2.3	3.8	5.6
3	6	12	12	1.1	1.8	2.7	18	1.8	1.6	2.7	4.1	30	3.0	2.7	4.5	6.8
6	10	15	1.5	1.4	2.3	2.4	22	2.2	2.0	3.3	5.0	36	3.6	3.3	5.4	8.1
10	18	18	1.8	1.7	2.7	4.1	27	2.7	2.4	4.1	6.1	43	4.3	3.9	6.5	9.7
18	30	21	2.1	1.9	3.2	4.7	33	3.3	3.0	5.0	7.4	52	5.2	4.7	7.8	12
30	50	25	2.5	2.3	3.8	5.6	39	3.9	3.5	5.9	8.8	62	6.2	5.6	9.3	14
50	80	30	3.0	2.7	4.5	6.8	46	4.6	4.1	6.9	10.	74	7.4	6.7	11	17
80	120	35	3.5	3.2	5.3	7.9	54	5.4	4.9	8.1	12	87	8.7	7.8.	13	20
120	180	40	4.0	3.6	6.0	9.0	63	6.3	5.7	9.5	14	100	10	9.0	15	23
180	250	46	4.6	4.1	6.9	10	72	7.2	6.5	11	16	115	12	10	17	26
250	315	52	5.2	4.7	7.8	12	81	8.1	7.3	12	18	130	13	12	19	29
315	400	57	5.7	5.1	8.4	13	89	8.9	8.0	13	20	140	14	13	21	32
400	500	63	6.3	5.7	9.5	14	97	9.7	8.7	15	22	155	16	14	23	35

公差等级		10					11					12			
公称尺寸/mm		T	A	u_1			T	A	u_1			T	A	u_1	
大于	至			I	II	III			I	II	III			I	II
—	3	40	4.0	3.6	6.0	9.0	60	6.0	5.4	9.0	14	100	10	9.0	15
3	6	48	4.8	4.3	7.2	11	75	7.5	6.8	11	17	120	12	11	18
6	10	58	5.8	5.2	8.7	13	90	9.0	8.1	14	20	150	15	14	23
10	18	70	7.0	6.3	11	16	110	11	10	17	25	180	18	16	27
18	30	84	8.4	7.6	13	19	130	13	12	20	29	210	21	19	32
30	50	100	10	9.0	15	23	160	16	14	24	36	250	25	23	38
50	80	120	12	11	18	27	190	19	17	29	43	300	30	27	45
80	120	140	14	13	21	32	220	22	20	33	50	350	35	32	53
120	180	160	16	15	24	36	250	25	23	38	56	400	40	36	60
180	250	185	18	17	28	42	290	29	26	44	65	460	46	41	69
250	315	210	21	19	32	47	320	32	29	48	72	520	52	47	78
315	400	230	23	21	35	52	360	36	32	54	81	570	57	51	86
400	500	250	25	23	38	56	400	40	36	60	90	630	63	57	95

注：公差等级 IT13、IT14 的不确定度参见 GB/T 3177—2009

验收极限方式的选择要结合尺寸功能要求及其重要程度、尺寸公差等级、测量不确定度和工艺能力等因素综合考虑。

（1）对遵守包容要求的尺寸和标准公差等级高的尺寸，其验收极限可按内缩方式确定。

（2）当工艺能力指数 $C_p \geq 1$ 时，其验收极限可按不内缩方式确定。（工艺能力指数 C_p 是指工件公差 T 与加工设备工艺能力 C_σ 的比值。C 是常数，工件尺寸遵循正态分布时 $C = 6$，σ 是加工设备的标准偏差，$C_p = T/6\sigma$）。但采用包容要求时，在最大实体尺寸一侧的验收极限应按内缩方式确定。

（3）对偏态分布的尺寸，其验收极限可以对尺寸偏向的一边，按单项内缩方式确定。

（4）对非配合和一般公差的尺寸，其验收极限可按不内缩方式确定。

3．计量器具的选择

测量工件时所产生的误收和误废现象是由于测量不确定度的存在而引起的。而测量不确定度 U 主要由计量器具的不确定度 u_1 和测量方法的不确定度 u_2 构成，符合关系 $U = (u_1^2 + u_2^2)^{1/2}$，且 $u_1 = 2u_2$。显然 $u_1 = 0.9U$，所以计量器具的测量不确定度 u_1 是产生误收和误废的主要原因，因此使用通用计量器具测量工件时，依据计量器具的不确定度允许值 u_1 来正确地选择计量器具就很重要。

计量器具的选择应综合考虑计量器具的技术指标和经济指标。选用时应遵循以下原则：

（1）选择的计量器具应与被测工件的外形、位置、尺寸的大小及被测参数特性相适应，使所选择的计量器具的测量范围能满足工件的要求。

（2）计量器具的选择应考虑工件的精度要求,使所选择的计量器具的测量不确定度值既保证测量精度要求,又符合经济性要求。

为了保证测量的可靠性和量值的统一,国家标准规定:按照计量器具的测量不确定度允许值 u_1 选择计量器具。计量器具的测量不确定度允许值 u_1 按测量不确定度 U 与工件公差的比值分档,测量不确定度 U 的Ⅰ、Ⅱ、Ⅲ三挡值分别为工件公差的 1/10、1/6、1/4,相应地计量器具的测量不确定度允许值 u_1 也分三挡,其值列于表 3-17。

选择计量器具时,应根据工件尺寸公差的大小,按表 3-17 查所对应的安全裕度 A 和计量器具的不确定度允许值 u_1,一般情况下优先选用Ⅰ挡,其次选用Ⅱ挡、Ⅲ挡。当计量器具的测量不确定度允许值 u_1 选定后,就可以此为依据选择计量器具。选择计量器具时,应使所选用的计量器具的测量不确定度小于或等于其允许值 u_1。常用计量器具的测量不确定度分别如表 3-18、表 3-19、表 3-20 所列。

表 3-18　千分尺和游标卡尺的不确定度　　（mm）

尺寸范围		计量器具类型			
大于	至	分度值 0.01 外径千分尺	分度值 0.01 内径千分尺	分度值 0.02 游标卡尺	分度值 0.05 游标卡尺
—	50	0.004			0.050
50	100	0.005	0.008		0.050
100	150	0.006	0.008		0.050
150	200	0.007	0.008	0.020	0.050
200	250	0.008	0.013	0.020	0.050
250	300	0.009	0.013	0.020	0.050
300	350	0.010	0.020	0.020	0.100
350	400	0.011	0.020	0.020	0.100
400	450	0.012	0.020	0.020	0.100
450	500	0.013	0.025	0.020	0.100

表 3-19　比较仪的不确定度　　（mm）

尺寸范围		所选用的计量器具			
		分度值 0.000 5（相当于放大倍数为 2 000 倍）的比较仪	分度值 0.001（相当于放大倍数为 1 000 倍）的比较仪	分度值 0.002（相当于放大倍数为 400 倍）的比较仪	分度值 0.005（相当于放大倍数为 250 倍）的比较仪
大于	至	不确定度 u_1			
—	25	0.0006	0.0010	0.0017	0.0030
25	40	0.0007	0.0010	0.0018	0.0030
40	65	0.0008	0.0011	0.0018	0.0030
65	90	0.0008	0.0011	0.0018	0.0030
90	115	0.0009	0.0012	0.0019	0.0030
115	165	0.00010	0.0013	0.0019	0.0030
165	215	0.00012	0.0014	0.0020	0.0035
215	265	0.00014	0.0016	0.0021	0.0035
265	315	0.00015	0.0017	0.0022	0.0035

表 3 - 20　指示表的不确定度　　　　　　　　　　　　　　（mm）

尺寸范围		所选用的计量器具			
		分度值 0.001 的千分表(0 级在全程范围内,1 级在 0.2 mm 内)分度值为 0.002 的千分表(在 1 转范围内)	分度值 0.001,0.002,0.005 的千分表(1 级在全程范围内),分度值为 0.01 的百分表(0 级在任意 1 mm 范围内)	分度值为 0.01 的百分表(0 级在全范围内,1 级在任意 1 mm 范围内)	分度值为 0.01 的百分表(0 级在全范围内)
大于	至	不确定度$'u_1$			
—	115	0.005	0.010	0.018	0.030
115	315	0.006			

【例 3 - 11】　被测工件为 $\phi50f8\left(^{-0.025}_{-0.064}\right)$Ⓔ,试确定其验收极限并选择适当的计量器具。

【解】　(1) 根据工件的尺寸公差 $T = 0.039$,公差等级为 IT8,查表 3 - 17 确定安全裕度 $A = 0.0039$mm。优先选用 Ⅰ 挡,查表 3 - 17,计量器具不确定度允许值 Ⅰ 挡 $u_1 = 0.0035$mm。

(2) 选择计量器。按被测工件的公称尺寸 $\phi50$mm,从表 3 - 19 中选取分度值为 0.005mm 的比较仪,其不确定度为 0.0030mm,小于 u_1,所选计量器具满足使用要求。

(3) 确定验收极限。

因为该工件遵守包容要求,故其验收极限应按内缩的验收极限方式来确定。

上验收极限　$50 - 0.025 - 0.0039 = 49.972$ mm

下验收极限　$50 - 0.064 + 0.0039 = 49.939$ mm

3.5.2　用光滑极限量规验收

检验光滑工件的尺寸除了用通用计量器具外,还可以使用光滑极限量规进行检验。在大批量生产时,为了提高产品质量和检验效率,常常采用量规进行检验。

1. 光滑极限量规的概念

光滑极限量规(简称量规)是指被检验工件为光滑孔或光滑轴时所用的极限量规的总称。它是一种无刻度的专用量具。用量规检验零件时,只能判断零件是否在规定的验收极限范围内,而不能测出零件的实际尺寸。量规结构简单,使用方便,验收效率高,因此,在大批量生产中得到了广泛的应用。

如图 3 - 29 所示,检验孔用的量规称为塞规,检验轴用的量规称为卡规。

按检验时量规是否通过,量规可分为通规和止规。控制工件的体外作用尺寸的量规称为通规,控制工件的实际尺寸的量规称为止规。用量规检验工件时,通规和止规必须成对使用,工件同时满足"通规能通过"和"止规不能通过"的条件,才能判定为合格。

塞规的通规按被检验孔的最大实体尺寸(下极限尺寸)制造,塞规的止规按被检验孔的最小实体尺寸(上极限尺寸)制造。检验时,塞规的通规应通过被检验孔,表示被检验孔的体外作用尺寸大于下极限尺寸(最大实体边界尺寸);止规应不能通过被检验的孔,表示被检验孔的实际尺寸小于上极限尺寸(最小实体尺寸)。

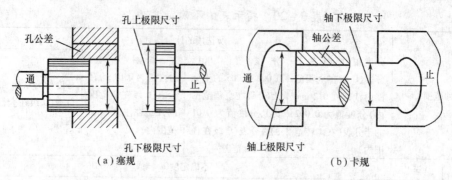

（a）塞规   （b）卡规

图 3 - 29   光滑极限量规

卡规的通规按被检验轴的最大实体尺寸（上极限尺寸）制造，卡规的止规按被检验轴的最小实体尺寸（下极限尺寸）制造。检验时，卡规的通规应通过被检验轴，表示被检验轴的体外作用尺寸小于上极限尺寸（最大实体边界尺寸）；止规应不能通过被检验的轴，表示被检验轴的实际尺寸大于下极限尺寸（最小实体尺寸）。

2. 光滑极限量规的分类

量规按其用途可分为工作量规、验收量规及校对量规三类。

（1）工作量规。工作量规是指生产过程中操作者检验工件时所使用的量规。通规用代号"T"表示，止规用代号"Z"表示。

（2）验收量规。验收量规是指验收工件时，检验人员或用户代表所使用的量规。它一般不另行制造，其通规是从磨损较多，但未超过磨损极限的工作量规中挑选出来的；它的止规应该接近工件的最小实体尺寸。

（3）校对量规。校对量规是指检验工作量规或验收量规的量规。孔用量规（塞规）使用指示式计量器具很方便，不需要校对量规。只有轴用量规（环规、卡规）才使用校对量规（塞规）。校对量规分为三种，见表 3 - 21。

表 3 - 21   校对量规

检验对象		量规形状	量规名称	量规代号	用途	检验合格的标志
轴用 工作 量规	通规	塞规	校通－通	TT	防止通规制造时尺寸过小	通过
	止规		校止－通	ZT	防止止规制造时尺寸过小	通过
	通规		校通－损	TS	防止通规使用中磨损过大	不通过

3. 泰勒原则

由于存在形状误差，工件尺寸虽然在极限尺寸范围内，但是工件上各处尺寸不一定完全相同，有可能存在装配困难。因此，用量规检验时，为了正确地评定被测工件是否合格，是否能装配，应该按泰勒原则验收。泰勒原则是指孔或轴的实际尺寸与形状误差的综合结果所形成的体外作用尺寸（D_{fe} 或 d_{fe}）不允许超出最大实体尺寸（D_M 或 d_M），在孔或轴任何位置上的实际尺寸（D_a 或 d_a）不允许超出最小实体尺寸（D_L 或 d_L），即

对孔 $D_{fe} \geqslant D_{min}$，且 $D_a \leqslant D_{max}$

对轴 $d_{fe} \leqslant d_{max}$，且 $d_a \geqslant d_{min}$

式中：D_{max} 和 D_{min} 分别为孔的上、下极限尺寸（孔的最小与最大实体尺寸）；d_{max} 和 d_{min} 分别为轴的上、下极限尺寸（轴的最大与最小实体尺寸）。

88

4. 光滑极限量规的公差带

制造量规和制造工件一样,必然存在误差。因此,对量规也必须规定制造公差。量规公差的确定,既要保证被测工件的互换性,又要兼顾量规制造的工艺性和经济性。因此,GB/T 1957—2006 规定了量规工作部分的尺寸公差带不得超出被测工件的尺寸公差带。

通规工作时,要经常通过检验工件,其工作表面会发生磨损,为使通规具有一定的使用寿命,应留出适当的磨损储量。因此,通规的公差是由制造公差和磨损公差组成。制造公差的大小决定了量规制造的难易程度,磨损公差的大小决定了量规的使用寿命。止规通常不通过被测工件,因此不留磨损储量。

1)工作量规的公差带

GB/T 1957—2006 规定量规公差带采用"内缩方案",即将量规的公差带全部限制在被测孔、轴公差带之内,可有效地控制误收,保证产品质量与互换性,如图 3 – 30 所示。

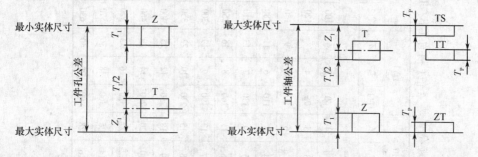

图 3 – 30 量规公差带

图中 T_1 为量规制造公差,Z_1 为位置要素(即通规制造公差带中心到工件最大实体尺寸之间的距离),T_1、Z_1 值取决于工件公差的大小。T_1、Z_1 的取值见表 3 – 22,通规的磨损极限尺寸等于工件的最大实体尺寸。

2)校对量规的公差带

校对轴用通规的"校通 – 通"(TT)量规,其公差带是从通规的下极限偏差起始,并向轴用通规的公差带内分布,以防止轴用通规制得过小,因此通过时为合格。

校对轴用止规的"校止 – 通"(ZT)量规,其公差带是从止规的下极限偏差起始,并向轴用止规的公差带内分布,以防止轴用止规制得过小,因此通过时为合格。

校对轴用通规磨损极限的"校通 – 损"(TS)量规,其公差带是从通规的磨损极限起始,并向轴的公差带内分布,以防止轴用通规磨损过大,因此校对时不通过为合格。

校对量规的尺寸公差带如图 3 – 30 所示。校对量规的尺寸公差 T_p 为工作量规尺寸公差 T_1 的 1/2。

5. 光滑极限量规的设计

1)量规的结构形式

在量规的实际应用中,由于制造和使用方面的原因,很难要求量规的形状完全符合泰勒原则。因此,在光滑极限量规国家标准中,规定了允许在被检验工件的形状误差不影响配合性质的条件下,使用偏离泰勒原则的量规。如为了使用已标准化的量规,允许通规的长度小于被检长度;对于尺寸大于 100mm 的孔,为了不使量规过于笨重,允许使用不全形塞规(或杆规);全形环规不能检验正在顶尖上装夹加工的零件及曲轴零件等,只能用卡

表 3 – 22 IT6 ~ IT14 级工作量规的尺寸公差及通规位置要素值（摘自 GB/T 1957—2006）

单位: μm

工件公称尺寸/mm		IT6			IT7			IT8			IT9			IT10			IT11			IT12			IT13			IT14		
大于	至	IT6	T_1	Z_1	IT7	T_1	Z_1	IT8	T_1	Z_1	IT9	T_1	Z_1	IT10	T_1	Z_1	IT11	T_1	Z_1	IT12	T_1	Z_1	IT13	T_1	Z_1	IT14	T_1	Z_1
—	3	6	1	1	10	1.2	1.6	14	1.6	1.6	25	2	3	40	2.4	4	60	3	6	100	4	9	140	6	14	250	9	20
3	6	8	1.2	1.4	12	1.4	2	18	2	2	30	2.4	4	48	3	5	75	4	8	120	5	11	180	7	16	300	11	25
6	10	9	1.4	1.6	15	1.8	2.4	22	2.4	2.6	36	2.8	5	58	3.6	6	90	5	9	150	6	13	220	8	20	360	13	30
10	18	11	1.6	2	18	2	2.8	27	2.8	3.2	43	3.4	6	70	4	8	110	6	11	180	7	15	270	10	24	430	15	35
18	30	13	2	2.4	21	2.4	3.4	33	3.4	4	52	4	7	84	5	9	130	7	13	210	8	18	330	12	28	520	18	40
30	50	16	2.4	2.8	25	3	4	39	4	5	62	5	8	100	6	11	160	8	16	250	10	22	390	14	34	620	22	50
50	80	19	2.8	3.4	30	3.6	4.6	46	4.6	6	74	6	9	120	7	13	190	10	19	300	12	26	460	16	40	740	26	60
80	120	22	3.2	3.8	35	4.2	5.4	54	5.4	7	87	7	10	140	8	15	220	12	22	350	14	30	540	20	46	870	30	70
120	180	25	3.8	4.4	40	4.8	6	63	6	8	100	8	12	160	10	18	250	14	25	400	16	35	630	22	52	1000	35	80
180	250	29	4.4	5	46	5.4	7	72	7	9	115	9	14	185	12	20	290	16	29	460	18	40	720	26	60	1 150	40	90
250	315	32	4.8	5.6	52	6	8	81	8	10	130	10	16	210	14	22	320	18	32	520	20	45	810	28	66	1 300	45	100
315	400	36	5.4	6.2	57	7	9	89	9	11	140	11	18	230	14	25	360	18	36	570	22	50	890	32	74	1 400	50	110
400	500	40	6	7	63	8	10	97	10	14	155	12	20	250	16	28	400	20	40	630	24	55	970	36	80	1 550	55	120

规检验;止规也不一定是两点接触,一般常用小平面、圆柱或球面代替点;检验小孔的止规,为增加刚度和方便制造,常采用全形塞规;检验薄壁零件时,为防止工件变形,也常用全形止规。

当采用不符合泰勒原则的量规检验工件时,应在工件的多方位上作多次检验,必须操作正确,并从工艺上采取措施限制工件的形状误差。如使用非全形通规检验孔或轴时,应在被测孔或轴的全长范围内的若干部位上分别围绕圆周的几个位置进行检验。

量规的结构形式很多,具体尺寸范围、使用顺序和结构形式可参见国标 GB 6322—1986《光滑极限量规形式和尺寸》及相关资料。图 3 – 31 给出了常用量规的形式和尺寸范围。

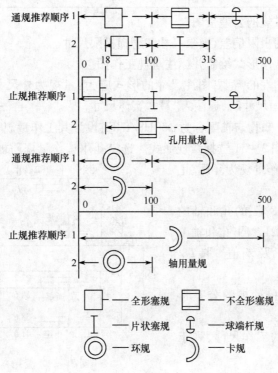

图 3 – 31   量规形式及应用尺寸范围

2)量规的技术要求

量规的材料可用合金工具钢(如 CrMn、CrMnW、CrMoV 钢),碳素工具钢(如 T10A、T12A 钢),渗碳钢(如 15、20 钢)及其他耐磨材料(如硬质合金)等材料。其测量面硬度为 HRC58 ~ HRC65,并经稳定性处理。

量规的几何公差一般为量规制造公差的 50%。考虑到制造和测量的困难,当量规制造公差小于或等于 0.002mm 时,其几何公差取 0.001mm。

量规测量表面的表面粗糙度参数 Ra 值见表 3 – 23。

3)光滑极限量规工作尺寸的计算

光滑极限量规工作尺寸的计算步骤如下:

(1)查出被检验工件的极限偏差。

(2)查出工作量规的制造公差 T_1 和位置要素 Z_1 值,并确定量规的几何公差。

表 3 – 23　量规测量表面粗糙度 Ra　　　　　　　　　　（μm）

工 作 量 规	被检工件的公称尺寸		
	≤120mm	>120mm ~ 315mm	>315mm ~ 500mm
IT6 级孔用量规	≤0.025	≤0.05	≤0.1
1T6 – IT9 级轴用量规 IT7 – IT9 级孔用量规	≤0.05	≤0.1	≤0.2
IT10 – IT12 级孔/轴用量规	≤0.1	≤0.2	≤0.3
1T13 – IT16 级孔/轴用量规	≤0.2	≤0.4	≤0.4

（3）画出工作量规的公差带图。

（4）计算量规的极限偏差、极限尺寸和磨损极限尺寸。

（5）按量规的常用形式绘制并标注量规工作图。

为适应加工工艺性的需要,图注尺寸的形式应为:量规为外尺寸时,标注为"最大实体尺寸$^0_{-T_1}$";量规为内尺寸时,标注为"最大实体尺寸$^{+T_1}_0$"。

【例 3 – 12】　已知孔与轴配合为 $\phi30H8/f7Ⓔ$,设计其工作量规和校对量规。

【解】　（1）按图 3 – 31 选择量规形式。选定孔用工作量规通规为全形塞规,止规为不全形塞规;轴用工作量规为环规、止规为卡规。

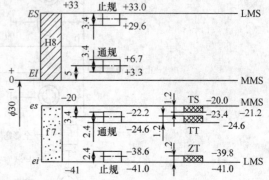

（2）查出 $\phi30H8/f7$ 的孔和轴的极限偏差。按表 3 – 21 查出孔和轴工作量规的制造公差 T_1 及 Z_1 值。取 $T_1/2$ 作为校对量规公差。

（3）画出工件和量规的公差带图,如图 3 – 32 所示。

图 3 – 32　量规公差带图

（4）计算量规的工作尺寸,列于表 3 – 24。

（5）绘制量规工作图,如图 3 – 33 所示。

表 3 – 24　量规工作尺寸计算

被检工件	量规名称	量规代号	量规公差 $T_1(T_P)$/μm	位置要素 Z_1/μm	量规极限尺寸/mm		量规工作尺寸 /mm
					最大	最小	
$\phi30^{+0.003}_0$ （$\phi30H8$）	通端工作量规	T	3.4	5.0	30.0067	30.0033	$30.0067^{\ 0}_{-0.0034}$
	止端工作量规	Z	3.4		30.0330	30.0296	$30.0330^{\ 0}_{-0.0034}$
$\phi30^{-0.020}_{-0.041}$ （$\phi30f7$）	通端工作量规	T	2.4	3.4	29.9778	29.9754	$29.9754^{+0.0024}_{\ 0}$
	止端工作量规	Z	2.4		29.9614	29.9590	$29.959^{+0.0024}_{\ 0}$
	"校通—通"量规	TT	1.2		29.9766	29.9754	$29.9766^{\ 0}_{-0.0012}$
	"校通—通"量规	ZT	1.2		29.9602	29.9590	$29.9602^{\ 0}_{-0.0012}$
	"校通—损"量规	TS	1.2		29.9800	29.9788	$29.9800^{\ 0}_{-0.0012}$

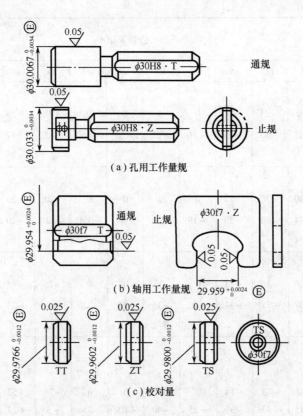

（a）孔用工作量规

（b）轴用工作量规

（c）校对量

图 3 - 33　工作量规及校对量规的图样

附表 3 - 1　轴的优先公差带的极限偏差（摘自 GB/T 1800.2—2009）

公称尺寸 /mm		公差带/μm											
大于	至	c11	d9	f7	g6	h6	h7	h9	h11	k6	n6	p6	s6	u6
	3	− 60 − 120	− 20 − 450	− 6 − 16	− 2 − 8	0 − 6	0 − 10	0 − 25	0 − 60	+ 6 0	+ 10 + 4	+ 12 + 6	+ 20 + 14	+ 24 + 18
3	6	− 70 − 145	− 30 − 60	− 10 − 22	− 4 − 12	0 − 8	0 − 12	0 − 30	0 − 75	+ 9 + 1	+ 16 + 8	+ 20 + 12	+ 27 + 19	+ 31 + 23
6	10	− 80 − 170	− 40 − 76	− 13 − 28	− 5 − 14	0 − 9	0 − 15	0 − 36	0 − 90	+ 10 + 1	+ 19 + 10	+ 24 + 15	+ 32 + 23	+ 37 + 28
10	18	− 95 − 205	− 50 − 93	− 16 − 34	− 6 − 17	0 − 11	0 − 18	0 − 43	0 − 110	+ 12 + 1	+ 23 + 12	+ 29 + 18	+ 39 + 28	+ 44 + 33
18	24	− 110 − 240	− 65 − 117	− 20 − 41	− 7 − 20	0 − 13	0 − 21	0 − 52	0 − 130	+ 15 + 2	+ 28 + 15	+ 35 + 22	+ 48 + 35	+ 54 + 41
24	30													+ 61 + 48

公称尺寸/mm		公差带/μm												
大于	至	c11	d9	f7	g6	h6	h7	h9	h11	k6	n6	p6	s6	u6
30	40	-120	-80	-25	-9	0	0	0	0	+18	+33	+40	+59	+76
		-280	-142	-50	-25	-16	-26	-62	-160	+2	+17	+26	+48	+60
40	50	-130												+86
		-290												+70
50	65	-140	-100	-30	-10	0	0	0	0	+21	+39	+51	+72	+106
		-330	-174	-60	-29	-19	-30	-74	-190	+2	+20	+32	+53	+87
65	80	-150											+78	+121
		-340											+59	+102
80	100	-170	-120	-36	-12	0	0	0	0	+25	+45	+59	+93	+146
		-390	-207	-71	-34	-22	-35	-87	-220	+3	+23	+37	+71	+124
100	120	-180											+101	+166
		-400											+79	+144
120	140	-200											+117	+195
		-450											+92	+170
140	160	-210	-145	-43	-14	0	0	0	0	+28	+52	+68	+125	+215
		-460	-245	-83	-39	-25	-40	-100	-250	+3	+27	+43	+100	+190
160	180	-230											+133	+235
		-480											+108	+210
180	200	-240	-170	-50	-15	0	0	0	0	+33	+60	+79	+151	+265
		-530	-185	-96	-44	-29	-46	-115	-290	+4	+31	+50	+122	+236
200	225	-260											+159	+287
		-550											+130	+258
225	250	-280											+169	+313
		-570											+140	+248
250	280	-300	-190	-56	-17	0	0	0	0	+36	+66	+88	+190	+347
		-620	-320	-108	-49	-32	-52	-130	-320	+4	+34	+56	+158	+315
280	315	-330											+202	+382
		-650											+170	+350
315	355	-360	-210	-62	-18	0	0	0	0	+40	+73	+98	+226	+426
		-720	-350	-119	-54	-36	-57	-140	-360	+4	+37	+62	+190	+390
355	400	-400											+244	+471
		-760											+208	+435
400	450	-440	-230	-68	-20	0	0	0	0	+45	+80	+108	+172	+530
		-840	-385	-131	-60	-40	-63	-150	-400	+5	+40	+68	+132	+490
450	500	-480											+292	+580
		-880											+252	+540

附表 3-2　孔的优先公差带的极限偏差(摘自 GB/T 1800.2—2009)

公称尺寸/mm		公差带/μm												
大于	至	C11	D9	F8	G7	H7	H8	H9	H11	K7	N7	P7	S7	U7
—	3	+120 +60	+45 +20	+20 +6	+12 +2	+10 0	+14 0	+25 0	+60 0	0 -10	-4 -14	-6 -16	-14 -24	-18 -28
3	6	+145 +70	+60 +30	+28 +10	+16 +4	+12 0	+18 0	+30 0	+75 0	+3 0	-4 -16	-8 -20	-15 -27	-19 -31
6	10	+170 +80	+76 +40	+35 +13	+20 +5	+15 0	+22 0	+36 0	+90 0	+5 -10	-4 -19	-9 -24	-17 -32	-22 -37
10	18	+205 +95	+98 +50	+43 +16	+24 +6	+18 0	+27 0	+43 0	+110 0	+6 -12	-4 -23	-11 -29	-21 -39	-26 -44
18	24	+240 +110	+117 +65	+53 +20	+28 +7	+21 0	+33 0	+52 0	+130 0	+6 -15	-7 -28	-14 -35	-27 -48	-33 -54
24	30	+240 +110	+117 +65	+53 +20	+28 +7	+21 0	+33 0	+52 0	+130 0	+6 -15	-7 -28	-14 -35	-27 -48	-40 -61
30	40	+280 +120	+142 +80	+64 +25	+34 +9	+25 0	+39 0	+62 0	+160 0	+7 -18	-8 -33	-17 -42	-34 -59	-51 -76
40	50	+290 +130	+142 +80	+64 +25	+34 +9	+25 0	+39 0	+62 0	+160 0	+7 -18	-8 -33	-17 -42	-34 -59	-61 -85
50	65	+330 +140	+174 +100	+76 +30	+40 +10	+30 0	+46 0	+74 0	+190 0	+9 -21	-9 -39	-21 -51	-42 -72	-76 -106
65	80	+340 +150	+174 +100	+76 +30	+40 +10	+30 0	+46 0	+74 0	+190 0	+9 -21	-9 -39	-21 -51	-48 -78	-91 -121
80	100	+390 +170	+204 +120	+90 +35	+47 +12	+35 0	+54 0	+87 0	+220 0	+10 -25	-10 -45	-24 -59	-58 -93	-111 -146
100	120	+400 +180	+204 +120	+90 +35	+47 +12	+35 0	+54 0	+87 0	+220 0	+10 -25	-10 -45	-24 -59	-66 -101	-131 -166
120	140	+450 +200	+245 +145	+106 +43	+54 +14	+40 0	+63 0	+100 0	+250 0	+12 -28	-12 -52	-28 -68	-77 -117	-155 -195
140	160	+460 +210	+245 +145	+106 +43	+54 +14	+40 0	+63 0	+100 0	+250 0	+12 -28	-12 -52	-28 -68	-85 -125	-175 -215
160	180	+480 +230	+245 +145	+106 +43	+54 +14	+40 0	+63 0	+100 0	+250 0	+12 -28	-12 -52	-28 -68	-93 -133	-195 -235
180	200	+530 +240	+285 +170	+122 +50	+61 +15	+46 0	+72 0	+115 0	+290 0	+13 -33	-14 -60	-33 -79	-105 -155	-219 -265
200	225	+550 +260	+285 +170	+122 +50	+61 +15	+46 0	+72 0	+115 0	+290 0	+13 -33	-14 -60	-33 -79	-113 -159	-241 -287
225	250	+570 +280	+285 +170	+122 +50	+61 +15	+46 0	+72 0	+115 0	+290 0	+13 -33	-14 -60	-33 -79	-123 -169	-267 -313
250	280	+620 +300	+320 +190	+137 +56	+69 +17	+52 0	+81 0	+130 0	+320 0	+16 -36	-14 -66	-36 -88	-138 -190	-295 -347
280	315	+650 +330	+320 +190	+137 +56	+69 +17	+52 0	+81 0	+130 0	+320 0	+16 -36	-14 -66	-36 -88	-150 -202	-330 -382
315	355	+720 +360	+350 +210	+151 +62	+75 +18	+57 0	+89 0	+140 0	+360 0	+17 -40	-14 -73	-41 -98	-169 -220	-369 -426
355	400	+760 +400	+350 +210	+151 +62	+75 +18	+57 0	+89 0	+140 0	+360 0	+17 -40	-14 -73	-41 -98	-187 -244	-414 -471
400	450	+840 +440	+385 +230	+165 +68	+85 +20	+63 0	+97 0	+155 0	+400 0	+18 -45	-17 -80	-45 -108	-209 -272	-467 -530
450	500	+880 +480	+385 +230	+165 +68	+85 +20	+63 0	+97 0	+155 0	+400 0	+18 -45	-17 -80	-45 -108	-229 -292	-517 -580

附表 3-3 基孔制与基轴制优先配合的极限间隙或极限过盈（摘自 GB/T 1801—2009）

(μm)

基孔制	H7/g6	H7/h6	H8/f7	H8/h7	H9/d9	H9/h9	H11/c11	H11/h11	H7/k6	H7/n6	H7/p6	H7/s6	H7/u6
基轴制	G7/h6	H7/h6	F8/h7	H8/h7	D9/h9	H9/h9	C11/h11	H11/h11	K7/h6	N7/h6	P7/h6	S7/h6	U7/h6
公称尺寸 >10mm~18mm	+35 +6	+29 0	+61 +16	+45 0	+136 +50	+86 0	+315 +95	+220 0	+17 -12	+6 -23	0 -20	-10 -39	-15 -44
>18mm~24mm	+41	+34	+74	+54	+169	+104	+370	+260	+19	+6	-1	-14	-20 -54
>24mm~30mm	+7	0	+20	0	+65	0	+110	0	-15	-28	-35	-48	-27 -61
>30mm~40mm	+50	+41	+89	+64	+204	+124	+440 +120	+320	+23	+8	-1	-18	-35 -76
>40mm~50mm	+9	0	+25	0	+80	0	+450 +130	0	-18	-33	-42	-59	-45 -86
>50mm~65mm	+59	+49	+106	+76	+248	+148	+520 +140	+380	+28	+10	-2	-23 -72	-57 -106
>65mm~80mm	+12	0	+30	0	+100	0	+530 +150	0	-21	-39	-51	-29 -78	-72 -121
>80mm~100mm	+69	+57	+125	+89	+294	+174	+610 +170	+440	+32	+12	-2	-36 -93	-89 -146
>100mm~120mm	+12	0	+36	0	+120	0	+620 +180	0	-25	-45	-59	-44 -101	-109 -166
>120mm~140mm	+79	+65	+146	+103	+345	+200	+700 +200	+500	+37	+13	-3	-52 -117	-130 -195
>140mm~160mm							+710 +210					-60 -125	-150 -215
>160mm~180mm	+14	0	+43	0	+145	0	+730 +230	0	-28	-52	-68	-68 -133	-170 -230

习题与思考题

1. 公称尺寸、极限尺寸、极限偏差和尺寸公差的含义是什么？它们之间的相互关系如何？在公差带图上如何表示？

2. 公差与偏差的区别在什么地方？如何理解？

3. 制定标准公差的意义是什么？国家标准规定了多少个标准公差等级？

4. 什么是配合制? 规定配合制有什么意义? 如何选择配合制?

5. 什么是配合? 配合的性质由什么来决定?

6. 什么是未注尺寸公差? 国家标准对线性尺寸的未注公差规定了几级精度? 未注公差在图样上如何表示?

7. 下述说法是否正确:

(1) 公称尺寸不同的零件,只要它们的公差值相同,就可以说明它们的精度要求相同。

(2) 图样标注 $\phi20_{-0.021}^{0}$mm 的轴,加工得越靠近公称尺寸就越精确。

(3) 未注公差尺寸即对该尺寸无公差要求。

(4) 基本偏差决定公差带的位置。

(5) 基本偏差为 a~h 的轴与基准孔构成间隙配合,其中 h 配合的间隙最大。

(6) 有相对运动的配合应选用间隙配合,无相对运动的配合均选用过盈配合。

(7) 偏差可以为零,同一个公称尺寸的两个极限偏差也可以同时为零。

(8) 在满足使用要求的前提下,应尽量选用低的公差等级。

(9) 公差等级的高低,影响公差带的大小,决定配合的精度。

(10) 最小间隙为零的配合与最小过盈等于零的配合,二者实质相同。

(11) 零件的尺寸精度越高,则其配合间隙越小。

(12) H6/h5 与 H8/h9 配合的最小间隙相同,最大间隙不同。

(13) 一批零件加工后的实际尺寸最大为 20.021mm,最小为 19.985mm,则可知该零件的上极限偏差为是 +0.02mm,下极限偏差为是 -0.015mm。

8. 已知两根轴,其中一根轴的直径为 $\phi16$mm,尺寸公差值为 11μm,另一根轴的直径为 $\phi120$mm,尺寸公差值为 15μm,试比较两根轴的加工难易程度。

9. 已知某轴的公称尺寸为 $\phi20$mm,尺寸公差值为 21μm,上极限偏差 $es = -20$μm。若用光学比较仪在不同的位置上,测得其局部实际尺寸分别为 19.965mm,19.957mm,19.964mm,19.974mm,19.956mm,试判断此轴是否合格,为什么? 并绘制出轴的尺寸公差带图。

10. 下各组配合中,配合性质完全相同的有哪些?

A. $\phi30H7/f6$ 和 $\phi30H8/p7$

B. $\phi30P8/h7$ 和 $\phi30H8/p7$

C. $\phi30M8/h7$ 和 $\phi30H8/m7$

D. $\phi30H8/m7$ 和 $\phi30H7/f6$

E. $\phi30H7/f6$ 和 $\phi30F7/h6$

11. 指出下列配合代号标注正确的有哪些。

A. $\phi50H7/r6$

B. $\phi50H8/k7$

C. $\phi50h7/D8$

D. $\phi50H9/f9$

E. $\phi50H8/f7$

12. 指出下列孔、轴配合中选用不当的有哪些。

A. $\phi80H8/u8$

B. $\phi80H6/g5$

C. $\phi80G6/h7$

D. $\phi80H5/a5$

E. $\phi80H5/u5$

13. 设某配合的孔径为 $\phi48^{+0.142}_{+0.080}$mm,轴径为 $\phi48^{\ 0}_{-0.039}$mm,试分别计算孔、轴的极限偏差、尺寸公差;孔、轴配合的极限间隙(或过盈)及配合公差,并画出其尺寸公差带及配合公差带图。

14. 有一批孔、轴配合,公称尺寸为 $\phi75$mm,要求最大间隙为 $S_{max} = +40\mu m$,孔公差 $T_D = 30\mu m$,轴公差 $T_d = 20\mu m$。试确定孔、轴的极限偏差,并画出其尺寸公差带图。

15. 若已知某孔轴配合的公称尺寸为 $\phi30$mm,要求最大间隙为 $S_{max} = +23\mu m$,最大过盈为 $\delta_{max} = -10\mu m$,已知孔的尺寸公差 $T_D = 20\mu m$,轴的上极限偏差 $es = 0$,试确定孔、轴的极限偏差,并画出其尺寸公差带图。

16. 某孔、轴配合,已知轴的尺寸为 $\phi10h8$,$S_{max} = +0.007$mm,$\delta_{max} = -0.037$mm,试计算孔的尺寸,并说明该配合是什么基准制,什么配合类别。

17. 计算出下表中空格中的数值,并按规定填写在表中。

公称尺寸	孔			轴			S_{max} 或 δ_{min}	S_{min} 或 δ_{max}	T_f
	ES	EI	T_D	es	Ei	T_d			
$\phi45$			0.025	0				-0.050	0.041

18. 指出下表中三对配合的异同点。

组别	孔公差带	轴公差带	相同点	不同点
①	$\phi20^{+0.021}_{\ \ \ 0}$	$\phi20^{-0.020}_{-0.033}$		
②	$\phi20^{+0.021}_{\ \ \ 0}$	$\phi20 \pm 0.0065$		
③	$\phi20^{+0.021}_{\ \ \ 0}$	$\phi20^{\ \ \ 0}_{-0.013}$		

19. 已知公称尺寸为 $\phi25$mm,基孔制的孔轴同级配合,$T_f = 0.066$mm,$\delta_{max} = -0.081$mm,求孔、轴的上、下极限偏差,并说明该配合是何种配合类型。

20. 某公称尺寸为 $\phi75$mm 的孔、轴配合,配合允许 $S_{max} = +0.028$mm,$\delta_{max} = -0.024$mm,试确定其配合公差带代号。

21. 被测工件为 $\phi25f8$,试确定其验收极限并选择适当的测量工具。

22. 试计算 $\phi35m6$ 轴的工作量规及其校对量规的极限尺寸。

第4章 几何精度设计与检测

4.1 概　述

零件的几何误差(之前称为形位误差),是零件的实际几何要素与理想几何要素在形状和相互位置上偏离程度。

机械零件的几何精度(几何要素的形状、方向和位置精度)是该零件的重要的质量指标之一。为了保证零件的互换性和产品的功能要求,在进行零件的精度设计时,不仅要规定适当的尺寸精度和表面精度要求,还应给出几何公差(包括形状、方向和位置公差),用以限制零件的几何误差。

按照与国际标准接轨的原则,我国对几何公差(之前称为形状和位置公差、形位公差)进行了多次修订,目前已颁布实施的有关《几何公差》、《形状和位置公差》国家标准主要有:

GB/T 18780.1—2002《产品几何量技术规范(GPS) 几何要素　第1部分:基本术语和定义》;

GB/T 18780.2—2003《产品几何量技术规范(GPS) 几何要素　第2部分:圆柱面和圆锥面的提取中心线、平行平面的提取中心面、提取要素的局部尺寸》;

GB/T 1182—2008《产品几何技术规范(GPS) 几何公差　形状、方向、位置和跳动公差标注》;

GB/T 1184—1996《形状和位置公差　未注公差值》;

GB/T 4249—2009《产品几何技术规范(GPS) 公差原则》;

GB/T 16671—2009《产品几何技术规范(GPS) 几何公差　最大实体要求、最小实体要求和可逆要求》;

GB/T 17851—1999《形状和位置公差　基准和基准体系》;

GB/T 17852—1999《形状和位置公差　轮廓的尺寸和公差注法》等。

在几何误差检测方面,我国也发布了一系列相应的国家标准和机械工业标准,如 GB/T 1958—2004《产品几何量技术规范(GPS)形状和位置公差　检测规定》、GB/T 8069—1998《功能量规》和直线度、平面度、圆度、同轴度误差检测标准等,用以正确检测和评定几何误差。

4.1.1　几何公差的研究对象

几何公差的研究对象是零件的几何要素(简称要素)。所谓几何要素指的是构成零件几何特征的点、线、面。图4-1中所示的零件都是由多种要素构成的。

几何要素可以根据不同的特征进行分类。

1. 按存在的状态分类

（1）理想要素。理想要素是指具有几何学意义的要素，它是按设计要求由图样给定的点、线、面的理想状态。如图 4-1 中所示的要素均为理想要素。

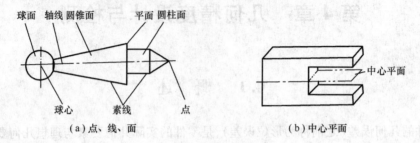

图 4-1 零件的几何要素

（2）实际要素。实际要素是指加工后零件上实际存在的要素，通常以测得要素代替实际要素。测得要素也称为提取要素，是指按规定的方法，由实际要素提取有限数目的点所形成的近似实际要素。

2. 按结构特征分类

（1）组成要素。组成要素（轮廓要素）是指构成零件轮廓点、线、面。如图 4-1(a) 中所示的素线、球面、圆锥面、圆柱面及端平面等。

（2）导出要素。导出要素（中心要素）是指由对称组成要素导出的中心点、中心线、对称面。导出要素依存于对应的组成要素；离开了对应的组成要素，便不存在导出要素，如图 4-1(a) 中所示的球心、轴线和图 4-1(b) 中所示的中心平面。

3. 按检测时所处的地位分类

（1）被测要素。被测要素是指在图样上给出了几何公差的要素，是检测的对象。如图 4-2 中所示的 ϕd_2 的圆柱面和 ϕd_1 的轴线。

（2）基准要素。基准要素是指用来确定被测要素的方向或位置的要素。理想的基准要素简称为基准，如图 4-2 中所示 ϕd_2 的轴线。

必须指出，基准要素除了作为确定被测要素的方向或位置关系基准外，通常还有自身的功能要求，当给出几何公差时，基准同时也是被测要素。

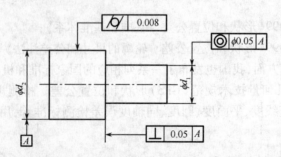

图 4-2 零件几何要素公差要求示例

4. 按功能关系分类

（1）单一要素。单一要素是指仅对其本身给出形状公差要求的要素。如图 4-2 中所示给出圆柱度公差要求的 ϕd_2 圆柱面。

(2) 关联要素。关联要素是指相对于基准要素有功能(方向、位置)要求的要素。如图4-2中所示给出同轴度公差要求的 ϕd_1 圆柱面轴线和给出垂直度公差要求的 ϕd_2 圆柱的台肩面。

4.1.2 几何公差的特征项目及符号

GB/T 1182—2008 规定的几何公差的特征项目分为形状公差、方向公差、位置公差和跳动公差四大类,共有19项。其中,形状公差特征项目6项,方向公差特征项目5项,位置公差特征项目6项,跳动公差特征项目2项,如表4-1所列。

表4-1 几何公差分类、特征项目及其符号(摘自 GB/T 1182—2008)

公差类型	特征项目	符号
形状公差	直线度	—
	平面度	▱
	圆度	○
	圆柱度	⌭
	线轮廓度	⌒
	面轮廓度	⌓
方向公差	平行度	//
	垂直度	⊥
	倾斜度	∠
	线轮廓度	⌒
	面轮廓度	⌓
位置公差	同心度(用于中心点)	◎
	同轴度(用于轴线)	◎
	对称度	⌯
	位置度	⌖
	线轮廓度	⌒
	面轮廓度	⌓
跳动公差	圆跳动	↗
	全跳动	⌰

4.2 几何公差的标注方法

在技术图样上,几何公差采用公差框格标注,当无法采用公差框格标注时,允许在技术要求中用文字说明。

4.2.1 几何公差框格和基准符号

几何公差的标注包括几何公差框格和指引线、几何公差特征项目符号、几何公差数值、基准符号和其他有关符号,如图4-3所示。

1. 几何公差框格

几何公差框格是由两格或多格组成的矩形框格。在技术图样上,公差框格一般应水平放置,必要时也可垂直放置,但不允许倾斜放置,框格中从左至右或从下到上依次填写下述内容:

第1格 几何公差特征项目符号。

第2格 几何公差值及相关符号,几何公差值的单位为mm,省略不写;如果是圆形或圆柱形公差带,在公差值前加注ϕ,如果是球形公差带,则在公差值前加注$S\phi$。

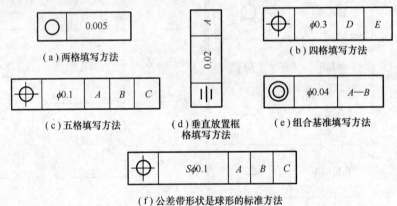

（a）两格填写方法   （b）四格填写方法

（c）五格填写方法   （d）垂直放置框   （e）组合基准填写方法
格填写方法

（f）公差带形状是球形的标准方法

图4-3 几何公差框格示例

第3、4、5格 代表基准的字母和其他相关符号。

除项目的特征符号外,由于零件的功能要求还需给出一些附加符号,如表4-2所列。

表4-2 几何公差的附加符号(摘自 GB/T 1182—2008)

说 明	符 号	说 明	符 号
基准目标	$\frac{\phi 2}{A1}$	包容要求	Ⓔ
		公共公差带	CZ
理论正确尺寸	50	小径	LD
延伸公差带	Ⓟ	大径	MD

102

说　明	符　号	说　明	符　号
最大实体要求	Ⓜ	中径、节径	PD
最小实体要求	Ⓛ	线索	LE
自由状态条件 （非刚性零件）	Ⓕ	不凸起	NC
全周（轮廓）	⟳	任意横截面	ACS

2. 基准符号

代表基准的字母采用大写英文字母，为了避免混淆，规定 E、I、J、M、O、P、L、R、F 字母不采用。必须指出，基准的顺序在公差框格中是固定的，第 3 格填写第一基准，依次填写第二、第三基准，而与字母在字母表中的顺序无关。

基准符号由一个基准方框（基准字母注写在方框内）和一个涂黑或空白的基准三角形及细实线连接而成。涂黑和空白的基准三角形含义相同。三角形符号应靠在基准要素上，无论基准符号在视图上的方向如何，其方框中的基准字母都应水平书写，如图 4 - 4 所示。

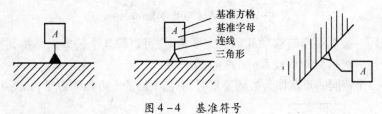

图 4 - 4　基准符号

4.2.2　被测要素的标注方法

用带箭头的指引线将几何公差框格与被测要素相连，指引线的箭头指向公差带的宽度或直径方向。指引线可以从框格的任意一端引出，引向被测要素时允许弯折，但弯折次数不超过两次。对于不同的被测要素，其标注方法如下。

（1）当被测要素为组成要素（轮廓要素）时，指引线箭头应指在该要素的轮廓线或其延长线上，并与尺寸线明显错开，如图 4 - 5 所示。

（2）当被测要素为视图中的实际表面时，可在该面上用一黑点引出参考线，指引线箭头指在参考线上，如图 4 - 6 所示。

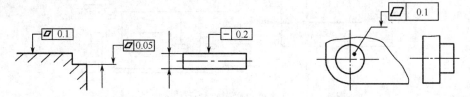

图 4 - 5　被测要素为组成要素时的标注　　　图 4 - 6　被测要素为视图中实际表面时的标注

（3）当被测要素为导出要素（中心要素）时，带箭头的指引线应与尺寸线的延长线重合，如图 4 - 7（b）、（c）所示，被测要素为圆锥轴线时的标注如图 4 - 7（a）所示。

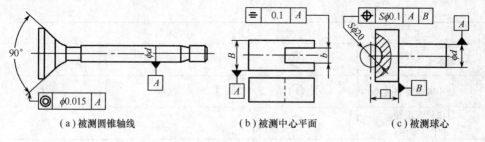

（a）被测圆锥轴线   （b）被测中心平面   （c）被测球心

图 4-7　被测要素为导出要素时的标注

（4）当被测要素为局部要素时，应用粗点划线标出其部位并注出尺寸，指引线箭头应指在粗点划线上，如图 4-8 所示。

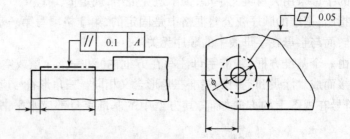

图 4-8　被测要素为局部要素时的标注

（5）当同一被测要素有多项几何公差要求时，可以将几个公差框格排列在一起，用一条带箭头的指引线指向被测要素，如图 4-9 所示。

（6）当多个相同的要素作为被测要素时，应在框格的上方标明数量，如图 4-10 所示。

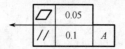

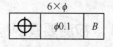

图 4-9　同一被测要素有多项要求时的标注   图 4-10　被测要素为多个要素时的标注

（7）当被测要素为公共轴线或公共平面等由几个同类要素构成的公共被测要素时，应采用一个公差框格标注。标注时应在公差框格第 2 格内公差值后面加注公共公差带的符号 CZ，如图 4-11 所示。

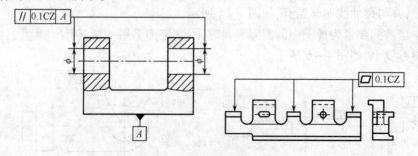

图 4-11　公共被测要素的标注

4.2.3　基准要素的标注方法

（1）当基准要素为组成要素（轮廓要素）时，基准三角形的底边放在基准要素的轮廓

104

线或轮廓线的延长线及引出线上,并与尺寸线明显错开,如图4-12所示。

(2)当基准要素为视图中的局部表面时,可在该面上用一黑点引出参考线,基准代号置于参考线上,如图4-13所示。

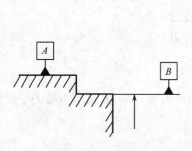

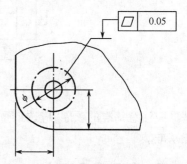

图4-12　基准要素为组成要素时的标注　　　图4-13　基准要素为视图中实际表面时的标注

(3)当基准要素为导出要素时,基准符号的连线应与尺寸线对齐,基准三角形可以代替尺寸线的另一个箭头,如图4-14所示。

(4)当基准要素为圆锥轴线时,基准代号的连线应与圆锥轴线垂直,而基准短横线应与圆锥素线平行,如图4-15所示。

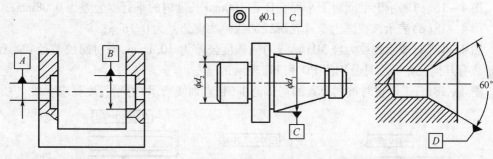

图4-14　基准要素为导
出要素时的标注　　　　　图4-15　基准要素为圆锥轴线时的标注

(5)当基准要素为由两个同类要素构成而作为一个基准使用的公共基准轴线、公共基准中心平面等公共基准时,其标注方法如图4-16所示。

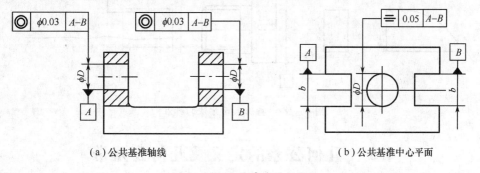

　　　(a)公共基准轴线　　　　　　　　　　(b)公共基准中心平面

图4-16　公共基准的标注

(6)当基准要素为基准体系(三基面体系),其标注方法如图4-17所示。基准体系是由三个相互垂直的平面构成的,这三个平面都是基准平面,应用基准体系时,在图样上

105

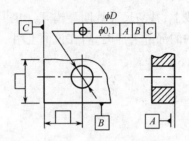

图 4 - 17　基准体系的标注

标注基准应注意基准的顺序,应选最重要或最大的平面作为第一基准,选不重要的平面作为第三基准。

4.2.4　特殊表示方法

部分特殊表示方法的标注如图 4 - 18 所示。

图 4 - 18(a)表示圆柱面素线在任意 100mm 长度内的直线度公差为 0.05mm;

图 4 - 18(b)表示箭头所指平面在任意 100mm 的正方形范围内的平面度公差为 0.01mm;

图 4 - 18(c)表示上平面对下平面在任意 100mm 长度内的平行度公差为 0.08mm;

图 4 - 18(d)表示该视图上全部轮廓线的线轮廓度公差为 0.1mm;

图 4 - 18(e)表示螺纹大经 MD 轴线的同轴度公差为 $\phi 0.1$mm,当对螺纹节径和小径的轴线有几何公差要求时分别用 PD 和 LD 表示;

图 4 - 18(f)表示仅对被测要素的局部范围(粗点划线所示)有平行度要求。

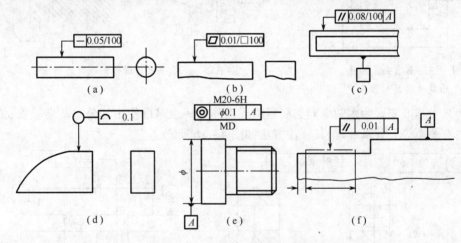

图 4 - 18　特殊表示方法的标注

4.3　几何公差的定义及几何公差带

4.3.1　几何公差和几何公差带的基本形状

几何公差是指实际被测要素对其给定的理想形状、方向、位置所允许的变动量。

106

几何公差带是用来限制实际被测要素变动的区域。与尺寸公差带相比,几何公差带要复杂得多,根据被测要素的功能和结构特征不同,几何公差带具有大小、形状、方向和位置四要素。几何公差带的基本形状如图4-19所示。

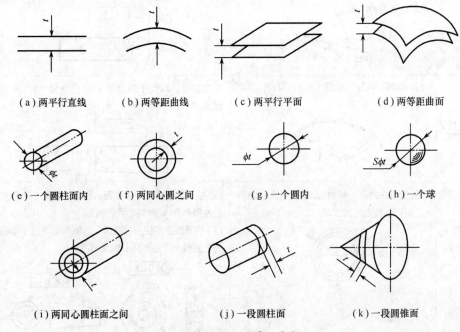

（a）两平行直线　　　（b）两等距曲线　　　（c）两平行平面　　　（d）两等距曲面

（e）一个圆柱面内　　（f）两同心圆之间　　　（g）一个圆内　　　（h）一个球

（i）两同心圆柱面之间　　　　（j）一段圆柱面　　　　（k）一段圆锥面

图4-19　几何公差带的基本形状

4.3.2　形状公差及其公差带特征

形状公差是单一实际被要素的形状对其理想要素允许的变动量。形状公差带是单一实际被测要素允许变动的区域。形状公差没有基准要求,所以,其公差带是浮动的。形状公差标注示例、形状公差带定义及解释如表4-3所列。

表4-3　形状公差带

项目	符号	公差带定义	标注示例和解释
直线度	—	在给定平面内,公差带是距离为公差值 t 的两平行直线之间的区域 给定平面	被测表面的素线,必须位于平行于图样所示投影面且距离为公差值0.1的两平行直线内 — 0.1
		在给定方向上公差带是距离为公差值 t 的两平行平面之间的区域:	被测圆柱面的任意素线必须位于距离为公差值0.1的两平行平面内 — 0.1

107

项目	符号	公差带定义	标注示例和解释
直线度	—	如在公差值前加注 ϕ，则公差带是直径为 t 的圆柱面内的区域	被测圆柱体的轴线必须位于尺寸为 ϕt 的圆柱面内
平面度	▱	公差带是距离为公差值 t 的两平行平面之间的区域	被测表面必须位于距离为公差值 0.08 的两平行平面内
圆度	○	公差带是在同一正截面上，半径差为公差值 t 的两同心圆之间的区域	（a）被测圆柱面任一正截面的圆周必须位于半径差为公差值 0.03 的两同心圆之间； （b）被测圆锥面任一正截面上的圆周必须位于半径差为公差值 0.1 的两同心圆之间
圆柱度	⌀	公差带是半径差为公差值 t 的两同轴圆柱面之间的区域	被测圆柱面必须位于半径差为 0.1 的两同轴圆柱面之间

4.3.3　轮廓度公差及其公差带特征

　　轮廓度公差是对任意形状的线轮廓要素或面轮廓要素提出的公差要求，线轮廓要素和面轮廓要素的理想形状由理论正确尺寸确定。当线轮廓要素和面轮廓要素无基准要求时，为单一要素，其轮廓度公差为形状公差；当线轮廓要素和面轮廓要素有基准要求时，为关联要素，其轮廓度公差为方向公差或位置公差。

　　线、面轮廓度公差标注示例、公差带定义及解释如表 4-4 所列。

4.3.4　方向公差及其公差带特征

　　方向公差是关联被测要素对其具有确定方向的理想要素的允许变动量，理想要素的方向由基准及理论正确尺寸确定。方向公差带是关联被测要素允许变动的区域，它具有如下特点：

　　（1）方向公差带不仅有形状、大小要求，还具有确定的方向，而位置可以浮动。

　　（2）方向公差带可以同时控制被测要素的形状误差和方向误差，因此，当同一被测要素有方向公差要求时,一般不再给出形状公差。

方向公差标注示例、公差带定义及解释如表4-5所列。

4.3.5 位置公差及其公差带特征

位置公差是关联被测要素对其具有确定位置的理想要素的允许变动量,理想要素的位置由基准及理论正确尺寸确定。位置公差带是关联被测要素允许变动的区域,它具有如下特点:

(1)位置公差带不仅有形状、大小要求,相对于基准还具有确定的位置。

(2)位置公差带可以同时控制被测要素的形状误差、方向误差和位置误差。因此,当同一被测要素有位置公差要求时,一般不再给出方向公差和形状公差,仅在对其方向精度或(和)形状精度有进一步要求时,才另行给出方向公差和形状公差,而方向公差值必须小于位置公差值,形状公差值必须小于方向公差值。例如图4-20中对被测表面同时给出了

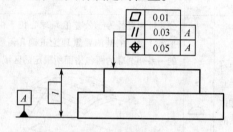

图4-20 对被测表面同时给出位置、方向和形状公差

0.05mm 位置度公差、0.03mm 平行度公差和 0.01mm 平面度公差。

位置公差标注示例、公差带定义及解释如表4-6所列。

表4-4 线、面轮廓度公差带的定义及标注示例 (摘自 GB/T 1182—2008)

(mm)

项目	符号	公差带定义	标注示例和解释
无基准的线轮廓度	⌒	公差带为直径等于公差值 t、圆心位于被测要素理论正确几何形状上的一系列圆的两包络线所限定的区域 a—任一距离; b—垂直于右图视图所在平面。	在任一平行于图示投影面的截面内,实际轮廓线应限定在直径等于 0.04mm、圆心位于被测要素理论正确几何形状上的一系列圆的两等距包络线之间
相对于基准体系的线轮廓度	⌒	公差带为直径等于公差值 t、圆心位于由基准平面 A 和 B 确定的被测要素理论正确几何形状上的一系列圆的两包络线所限定的区域 a、b—基准平面 A、B; c—平行于基准平面 A 的平面。	在任一平行于图示投影面的截面内,实际轮廓线应限定在直径等于 0.04mm、圆心位于由基准平面 A 和 B 确定的被测要素理论正确几何形状上的一系列圆的两等距包络线之间

项目	符号	公差带定义	标注示例和解释
无基准的面轮廓度	⌒	公差带为直径等于公差值 t、球心位于被测要素理论正确几何形状上的一系列圆球的两包络面所限定的区域	实际轮廓面应限定在直径为 0.02mm、球心位于被测要素理论正确几何形状上的一系列圆球的两等距包络面之间
相对于基准体系的面轮廓度	⌒	公差带为直径等于公差值 t、球心位于由基准平面 A 确定的被测要素理论正确几何形状上的一系列圆球的两包络面所限定的区域 a—基准平面 A； L—理论正确几何图形的顶点至基准平面的距离。	实际轮廓面应限定在直径为 0.01mm、球心位于由基准平面 A 确定的被测要素理论正确几何形状上的一系列圆球的两等距包络面之间

表 4-5　方向公差带的定义及标注示例（摘自 GB/T 1182—2008）

特征项目		公差带定义	标注示例和解释
平行度公差	面对面平行度公差	公差带为间距等于公差值 t 且平行于基准平面的两平行平面所限定的区域 a—基准平面。	实际表面应限定在间距等于 0.01mm 且平行于基准平面 D 的两平行平面之间
	线对面平行度公差	公差带为间距等于公差值 t 且平行于基准平面的两平行平面所限定的区域 a—基准平面。	被测孔的实际轴线应限定在间距等于 0.01mm 且平行于基准平面 B 的两平行平面之间
	面对线平行度公差	公差带为间距等于公差值 t 且平行于基准轴线的两平行平面所限定的区域 a—基准轴线。	实际表面应限定在间距等于 0.1mm 且平行于基准轴线 C 的两平行平面之间

110

特征项目			公差带定义	标注示例和解释
平行度公差	线对线平行度公差	任意方向上	公差带为直径等于公差值 ϕt 且轴线平行于基准轴线的圆柱面所限定的区域 a—基准轴线。	被测孔的实际轴线应限定在直径等于 $\phi0.03mm$ 且平行于基准轴线 A 的圆柱面内 $\boxed{//\ \phi0.03\ \mid A}$

	线对线平行度公差	互相垂直的方向上	公差带为互相垂直的间距分别等于公差值 t_1 和 t_2，且平行于基准轴线的两组平行平面所限定的区域
			
			a—基准轴线。
				被测孔的实际轴线应限定在间距分别等于 0.2mm 和 0.1mm，在给定的相互垂直方向上且平行于基准轴线 A 的两组平行平面之间
				
				$\boxed{//\ 0.2\ \mid A}$
				$\boxed{//\ 0.1\ \mid A}$

垂直度公差	面对面垂直度公差		公差带为间距等于公差值 t 且垂直于基准平面的两平行平面所限定的区域 a—基准平面。	实际表面应限定在间距等于 0.08mm 且垂直于基准平面 A 的两平行平面之间 $\boxed{\perp\ 0.08\ \mid A}$
	面对线垂直度公差		公差带为间距等于公差值 t 且垂直于基准轴线的两平行平面所限定的区域 a—基准轴线。	实际表面应限定在间距等于 0.08mm 且垂直于基准轴线 A 的两平行平面之间 $\boxed{\perp\ 0.08\ \mid A}$

特征项目		公差带定义	标注示例和解释
垂直度公差	线对线垂直度公差	公差带为间距等于公差值 t 且垂直于基准轴线的两平行平面所限定的区域 a—基准轴线。	被测孔的实际轴线应限定在间距等于 0.06mm 且垂直于基准轴线 A 的两平行平面之间
	线对面垂直度公差	在任意方向上，公差带为直径等于公差值 ϕt 且轴线垂直于基准平面的圆柱面所限定的区域 a—基准平面。	被测圆柱面的实际轴线应限定在直径等于 $\phi 0.01mm$ 且轴线垂直于基准平面 A 的圆柱面内
倾斜度公差	面对面倾斜度公差	公差带为间距等于公差值 t 的两平行平面所限定的区域。该两平行平面按给定角度倾斜于基准平面 a—基准平面。	实际表面应限定在间距等于 0.08mm 的两平行平面之间。该两平行平面按理论正确角度 40° 倾斜于基准平面 A
	线对线倾斜度公差	被测直线与基准直线在同一平面上 公差带为间距等于公差值 t 的两平行平面所限定的区域。该两平行平面按给定角度倾斜于基准轴线 a—基准轴线。	被测孔的实际轴线应限定在间距等于 0.08mm 的两平行平面之间。该两平行平面按理论正确角度 60° 倾斜于公共基准轴线 $A-B$

112

表 4-6 位置公差带的定义及标注示例(摘自 GB/T 1182—2008)

特征项目		公差带定义	标注示例和解释
同心度与同轴度公差	点的同心度公差	公差带为直径等于公差值 ϕt 的圆周所限定的区域。该圆周的圆心与基准点重合 a—基准点。	在任意截面内(用符号 ACS 标注在几何公差框格的上方),内圆的实际中心点应限定在直径等于 $\phi 0.1mm$ 且以基准点为圆心的圆周内 ACS ⊚ $\phi 0.1$ A
	线的同轴度公差	公差带为直径等于公差值 ϕt 且轴线与基准轴线重合的圆柱面所限定的区域 a—基准轴线。	被测圆柱面的实际轴线应限定在直径等于 $\phi 0.04mm$ 且轴线与基准轴线 A 重合的圆柱面内 ⊚ $\phi 0.04$ A
对称度公差	面对面对称度公差	公差带为间距等于公差值 t 且对称于基准中心平面的两平行平面所限定的区域 a—基准中心平面。	两端为半圆的被测槽的实际中心平面应限定在间距等于 $0.08mm$ 且对称于公共基准中心平面 $A-B$ 的两平行平面之间 ≡ 0.08 $A-B$
	面对线对称度公差	公差带为间距等于公差值 t 且对称于基准轴线的两平行平面所限定的区域 a—基准轴线; P_0—通过基准轴线的理想平面。	宽度为 b 的被测键槽的实际中心平面应限定在间距为 $0.05mm$ 的两平行平面之间。该两平行平面对称于基准轴线 B,即对称于通过基准轴线 B 的理想平面 P_0 ≡ 0.05 B

113

特征项目		公差带定义	标注示例和解释
位置度公差	点的位置度公差	公差带为直径等于公差值 $S\phi t$ 的圆球所限定的区域。该圆球的中心的理论正确位置由基准平面 A、B、C 和理论正确尺寸 x、y 确定 a、b、c—基准平面 A、B、C。	实际球心应限定在直径等于 $S\phi 0.3\text{mm}$ 的圆球内。该圆球的中心应处于由基准平面 A、B、C 和理论正确尺寸 30mm、25mm 确定的理论正确位置上
	线的位置度公差	公差带为直径等于公差值 ϕt 的圆柱面所限定的区域。该圆柱面的轴线的理论正确位置由基准平面 C、A、B 和理论正确尺寸 x、y 确定 a、b、c—基准平面 A、B、C。	被测孔的实际轴线应限定在直径等于 $\phi 0.08\text{mm}$ 的圆柱面内。该圆柱面的轴线应处于由基准平面 C、A、B 和理论正确尺寸 100mm、68mm 确定的理论正确位置上
	面的位置度公差	公差带为间距等于公差值 t 且对称于被测表面理论正确位置的两平行平面所限定的区域。该理论正确位置由基准平面、基准轴线和理论正确尺寸 L、理论正确角度 a 确定 a—基准平面；b—基准轴线。	实际表面应限定在间距等于 0.05mm 且对称于被测表面理论正确位置的两平行平面之间。该理论正确位置由基准平面 A、基准轴线 B 和理论正确尺寸 15mm、理论正确角度 105° 确定

4.3.6 跳动公差

跳动公差是依据特定的检测方式而规定的几何公差项目,跳动公差的被测要素为组成要素,是回转表面(圆柱面或圆锥面)或端平面。

跳动公差分为圆跳动公差和全跳动公差。

圆跳动是被测要素无轴向移动绕基准轴线回转一周时,由位置固定的指示器在给定方向上所测得的最大与最小示值之差的允许值。圆跳动又分为径向圆跳动、轴向圆跳动和斜向圆跳动三种。

全跳动公差是被测要素无轴向移动绕基准轴线回转一周时,同时沿轴向或径向移动的指示器在给定方向上所测得的最大与最小示值之差的允许值。全跳动又分为径向全跳动、轴向全跳动两种。

跳动公差标注示例、公差带定义及解释如表4-7所列。

表4-7 跳动公差带的定义及标注示例(摘自 GB/T 1182—2008)

特征项目		公差带定义	标注示例和解释
圆跳动公差	径向圆跳动公差	公差带为在任一垂直于基准轴线的横截面内、半径差等于公差值 t,圆心在基准轴线上的两同心圆所限定的区域 a—基准轴线;b—横截面。	在任一垂直于基准轴线 A 的横截面内,被测圆柱面的实际圆应限定在半径差等于 0.1mm 且圆心在基准轴线 A 上的两同心圆之间
	轴向圆跳动公差	公差带为与基准轴线同轴线的任一直径的圆柱截面上,间距等于公差值 t 的两个等径圆所限定的圆柱面区域 a—基准轴线;b—公差带;c—任意直径。	在与基准轴线 D 同轴线的任一直径的圆柱截面上,实际圆应限定在轴向距离等于 0.1mm 的两个等径圆之间
	斜向圆跳动公差	公差带为与基准轴线同轴线的某一圆锥截面上,间距等于公差值 t 的直径不相等的两个圆所限定的圆锥面区域。 除非另有规定,测量方向应垂直于被测表面 a—基准轴线;b—圆锥截面;c—公差带。	在与基准轴线 C 同轴线的任一圆锥截面上,实际线应限定在素线方向间距等于 0.1mm 的直径不相等的两个圆之间

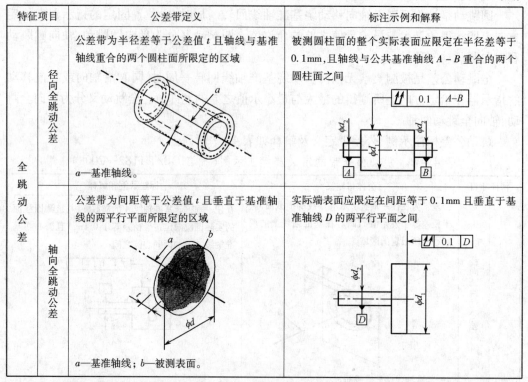

特征项目		公差带定义	标注示例和解释
全跳动公差	径向全跳动公差	公差带为半径差等于公差值 t 且轴线与基准轴线重合的两个圆柱面所限定的区域 a—基准轴线。	被测圆柱面的整个实际表面应限定在半径差等于 $0.1mm$，且轴线与公共基准轴线 $A-B$ 重合的两个圆柱面之间
	轴向全跳动公差	公差带为间距等于公差值 t 且垂直于基准轴线的两平行平面所限定的区域 a—基准轴线；b—被测表面。	实际端面表面应限定在间距等于 $0.1mm$ 且垂直于基准轴线 D 的两平行平面之间

跳动公差具有如下特点：

（1）跳动公差带相对于基准轴线具有确定的位置。

（2）跳动公差带可以综合控制被测要素的位置、方向和形状误差。例如，径向圆跳动公差带同时控制同轴度误差和圆度误差；径向全跳动公差带同时控制同轴度误差和圆柱度误差；轴向圆跳动公差可以控制端面对基准轴线的垂直度误差；轴向全跳动公差同时控制端面对基准轴线的垂直度误差和平面度误差。

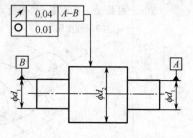

图 4-21 跳动公差和形状公差同时标注的示例

采用跳动公差综合控制的被测要素不能满足功能要求时，可以进一步给出相应的形状公差（其数值应小于跳动公差值），如图 4-21 所示。

4.4 几何误差的评定

4.4.1 几何误差的评定准则

几何误差是实际被测要素对其理想要素的变动量，是几何公差控制的对象。

几何误差的评定准则是要求实际被测要素的几何误差值应满足最小条件。所谓最小条件是指实际被测要素对其理想要素的最大变动量为最小。按最小条件得到的实际要素的变化区域称为最小包容区，该最小包容区的宽度或直径就是实际被测要素的几何误差

116

值。几何误差的最小包容区的形状与其几何公差带相同。

形状误差最小包容区域的大小、方向和位置可以随被测实际要素的拟合要素而变动。

方向误差的最小包容区域是按理想要素的方向来包容被测实际要素的。理想要素的方向由基准要素确定。方向误差的最小包容区域的方向是确定的,位置可随被测实际要素的拟合要素而变动。所以方向误差包含形状误差。

位置误差的最小包容区域是以理想要素定位来包容被测实际要素的。理想要素的位置是确定的。位置误差的最小包容区域的方向是由基准要素确定的,位置由理论正确尺寸确定。所以位置误差包含方向误差和形状误差。

4.4.2 形状误差的评定

形状误差是实际被测要素的形状对其理想要素的变动量,而理想要素的位置应该满足最小条件。此时,形状与公差带相同且包容实际被测要素的区域为最小,该最小包容区的宽度或直径就是实际被测要素的形状误差。例如,确定图 4 – 22 中给定平面内的直线度误差,当理想要素分别位于 $A_1 - B_1$、$A_2 - B_2$、$A_3 - B_3$ 处时,实际被测要素相对于理想要素的最大变动量分别为 h_1、h_2、h_3,且 $h_1 < h_2 < h_3$,符合最小条件的理想要素是 $A_1 - B_1$,h_1 为最小包容区。

对于导出要素,如图 4 – 22 所示空间任意方向弯曲的轴线 $\phi d_1 < \phi d_2$,符合最小条件的理想要素是 L_1,ϕd_1 为最小包容区。

对于组成要素,符合最小条件的理想要素位于零件的实体之外并与实际被测要素相接触,如图 4 – 22 所示。对于导出要素,符合最小条件的理想要素位于实际被测要素之中,如图 4 – 23 所示。

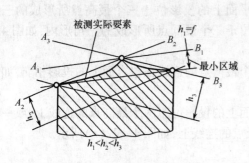

图 4 – 22　组成要素的最小条件

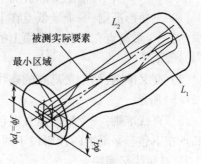

图 4 – 23　导出要素的最小条件

同理,图 4 – 24 中包容实际被测表面且距离最小的两平行平面构成最小包容区,该区域的宽度即为实际被测表面的平面度误差。

形状误差的最小包容区的形状与实际被测要素的公差带相同,而大小、方向和位置则取决于实际被测要素。按最小区域法所得到的形状误差值是最小且唯一的。

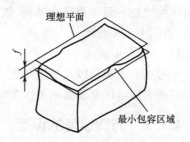

图 4 – 24　实际被测表面的最小包容区

1. 给定平面内直线度误差的评定

1）最小区域法

在给定平面内,由两平行直线包容实际被测直线时,至少形成高低相间三点接触,该包容区就是最小包容区,其宽度即为实际被测直线的直线度误差。如图 4 – 25 所示,称为"相间准则"。

2）两端点连线法

两端点连线法是以实际被测直线的两个端点的连线 L_{BE} 作为评定基准,取各测点相对于 L_{BE} 最大与最小偏差值之差 f_{BE} 作为直线度误差值。如图 4 – 26 所示。测点在基准上方的偏差值为正,测点在基准下方的偏差值为负,即 $f_{BE} = h_{max} - h_{min}$。

两端点连线法是评定直线度误差的近似方法,常用于机床导轨的直线度检测中。

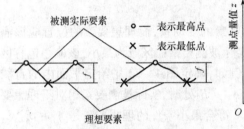

图 4 – 25　最小包容区法评定直线度误差　　　图 4 – 26　两端点连线法评定直线度误差

2. 平面度误差的评定

1）最小区域法

最小区域法是用两平行平面包容实际被测平面时,至少形成高低相间三、四点接触,且具有如图 4 – 26 所示形式之一者为最小区域。

如图 4 – 26 所示,根据实际被测平面的形状不同,通常有三种评定准则。

（1）三角形准则:一个最低点在上包容平面上的投影位于三个最高点所形成的三角形内;或一个最高点在下包容平面上的投影位于三个最低点所形成的三角形内,如图 4 – 27（a）所示。

（2）交叉准则:两个最高点的连线与两个最低点的连线在包容面上的投影相交,如图 4 – 27（b）所示。

（3）直线准则:一个最低点在上包容平面上的投影位于两个最高点的连线上;或一个最高点在下包容平面上的投影位于两个最低点的连线上,如图 4 – 27（c）所示。

2）对角线平面法

对角线平面法是以通过实际被测表面上的一条对角线的两个对角点且平行于另一条对角线的理想平面作为评定基面,以实际被测表面对评定基面的最大变动作为平面度误差值,如图 4 – 28 所示。

3）三远点平面法

三远点平面法是以通过实际被测表面上相距较远的三个点的平面作为评定基面,以实际被测表面对评定基面的最大变动作为平面度误差值,如图 4 – 29 所示。

4.4.3　方向误差的评定

方向误差是关联实际被测要素对其具有确定方向的理想要素的变动量。方向误差值

118

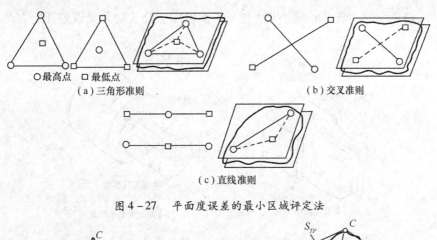

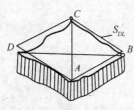

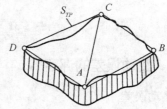

图4-27 平面度误差的最小区域评定法

(a) 三角形准则 (b) 交叉准则

(c) 直线准则

图4-28 对角线平面法　　　　　图4-29 三远点平面法

用定向最小包容区域(简称定向最小区域)的宽度f或直径ϕf表示。方向最小区域是指按理想要素的方向来包容实际被测要素时,具有最小宽度f或直径ϕf的包容区域,如图4-30所示。由图4-30可知,定向最小区域的形状与定向公差带相同,而宽度f或直径ϕf则取决于被测要素。

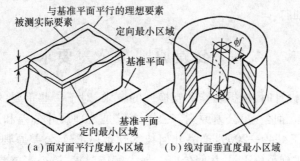

(a) 面对面平行度最小区域　　(b) 线对面垂直度最小区域

图4-30 定向最小区域示例

4.4.4 位置误差的评定

位置误差是关联实际被测要素对其具有确定位置的理想要素的变动量。位置误差值用定位最小包容区域(简称定位最小区域)的宽度f或直径ϕf表示。定位最小区域是指按理想要素的位置来包容实际被测要素时,具有最小宽度f或直径ϕf的包容区域,如图4-31所示。由图4-31可知,定位最小区域的形状和位置与定位公差带相同,而宽度f或直径ϕf则取决于被测要素。

采用最小区域法得到的是被测要素几何误差的精确值,而用任何其他方法评定几何误差时,得到的数值均大于零件实际的误差值。所以,最小区域评定法可以最大限度地通过合格件,避免误废。最小区域评定法是 ISO 及国际上公认的几何误差评定方法及仲裁方法。

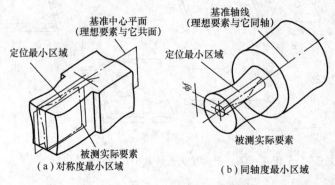

图 4 – 31　定位最小区域示例

4.4.5　跳动误差的评定

1. 圆跳动误差

圆跳动误差是被测要素无轴向移动绕基准轴线回转一周时,由位置固定的指示器在给定方向上所测得的最大与最小示值之差。所谓给定方向,对于圆柱面是指径向,对于圆锥面是指素线的法线方向,对端面是指轴向。

2. 全跳动误差

全跳动误差是被测要素无轴向移动绕基准轴线回转一周时,同时沿轴向或径向移动的指示器在给定方向上所测得的最大与最小示值之差。所谓给定方向,对于圆柱面是指径向,对端面是指轴向。

4.5　公差原则与公差要求

零件几何精度设计时,根据功能和互换性的要求,对于一些重要的几何要素,需要同时给出尺寸公差和几何公差,公差原则与公差要求是处理尺寸公差和几何公差关系的规定。国家标准 GB/T 4249—2009《产品几何技术规范(GPS) 公差原则》和 GB/T 16671—2009《产品几何技术规范(GPS) 几何公差　最大实体要求、最小实体要求和可逆要求》中规定,公差原则分为独立原则和相关要求。独立原则是指图样上给定的尺寸公差与几何公差相互独立无关,应分别满足各自的要求。相关要求是指图样上给定的尺寸公差与几何公差相互有关,相关要求又分为包容要求、最大实体要求、最小实体要求和可逆要求。

4.5.1　有关公差要求的术语

1. 作用尺寸

1) 体外作用尺寸

体外作用尺寸是指在被测要素的配合长度上,与实际内表面(孔)体外相接的最大理想面,或与实际外表面(轴)体外相接的最小理想面的直径或宽度,如图 4 – 32 所示。

内表面(孔)的体外作用尺寸用 D_{fe} 表示,外表面(轴)的体外作用尺寸用 d_{fe} 表示。由

图 4-32 可知,当孔轴存在几何误差 $f_{几何}$ 时,其体外作用尺寸的理想面位于零件的实体之外。孔的体外作用尺寸小于或等于孔的实际尺寸,轴的体外作用尺寸大于或等于轴的实际尺寸,即

$$D_{fe} = D_a - f_{几何} \qquad (4-1)$$

$$d_{fe} = d_a + f_{几何} \qquad (4-2)$$

2) 体内作用尺寸

体内作用尺寸是指在被测要素的配合长度上,与实际内表面(孔)体内相接的最小理想面,或与实际外表面(轴)体内相接的最大理想面的直径或宽度,如图 4-32 所示。

内表面(孔)的体内作用尺寸用 D_{fi} 表示,外表面(轴)的体内作用尺寸用 d_{fi} 表示。由图 4-32 可知,当孔轴存在几何误差 $f_{几何}$ 时,其体内作用尺寸的理想面位于零件的实体内。孔的体内作用尺寸大于或等于孔的实际尺寸,轴的体内作用尺寸小于或等于轴的实际尺寸,即

$$D_{fi} = D_a + f_{几何} \qquad (4-3)$$

$$d_{fi} = d_a - f_{几何} \qquad (4-4)$$

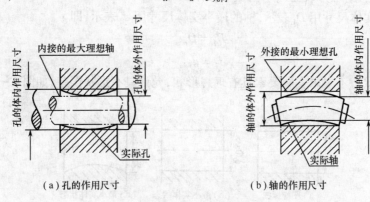

(a) 孔的作用尺寸   (b) 轴的作用尺寸

图 4-32　孔、轴作用尺寸

2. 最大实体状态(MMC)和最大实体尺寸(MMS)

最大实体状态是指零件的实际要素在给定长度上处处位于尺寸极限之内,并具有实体最大(占有材料最多)时的状态。

最大实体尺寸是指实际要素在最大实体状态下的极限尺寸。对于内表面(孔)为其下极限尺寸 D_{min};对于外表面(轴)为其上极限尺寸 d_{max}。

孔的最大实体尺寸用 D_M 表示,轴的最大实体尺寸用 d_M 表示,即

$$D_M = D_{min} \qquad (4-5)$$

$$d_M = d_{max} \qquad (4-6)$$

最大实体状态不要求实际要素具有理想形状,允许具有形状误差,如图 4-33、图 4-34 所示。

3. 最小实体状态(LMC)和最小实体尺寸(LMS)

最小实体状态是指零件的实际要素在给定长度上处处位于尺寸极限之内,并具有实

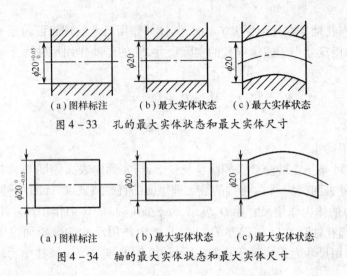

（a）图样标注   （b）最大实体状态   （c）最大实体状态

图 4 – 33   孔的最大实体状态和最大实体尺寸

（a）图样标注   （b）最大实体状态   （c）最大实体状态

图 4 – 34   轴的最大实体状态和最大实体尺寸

体最小(材料最少)时的状态。

最小实体尺寸是指实际要素在最小实体状态下的极限尺寸。对于内表面(孔)为其上极限尺寸 D_{max}；对于外表面(轴)为其下极限尺寸 d_{min}。

孔的最小实体尺寸用 D_L 表示，轴的最小实体尺寸用 d_L 表示，即

$$D_L = D_{max}$$

$$d_L = d_{min}$$

最小实体状态不要求实际要素具有理想形状，允许具有形状误差，如图 4 – 35、图 4 – 36 所示。

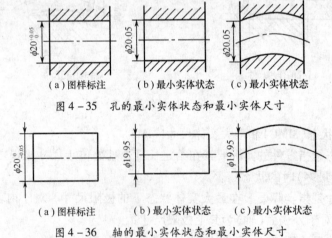

（a）图样标注   （b）最小实体状态   （c）最小实体状态

图 4 – 35   孔的最小实体状态和最小实体尺寸

（a）图样标注   （b）最小实体状态   （c）最小实体状态

图 4 – 36   轴的最小实体状态和最小实体尺寸

4. 最大实体实效状态(MMVC)和最大实体实效尺寸(MMVS)

最大实体实效状态是指实际要素在给定长度上处于最大实体状态，并且其对应导出要素的几何误差等于给定公差值时的综合极限状态。

最大实体实效尺寸是指实际要素在最大实体实效状态下的体外作用尺寸。

孔的最大实体实效尺寸用 D_{MV} 表示，等于孔的最大实体尺寸减去其对应导出要素的几何公差值 t Ⓜ；轴的最大实体实效尺寸用 d_{MV} 表示，等于轴的最大实体尺寸加上其对应导出要素的几何公差值 t Ⓜ，即

$$D_{MV} = D_L - t\textcircled{M} \tag{4-7}$$
$$d_{MV} = d_L + t\textcircled{M} \tag{4-8}$$

图 4-37、图 4-38 分别为孔、轴最大实体实效状态和最大实体实效尺寸示例。

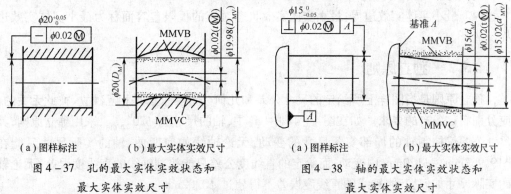

（a）图样标注　　　（b）最大实体实效尺寸　　　　　（a）图样标注　　　（b）最大实体实效尺寸

图 4-37　孔的最大实体实效状态和　　　　　　图 4-38　轴的最大实体实效状态和
　　　　　最大实体实效尺寸　　　　　　　　　　　　　　　最大实体实效尺寸

5. 最小实体实效状态（LMVC）和最小实体实效尺寸（LMVS）

最小实体实效状态是指实际要素在给定长度上处于最小实体状态,并且其对应导出要素的几何误差等于给定公差值时的综合极限状态。

最小实体实效尺寸是指实际要素在最小实体实效状态下的体内作用尺寸。

孔的最小实体实效尺寸用 D_{LV} 表示,等于孔的最小实体尺寸加上其对应导出要素的几何公差值 t $\textcircled{L}$;轴的最小实体实效尺寸用 d_{LV} 表示,等于轴的最小实体尺寸减去对其应导出要素的几何公差值 t $\textcircled{L}$,即

$$D_{LV} = D_M + t\textcircled{L}$$
$$d_{LV} = d_M - t\textcircled{L}$$

图 4-39、图 4-40 分别为孔、轴最小实体实效状态和最小实体实效尺寸示例。

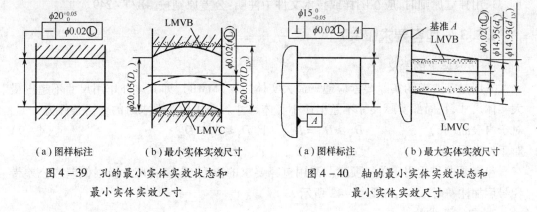

（a）图样标注　　　（b）最小实体实效尺寸　　　　　（a）图样标注　　　（b）最大实体实效尺寸

图 4-39　孔的最小实体实效状态和　　　　　　图 4-40　轴的最小实体实效状态和
　　　　　最小实体实效尺寸　　　　　　　　　　　　　　　最小实体实效尺寸

6. 边界

边界是为了控制被测要素的实际尺寸和几何误差的综合结果,而对该综合结果规定的允许极限。边界是由设计者给定的具有理想形状的极限包容面（极限圆柱面或两平行平面）。实际轴的极限包容面为具有理想形状的孔表面,实际孔的极限包容面为具有理想形状的轴表面。

（1）最大实体边界:最大实体状态对应的极限包容面称为最大实体边界（MMB）。

（2）最小实体边界：最小实体状态对应的极限包容面称为最小实体边界（LMB）。

（3）最大实体实效边界：最大实体实效状态对应的极限包容面称为最大实体实效边界（MMVB）。

（4）最小实体实效边界：最小实体实效状态对应的极限包容面称为最小实体实效边界（LMVB）。

4.5.2 独立原则

独立原则是指图样上所给定的尺寸公差和几何公差要求都是相互独立、彼此无关的，应分别满足各自的要求。如在图 4 – 41 中（a）中，轴的尺寸为 $\phi 20_{-0.013}^{0}$，采用独立原则，其尺寸公差仅控制轴的局部实际尺寸的变动，无论轴线如何弯曲，轴的实际尺寸只能在 $\phi 19.967\mathrm{mm} \sim \phi 120\mathrm{mm}$ 内变动；而给定的直线度公差只能控制轴线的直线度误差，无论轴的实际尺寸如何变动，轴线的直线度误差不得超过 $\phi 0.02\mathrm{mm}$。

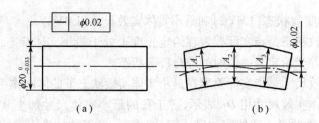

图 4 – 41　独立原则图解

在实际生产中大多数几何特性误差对使用性能的影响是单独显著的，也考虑到设计、加工和检测的实现，通常情况下多采用独立原则。故独立原则是尺寸公差和几何公差相互关系遵循的基本原则。采用独立原则的要素，一般采用通用量规检测

采用独立原则时，应在图样或技术文件中注明：公差原则按 GB/T 4249。

4.5.3 包容要求（ER）

1. 包容要求的含义

采用包容要求的实际要素应遵守最大实体边界（MMB），即其体外作用尺寸不超出最大实体尺寸，且局部实际尺寸不超出最小实体尺寸。采用包容要求时的合格条件为

对于内表面（孔）　　　　　$D_{\mathrm{fe}} \geqslant D_{\mathrm{M}} = D_{\min}$　　且 $D_{\mathrm{a}} \leqslant D_{\mathrm{L}} = D_{\max}$　　　　　（4 – 9）

对于外表面（轴）　　　　　$d_{\mathrm{fe}} \leqslant d_{\mathrm{M}} = d_{\max}$　　且 $d_{\mathrm{a}} \geqslant d_{\mathrm{L}} = d_{\min}$　　　　　（4 – 10）

包容要求只适用于单一要素。采用包容要求的要素，应在其尺寸极限偏差或公差带代号后加注符号"Ⓔ"，如图 4 – 42 所示。

2. 包容要求的特点

包容要求限定实际要素始终位于最大实体边界内。当要素的实际尺寸处处为最大实体尺寸时，不允许有形状误差；当要素的实际尺寸偏离最大实体尺寸时，其偏差量可补偿给形状公差。可知，实际要素采用包容要求时，其尺寸公差为补偿公差，它不仅限制了要素的实际尺寸，也控制了要素的形状误差。

在图 4 – 42（a）中，轴的尺寸为 $\phi 20_{-0.013}^{0}$Ⓔ，采用包容要求，实际轴应满足如下要求：

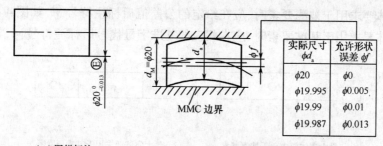

实际尺寸 ϕd_a	允许形状误差 ϕf
$\phi 20$	$\phi 0$
$\phi 19.995$	$\phi 0.005$
$\phi 19.99$	$\phi 0.01$
$\phi 19.987$	$\phi 0.013$

（a）图样标注　　　　　　　　（b）图被测要素的最大实体边界

图 4 - 42　包容要求的标注

（1）实际轴必须在最大实体边界内,最大实体边界尺寸为 $\phi 20$mm 的理想圆柱面,如图 4 - 42（b）所示;

（2）当轴各处的直径均为最大实体尺寸时,轴的直线度公差为零;

（3）当轴的直径偏离最大实体尺寸时,轴允许有直线度误差,其允许的误差值就是轴的尺寸误差对其最大实体尺寸的偏离量;

（4）当轴的直径均为最小实体尺寸时,轴允许的直线度误差为 $\phi 0.013$mm;

（5）轴的直线度公差在 $0 \sim \phi 0.013$mm 内变动,如图 4 - 42（b）所示。

单一尺寸要素孔、轴采用包容要求时,应该采用光滑极限量规检验。

3. 包容要求的应用

包容要求主要用于保证单一要素间的配合性质或配合精度要求较高的场合。用最大实体尺寸综合控制零件的实际尺寸和几何误差,在间隙配合中,保证必要的最小间隙,以使得相配合的零件运转灵活;在过盈配合中,控制最大过盈量,既保证配合具有足够的连接强度,又避免过盈量过大而损坏零件。例如,$\phi 30H7 \left({}^{+0.021}_{0} \right)$ ⓔ孔

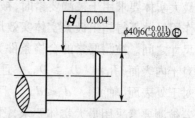

图 4 - 43　单一尺寸要素采用包容要求并给出形状精度要求的标注示例

与 $\phi 30h6 \left({}^{0}_{-0.013} \right)$ ⓔ轴的间隙配合,保证预定的最小间隙,既能保证零件的自由装配,又可避免由于孔、轴的形状误差而产生过盈。又如,滚动轴承内圈与轴颈的配合,采用包容要求可提高轴颈的尺寸精度。

按包容要求给出单一尺寸的要素孔、轴的尺寸公差后,若对该孔、轴的形状精度有更高要求时,还可以进一步给出形状公差值,形状公差值必须小于给出的尺寸公差值。图 4 - 43为与滚动轴承内圈配合的轴颈的形状精度要求。

4.5.4　最大实体要求(MMR)

1. 最大实体要求的含义

最大实体要求是指被测要素的实际轮廓遵守其最大实体实效边界的一种公差要求。当被测要素的实际尺寸偏离最大实体尺寸时,其几何误差允许超出图样上所给定的公差值。最大实体要求对被测要素和基准要素均适用。

最大实体要求用于被测要素时,应在给定的公差值后标注符号Ⓜ,如图4-44(a)所示。最大实体要求用于基准要素时,应在相应的基准字母代号后标注符号Ⓜ,如图4-44(b)所示。

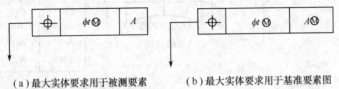

(a)最大实体要求用于被测要素　　　(b)最大实体要求用于基准要素图

图4-44　最大实体要求的标注

2. 最大实体要求的特点

(1) 被测要素的体外作用尺寸不超过其最大实体实效尺寸;

(2) 当被测要素的实际尺寸处为最大实体尺寸时,所允许的几何误差为图样上给定的公差值;

(3) 当被测要素的实际尺寸偏离最大实体尺寸时,其几何公差值可以增大,所允许的几何误差为图样上给定的几何公差值与实际尺寸对最大实体尺寸的偏离量之和;

(4) 被测要素的实际尺寸处于最大实体尺寸和最小实体尺寸之间。

3. 最大实体要求用于被测要素

最大实体要求用于被测要素时,被测要素的实际轮廓应遵守最大实体实效边界,即其体外作用尺寸不得超出最大实体实效尺寸,且其局部实际尺寸处于最大实体尺寸和最小实体尺寸之间。被测要素的合格条件为

对于内表面(孔)　　$D_{fe} \geq D_{MV}$　且 $D_M = D_{min} \leq D_a \leq D_L = D_{max}$　　　　　　(4-11)

对于外表面(轴)　　$d_{fe} \leq d_{MV}$　且 $d_M = d_{max} \geq d_a \geq d_L = d_{min}$　　　　　　(4-12)

若被测要素采用最大实体要求,图样上给定的几何公差值为零时,用"0 Ⓜ"表示,这时标注的"0 Ⓜ"与"Ⓔ"相同。这是最大实体要求用于被测要素的特例,在这种情况下,被测要素的实际轮廓不得超出最大实体边界。

最大实体要求用于单一被测要素、关联被测要素及几何公差为零的情况分析举例如下。

1) 被测要素为单一要素

【例4-1】　图4-45(a)中$\phi 20^{0}_{-0.3}$轴的轴线直线度公差采用最大实体要求。

该轴应满足下列条件:

(1) 轴的体外作用尺寸不得大于其最大实体实效尺寸。

$$d_{MV} = d_M + t Ⓜ = \phi 20 + \phi 0.1 = \phi 20.1mm$$

(2) 当轴处于最大实体状态时,其轴线的直线度公差为 $\phi 0.1mm$,如图4-45(b)所示。

(3) 当轴偏离最大实体状态时,其轴线的直线度公差可以相应地增大。如图4-45(c)所示,当轴的实际尺寸处为$\phi 19.9mm$时,其轴线的直线度公差为

$$t = \phi 0.1 + \phi 0.1 = \phi 0.2mm$$

(4) 如图4-45(d)所示,当轴处于最小实体状态时,其轴线允许的直线度公差达到

126

最大值,等于图样上所给定直线度公差值与轴的尺寸公差之和,即

$$t = \phi 0.1 + \phi 0.3 = \phi 0.4 \text{mm}$$

由此可知,轴线的直线度公差不是一个恒定值,而是随着实际尺寸的变化而变动的。图4-45(e)为动态公差图,它反映了轴线的直线度公差与轴的实际尺寸之间的关系。

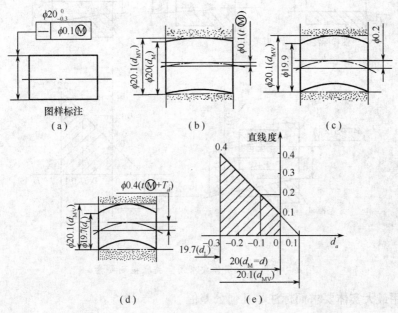

图4-45 最大实体要求用于单一被测要素

2)被测要素为关联要素

【例4-2】 图4-46(a)中 $\phi 50^{+0.13}_{0}$ 孔的轴线对基准 A 的垂直度公差采用最大实体要求。

该孔应满足下列条件:

(1)孔的体外作用尺寸不小于其最大实体实效尺寸。

$$D_{MV} = D_M - t \, \text{Ⓜ} = \phi 50 - \phi 0.08 = \phi 49.92 \text{mm}$$

(2)当孔处于最大实体状态时,其轴线对基准 A 的垂直度公差为 $\phi 0.08 \text{mm}$,如图4-46(b)所示。

(3)当孔偏离最大实体状态时,其轴线对基准 A 的垂直度公差可以相应地增大。如图4-46(c)所示,当孔的实际尺寸处为 $\phi 50.07 \text{mm}$ 时,其轴线对基准 A 的垂直度公差为

$$t = \phi 0.08 + \phi 0.07 = \phi 0.15 \text{mm}$$

(4)如图4-46(d)所示,当孔处于最小实体状态时,其轴线允许的直线度公差达到最大值,等于图样上所给定直线度公差值与孔的尺寸公差之和,即

$$t = \phi 0.08 + \phi 0.13 = \phi 0.21 \text{mm}$$

由上可知,孔的轴线对基准 A 的垂直度公差也是随着孔的实际尺寸的变化而变动的。图4-46(e)为动态公差图,它反映了孔的轴线对基准 A 的垂直度公差与孔的实际尺寸之间的关系。

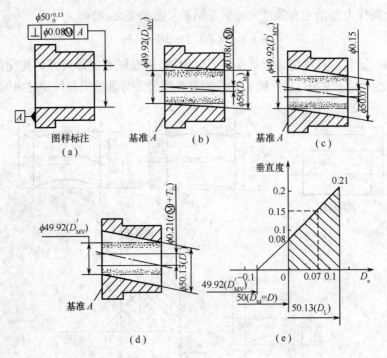

图 4 –46　最大实体要求用于关联被测要素

3）采用最大实体要求而标注零几何公差值

【例 4 –3】　图 4 –47（a）中 $\phi50_{-0.08}^{+0.13}$ 孔的轴线对基准 A 的垂直度公差采用最大实体要求而标注的几何公差为零。这时标注的"0 Ⓜ"与 $\phi50_{-0.08}^{+0.13}$ Ⓔ意义相同。

该孔应满足下列条件：

（1）孔的体外作用尺寸不超出其最大实体实效边界，这个边界就是其最大实体边界。

$$D_{MV} = D_M - t\,Ⓜ = \phi49.92 - \phi0 = \phi49.92\mathrm{mm}$$

（2）当孔处于最大实体状态时，其轴线对基准 A 的垂直度公差为零，如图 4 –47（b）所示。

（3）当孔偏离最大实体状态时，允许轴线对基准 A 有垂直度误差。如图 4 –47（c）所示，当孔处于最小实体状态时，其轴线允许的直线度公差达到最大值，等于孔的尺寸公差，即

$$t = \phi0.21\mathrm{mm}$$

同样，孔的轴线对基准 A 的垂直度公差也是随着孔的实际尺寸的变化而变动的。图 4 –47（d）为动态公差图，它反映了孔的轴线对基准 A 的垂直度公差与孔的实际尺寸之间的关系。

4. 最大实体要求应用于基准要素

最大实体要求应用于基准要素时，基准要素应遵守相应的边界。如果基准要素的实际轮廓偏离相应的边界，即其体外作用尺寸偏离其相应的边界尺寸时，允许实际基准要素在一定范围内浮动，其浮动量等于基准要素的体外作用尺寸与其相应的边界尺寸之差。

当最大实体要求应用于基准要素时，基准要素应遵守的边界情况有两种：

128

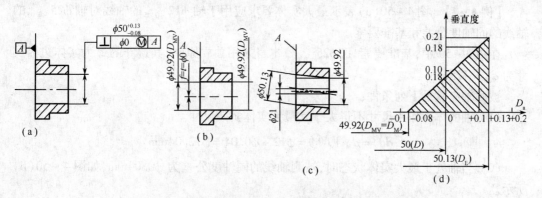

图 4-47 采用最大实体要求而标注零几何公差值示例

（1）基准要素本身采用最大实体要求,应遵守最大实体实效边界。在图样上,基准代号应标注在基准要几何位公差框格下方,如图 4-48 所示。

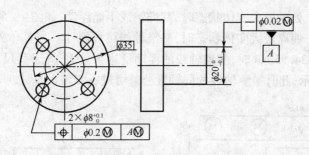

图 4-48 基准要素本身采用最大实体要求

在图 4-48 中,基准要素 A 本身轴线的直线度公差采用最大实体要求($\phi 0.02$ Ⓜ),其遵守的最大实体实效边界尺寸为 $d_{MV} = d_M + t$ Ⓜ $= \phi 20 + \phi 0.02 = \phi 20.02 \text{mm}$。

（2）基准要素本身不采用最大实体要求,而是采用独立原则或包容要求时,应遵守最大实体边界。在图样上,基准代号应标注在基准的尺寸线处,如图 4-49 所示。

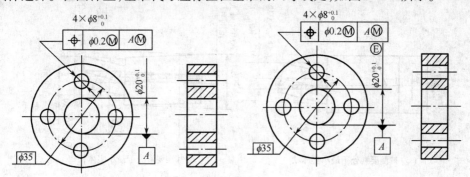

（a）基准要素本身遵循独立原则　　　　（b）基准要素本身采用包容要求

图 4-49 基准要素本身不采用最大实体要求

在图 4-49（a）、（b）中,基准要素 A 本身分别采用独立原则($\phi 20^{+0.1}_{0}$)和包容要求($\phi 20^{+0.1}_{0}$ Ⓔ),其遵守的最大实体边界尺寸为 $D_M = \phi 20 \text{mm}$。

129

【例4-4】 图4-50(a)表示最大实体要求应用于轴 $\phi12^0_{-0.05}$ 的轴线对轴 $\phi25^0_{-0.05}$ 的轴线的同轴度公差和基准要素。

在图4-50中,基准要素 $A(\phi25^0_{-0.05})$ 本身采用独立原则,其遵守的最大实体边界尺寸为 $d_M=\phi25mm$。

被测轴应满足下列条件:

(1) 轴的体外作用尺寸不得大于其最大实体实效尺寸。

$$d_{MV}=d_M+t\ Ⓜ=\phi12+\phi0.04=\phi12.04mm$$

(2) 当轴处于最大实体状态时,被测轴线的同轴度公差为 $\phi0.04mm$,如图4-50(b)所示。

(3) 如图4-50(c)所示,当轴处于最小实体状态时,其轴线允许的同轴度公差达到最大值,等于图样上所给定同轴度公差值与轴的尺寸公差之和,即

$$t=\phi0.04+\phi0.05=\phi0.09mm$$

(4) 当基准 A 处于最大实体状态时,基准轴线不能浮动,如图4-50(b)、(c)所示。

(5) 当基准 A 偏离最大实体状态时,基准轴线可以浮动。当其体外作用尺寸等于最小实体尺寸 $d_L=\phi24.95mm$ 时,基准轴线的浮动量达到最大,等于其尺寸公差 $\phi0.05mm$,如图4-50(d)所示,此时被测轴线的同轴度公差可进一步增大。

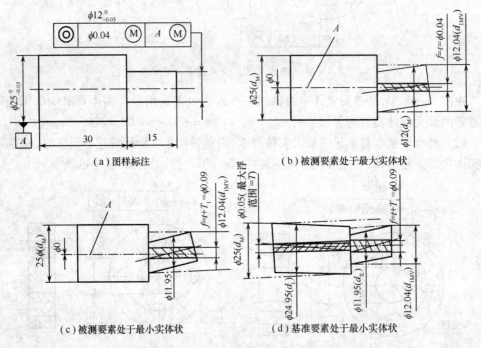

图4-50　最大实体要求应用于基准要素

5. 最大实体要求的主要应用范围

只要求保证装配互换的要素,通常采用最大实体要求。例如,用螺栓或螺钉连接的圆盘零件上有圆周布置的通孔,这些孔的位置度公差广泛采用最大实体要求,以便充分利用图样上给出的通孔尺寸公差,获得最佳的技术经济效益。

4.5.5 最小实体要求

1. 最小实体要求的含义

最小实体要求(LMR)是指被测要素的实际轮廓遵守其最小实体实效边界的一种公差要求。当被测要素的实际尺寸偏离最小实体尺寸时,其几何误差允许超出图样上所给定的公差值。最小实体要求对被测要素和基准要素均适用。

最小实体要求用于被测要素时,应在给定的公差值后标注符号$\textcircled{L}$,如图 4-51(a)所示。最小实体要求用于基准要素时,应在相应的基准字母代号后标注符号$\textcircled{L}$,如图 4-51(b)所示。

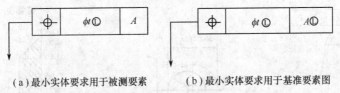

（a）最小实体要求用于被测要素　　　（b）最小实体要求用于基准要素图

图 4-51　最小实体要求的标注

2. 最小实体要求的特点

(1) 被测要素的体内作用尺寸不超过其最小实体实效尺寸;

(2) 当被测要素的实际尺寸处处为最小实体尺寸时,所允许的几何误差为图样上给定的公差值;

(3) 当被测要素的实际尺寸偏离最小实体尺寸时,其几何公差值可以增大,所允许的几何公差为图样上给定的几何公差值与实际尺寸对最小实体尺寸的偏离量之和;

(4) 被测要素的实际尺寸处于最大实体尺寸和最小实体尺寸之间。

3. 最小实体要求用于被测要素

最小实体要求用于被测要素时,被测要素的实际轮廓应遵守最小实体实效边界。即其体内作用尺寸不得超出最小实体实效尺寸,且其局部实际尺寸处于最大实体尺寸和最小实体尺寸之间。被测要素的合格条件为

对于内表面(孔)　　$D_{fi} \leqslant D_{LV}$　且 $D_M = D_{min} \leqslant D_a \leqslant D_L = D_{max}$　　　　(4-13)

对于外表面(轴)　　$d_{fi} \geqslant d_{LV}$　且 $d_M = d_{max} \geqslant d_a \geqslant d_L = d_{min}$　　　　(4-14)

若被测要素采用最小实体要求时,图样上给定的几何公差值为零,用"0 $\textcircled{L}$"表示,此时,被测要素的最小实体实效尺寸就等于被测要素的最小实体尺寸。

【例 4-5】 轴线的位置度公差采用最小实体要求

图 4-52(a)表示最小实体要求应用于孔 $\phi 8_0^{+0.25}$ 的轴线对基准 A 的位置度公差,以保证孔与边缘之间的最小距离。

该孔应满足下列条件:

(1) 孔的实际轮廓不超出最小实体实效边界,即其体内作用尺寸不大于其最小实体实效尺寸:

$$D_{LV} = D_L + t\ \textcircled{L} = \phi 8.25 + \phi 0.4 = \phi 8.65 \text{mm}$$

(2) 当孔处于最小实体状态时,其轴线对基准 A 的位置度公差为 $\phi 0.4 \text{mm}$,如图 4-

52(b)所示;

(3) 当孔偏离最小实体状态时,其轴线对基准A的位置度公差可以相应地增大。当孔处于最大实体状态时,其轴线允许的位置度公差达到最大值,等于图样上所给定位置度公差值与孔的尺寸公差之和,即

$$t = \phi0.4 + \phi0.25 = \phi0.65\text{mm}$$

由上可知,孔的轴线对基准A的位置度公差也是随着孔的实际尺寸的变化而变动的。图4-52(c)为动态公差图,它反映了孔的轴线对基准A的位置度公差与孔的实际尺寸之间的关系。

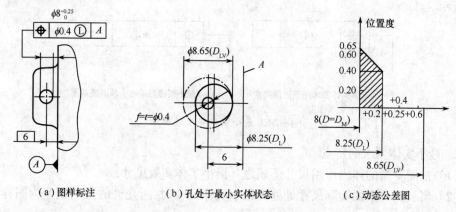

（a）图样标注　　　　　（b）孔处于最小实体状态　　　　　（c）动态公差图

图4-52　最小实体要求用于被测要素

4. 最小实体要求用于基准要素

最小实体要求用于基准要素时,基准要素应遵守相应的边界。如果基准要素的实际轮廓偏离相应的边界,即其体内作用尺寸偏离其相应的边界尺寸时,允许基准要素在一定范围内浮动,其浮动量等于基准要素的体内作用尺寸与其相应的边界尺寸之差。

当最小实体要求应用于基准要素时,基准要素应遵守的边界情况有两种:

(1) 当基准要素本身采用最小实体要求时,应遵守最小实体实效边界。在图样上,基准代号应标注在基准要素几何公差框格下方,如图4-52所示。

在图4-53中,基准要素D轴线本身的位置度公差采用最小实体要求($\phi0.5$ Ⓛ),其遵守的最小实体实效边界尺寸为$D_{LV} = D_L + t$ Ⓛ $= \phi30 + \phi0.5 = \phi30.5\text{mm}$。

(2) 当基准要素本身不采用最小实体要求时,应遵守最小实体边界。在图样上,基准代号应标注在基准的尺寸线处,如图4-54所示。

在图4-54中,基准要素A轴线本身不采用最小实体要求,其遵守的最小实体边界尺寸为$D_L = \phi29.9$ mm。

4.5.6　可逆要求(RPR)

可逆要求是最大实体要求和最小实体要求的附加要求。

可逆要求是指当中心要素的几何误差值小于给定的几何公差值时,允许在满足零件功能要求的条件下增大其轮廓要素的尺寸公差,即尺寸公差可以得到补偿。

在最大实体要求和最小实体要求附加可逆要求后,改变了尺寸要素的尺寸公差,用可

132

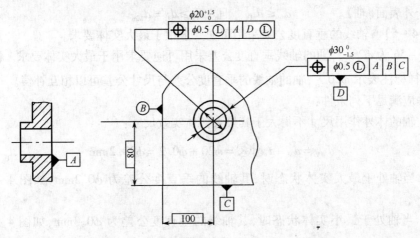

图 4 – 53 基准要素 D 本身采用最小实体要求

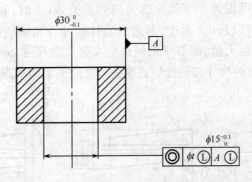

图 4 – 54 基准要素 A 本身不采用最小实体要求

逆要求可以充分利用最大实体实效状态和最小实体实效状态的尺寸,在制造可能性的基础上,可逆要求允许尺寸和几何公差之间相互补偿。

可逆要求用于最大实体要求时,应在被测要素(导出要素)几何公差框格的公差值后加注符号"$\text{M\!R}$",如图 4 – 55(a)所示。可逆要求用于最小实体要求时,应在被测要素(导出要素)几何公差框格的公差值后加注符号"$\text{L\!R}$",如图 4 – 55(b)所示。

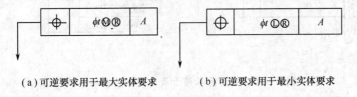

(a)可逆要求用于最大实体要求　　　(b)可逆要求用于最小实体要求

图 4 – 55 可逆要求

1. 可逆要求用于最大实体要求

可逆要求用于最大实体要求时,被测要素的实际轮廓应遵守其最大实体实效边界。当实际尺寸偏离最大实体尺寸时,几何误差可以得到补偿而大于图样上给定的几何公差值。而当几何误差值小于给定的几何公差值时,也允许被测要素的实际尺寸超出最大实体尺寸。被测要素的合格条件为

对于内表面(孔) 　　　 $D_{fe} \geq D_{MV}$ 且 $D_a \leq D_L = D_{max}$ 　　　 (4 – 15)

133

对于外表面（轴）　　　　　$d_{fe} \leqslant d_{MV}$　且　$d_a \geqslant d_L = d_{min}$　　　　　　　　（4 – 16）

【例 4 – 6】 轴线的垂直度公差采用可逆要求用于最大实体要求。

图 4 – 56 为 $\phi 20^{0}_{-0.1}$ 轴的轴线垂直度公差采用可逆要求用于最大实体要求。图 4 – 56（a）的图样标注表示 $\phi 20^{0}_{-0.1}$ 轴的轴线的垂直度公差与尺寸公差可以相互补偿。

该轴应满足下列条件：

（1）轴的体外作用尺寸不得大于其最大实体实效尺寸：

$$d_{MV} = d_M + t \, \text{MR} = \phi 20 + \phi 0.2 = \phi 20.2 \text{mm}$$

（2）当轴处于最大实体状态时，其轴线的垂直度公差为 $\phi 0.2 \text{mm}$，如图 4 – 56（b）所示；

（3）当轴处于最小实体状态时，其轴线的垂直度公差为 $\phi 0.3 \text{mm}$，如图 4 – 56（c）所示；

（4）当轴线的垂直度误差小于给定的几何公差值 $\phi 0.2$ 时，轴的尺寸公差可以相应地增大，即其实际尺寸可以超出（大于）其最大实体尺寸。当轴线的垂直度误差为零时，轴的实际尺寸可以达到最大值，即等于轴的最大实体实效尺寸 $\phi 20.2$，如图 4 – 56（d）所示。图 4 – 56（e）为该轴的尺寸与轴线垂直度公差之间关系的动态公差图。

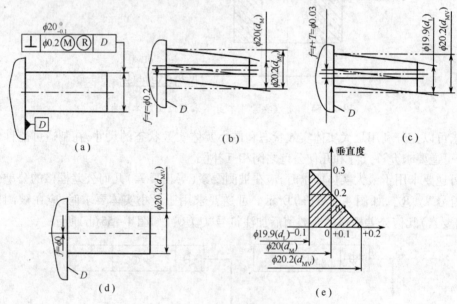

图 4 –56　可逆要求用于最大实体要求的示例

轴线的垂直度误差可在 $\phi 0 \sim \phi 0.3 \text{mm}$ 之间变化，轴线的直径可在 $\phi 19.9 \text{mm} \sim \phi 20.2 \text{mm}$ 之间变化。该轴的尺寸与轴线垂直度的合格条件为

$$d_{fe} \leqslant d_{MV} = d_M + t \, \text{MR} = \phi 20 + \phi 0.2 = \phi 20.2 \text{mm}　且　d_a \geqslant d_L = d_{min} = \phi 19.9 \text{mm}$$

2. 可逆要求用于最小实体要求

可逆要求用于最小实体要求时，被测要素的实际轮廓应遵守其最小实体实效边界。当实际尺寸偏离最小实体尺寸时，几何误差可以得到补偿而大于图样上给定的几何位公差值。而当几何误差值小于给定的几何公差值时，也允许被测要素的实际尺寸超出最小

134

实体尺寸。被测要素的合格条件为

对于内表面(孔)　　　　$D_{fi} \leqslant D_{LV}$　且　$D_M = D_{min} \leqslant D_a$　　　　(4－17)

对于外表面(轴)　　　　$d_{fi} \geqslant d_{LV}$　且　$d_M = d_{max} \geqslant d_a$　　　　(4－18)

【例4－7】 轴线的位置度公差采用可逆要求用于最小实体要求。

图4－57为$\phi 8_0^{+0.25}$孔的轴线对基准平面A的位置度公差采用可逆要求用于最小实体要求。

该孔应满足下列条件:

(1) 孔的体内作用尺寸不得大于其最小实体实效尺寸。

$$D_{LV} = D_L + t \text{ⓁⓇ} = \phi 8.25 + \phi 0.4 = \phi 8.65mm$$

(2) 当孔处于最小实体状态时,其轴线对基准A的位置度公差为$\phi 0.4mm$,如图4－57(b)所示。

(3) 当孔处于最大实体状态时,其轴线对基准A的位置度公差为$\phi 0.65(0.4 + 0.25)$mm,如图4－57(c)所示。

(4) 当孔的轴线对基准A的位置度误差小于给定的位置度公差值$\phi 0.4mm$时,孔的尺寸公差可以相应地增大,即其实际尺寸可以超出(大于)其最小实体尺寸。当孔的位置度误差为零时, 孔的实际尺寸可以达到最大值,即等于孔的最小实体实效尺寸$\phi 8.65mm$,如图4－57(d)所示。图4－57(e)为该孔的尺寸与轴线对基准平面A的位置度公差之间关系的动态公差图。

该孔的尺寸与轴线对基准A的位置度的合格条件为

$$D_{fi} \leqslant D_{LV} = D_L + t \text{ⓁⓇ} = \phi 8.25 + \phi 0.4 = \phi 8.65mm　　且　D_a \geqslant D_M = D_{min} = 8mm$$

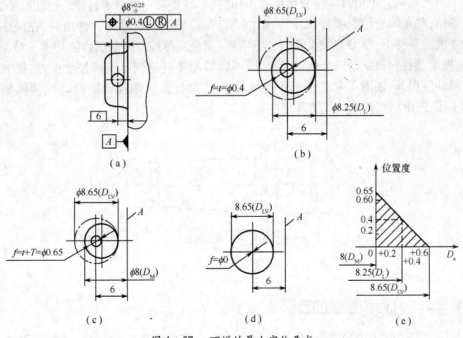

图4－57　可逆的最小实体要求

135

4.6 几何公差的选择

在设计零件的几何精度时,正确合理地选择几何公差项目和几何公差数值,有利于实现产品的互换性和提高产品质量,降低制造成本,在生产中具有十分重要的意义。对于那些对几何精度有特殊要求的要素,应在图样上注出几何公差。若使用一般机床就能够达到的几何精度,在图样中不必标注几何公差。

几何公差的选择主要包括:几何公差特征项目及公差值的选择、基准要素和公差原则的选择。

4.6.1 几何公差特征项目的选用

被测要素的几何特征、功能要求及测量的方便性是选用几何公差项目的基本依据。例如:

(1)机床导轨。为了保证工作台运动的平稳性和较高的运动精度,应规定导轨的直线度公差或平面度公差。

(2)滚动轴承内、外圈及滚动体。为了保证滚动轴承的装配精度和旋转精度,应规定滚动轴承及轴承座的圆度公差或圆柱度公差。

(3)齿轮箱体上的孔组。为了保证齿轮副的运动精度及齿侧间隙的均匀性,应规定轴线的同轴度公差或平行度公差。

(4)凸轮顶杆机构。为了保证从动杆的运动精度及运动的准确性,应规定凸轮的线轮廓度公差。

不同的几何公差项目其控制功能各不相同,有些是单一控制项目,如直线度、平面度、圆度等;有些是综合控制项目,如同轴度、垂直度、位置度及跳动等。选用时,在保证零件功能要求的条件下,尽可能减少几何公差项目,充分发挥综合控制项目的功能。对于轴类零件,规定其径向圆跳动或全跳动公差,既可以控制零件的圆度或圆柱度误差,同时又控制其同轴度误差,如图 4-58 所示顶尖轴的 d_2 外圆柱面选用径向圆跳动代替同轴度公差;B 端面选用端面圆跳动代替垂直度公差。

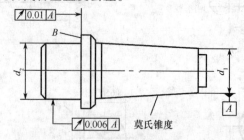

图 4-58　顶尖轴的几何公差项目选择

4.6.2 几何公差值的选用

几何公差值的选用原则是:在保证零件功能要求的前提下,尽可能选用最经济的公差值。

136

1. 几何公差等级的选用

除了线、面轮廓度和位置度外,国家标准(GB/T 1184—1996)对其他几何公差项目都规定了公差等级,其中圆度、圆柱度公差分为 0 级、1 级、…、12 级共 13 级,等级依次降低,公差值依次增加。直线度、平面度、平行度、垂直度、倾斜度、同轴度、对称度、跳动及全跳动公差分为 1 级、2 级、…、12 级共 12 级,等级依次降低,公差值依次增加。如附表4 - 1 ~ 附表4 - 4 所列。

2. 几何公差值的选用

选用几何公差值时,除了应在保证零件功能要求的前提下,选用最经济的公差值外,还应遵循如下原则:

(1)孔相对于轴、长径比较大的孔或轴、距离较远的孔或轴的线对线或线对面相对于面对面的定向公差,公差等级应适当降低 1 级 ~2 级。

(2)对于同一被测平面:直线度公差值 < 平面度公差值。

(3)对于同一被测要素:形状公差值 < 位置公差值 < 尺寸公差。

(4)对于同一基准体系、同一被测要素:定向公差值 < 定位度公差值。

(5)对于同一被测要素:单项公差项目的数值 < 综合公差项目的数值。

3. 几何公差值的未注公差值

对于一般机械加工方法和设备能够保证的形位精度,可不必在图样上注出几何公差,但这些不标注几何公差的几何要素也有几何精度要求,采用未注几何公差值。GB/T 1184—1996 规定的未注几何公差等级分为 H、K、L 三级。H 级精度高,K 级精度中等,L 级精度低。

未注几何公差的要求应在技术要求或技术文件中注出标准号及公差等级代号。例如:

未注几何公差按　　GB/T 1184 – H

表示采用 GB/T 1184 规定的 H 级未注几何公差值。

4.7　几何误差检测

由于被测零件的结构特点、尺寸大小和精度要求以及检测设备条件的不同,同一几何误差项目可以用不同的检测方法来检测。为取得准确性与经济性的统一,国家标准 GB/T 1958—2004《产品几何量技术规范(GPS) 形状和位置公差　检测规定》对几何误差的检测规定了五种检测原则。在检测几何误差时,应根据被测对象的特点和检测条件,按照这些原则选择最合理的方案。

1. 与理想要素比较原则

与理想要素比较原则是指测量时将被测实际要素与理想要素相比较,在比较过程中获得测量数据,然后按这些数据来评定几何误差值。

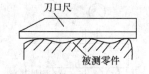

图 4 - 59　刀口尺测量直线度误差

图 4 - 59 为刀口尺测量直线度误差。将实际被测轮廓线与模拟理想直线的刀口尺刀口相比较,根据它们之间的光隙大小来确定给定平面内的直线度误差。

图 4-60 为圆度仪测量圆度误差。将实际被测圆与精密回转轴上的测头在回转运动中所形成的轨迹(理想圆)为理想要素相比较,确定圆度误差。

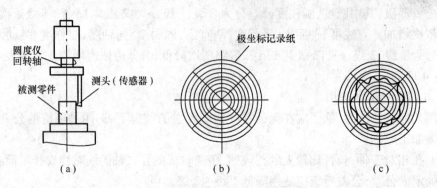

(a)　　　　　　　　(b)　　　　　　　　(c)

图 4-60　圆度仪测量圆度误差

如图 4-61 所示,指示表测量平面度误差。平板为测量基准,按分布最远的三点调整被测件相对于测量基准的位置,使这三点与平板等高,来构成一个与平板平行的理想平面,并将指示计示值调零。指示计在被测面采样点处的示值,即为被测要素相对于理想平面的偏离量,根据在被测面上测得的一系列数据,来评定平面度误差。

在检测轮廓要素的几何误差时,采用"与理想要素比较原则"较容易实现。

2. 测量坐标值原则

测量坐标值原则是指利用测量器具上的坐标系(直角坐标系、极坐标系、柱坐标系),测出实际要素上各测点对该坐标系的坐标值,再经过计算确定几何误差值。

如图 4-62 所示,将被测零件安放在坐标测量仪上,以零件的下侧面 A、左侧面为测量基准 B 测量出各孔实际位置的坐标值 (x_1,y_1)、(x_2,y_2)、(x_3,y_3) 和 (x_4,y_4),这些实际坐标值减去确定孔轴线理想位置的理论正确尺寸,得 $\Delta x_i = x_i - \boxed{xi}$;$\Delta y_i = y_i - \boxed{yi}$($i=1,2,3,4$)。于是被测各孔的位置度误差可按下式求得:

$$f_i = 2\sqrt{(\Delta x_i)^2 + (\Delta y_i)^2}$$

"测量坐标值原则"是几何误差检测中的重要检测原则,尤其在轮廓度和位置误差的测量中应用较多,随着计算机技术的发展和迅速推广,这一检测原则将会得到更广泛的应用。

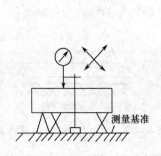

图 4-61　指示表测量平面度误差

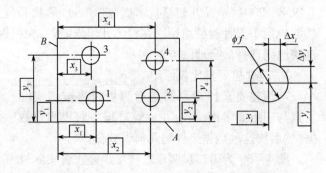

图 4-62　按测量坐标值原则测量位置度误差

3. 测量特征参数原则

测量特征参数原则是指测量实际被测要素上具有代表性的参数（特征参数）来表示被测实际要素的几何误差。

图 4-63 为用两点法测量圆柱面的圆度误差。在同一横截面内的几个方向上测量直径，取相互垂直的两直径的差值中的最大值之半作为该截面内的圆度误差值。

"测量特征参数原则"得到的形位误差值是近似值，存在测量原理误差。但该原则的检测方法简单，不需要复杂的数据处理，且可以使测量设备和测量过程简化，提高测量效率。因此在生产现场，只要能满足测量精度，保证产品质量，就可以采用该原则。

4. 测量跳动原则

测量跳动原则是指在被测要素绕基准轴线回转过程中，沿给定方向测量其对某参考点或线的变动量来表示跳动值。变动量是指指示器最大与最小读数之差。

图 4-64（a）为用 V 形架模拟基准轴线，并对零件轴向限位。在被测要素回转过程中，指示器的最大与最小读数之差，即为径向圆跳动。如图 4-64（b）所示，在被测要素回转过程中，指示器同时作径向或轴向移动，指示器将反映出端面和圆柱面相对于轴线的变化量，即测量径向和端面的全跳动。

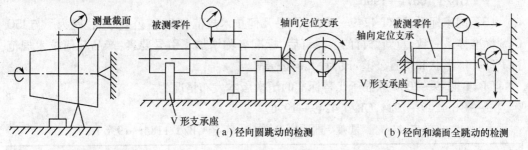

图 4-63　按测量特征　　　　图 4-64　按测量跳动原则测量跳动误差
参数原则测量圆度误差

"测量跳动原则"主要用于圆跳动和全跳动的测量，但在测量精度允许的情况下，也可以测量同轴度，或用端面全跳动反映端面垂直度。

5. 控制实效边界原则

控制实效边界原则是指按包容要求或最大实体要求给出几何公差时，就给定了最大实体边界或最大实体实效边界，要求被测要素的实际轮廓不得超出该边界。通常用光滑极限量规或位置量规的工作表面模拟体现图样上给定的边界，来检测实际被测要素。若被测要素的实际轮廓能被量规通过，则表示合格，否则不合格。当最大实体要求应用于被测要素对应的基准要素时，可以使用同一位置量规检验该基准要素。

4.8　几何公差新旧标准对照

目前推荐使用的几何公差国家标准中，为了与国际标准一致，部分标准进行了重新修订。主要有：

（1）国家标准 GB/T 1182—2008《产品几何技术规范（GPS）几何公差　形状、方向、位置和跳动公差标注》等同采用 ISO 1101:2004《产品几何技术规范（GPS）几何公差　形状、方向、位置和跳动公差标注》(英文版)。该标准规定了工件几何公差(形状、方向、位置和跳动公差)标注的基本要求和方法。代替《形状和位置公差 通则、定义、符号和图样标注》GB/T 1182—1996。

GB/T 1182—2008 中的"几何公差"即旧标准中的"形状和位置公差"。

为与相关标准的术语取得一致,将旧标准中"中心要素"改为"导出要素","轮廓要素"改为"组成要素","测得要素"改为"提取要素"。

GB/T 1182—2008 标准所代替标准的历次版本发布情况为:

——GB 1182—1974,GB/T 1182—1980,GB/T 1182—1996;

—— GB 1183—1975,GB/T 1183—1980。

(2) 国家标准 GB/T 16671—2009《产品几何技术规范(GPS)几何公差 最大实体要求、最小实体要求和可逆要求》代替 GB/T 16671—1996《形状和位置公差 最大实体要求、最小实体要求和可逆要求》。与 1996 版相比,为与产品几何技术规范(GPS)系列标准统一,修订了标准名称,将"形状和位置公差"改为"几何公差"。

GB/T 16671—2009 标准所代替标准的历次版本发布情况为:

——GB/T 16671—1996。

(3) 国家标准 GB/T 4249—2009《产品几何技术规范(GPS) 公差原则》是为了与 ISO GPS 标准体系一致,重新修订的。修订后,标准名称增加了引导要素:产品几何技术规范(GPS);将"形状和位置公差"改为"几何公差"。

GB/T 4249—2009 标准所代替标准的历次版本发布情况为

——GB 4249—1984,GB/T 4249—1996。

附表 4 - 1 圆度、圆柱度公差值(摘自 GB/T 1184—1996)

主参数图例													

主参数 d /mm	公 差 等 级												
	0	1	2	3	4	5	6	7	8	9	10	11	12
	公 差 值 /μm												
≤3	0.1	0.2	0.3	0.5	0.8	1.2	2	3	4	6	10	14	25
>3 ~6	0.1	0.2	0.4	0.6	1	1.5	2.5	4	5	8	12	18	30
>6 ~10	0.12	0.25	0.4	0.6	1	1.5	2.5	4	6	9	15	22	36
>10 ~18	0.15	0.25	0.5	0.8	1.2	2	3	5	8	11	18	27	43
>18 ~30	0.2	0.3	0.6	1	1.5	2.5	4	6	9	13	21	33	52
>30 ~50	0.25	0.4	0.6	1	1.5	2.5	4	7	11	16	25	39	62
>50 ~80	0.3	0.5	0.8	1.2	2	3	5	8	13	19	30	46	74
>80 ~120	0.4	0.6	1	1.5	2.5	4	6	10	15	22	35	54	87

附表 4-2 直线度、平面度公差值(摘自 GB/T 1184—1996)

主参数图例

主参数 L /mm	公 差 等 级											
	1	2	3	4	5	6	7	8	9	10	11	12
	公 差 值 /μm											
≤10	0.2	0.4	0.8	1.2	2	3	5	8	12	20	30	60
>10~16	0.25	0.5	1	1.5	2.5	4	6	10	15	25	40	80
>16~25	0.3	0.6	1.2	2	3	5	8	12	20	30	50	100
>25~40	0.4	0.8	1.5	2.5	4	6	10	15	25	40	60	120
>40~63	0.5	1	2	3	5	8	12	20	30	50	80	150
>63~100	0.6	1.2	2.5	4	6	10	15	25	40	60	100	200
>100~160	0.8	1.5	3	5	8	12	20	30	50	80	120	250

附表 4-3 平行度、垂直度、倾斜度公差值(摘自 GB/T 1184—1996)

主参数图例

主参数 L 或 d /mm	公 差 等 级											
	1	2	3	4	5	6	7	8	9	10	11	12
	公 差 值 /μm											
≤10	0.4	0.8	1.5	3	5	8	12	20	30	50	80	120
>10~16	0.5	1	2	4	6	10	15	25	40	60	100	150
>16~25	0.6	1.2	2.5	5	8	12	20	30	50	80	120	200
>25~40	0.8	1.5	3	6	10	15	25	40	60	100	150	250
>40~63	1	2	4	8	12	20	30	50	80	120	200	300
>63~100	1.2	2.5	5	10	15	25	40	60	100	150	250	400
>100~160	1.5	3	6	12	20	30	50	80	120	200	300	500

141

附表 4-4   同轴度、对称度、跳动、全跳动公差值(摘自 GB/T 1184—1996)

主参数图例

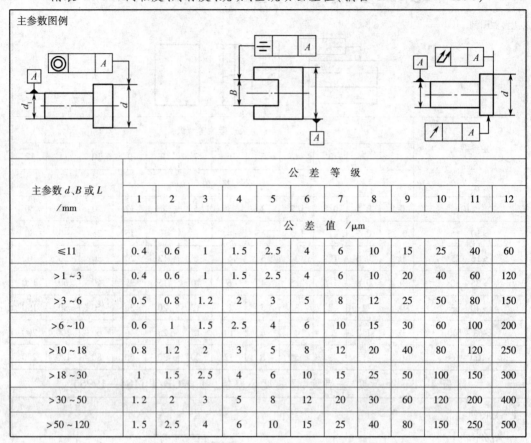

主参数 d、B 或 L /mm	公差 等 级											
	1	2	3	4	5	6	7	8	9	10	11	12
	公 差 值 /μm											
≤11	0.4	0.6	1	1.5	2.5	4	6	10	15	25	40	60
>1~3	0.4	0.6	1	1.5	2.5	4	6	10	20	40	60	120
>3~6	0.5	0.8	1.2	2	3	5	8	12	25	50	80	150
>6~10	0.6	1	1.5	2.5	4	6	10	15	30	60	100	200
>10~18	0.8	1.2	2	3	5	8	12	20	40	80	120	250
>18~30	1	1.5	2.5	4	6	10	15	25	50	100	150	300
>30~50	1.2	2	3	5	8	12	20	30	60	120	200	400
>50~120	1.5	2.5	4	6	10	15	25	40	80	150	250	500

附表 4-5   位置度系数 (摘自 GB/T 1184—1996)

1	1.2	1.5	2	2.5	3	4	5	6	8
$1 \times 10^{°}$	$1.2 \times 10^{°}$	$1.5 \times 10^{°}$	$2 \times 10^{°}$	$2.5 \times 10^{°}$	$3 \times 10^{°}$	$4 \times 10^{°}$	$5 \times 10^{°}$	$6 \times 10^{°}$	$8 \times 10^{°}$

注:n 为正整数。

附表 4-6   直线度、平面度的未注公差值(摘自 GB/T 1184—1996)

公 差 等 级	基本长度范围					
	≤10	>10~30	>30~100	>100~300	>300~1000	>1000~3000
H	0.02	0.05	0.1	0.2	0.3	0.4
K	0.05	0.1	0.2	0.4	0.6	0.8
L	0.1	0.2	0.4	0.8	1.2	1.6

附表 4-7   垂直度的未注公差值 (摘自 GB/T 1184—1996)

公 差 等 级	基本长度范围			
	≤100	>100~300	>300~1000	>1000~3000
H	0.2	0.3	0.4	0.5
K	0.4	0.6	0.8	1
L	0.6	1	1.5	2

附表 4 - 8　　对称度的未注公差值(摘自 GB/T 1184—1996)

公差等级	基本长度范围			
	≤100	>100 ~ 300	>300 ~ 1000	>1000 ~ 3000
H	0.5			
K	0.6		0.8	1
L	0.6	1	1.5	2

附表 4 - 9　　圆跳动的未注公差值(摘自 GB/T 1184—1996)

公差等级	圆跳动公差值
H	0.1
K	0.2
L	0.5

习题与思考题

1. 下述说法是否正确:

(1) 如果一实际要素存在形状误差,则该实际要素一定存在位置误差。

(2) 图样标注中,某孔的标注为 $\phi20^{+0.021}_{0}$ mm,如果没有标注形状公差,那么它的形状误差值可任意确定。

(3) 尺寸公差与几何公差采用独立原则时,零件加工的实际尺寸和几何误差中有一项超差,则该零件不合格。

(4) 被测要素处于最大实体尺寸和几何误差为给定公差值时的综合状态,称为最小实体实效状态。

(5) 被测要素采用最大实体要求的零几何公差时,被测要素必须遵守最大实体实效边界。

(6) 轴线在任意方向上的倾斜度公差值前应加注符号"ϕ"。

(7) 径向全跳动公差带与同轴度公差带形状相同。

(8) 某轴的图样标注为 $\phi10^{0}_{-0.015}$ mm Ⓔ,则当被测要素尺寸为 $\phi9.985$ mm 时,允许形状误差最大可达 0.015mm。

2. 填空题:

(1) GB/T 1182—2008 规定,几何公差共有_____个项目,其中形状公差有_____项,分别是_____。

(2) 基准要素是导出要素,基准三角形应与要素尺寸线_____,基准要素是组成要素,基准三角形应与要素尺寸线_____。

(3) 圆柱度与径向全跳动公差带的相同点是_____,不同点是_____。

(4) 对同一要素有多项几何公差要求时,形状公差值应_____方向公差值,方向公差值应_____位置公差值。

(5) 在生产中常用径向圆跳动来代替轴类或箱体零件上的同轴度公差要求,其使用前提条件是_____。

(6) 某轴尺寸为 $\phi40^{+0.041}_{+0.030}$ mm,轴线直线度公差为 $\phi0.005$ mm。实测得其局部尺寸为 $\phi40.025$ mm,轴线直线度误差为 $\phi0.003$ mm,则轴的最大实体尺寸是_____mm,最小实体尺寸是_____mm,作用尺寸是_____mm。

(7) 某孔尺寸为 $\phi30^{+0.041}_{+0.020}$ mm Ⓔ,实测得其尺寸 $\phi30.03$ mm,该孔允许的直线度误差最大值是_____mm。

(8) 某轴尺寸为 $\phi10^{-0.016}_{-0.024}$ mm,被测要素给定的尺寸公差与几何公差采用最大实体要求,给定的垂直度公差是 $\phi0.008$。当轴的实际尺寸为_____mm 时,允许的垂直度误差达最大,可达_____mm。

(9) 国家标准规定的公差原则有_____。

3. 图 4-65 为销轴的三种几何公差标注,它们的公差带有何不同?

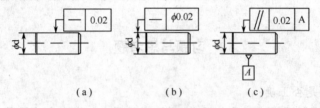

(a) (b) (c)

图 4-65 习题 3 图

4. 根据如图 4-66 所示套筒的三种标注方法,按表 4-8 中要求分析填写。

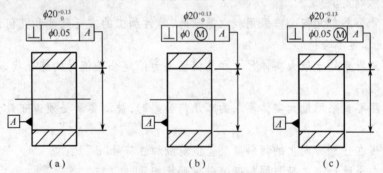

(a) (b) (c)

图 4-66 习题 4 图

表 4-8 习题 4 表

图例	采用公差原则	边界及边界尺寸	给定的几何公差值	可能允许的最大几何误差值
(a)				
(b)				
(c)				

5. 现有一轴套,其孔的尺寸公差和几何公差标注为 $\phi20H8({}^{+0.033}_{0})$ mm(图 4-67),试按题意要求填空。

(1) 此孔所采用的公差原则是_____,所遵守的边界是_____,其边界尺寸为_____ mm。

144

（2）孔的局部实际尺寸必须在_____ mm ~ _____ mm。

（3）当孔的实际尺寸为最大实体尺寸_____ mm 时，允许的轴线直线度误差值为_____ mm。

（4）孔的轴线的最大直线度误差的允许值为_____ mm，此时孔的实际尺寸应为_____ mm。

6. 将下列各项几何公差要求标注在图 4-68 上。

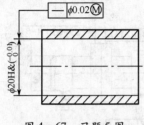

图 4-67 习题 5 图

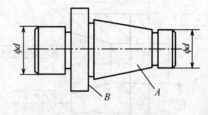

图 4-68 习题 6 图

（1）圆锥面 A 的圆度公差为 0.006mm，素线的直线度公差为 0.005mm，圆柱面的轴线对两个 ϕd 的轴线的同轴度公差为 0.015mm；

（2）两个 ϕd 圆柱面的圆柱度公差为 0.009mm，ϕd 轴线的直线度公差为 0.012mm；

（3）端面 B 相对两个 ϕd 的公共轴线的圆跳动公差为 0.01mm。

7. 将下列各项几何公差要求标注在图 4-69 上。

（1）两个 $\phi 40m6$ 圆柱面遵守包容要求，圆柱度公差为 0.01mm；

（2）轴肩端面 Ⅰ 和 Ⅱ 相对两个 $\phi 40m6$ 圆柱面的公共轴线的轴向圆跳动公差为 0.012mm；

（3）$\phi 60g6$ 圆柱面的轴线相对两个 $\phi 40m6$ 的公共轴线的同轴度公差为 0.01mm；

（4）键槽 18N9 对 $\phi 60g6$ 圆柱面轴线的对称度公差为 0.015mm。

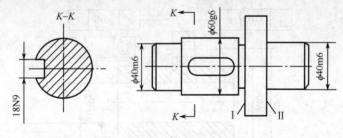

图 4-69 习题 7 图

8. 将下列技术要求标注在图 4-70 上。

（1）圆锥面的圆度公差为 0.01mm，圆锥素线直线度公差为 0.02mm。

（2）圆锥轴线对 ϕd_1 和 ϕd_2 两圆柱面公共轴线的同轴度为 0.04mm。

（3）端面 Ⅰ 对 ϕd_1 和 ϕd_2 两圆柱面公共轴线的端面圆跳动公差为 0.03mm。

（4）ϕd_1 和 ϕd_2 圆柱面的圆柱度公差分别为 0.006mm 和 0.005mm。

9. 改正图 4-71 各图中几何公差标注上的错误（不得改变几何公差项目）。

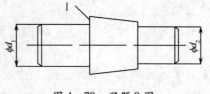

图 4 – 70　习题 8 图

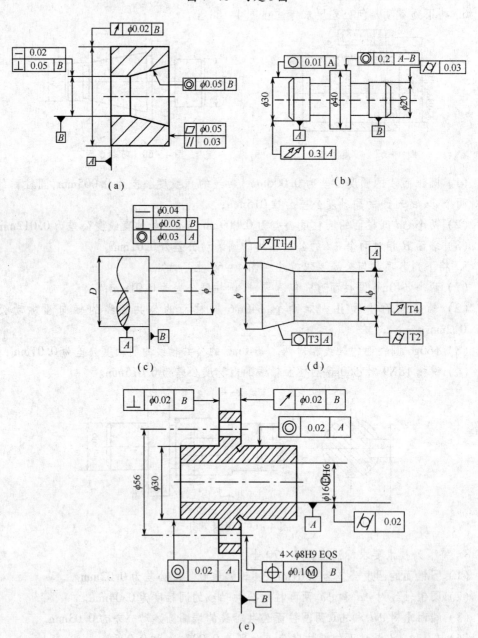

（a）

（b）

（c）

（d）

（e）

图 4 – 71　习题 9 图

第5章 表面结构与检测

5.1 概 述

5.1.1 表面粗糙度的概念

机械加工后或用其他加工方法获得的各种零件表面总存在着几何形状误差。国家标准 GB/T 3505—2009 和 GB/T 1031—2009 规定了用轮廓法确定表面结构(粗糙度、波纹度和原始轮廓)的术语、定义和参数。

目前按波距(相邻两波峰或两波谷之间的距离)的大小划分来零件的表面几何形状误差的三种成分轮廓。波距小于 1mm 的称为表面粗糙度;波距在 1mm ~ 10mm 之间并呈周期性变化的称为表面波纹度;波距大于 10mm 并无明显周期性变化的称为形状误差,如图 5-1 所示。

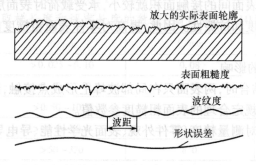

图 5-1 表面几何形状误差

表面粗糙度是微观几何形状误差,又称微观不平度,主要是由于切削加工中的刀痕、刀具和零件表面间的摩擦、切屑分离时的塑性变形,以及加工工艺系统的高频振动等因素造成的。

形状误差是宏观几何形状误差,主要是由机床几何精度方面的误差造成的。

表面波纹度是中间几何形状误差,主要是由加工工艺系统所产生的强迫振动、发热和运动不平衡等因素造成的,只有在高速切削条件下才出现的。

表面粗糙度是评定机器零件和产品质量的重要指标,表面粗糙度轮廓越小,则表面越光滑。在机械零件设计中,表面粗糙度和表面波纹度参数的确定也是精度设计内容之一。

5.1.2 表面粗糙度轮廓对零件工作性能的影响

表面粗糙度轮廓参数的大小对机械零件的工作性能、使用寿命和成本等有着很大的影响。

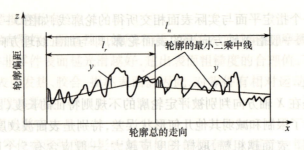

图 5-4 轮廓的最小二乘中线

划分被测轮廓为上下两部分,且使上下面积相等 ($\sum\limits_{i=1}^{n} F_i = \sum\limits_{i=1}^{n} F'_i$) 的基准线,如图 5-5 所示。

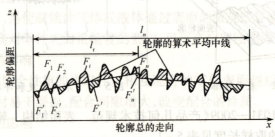

图 5-5 轮廓的算术平均中线

5.2.2 表面粗糙度轮廓的评定参数

为全面反映表面粗糙度轮廓对零件性能的影响,国家标准 GB/T 3505—2009 中规定的评定参数有幅度参数、间距参数、混合参数以及曲线和相关参数等。

1. 幅度参数

1) 轮廓算术平均偏差 Ra

轮廓算术平均偏差 Ra 是指在取样长度内,被评定轮廓线上各点至中线的纵坐标值 $Z(x)$ 的绝对值的算术平均值,如图 5-6 所示。

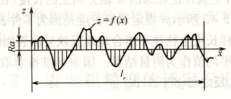

图 5-6 轮廓算术平均偏差

Ra 的数学表达式为

$$Ra = \frac{1}{l_r} \int_0^{l_r} |z(x)| \, dx \qquad (5-1)$$

或近似为

$$Ra = \frac{1}{n} \sum_{i=1}^{n} |z(x_i)| = \frac{1}{n} \sum_{i=1}^{n} |z_i| \qquad (5-2)$$

式中 n——在取样长度范围内所测点的数目。

150

Ra 值能客观地反映表面微观几何形状高度方面的特性,是普遍采用的评定参数,但因 Ra 值一般是用触针式轮廓仪测得的,因此不能用于过于粗糙或太光滑表面的评定。Ra 值越大,则表面越粗糙。

2)轮廓最大高度 Rz

轮廓最大高度 Rz 是指在取样长度内,被评定轮廓的最大轮廓峰高 Z_p 和最大轮廓谷深 Z_v 之和的高度,如图 5 – 7 所示。Rz 的数学表达式为

$$Rz = |Z_p| + |Z_v| \tag{5-3}$$

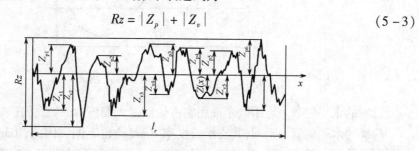

图 5 – 7　轮廓的最大高度

Rz 常与 Ra 联用,用来控制微观不平度的谷深,从而达到控制表面微观裂缝的目的,常用于受交变应力作用的工作表面,如齿廓表面。此外,当被测表面段很小(不足一个取样长度),不适宜采用 Ra 评定时,也常采用 Rz。

2. 间距参数

轮廓单元的平均宽度 RSm 是指在一个取样长度内,轮廓单元的宽度 X_s 的平均值,如图 5 – 8 所示。RSm 的数学表达式为

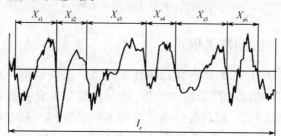

图 5 – 8　轮廓单元的宽度与轮廓单元的平均宽度

$$\text{RSm} = \frac{1}{m} \sum_{i=1}^{m} X_{si} \tag{5-4}$$

式中　m——在取样长度范围内间距 X_{si} 的个数。

RSm 可以反映被测表面加工痕迹的细密程度,反映了轮廓与中线的交叉密度,对评价承载能力、耐磨性和密封性具有指导意义。

3. 混合参数

轮廓支承长度率 Rmr(c) 是指在给定水平位置 c 上轮廓实体材料长度 $Ml(c)$ 与评定长度的比率。Rmr(c) 的数学表达式为

$$\text{Rmr}(c) = \frac{Ml(c)}{l_r} \tag{5-5}$$

在水平位置 c 上轮廓实体材料长度 $Ml(c)$ 是指在给定水平位置 c 上,用一条平行于 X 轴的线与轮廓单元相截所获得的各段截线长度之和,如图 5−9 所示。

$$Ml(c) = Ml_1 + Ml_2 + \cdots + Ml_n \qquad (5-6)$$

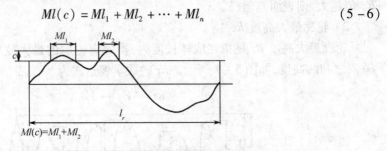

图 5−9　轮廓实体材料长度

轮廓的水平位置 c 可用微米或用它占轮廓最大高度 Rz 的百分比表示。

轮廓的水平位置 c 不同,其支承长度率 $Rmr(c)$ 也不同。因此,$Rmr(c)$ 的值是对应于不同水平位置 c 而给定的,其关系曲线称为支承比率曲线,如图 5−10 所示。它是评定轮廓曲线的相关参数,当 c 一定时,$Rmr(c)$ 值越大,则支承能力和耐磨性越好。

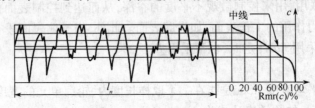

图 5−10　支承比率曲线

5.2.3　评定参数的数值规定

国家标准 GB/T 1031—2009《产品几何技术规范　表面结构　轮廓法　表面粗糙度参数及其数值》规定了幅度参数是基本参数,间距参数和混合参数是附加参数。图样上标注表面粗糙度参数值时,一般只标注幅度参数 Ra 和 Rz 值。只有在对零件表面轮廓的细密度有要求时,才标注 RSm;对轮廓实际接触面积大或耐磨性有较高要求时,才标注 $Rmr(c)$。

表面粗糙度评定幅度参数常用的参数值范围内(Ra 为 $0.025\mu m \sim 6.3\mu m$,Rz 为 $0.1\mu m \sim 25\mu m$)推荐优先选用 Ra。Ra 和 Rz 的数值见表 5−2 和表 5−3。

表 5−2　轮廓算术平均偏差 Ra 的数值(摘自 GB/T 1031—2009)

Ra	0.012	0.2	3.2	50
	0.025	0.4	6.3	100
	0.05	0.8	12.5	
	0.1	1.6	25	

表 5−3　轮廓最大高度 Rz 的数值(摘自 GB/T 1031—2009)

$Rz/\mu m$	0.025	0.4	6.3	100	1600
	0.05	0.8	12.5	200	
	0.1	1.6	25	400	
	0.2	3.2	50	800	

在规定表面粗糙度要求时,必须同时给定取样长度 l_r 和评定长度 l_n。对应于 Ra 和 Rz 值的 l_r 和 l_n 数值可按表 5−1 选取。取样长度 l_r 若按表 5−1 规定选用,则可在图样上省略不标,否则应在图样上标注出 l_r 的数值。

152

5.3　表面粗糙度轮廓参数的选用

表面粗糙度轮廓参数的选用主要包括评定参数及其参数值的选用。

5.3.1　评定参数的选用

表面粗糙度轮廓评定参数的选用原则是：根据零件的工作条件和使用性能的要求，在考虑表征零件表面的几何特性和表面功能参数的同时，应考虑表面粗糙度检测仪器（或测量方法）的测量范围和工艺的经济性。

设计人员一般可根据选用原则，选定一个或几个表面粗糙度的评定参数，来表达设计的精度要求。在图样上一般只标注出一个或二个幅度参数，GB/T 1031—2009 推荐：Ra 值在 $0.025\mu m \sim 6.3\mu m$ 的范围内，可用电动轮廓仪方便地测出 Ra 值，应优先选用 Ra 值；Ra 值在 $6.3\mu m \sim 100\mu m$ 和 $0.008\mu m \sim 0.020\mu m$ 的范围内，可用光切显微镜和干涉显微镜测出 Rz 值，应优先选用 Rz 值。

当表面不允许出现较深加工痕迹，以防应力集中，保证零件的疲劳强度和密封性要求时，应选用 Rz 值，且通常 Rz 与 Ra 一起使用。

RSm 和 Rmr(c）一般不作为独立参数选用，只有对有特殊要求零件的重要表面（如要喷涂均匀、涂层有极好的附着性和光泽的表面），才规定 RSm 值；对要求有较高支承刚度和耐磨性的表面，才规定 Rmr(c）值。

5.3.2　评定参数值的选用

表面粗糙度轮廓评定参数值的选用，通常采用类比法、试验法和计算法。在机械零件精度设计中，合理地确定表面粗糙度轮廓评定参数值不仅影响零件的使用功能，而且还影响制造成本。选用表面粗糙度轮廓幅度参数的原则如下：

（1）在满足功能要求的前提下，尽量选用较大的表面粗糙度轮廓参数值，以减少加工难度，降低生产成本。

（2）同一零件上的工作表面应比非工作表面的表面粗糙度轮廓参数值要小。

（3）摩擦表面比非摩擦表面、滚动摩擦表面比滑动摩擦表面的表面粗糙度轮廓参数值要小。

（4）承受交变载荷的表面及易引起应力集中部位（如圆角、沟槽等）的表面粗糙度轮廓参数值要小。

（5）配合零件的表面粗糙度轮廓应与尺寸及形状公差相协调，一般尺寸与形状公差要求越严，表面粗糙度轮廓参数值就越小。表 5 - 4 列出了一般情况下表面粗糙度轮廓应与尺寸公差、形状公差的对应关系。

表 5 - 4　表面粗糙度轮廓应与尺寸公差、形状公差的一般对应关系

尺寸公差等级	形状公差 t	Ra	尺寸公差等级	形状公差 t	Ra
IT5 ~ IT7	≈0.6IT	≤0.05IT	IT10 ~ IT12	≈0.25IT	≤0.012IT
IT8 ~ IT9	≈0.4IT	≤0.025IT	>IT12	<0.25IT	≤0.15IT

（6）配合性质要求高的配合表面（小间隙配合）及受重载荷作用要求连接强度高的

过盈配合表面的表面粗糙度轮廓参数值要小。

（7）同一公差等级的零件，小尺寸比大尺寸或轴比孔的表面粗糙度轮廓参数值要小。

（8）密封性、防腐性要求高的表面或外形美观表面的表面粗糙度轮廓参数值要小。

（9）凡有关标准已对表面粗糙度轮廓要求做出规定者（如轴承、量规、齿轮等），应按标准规定选取表面粗糙度轮廓参数值。

表面粗糙度轮廓幅度参数 Ra、Rz 的确定可参考表 5-5。孔和轴的表面粗糙度推荐值可参考表 5-6。

表 5-5　表面粗糙度轮廓的表面特征及应用举例

表　面　特　征		Ra	Rz	应　用　举　例
粗糙表面	可见刀痕	>20~40	>80~160	半成品粗加工过的表面，非配合的加工表面，如轴端面、倒角、钻孔、齿轮和带轮侧面、键槽底面、垫圈接触面等
	微见刀痕	>10~20	>40~80	
半光表面	微见加工痕迹	>5~10	>20~40	轴上不安装轴承或齿轮处的非配合表面、紧固件的自由装配表面、轴和孔的退刀槽等
	微辨加工痕迹	>2.5~5	>10~20	半精加工表面，箱体、支架、端盖、套筒等和其他零件结合而无配合要求的表面
	看不清加工痕迹	>1.25~2.5	>6.3~10	接近于精加工表面、箱体上安装轴承的镗孔表面、齿轮的工作面
光表面	可辨加工痕迹方向	>0.63~1.25	>3.2~6.3	圆柱销、圆锥销，与滚动轴承配合的表面，普通车床导轨面，内、外花键定心表面等
	微辨加工痕迹方向	>0.32~0.63	>1.6~3.2	要求配合性质稳定的配合表面，工作时受交变应力的重要零件，较高精度车床的导轨面
	不可辨加工痕迹方向	>0.16~0.32	>0.8~1.6	精密机床主轴锥孔，顶尖圆锥面，发动机曲轴、凸轮轴工作表面，高精度齿轮齿面
极光表面	暗光泽面	>0.08~0.16	>0.4~0.8	精密机床主轴颈表面、一般量规工作表面、汽缸套内表面、活塞销表面等
	亮光泽面	>0.04~0.08	>0.2~0.4	精密机床主轴颈表面、滚动轴承的滚动体、高压油泵中柱塞和柱塞套配合的表面
	镜状光泽面	>0.01~0.04	>0.05~0.2	
	镜面	≤0.01	≤0.05	高精度量仪、量块的工作表面，光学仪器中的金属镜面

表 5-6　孔轴表面粗糙度轮廓推荐值

应　用　场　合			$Ra/\mu m$	
示　例	公差等级	表面	基本尺寸/mm	
			≤50	>50~500
经常装拆零件的配合表面（如交换齿轮、滚刀等）	IT5	轴	≤0.2	≤0.4
		孔	≤0.4	≤0.8
	IT6	轴	≤0.4	≤0.8
		孔	≤0.8	≤1.6
	IT7	轴	≤0.8	≤1.6
		孔		
	IT8	轴	≤0.8	≤1.6
		孔	≤1.6	≤3.2

应用场合			Ra/μm		
示例	公差等级	表面	基本尺寸/mm		
			≤50	>50~120	>120~500
过盈配合的配合表面 1. 用压力机装配； 2. 用热孔法装配		轴	≤0.2	≤0.4	≤0.4
		孔	≤0.4	≤0.8	≤0.8
	IT5	轴	≤0.4	≤0.8	≤1.6
		孔	≤0.8	≤1.6	≤1.6
	IT6	轴	≤0.8	≤1.6	≤3.2
	IT7	孔	≤1.6	≤3.2	≤3.2
	IT8	轴	≤1.6	≤1.6	≤1.6
		孔	≤3.2	≤3.2	≤3.2
滑动轴承的配合表面	IT6~IT9	轴	≤0.8		
		孔	≤1.6		
	IT10~IT12	轴	≤3.2		
		孔	≤3.2		

5.4　表面结构的标注

国家标准 GB/T 131—2006《产品几何技术规范　技术产品文件中表面结构的表示法》中,对表面结构的标注进行了详细的规定。在技术产品文件中对表面结构的要求可用几种不同的图形符号表示,每种符号都有特定含义,其形式有数字、图形符号和文本,在特殊情况下,图形符号可以在技术图样中单独使用以表达特殊意义。

5.4.1　表面结构的图形符号及其表示方法

表面结构的图形符号主要包括基本图形符号、扩展图形符号和完整图形符号,见表5-7。

表面结构参数完整图形标注时,可能需要标注多项结构参数,除了标注表面结构参数和数值外,必要时应标注补充要求,补充要求包括传输带、取样长度、加工工艺、表面纹理及方向、加工余量等。在完整符号中,对表面结构的单一要求和补充要求应注写在指定位置,如图5-11所示。

表5-7　表面结构图形符号

符　号	意　义
	基本图形符号,仅在简化标注时使用,或带有参数时表示不规定是否去除材料加工得到所指表面
	扩展图形符号,表示表面结构参数是用去除材料方法获得。例如车、铣、钻、磨、剪切、抛光、腐蚀、电火花加工等

155

符　号	意　义
√ (扩展符号)	扩展图形符号,表示所指表面是用不去除材料的方法获得。例如铸、锻、冲压变形、热轧、冷轧、粉末冶金等。或者表示要保持原供应状况的表面(包括保持上道工序的表面状况)
√ √ √	完整图形符号,用于标注表面结构参数和各项附加要求,分别表示用不限定工艺、去除材料工艺和不允许去除材料工艺获得
○√ ○√ ○√	工件轮廓各表面图形符号,表示零件视图中除前后两表面以外周边封闭轮廓有共同的表面结构参数要求,分别表示用不限定工艺、去除材料工艺和不允许去除材料工艺获得

1)位置 a 注写表面结构的单一要求

位置 a 处标注表面结构参数代号及其极限值,幅度参数和间距参数以 μm 为单位表示。

轮廓参数的标注是先写传输带或取样长度,接着用"/"隔开,再标注表面结构参数代号,空一格后标注参数值,传输带和取样长度用 mm 表示。例如"$0.0025 - 0.8/Ra\ 0.8$",其中 $0.0025 - 0.8$ 表示波长为 0.0025mm ~ 0.8mm 的传输带;再如"$-1.6/Rz3.2$",传输带为 -0.8mm,其中取样长度为 0.8mm。

图形参数的标注略有不同,标注传输带后要用斜线"/"相隔标注评定长度值,再用斜线"/"相隔,接着标注表面结构参数代号、空格、极限值。例如 $0.0025 - 0.5/32/Ra\ 10$,表示波长 0.0025mm ~ 0.5mm 的传输带,评定长度为 32mm,粗糙度图形的平均深度的上限值为 10μm。

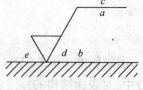

图 5 - 11　参数及附加
要求标注位置

2)位置 a 和 b 注写两个或多个表面结构要求

位置 a 处注写第一个表面结构要求,位置 b 处注写第二个表面结构要求,若更多的表面结构参数要求,可以是不同的参数或是同一(或不同)参数的上、下极限值,每增加标注一项参数则增加一行,图形符号要随着增高。

3)位置 c 处注写加工方法

位置 c 处标注加工方法、表面处理、涂层或其他加工工艺要求等。如车、磨、镀等加工表面。

4)位置 d 处注写表面纹理和方向

位置 d 处标注所要求的表面纹理和纹理的方向。常见的纹理方向符号见表 5 - 8。

5)位置 e 处注写加工余量

位置 e 处标注所要求的加工余量,以 mm 为单位表示。若在整个表面结构图形符号上只标注了加工余量的数值,则可用于表示加工余量的要求。

表 5 - 8　常见的加工纹理方向符号

符　号	说　明	示意图
=	纹理平行于标注符号的视图的投影面	纹理方向

符　号	说　明	示　意　图
⊥	纹理垂直于标注符号的视图的投影面	 纹理方向
×	纹理呈两相交的方向	 纹理方向
M	纹理呈多方向	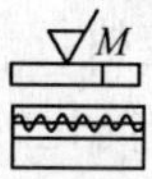
C	纹理呈近似同心圆	
R	纹理呈近似的放射状	
P	纹理无方向或呈凸起的细粒状	

图 5-12 ~ 图 5-15 为表面结构完整图形符号的标注示例。

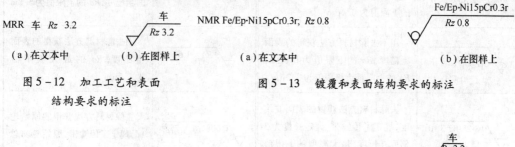

MRR　车　*Rz* 3.2

（a）在文本中　　　　（b）在图样上

图 5-12　加工工艺和表面
　　　　结构要求的标注

NMR Fe/Ep·Ni15pCr0.3r；*Rz* 0.8

（a）在文本中　　　　（b）在图样上

图 5-13　镀覆和表面结构要求的标注

图 5-14　垂直于视图所在投影面的
　　　　表面纹理方向的标注

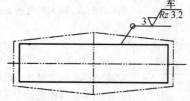

图 5-15　在表示完工零件的图样中给出加工余量
　　　　的标注（所有表面均为 3 mm 加工余量）

5.4.2　采用默认值的表面结构符号的简化标注

表面结构的参数要求不多，且无附加要求，标注符号可以简单，实际中常简化标注，国家标准规定了一些对应的默认参数值和默认的规则，只要采用了这些参数值和规则，则在标注时就可以省略。

例如传输带和取样长度的数值:R 轮廓（粗糙度参数）的传输带的截止波长为 $\lambda_8 \sim \lambda_c$，λ_c 的长度为取样长度，标准 CB/T 10610—1998 和 GB/T 6062—2002 规定了不同表面粗糙度轮廓范围的相应值；W 轮廓（波纹度参数）的传输带的截止波长为 $\lambda_e \sim \lambda_f$，λ_f 的长度为取样长度，无规定默认值。

评定长度的数值:R 轮廓的评定长度是以取样长度的倍数描述，默认值是 5 倍；W 轮廓目前还未有默认的评定长度；P 轮廓默认的评定长度就是测量长度。

检验规则有两种，一种是 16% 规则（为默认规则），另一种是最大（小）值规则，要在参数代号后标注"max"或"min"来表明其极限值。检验时合格的判断按标准 CB/T 10610—1998 的规定执行。

表 5 - 9 列出了部分简化的符号标注以及对应的意义。

表 5 - 9　表面结构参数标注及其解释

代号	意义	代号	意义
$Ra\,3.2$	用去除材料方法获得的表面粗糙度，粗糙度轮廓的算术平均偏差 Ra 的上限值为 $3.2\mu m$	$Rz\,0.8$	用不去除材料的方法获得的表面，粗糙度轮廓的最大高度 Rz 的上限值为 $0.8\mu m$
$Ra\,0.8$ $Rz\,3.2$	不限制加工方法获得的表面粗糙度，Ra 的上限值为 $0.8\mu m$，Rz 的上限值为 $3.2\mu m$	$Ra\,1.6$ $Rz\,6.3$	用去除材料方法获得的表面粗糙度，Ra 的上限值为 $1.6\mu m$，Rz 的上限值为 $6.3\mu m$
U $Rz\,0.8$ L $Ra\,0.2$	用去除材料方法获得的表面粗糙度，Rz 的上限值为 $0.8\mu m$，Ra 的下限值为 $0.2\mu m$	$Ra\,3.2$	用不去除材料方法获得的表面粗糙度，Ra 的上限值为 $3.2m$
U $Ra_{max}\,3.2$ L $Rz\,0.8$	用不去除材料方法获得的表面粗糙度，Ra 的下限值为 $0.8\mu m$，Ra 的上限最大极限值为 $3.2\mu m$	$Ra_{max}\,1.6$	用去除材料方法获得的表面粗糙度，Ra 的最大极限值为 $1.6\mu m$
$0.8\text{-}25/Wz\,3\,10$	去除材料方法获得的表面波纹度，规定了传输带，评定长度为 3 倍取样长度，最大高度的上限值为 $10\mu m$	$0.008\text{-}/Rt_{max}\,25$	去除材料方法获得的原始轮廓，规定了传输带，原始轮郭总高度的最大极限值为 $25\mu m$
$0.0025\text{-}0.1/Rx\,0.2$	不规定加工方法，规定了传输带，两斜线之间为空表示默认评定长度，粗糙度图形最大深度上限值为 $0.2\mu m$	$-0.8/Ra\,1.6$	用去除材料方法获得的表面粗糙度，取样长度为 $0.8mm$，Ra 的上限值为 $1.6\mu m$
铣 $0.008\text{-}4/Ra\,50$ $c\ 0.008\text{-}4/Ra\,6.3$	增加了附加要求；加工方法、表面纹理要求	磨 $Ra\,1.6$ $\perp -2.5/Rz_{max}\,6.3$	增加了附加要求；加工方法、表面纹理要求
$Rz3\,6.3$	规定了取样长度的 3 倍作为评定长度	Fe/Ep·Ni15pCr0.3r $Rz\,0.8$	增加了附加要求；加工工艺方法为表面镀覆工艺

158

该表中的标注符号很多采用了默认的传输带、取样长度或评定长度,多数采用了默认的检验规则,都是幅度参数的标注例。控制间距参数和混合参数的标注也一样,差异在于参数代号和参数值。表面加工纹理有专门要求时,使用如表5-9所列的符号表示,以满足某些特殊需要。如果标准中无所需要求的符号时,可在图样上用文字说明。

5.4.3 表面结构要求在图样和其他技术产品文件中的标注

表面结构要求对每一表面一般只标注一次,并尽可能标注在相应的尺寸及其公差的同一类图上。除非另有说明,所标注的表面结构要求是对完工零件的表面要求。

GB/T 131—2006 的规定,表面结构参数符号在图样上标注总的原则是,使表面结构的标注和读取方向与尺寸的标注和读取方向应一致,如图5-16所示。

表面结构要求可以标注在轮廓线上,其符号应从材料外指向并接触表面。必要时,表面结构符号也可以用带箭头或黑点的指引线引出标注,如图5-17和图5-18所示。

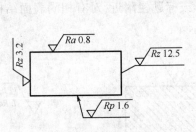

图5-16 表面结构要求的注写方向

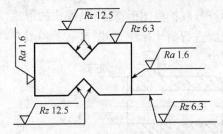

图5-17 表面结构要求在轮廓线上的标注

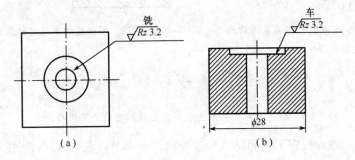

图5-18 表面结构要求用指引线引出的标注

在不致引起误解时,表面结构要求可以标注在给定的尺寸线上,如图5-19所示;也可以标注在几何公差框格的上方,如图5-20所示。

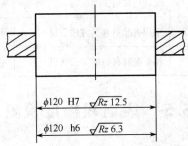

图5-19 表面结构要求在尺寸线上的标注

159

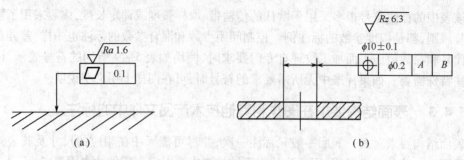

图 5 – 20   表面结构要求在在几何公差框格的上方的标注

如果工件的多数(包括全部)表面有相同的表面结构要求,则其表面结构要求可统一标注在图样的标题栏附近。此时(除全部表面有相同要求的情况外),表面结构要求的符号后面在圆括号内给出无任何其他标注的基本符号,如图 5 – 21 所示。

当多个表面具有相同的表面结构要求或图纸空间有限时,可用带字母的完整符号、基本图形符号或扩展图形符号,以等式的形式,在图形或标题栏附近,对有相同表面结构要求的表面进行简化标注,如图 5 – 22 和图 5 – 23 所示。

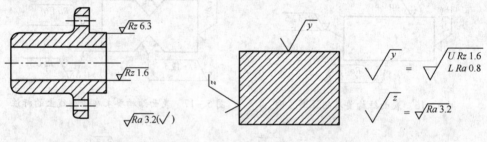

图 5 – 21   大多数表面有相同表面结构   图 5 – 22   图纸空间有限时的简化标注
要求的简化标注

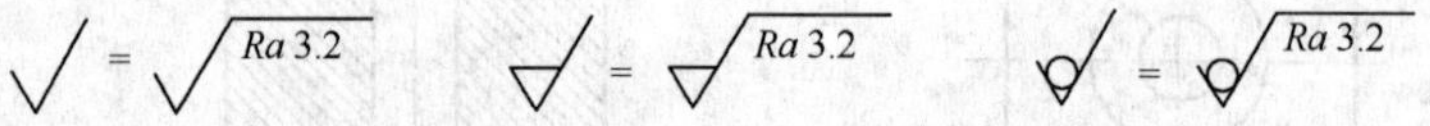

图 5 – 23   各种工艺方法多个表面结构要求的简化标注

GB/T 131—2006 规定了表面结构参数要求的文本书写表达方式,即用文字代号等效标注时的图形符号,方便在文字叙述中使用,见表 5 – 10。

表 5 – 10   表面结构参数文本书写代号及其解释

序号	代号	相当于图形符号	含义	书写示例
1	APA	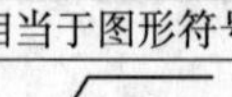	允许用任何工艺获得	APA Wa 0.8
2	MRR	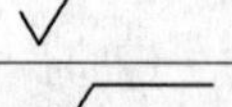	采用去除材料的方法获得	MRR 车 Ra_{max} 0.8
3	NMR		用不去除材料的方法获得	NMR U Rz 0.8;L Ra 0.2

5.5   表面粗糙度检测

表面粗糙度轮廓的检测方法主要有比较法、针描法、光切法、干涉法、激光反射法、激光全息法和几何表面三维测量法等。

5.5.1 比较法

比较法是将被测零件表面直接与标有一定评定参数值的表面粗糙度轮廓标准样板进行比较,以确定被测表面粗糙度的方法。选用的表面粗糙度样板应与被测零件的加工方法相同,且其材料、形状、加工纹理方向等应尽可能与被测表面相同,否则将产生较大的误差。

比较法虽测量精度不高,但器具简单,使用方便,能满足一般生产的需要,适宜于生产现场的检验,常用于表面粗糙度轮廓要求不高的零件表面。

触觉比较是指用手指甲感触来判别被测零件表面,适宜于检验 Ra 值为 $1.25\mu m$ ~ $100\mu m$ 的外表面。

视觉比较是指靠目测或用放大镜、比较显微镜等工具观察被测零件表面,适宜于检验 Ra 值为 $0.16\mu m$ ~ $100\mu m$ 的外表面。

5.5.2 针描法

针描法又称触针法,是一种接触式测量表面粗糙度轮廓的方法。常用仪器是触针式电动轮廓仪。测量时,金刚石触针在被测表面上移动,被测表面的微观不平度使触针作垂直方向的位移,其位移量通过计算处理后,可在仪器上直接显示出 Ra 值,或者由量仪将放大的被测表面轮廓图形记录下来,按此记录的图形计算 Ra 值。

针描法适宜于测量 Ra 值为 $0.025\mu m$ ~ $6.3\mu m$ 的内、外表面和球面。

针描法测量迅速方便,可直接读出 Ra 值,并能在生产现场使用,因此,它得到了广泛的应用。

5.5.3 光切法

光切法是利用光切原理测量表面粗糙度轮廓的方法,属非接触测量方法。常用仪器是光切显微镜(又称双管显微镜),通常用于测量 Rz 值为 $0.5\mu m$ ~ $60\mu m$,且用车、铣、刨等加工方法所得到的金属平面或外圆柱面。

5.5.4 干涉法

干涉法是利用光波干涉原理和显微系统测量精密加工表面粗糙度轮廓的方法,属非接触测量的方法。常用仪器是干涉显微镜,主要用于测量 Rz 值为 $0.05\mu m$ ~ $0.8\mu m$ 的平面、外圆柱面和球面。

5.5.5 其他检测方法

1. 激光反射法

激光反射法是用激光束照射被测表面,根据反射光和散射光的强度及其分布来评定被测表面粗糙度轮廓的方法。它是近几年出现的一种新的表面粗糙度轮廓检测方法。

2. 激光全息法

激光全息法是以激光照射被测表面,利用相干辐射,拍摄被测表面的全息照片(一组表面轮廓的干涉图形)来评定被测表面粗糙度轮廓的方法。

3. 几何表面三维测量法

几何表面三维测量法是用三维评定参数来真实反映被测表面的几何特征,从而评定被测表面粗糙度轮廓的方法。目前,国内外都在致力于该项技术的研发,光纤法、微波法和电子显微镜等测量方法已成功应用于几何表面三维的测量。

习题与思考题

1. 表面粗糙度对零件的工作性能有哪些影响?

2. 试述测量和评定表面粗糙度轮廓时中线、取样长度和评定长度的含义。

3. 表面粗糙度轮廓的幅度评定参数有哪些? 各用什么符号表示? 哪个应用最广泛?

4. 设计时如何协调尺寸公差、形状公差和表面粗糙度轮廓参数数值之间的关系?

5. 选用表面粗糙度轮廓参数数值所遵循的原则是什么?

6. 将下列表面结构要求标注在图5-24上。

(1) 直径为 $\phi50$ 的圆柱外表面粗糙度 Ra 的允许值为 3.2μm;

(2) 左端面的表面粗糙度 Ra 的允许值为 0.8μm;

(3) 直径为 $\phi50$ 圆柱的右端面的表面粗糙度 Ra 的允许值为 1.6μm;

(4) 内孔表面粗糙度 Ra 的允许值为 0.8μm;

(5) 螺纹工作面的表面粗糙度 Rz 的最大值为 1.6μm,最小值为 0.8μm;

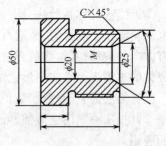

图5-24 习题6图

(6) 其余各加工面的表面粗糙度 Ra 的允许值为 6.3μm;各加工表面均采用去除材料法获得。

7. 试述表面粗糙度轮廓参数 Ra 和 Rz 的测量方法。

第6章 典型零部件精度设计与检测

6.1 概 述

滚动轴承、键、花键、普通螺纹及圆锥结构件是几种常用的典型零部件。滚动轴承通常用于回转体的相对转动,起支承回转体等作用,如在汽车变速器中,轴与变速箱之间依靠滚动轴承支承实现轴的转动运动;键、花键通常用于与轴一起转动部分的连接,如用于连接轴与皮带轮等;作为传递运动的螺纹是连接的一种重要形式,这些典型件不但用于连接,有时还用于传递运动;对于圆锥件,其结构利于调整配合的性质(间隙、过渡及过盈配合),便于装拆及轴类零件的定心要求。以上这几种连接形式在机械设计中应用广泛,并且已经标准化、系列化。因此,这几种典型零部件及应用设计的合理与否,对保证机械的性能及工作精度有很大影响。

6.2 滚动轴承公差配合的精度设计

6.2.1 滚动轴承概述

滚动轴承是一种重要的通用部件,在机械中主要支承旋转部件(通常为轴),使轴类部件可以相对座孔旋转运动。滚动轴承也是一种精密部件,由于起旋转支承作用,一般也作为旋转件的回转基准。因此,正确选用滚动轴承的配合精度,对有效保证回转部件的工作精度及使用要求有重要作用。

滚动轴承基本结构由套圈(内圈和外圈)、滚动体(钢球或滚柱)和保持架(又称保持器或隔离圈)所组成,如图6-1所示。它结构简单,润滑方便,摩擦力小,常被用于有回转要求的机构中。

滚动轴承是一种标准化的部件,其外部尺寸如内径、外径、轴承宽等已标准化、系列化。

滚动轴承品种繁多,相应的国家标准也较齐全。与公差与配合有关的国标主要有如下几个:

(1)《滚动轴承 公差 定义》(GB/T 4199—2003);

(2)《滚动轴承 向心轴承 公差》(GB/T 307.1—2005);

(3)《滚动轴承 测量和检验的原则及方法》(GB/T 307.2—2005);

(4)《滚动轴承 通用技术规则》(GB/T 307.3—2005);

(5)《滚动轴承 径向游隙》(GB/T 4604 - 2006);

(6)《滚动轴承与轴和外壳的配合》(GB/T 275—1993)。

6.2.2 滚动轴承的公差等级及应用

滚动轴承作为一种常用的精密部件,其公差等级可由轴承的尺寸精度和旋转精度确定。

滚动轴承的尺寸精度包括:轴承内径(d)、轴承外径(D)、轴承宽度(B)或(C)的制造精度及圆锥滚子轴承装配高度(T)的精度。如图6-2所示。

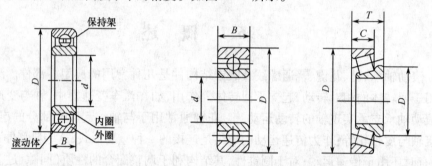

图6-1 滚动轴承的结构　　　图6-2 滚动轴承基本尺寸图

轴承的旋转精度包括:轴承内、外圈的径向跳动;轴承内、外圈端面对滚道的跳动;内圈基准端面对内孔的跳动;外径表面素线对基准端面的倾斜度的变动量等。

根据标准《滚动轴承 通用技术规则》(GB 307.3—2005),向心轴承的精度分为五级,即0、6、5、4、2级;圆锥滚子轴承的精度分为五级,即0、6x、5、4、2级;推力轴承的精度分为四级,即0、6、5、4级,如图6-3所示,精度依次由低级到高级,其中0级精度最低。

0级轴承用于中等负荷、中等转速、旋转精度要求不高的一般机构中,如普通机床、汽车、拖拉机的变速机构中所用的轴承;

6级轴承用于旋转精度要求较高的机构中,如普通机床的主轴轴承,汽车变速器中使用的轴承;

5级轴承、4级轴承常用于旋转精度和转速要求较高的机构中,如精密机床的主轴轴承,磨齿机、精密仪器和精密机械所用的轴承;

2级轴承常用于对旋转精度和旋转速度要求很高的机构中,如精密坐标镗床、高精度齿轮磨床的主轴轴承。

轴承内径和外径的评定指标有:

(1) 单一平面平均内(外)径偏差 Δd_{mp}(ΔD_{mp}):

$$\Delta d_{mp} = d_{mp} - d, \quad \Delta D_{mp} = D_{mp} - D \qquad (6-1)$$

式中　d_{mp}——单一平面平均内径;

　　　D_{mp}——单一平面平均外径;

　　　$d(D)$——轴承公称内(外)径。

(2) 单一内(外)径偏差 Δd_s(ΔD_s):

$$\Delta d_s = d_s - d, \quad \Delta D_s = D_s - D \qquad (6-2)$$

式中　$d_s(D_s)$——单一内(外)径。

(3) 单一平面内(外)径变动量 $V_{d_{sp}}$($V_{D_{sp}}$):

$$V_{d_{sp}} = d_{spmax} - d_{spmin}, \quad V_{D_{sp}} = D_{spmax} - D_{spmin} \qquad (6-3)$$

式中　$d_{spmax}(D_{spmax})$——单个套圈最大单一平面单一内(外)径;

　　　$d_{spmin}(D_{spmin})$——单个套圈最小单一平面单一内(外)径。

（4）平均内(外)径变动量 $V_{d_{mp}}(V_{D_{mp}})$:

$$V_{d_{mp}} = d_{mpmax} - d_{mpmin}, \quad V_{D_{mp}} = D_{mpmax} - D_{mpmin} \tag{6-4}$$

式中　$d_{mpmax}(D_{mpmax})$——单个套圈最大单一平面平均内(外)径;

　　　$d_{mpmin}(D_{mpmin})$——单个套圈最小单一平面平均内(外)径。

滚动轴承公差值见表6-1。从表6-1中可以看出,向心轴承内、外圈偏差和公差系列值与光滑圆柱体的值不同,使用时可按公差等级和公称直径 $d(D)$,查得公差带的值。

表6-1　向心轴承内、外圈偏差和公差值(摘自 GB/T 307.1—2005) 　　(μm)

公差项目	公差等级	偏差	公称直径 d/mm			公差项目	公差等级	偏差	公称直径 D/mm		
			>18~30	>30~50	>50~80				>50~80	>80~120	>120~150
$\Delta_{d_{mp}}$ 单一平面平均内径偏差	0	上差	0	0	0	$\Delta_{D_{mp}}$ 单一平面平均外径偏差	0	上差	0	0	0
		下差	-10	-12	-15			下差	-13	-15	-18
	6	上差	0	0	0		6	上差	0	0	0
		下差	-8	-10	-12			下差	-11	-13	-15
	5	上差	0	0	0		5	上差	0	0	0
		下差	-6	-8	-9			下差	-9	-10	-11
	4	上差	0	0	0		4	上差	0	0	0
		下差	-5	-6	-7			下差	-7	-8	-9
	2	上差					2	上差	0	0	0
		下差	-2.5	-2.5	-4			下差	-4	-5	-5
Δ_{d_s} 单一内径偏差	4	上差	0	0	0	Δ_{D_s} 单一外径偏差	4	上差	0	0	0
		下差	-5	-6	-7			下差	-7	-8	-9
	2	上差	0	0	0		2	上差	0	0	0
		下差	-2.5	-2.5	-4			下差	-4	-5	-5
$V_{d_{sp}}$ 单一平面内径变动量	0	直径系列 9	13	15	19	$V_{D_{sp}}$ 单一平面外径变动量	0	直径系列 9	16	19	23
		0,1	10	12	19			0,1	13	19	23
		2,3,4	8	9	11			2,3,4	10	11	14
	6	9	10	13	15		6	9	14	16	19
		0,1	8	10	15			0,1	11	16	19
		2,3,4	6	8	9			2,3,4	8	10	11
	5	9	8	9	9		5	9	9	10	11
		0,1,2,3,4	5	6	7			0,1,2,3,4	7	8	8
	4	9	5	6	7		4	9	7	8	9
		0,1,2,3,4	4	5	5			0,1,2,3,4	5	6	7
	2		2.5	2.5	4		2		4	5	5

（续）

公差项目	公差等级	偏差	公称直径 d/mm			公差项目	公差等级	偏差	公称直径 D/mm		
			>18~30	>30~50	>50~80				>50~80	>80~120	>120~150
$V_{d_{mp}}$ 平均内径变动量	0		8	9	11	$V_{D_{mp}}$ 平均外径变动量	0		10	11	14
	6		6	8	9		6		8	10	11
	5		3	4	5		5		5	5	6
	4		2.5	3	3.5		4		3.5	4	5
	2		1.5	1.5	2		2		2	2.5	2.5

6.2.3 滚动轴承内、外径公差带的特点

滚动轴承是标准件,滚动轴承外圈与外壳孔的配合应采用基轴制,内圈与轴颈的配合应采用基孔制。GB/T 307.1—2005《滚动轴承 向心轴承 公差》规定:轴承外圈外圆公差带位于以公称外径 D 为零线的下方,与具有基本偏差 h 的公差带相类似,但公差值不同。同时规定:内圈基准孔的公差带位于以公称直径 d 为零线的下方,即滚动轴承内圈内径的公差带在零线的下方,其上偏差为零,下偏差为负值。所以轴承内圈内圆柱面与轴颈得到的配合比相应光滑圆柱体按基孔制形成的配合有不同程度的变紧,可以满足滚动轴承配合的特殊要求,如图 6－3 所示。

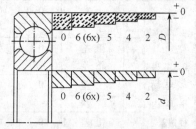

图 6－3　轴承内、外径公差带

6.2.4 滚动轴承与轴颈及外壳孔的配合

滚动轴承配合指轴承内、外圈与轴颈及外壳孔的配合。滚动轴承是标准化部件,通常由专门工厂生产,为方便于互换和大量生产,轴承内径与轴颈的配合采用类似于基孔制的配合,轴承外径与外壳孔的配合采用类似于基轴制的配合。在 GB/T 275—1993《滚动轴承与轴和外壳的配合》中,规定了轴颈、外壳孔与 0、6(6x)级滚动轴承配合的公差带的位置,如图 6－4、图 6－5 所示。

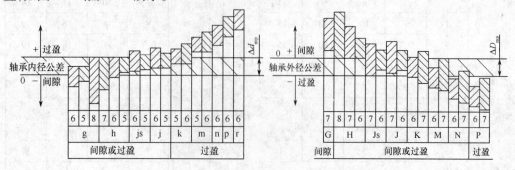

图 6－4　轴承与轴配合的常用公差带关系　　图 6－5　轴承与外壳孔配合的常用公差带关系

由图 6－4、图 6－5 可见,轴承内径与轴颈的这种基孔制配合,虽然在概念上和一般

166

圆柱体的基孔制配合相当,可是由于轴承内、外径的公差带采用上偏差为零的单向布置,其公差值也是特殊规定的(表6-1)。所以,同样一个轴,与轴承内径形成的配合,要比与一般基孔制配合下的孔形成的配合紧得多,有的由间隙配合变为过渡配合,有的由过渡配合变为过盈配合。轴承外径的公差带,其布置方案虽然与一般圆柱体基准轴的公差带相同,即均采用上偏差为零的单向布置,但轴承外径的公差值也是特殊规定的。因此,同样的孔,与轴承外径的配合和基轴制的轴配合也不完全相同。

图6-6所示为φ50k6轴,分别与6级轴承内圈和φ50H7基准孔配合,由公差带图可以看出,与轴承内圈配合是过盈配合,其结合比与基准孔φ50H7配合要紧。

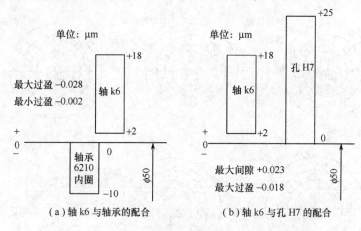

(a)轴k6与轴承的配合　　　　　　(b)轴k6与孔H7的配合

图6-6　轴φ50k6分别与轴承、孔φ50H7的配合比较

6.2.5　滚动轴承配合的精度设计

合理地选择滚动轴承与轴颈及外壳孔的配合,可有效保证机器的精度,提高机器的运转质量,延长其使用寿命,使产品制造经济合理。

按GB/T 275—1993的规定,滚动轴承与轴和外壳孔的配合选择的基本原则如下。

1. 负荷类型

轴承工作时,轴承承受一个方向不变的径向负荷 P_r 和一个旋转负荷 P_e,二者的合成径向负荷为 P,轴承承受负荷如图6-7(a)~(f)所示组合形式。其类型可分成以下三类。

(1)固定负荷。作用在轴承上的合成径向负荷与外圈(或内圈)相对静止,此时,外圈(或内圈)上承受的负荷称为固定负荷。如图6-7中(b)、(f)的外圈及(a)、(e)的内圈,其负荷形式如图6-7(g)所示。

(2)旋转负荷。作用在轴承上的合成径向负荷与外圈(或内圈)相对旋转,并依次作用在外圈(或内圈)的整个圆周上,周而复始。此时,外圈(或内圈)上承受的负荷称为旋转负荷。如图6-7中(a)、(d)、(e)的外圈及(b)、(f)的内圈,其负荷形式如图6-7(h)所示。

(3)摆动负荷。作用在轴承上的合成径向负荷在外圈(或内圈)滚道的一定区域内相对摆动,此时,负荷连续变动地作用在外圈(或内圈)的局部圆周上,则外圈(或内圈)所承受的负荷为摆动负荷。如图6-7中(c)的外圈及(d)的内圈,其负荷形式如图6-7(i)

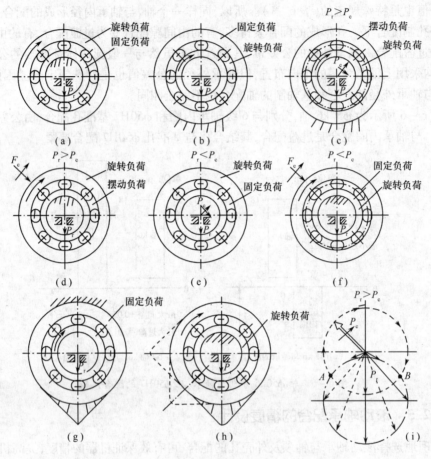

图 6-7　负荷类型

所示。

选择配合时,应考虑当外圈(或内圈)承受固定负荷作用时,配合应稍松,可以有不大的间隙,以便在滚动体摩擦力作用下,使外圈(或内圈)相对于外壳孔(或轴颈)表面偶尔有游动的可能,从而消除滚道的局部磨损,装拆也较方便。一般可选过渡配合或间隙配合。

当内圈(外圈)承受旋转负荷时,为了防止内圈(外圈)相对于轴颈(外圈与外壳孔)打滑,引起配合表面磨损、发热,内圈与轴颈(外壳孔)的配合应较紧,一般选用过渡配合或过盈配合。

受摆动负荷的内圈与轴颈(外圈与外壳孔)的配合,一般与受旋转负荷的相同或稍松。

2. 负荷大小

轴承套圈(指内、外圈)与轴颈或外壳孔配合的最小过盈量取决于负荷的大小。轴承承受的负荷越大,或承受冲击负荷时,最小过盈量应越大。

负荷依大小分三类:径向负荷 $P \leqslant 0.07C$ 时称为轻负荷;$0.07C < P \leqslant 0.15C$ 时称为正常负荷;$P > 0.15C$ 时称为重负荷。其中,C 为轴承的额定负荷。

表6-2、表6-3列出了根据负荷类型和负荷大小选择与轴承配合的轴颈和外壳孔的公差带。

表6-2 向心轴承和外壳孔的配合 孔公差带代号(摘自 GB/T 275—1993)

运转状态		负荷状态		公差带[1]	
说明	举例			球轴承	滚子轴承
固定的外圈负荷	一般机械、铁路机车车辆轴箱、电动机、泵、曲轴主轴承	轻、正常、重	轴向移动,可采用剖面	H7、G7[2]	
		冲击	轴向能移动,可采用整体或剖分式外壳	J7、JS7	
摆动负荷		轻、正常			
		正常、重		K7	
		冲击		M7	
旋转的外圈负荷	张紧轮、轮毂轴承	轻	轴向移动,可采用整体式外壳	J7	K7
		正常		K7、M7	M7、N7
		重		—	N7、P7

注:①并列公差带随尺寸的增大从左至右选择,对旋转精度有较高要求时,可相应提高一个公差等级。
②不适用于剖分式外壳

表6-3 向心轴承和轴的配合 轴公差带代号(摘自 GB/T 275—1993)

圆柱孔轴承						
运转状态		负荷状态	深沟球轴承、调心轴承和角接触球轴承	圆柱滚子轴承和圆锥滚子轴承	调心滚子轴承	公差带
说明	举例		轴承公称内径/mm			
旋转的内圈负荷及摆动负荷	一般的通用机械、电动机、机床主轴、泵、内燃机、正齿轮传动装置、铁路机车车辆轴箱、破碎机等	轻负荷	≤18			h5
			>18~100	≤40	≤40	j6[1]
			>18~200	>40~140	>40~100	k6[1]
				>140~200	>100~200	m6[1]
		正常负荷	≤18			j5、js5
			>18~100	≤40	≤40	k5[2]
			>100~140	>40~100	>40~65	m5[2]
			>140~200	>100~140	>65~100	m6
			>200~280	>140~200	>100~140	n6
				>200~400	>140~280	p6
					>280~500	r6
		重负荷		>50~140	>50~100	n6
				>140~200	>100~140	p6[3]
				>200	>140~200	r6
					>200	r7

说 明	举 例	轴承公称内径/mm			
固 定 的 内 圈 负 荷	静止轴上的各种轮子、张紧轮绳轮、振动筛、惯性振动器	所 有 负 荷	所有尺寸	所有尺寸	所有尺寸	f6 g6④ h6 j6
	仅有轴向负荷	所 有 尺 寸			j6、js6
圆 锥 孔 轴 承					
所有负荷	铁路机车车辆轴箱	装在退卸套上的所有尺寸			h8(IT6)④⑤
	一般机械传动	装在退卸套上的所有尺寸			h9(IT7)④⑤

注:① 凡对精度有较高要求的场合,应用 j5、k5…代替 j6、k6…。
② 圆锥滚子轴承、角接触球轴承配合对游隙影响不大,可用 k6、m6 代替 k5、m5。
③ 重负荷下轴承游隙应选大于 0 组。
④ 凡有较高精度或转速要求的场合,应选用 h7(IT5)代替 h8(IT6)等。
⑤ IT6、IT7 表示圆柱度公差数值

当轴承内圈受旋转负荷时,它与轴颈配合所需的最小过盈 $\delta_{\min}$ 可按下式近似计算:

$$\delta_{\min} = \frac{13Rk}{10^6 b} \ (\text{mm}) \qquad (6-5)$$

式中　R——轴承承受的最大径向负荷(kN);
　　　k——与轴承系列有关的系数,轻系列 $k=2.8$,中系列 $k=2.3$,重系列 $k=2$;
　　　b——轴承内径的配合宽度(m),$b=B-2r$(B 为轴承宽度,r 为内圈的圆角半径)。
为避免套圈破裂,还需要按不超出套圈允许的强度计算其最大过盈量:

$$\delta_{\max} = \frac{11.4kd[\sigma_p]}{(2k-2) \times 10^3} \ (\text{mm}) \qquad (6-6)$$

式中　$[\sigma_p]$——许用拉应力($\times 10^5$ Pa),对轴承钢 $[\sigma_p] \approx 400(\times 10^5$ Pa);
　　　d——轴承内圈内径(m)。
【例 6-1】　某一旋转机构用中系列 6 级精度的深沟球轴承,其内径 $d=40$mm,宽度 $B=23$mm,圆角半径 $r=2.5$mm,承受正常的最大径向负荷为 4kN,试计算它与轴颈配合的最小过盈,并选择出合适的公差带。
【解】　由公式(6-5)可得

$$\delta_{\min} = \frac{13Rk}{10^6 b} = \frac{13 \times 4 \times 2.3}{10^6 \times (23 - 2 \times 2.5) \times 10^{-3}} \approx 0.007 \ \text{mm}$$

按计算所得的最小过盈量,可选与该轴承内圈相配合的轴公差带为 m5,查表 6-1 得 $d=40$mm 的 6 级轴承,d_{mp} 上偏差为零,下偏差为 -0.01mm;从《极限与配合》(GB/T 1800.3—1998)中查 $\phi40$m5,得其下偏差为 +0.009mm,上偏差为 +0.02mm。因此,该轴承内圈与轴颈相配合为过盈配合。

$\delta'_{min} = 0.009mm$，$\delta'_{max} = 0.030mm$。如图 6 - 8 所示。

由式(6 - 6)，验算轴承内圈与轴颈相配合时，不致使套圈胀破的最大过盈量为

$$\delta_{max} = \frac{11.4kd[\sigma_p]}{(2k-2) \times 10^3} = \frac{11.4 \times 2.3 \times 400 \times 40 \times 10^{-3}}{(2 \times 2.3 - 2) \times 10^3}$$

$$\approx 0.161 \ mm$$

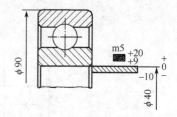

图 6 - 8　内圈与轴的配合

经计算可见，$\delta_{min} < \delta'_{min}$，$\delta_{max} > \delta'_{max}$，故与此轴承内圈相配合的轴公差带可选 m5。

上述计算公式安全裕度较大，按这种计算选择的配合往往过紧。本例中系列负荷 $P = 4kN$，6308 号轴承的额定负荷 $C = 32kN$，$P \approx 0.13C$。按表 6 - 2、表 6 - 3 推荐的配合，轴颈的公差带亦可选 k5。

3. 工作温度的影响

轴承工作时，由于摩擦发热和其他热源的影响，使轴承套圈的温度经常高于与其结合的零件温度。由于发热膨胀，轴承内圈与轴颈的配合可能变松，外圈与外壳孔的配合可能变紧。因此在选择配合时，必须考虑温度的影响，并加以修正。

4. 轴颈和外壳孔的公差等级应符合轴承的精度要求

轴承的选择应根据机械的使用要求进行选择。若机械需要较高的旋转工作精度时，就应选择较高精度等级的轴承(如 5 级和 4 级)，相应地与之配合的轴颈、外壳孔也要选择较高的精度等级，以满足轴承的配合精度要求。一般 0 级、6 级轴承配合的轴颈选 IT6，外壳孔选 IT7。

5. 其他影响配合精度选择的因素

其他影响因素还有轴承的径向游隙、回转体的旋转精度、旋转速度、与轴承配合的材料以及安装拆卸要求等。

在设计时，应根据轴承承受的负荷类型、负荷大小以及旋转精度要求初步确定轴承的公差等级，再根据回转件的旋转速度、工作环境等修正精度等级选择。确定了轴承精度后，最后再查图、表，选择与轴承配合的轴颈和外壳孔的公差等级。

6.2.6　轴颈、外壳孔的几何公差与表面粗糙度选择要求

在机械结构中，轴承既要承受负荷的作用，同时还作为旋转件的重要基准，精度一般比较高。而且，轴承的结构特点为薄壁零件，装配后，轴颈和外壳孔的几何形状误差会直接反映到套圈滚道上，导致套圈滚道变形，旋转时引起振动或噪声，降低工作质量。因此，对轴颈和外壳孔还应规定几何公差和表面粗糙度。

国家标准《滚动轴承与轴和外壳的配合》(GB/T 275—1993)根据轴承的工作以及检测要求，已经给出了与轴承配合的轴颈、外壳孔以及端面的几何公差项目及要求。其公差可查光滑圆柱体有关几何公差项目表。

与轴承配合的轴颈和外壳孔的几何公差项目应满足有配合面的圆柱度、端面对配合面的端跳以及配合面尺寸包容原则三项要求。如图 6 - 9 所示。其几何公差选择可从表 6 - 4 中选出。

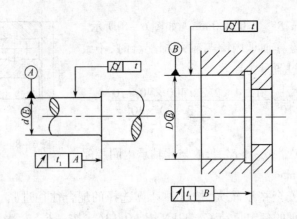

图 6 - 9　与轴承配合的轴颈及外壳孔的形位公差项目及要求

表 6 - 4　轴和外壳孔的几何公差(摘自 GB/T 275—1993)

基本尺寸/mm		圆柱度 t				端面圆跳动 t_1			
		轴 颈		外 壳 孔		轴 肩		外壳孔肩	
		轴 承 公 差 等 级							
		0	6(6x)	0	6(6x)	0	6(6x)	0	6(6x)
超过	到	公 差 值 /μm							
	6	2.5	1.5	4	2.5	5	3	8	5
6	10	2.5	1.5	4	2.5	6	4	10	6
10	18	3.0	2.0	5	3.0	8	5	12	8
18	30	4.0	2.5	6	4.0	10	6	15	10
30	50	4.0	2.5	7	4.0	12	8	20	12
50	80	5.0	3.0	8	5.0	15	10	25	15
80	120	6.0	4.0	10	6.0	15	10	25	15
120	180	8.0	5.0	12	8.0	20	12	30	20
180	250	10.0	7.0	14	10.0	20	12	30	20
250	315	12.0	8.0	16	12.0	25	15	40	25
315	400	13.0	9.0	18	13.0	25	15	40	25
400	500	15.0	10.0	20	15.0	25	15	40	25

与轴承配合的轴颈和外壳孔的表面粗糙度要求可从表 6 - 5 选出,可根据要求直接查表选用。

表 6 - 5　配合面的表面粗糙度(摘自 GB/T 275—1993)　　　　　　　　　(μm)

轴或轴承座直径 /mm		轴 或 外 壳 孔 配 合 表 面 直 径 公 差 等 级								
		IT7			IT6			IT5		
		表 面 粗 糙 度 /μm								
超过	到	Rz	Ra		Rz	Ra		Rz	Ra	
			磨	车		磨	车		磨	车
	80	10	1.6	3.2	6.3	0.8	1.6	4	0.4	0.8
80	500	16	1.6	3.2	10	1.6	3.2	6.3	0.8	1.6
端　面		25	3.2	6.3	25	3.2	6.3	10	1.6	3.2

172

【例 6 – 2】 有一圆柱齿轮减速器,从动轴两端的轴承为 P0 级 6211 深沟球轴承($d = 55\text{mm}, D = 100\text{mm}$),轴承承受当量径向动负荷 $P = 883\text{N}$,轴承的额定动负荷 $C = 33540\text{N}$,试确定轴颈和外壳孔的公差带及各项技术要求,并将它们分别标注在装配图和零件图上。

【解】 (1) $P = 0.03C \leqslant 0.07C$,故为轻负荷。

(2) 由表 6 – 2 和表 6 – 3 查得轴的公差带为 j6,外壳孔公差带为 H7。

(3) 由表 6 – 4 查得轴的圆柱度值为 0.005,轴肩端面圆跳动的公差值为 0.015;外壳孔圆柱度公差值为 0.01,端面圆跳动公差值为 0.025。

(4) 由表 6 – 5 查得,轴颈表面 $Ra = 0.8\mu\text{m}$,轴肩端面 $Ra = 3.2\mu\text{m}$,外壳孔表面 $Ra = 3.2\mu\text{m}$,孔肩端面 $Ra = 6.3\mu\text{m}$。

(5) 将上述技术要求标于图 6 – 10 中。

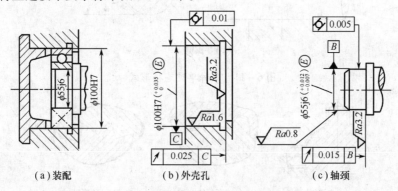

(a) 装配   (b) 外壳孔   (c) 轴颈

图 6 – 10   轴颈和外壳孔公差在图样上的标注示例

6.3   键、花键配合的精度设计

6.3.1   键、花键概述

键、花键连接的种类较多。键连接用的最多的是平键,其次为半圆键,如图 6 – 11 所示。花键按轮廓的不同可分为矩形花键、渐开线花键和三角型花键等,如图 6 – 12 所示。其中矩形花键应用较为广泛,渐开线花键多用于承受动载荷且传递运动精度要求较高的场合,三角形花键多用于传递运动的场合。键、花键已经标准化、系列化。

下面仅以应用最为广泛的平键、矩形花键说明其精度及配合特点。

6.3.2   键连接的公差与配合

平键连接和矩形花键连接的精度设计中,涉及到的国家标准主要有:

(1) GB/T 1095—2003《平键 键槽的剖面尺寸》;

(2) GB/T 1096—2003《普通型 平键》;

(3) GB/T 1144—2001《矩形花键尺寸、公差和检验》。

1. 键连接的使用要求

键在传递扭矩和运动时,主要是键侧承受扭矩和运动,键侧受到挤压应力和剪应力的作用。根据这些特点,键有如下使用要求:

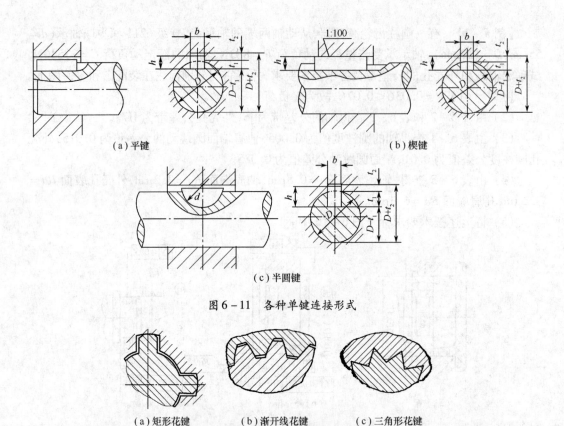

（a）平键　　　　　　　　　　　　（b）楔键

（c）半圆键

图 6 – 11　各种单键连接形式

（a）矩形花键　　（b）渐开线花键　　（c）三角形花键

图 6 – 12　各种花键连接形式

（1）键与键槽的侧面应有充分大的有效接触面积，以保证可靠地承受传递扭矩负荷；

（2）键与键槽结合要牢靠，不可松脱；

（3）对导向键，键与键槽应留有滑动间隙，同时要满足导向精度要求。

2. 公差配合特点

键的公差与配合已经标准化，它的公差与配合符合光滑圆柱体的有关标准规定。

（1）配合参数。由于扭矩的传递是通过键侧来实现的，因此，配合的主要参数是键和键槽的宽度 b。

（2）键连接采用基轴制。因为键的侧面是主要配合面，与轴和轮毂两个零件的键槽侧面接触配合，且往往二者有不同的配合，属于多件配合。因此，键连接采用基轴制配合。

（3）键连接配合种类少，主要要求比较确定的间隙或过盈。

在平键和半圆键连接的公差与配合标准中，考虑到键连接的特点，分别规定了键宽与轴槽宽和轮毂宽的公差与配合，见图 6 – 13 及表 6 – 6。

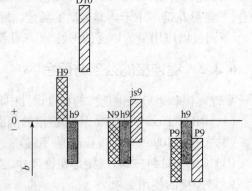

图 6 – 13　键与键槽的公差与配合

表6－6　键宽与轴槽宽及轮毂槽宽的公差与配合

键的类型	配合种类	尺寸 b 的极限偏差			适 用 范 围
		键	轴槽	毂槽	
平　键	松连接	h9	H9	D10	导向键连接,轮毂可在轴上移动
	正常连接		N9	JS9	键固定在轴槽和轮毂槽中,用于载荷不大的场合
	紧密连接		P9		键牢固地固定在轴槽和轮毂槽中,用于载荷大、有冲击的场合
半圆键	正常连接		N9	JS9	定位及传递扭矩
	紧密连接		P9		

国标对键宽只规定了一种公差带 h9,对平键的轴槽宽及轮毂槽宽各规定有三种公差带。配合可分为三种情况,分别使用于不同的场合。

键连接中还规定了其他的极限偏差,如图 6－14 所示。

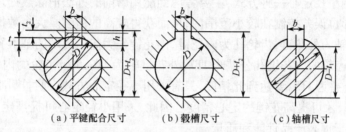

（a）平键配合尺寸　　　（b）毂槽尺寸　　　（c）轴槽尺寸

图 6－14　普通平键连接

h—键的高度（mm）；b—键与键槽（包括轴槽和轮毂槽）的宽度（mm）；t_1—轴槽的深度（mm）；

t_2—轮毂槽的深度（mm）；D—轴和轮毂孔的直径（mm）。

键高 h,极限偏差为 h11；轴槽深 t_1 和毂槽深 t_2,均为未注公差尺寸；键长 L 和轴槽长分别为 h14 和 H14；键和键槽的形位公差还规定对称度可选 7～9 级公差；键宽两侧面平行度按键宽 b 选等级为 5～7 级的平行度。

6.3.3　花键连接的公差与配合

1. 花键连接的使用要求

花键连接也是靠键侧传递扭矩和运动的一种结构形式,它在使用时有以下要求：

（1）保证连接强度和传递扭矩的可靠性；

（2）能达到定心精度；

（3）保证滑动连接的导向精度；

（4）连接可靠。

2. 花键连接的特点

（1）花键连接配合参数较多,除键宽、键高及键槽深度外,尚有定心尺寸、非定心尺寸、齿形、键长以及分度等。其中定心尺寸的精度要求最高。其配合为多尺寸配合。

（2）无论固定连接还是滑动连接,花键沿配合面都有间隙。

（3）矩形花键的定心方式有三种,如图 6－15 所示,大径 D 定心；小径 d 定心；键侧定心。标准规定矩形花键配合只按小径定心一种方式。

3. 矩形花键的公差与配合标准

花键的配合也已经标准化、系列化。矩形花键标准《矩形花键 尺寸、公差和检验》

(a)大径定心　　　　　　　(b)小径定心　　　　　　　(c)键侧定心

图 6-15　花键的定心方式

（GB/T 1144—2001）主要内容和特点有：

1）只规定小径定心一种方式

国标只规定小径定心一种方式，主要考虑到能用磨削的办法消除热处理变形，使定心直径的尺寸和形位误差控制在较小范围内，从而获得较高的精度。大多数情况下，齿轮与轴用花键连接，轴为外花键，齿轮孔为内花键，内花键作为齿轮传动的基准孔，在齿轮标准中规定 7～8 级齿轮的内花键孔公差为 IT7，外花键轴为 IT6，6 级齿轮的内花键孔公差为 IT6，外花键轴公差为 IT5，要达到此精度，只有采用小径定心方式，通过磨削内花键小径 d 和外花键小径 d，才可提高花键的定心精度。因此，采用小径定心可提高定心精度和配合的稳定性，有利于提高产品性能和质量。

2）标准系列

标准有轻系列和中系列两个尺寸系列，共 35 个规格，见表 6-7。

表 6-7　矩形花键基本尺寸系列（摘自 GB/T 1144—2001）　　　　　　（mm）

小径 d	轻 系 列				中 系 列			
	规　格 $N \times d \times D \times B$	键数 N	大径 D	键宽 B	规　格 $N \times d \times D \times B$	键数 N	大径 D	键宽 B
11					$6 \times 11 \times 14 \times 3$		14	3
13					$6 \times 13 \times 16 \times 3.5$		16	3.5
16					$6 \times 16 \times 20 \times 4$		20	4
18		6			$6 \times 18 \times 22 \times 5$	6	22	5
21					$6 \times 21 \times 25 \times 5$		25	5
23	$6 \times 23 \times 26 \times 6$		26	6	$6 \times 23 \times 28 \times 6$		28	6
26	$6 \times 26 \times 30 \times 6$		30	6	$6 \times 26 \times 32 \times 6$		32	6
28	$6 \times 28 \times 32 \times 7$		32	7	$6 \times 28 \times 34 \times 7$		34	7
32	$8 \times 32 \times 36 \times 6$		36	6	$8 \times 32 \times 38 \times 6$		38	6
36	$8 \times 36 \times 40 \times 7$		40	7	$8 \times 36 \times 42 \times 7$		42	7
42	$8 \times 42 \times 46 \times 8$		46	8	$8 \times 42 \times 48 \times 8$		48	8
46	$8 \times 46 \times 50 \times 9$	8	50	9	$8 \times 46 \times 54 \times 9$	8	54	9
52	$8 \times 52 \times 58 \times 10$		58	10	$8 \times 52 \times 60 \times 10$		60	10
56	$8 \times 56 \times 62 \times 10$		62	10	$8 \times 56 \times 65 \times 10$		65	10
62	$8 \times 62 \times 68 \times 12$		68	12	$8 \times 62 \times 72 \times 12$		72	12
72	$10 \times 72 \times 78 \times 12$		78	12	$10 \times 72 \times 82 \times 12$		82	12
82	$10 \times 82 \times 88 \times 12$		88	12	$10 \times 82 \times 92 \times 12$		92	12
92	$10 \times 92 \times 98 \times 14$	10	98	14	$10 \times 92 \times 102 \times 14$	10	102	14
102	$10 \times 102 \times 108 \times 16$		108	16	$10 \times 102 \times 112 \times 16$		112	16
112	$10 \times 112 \times 120 \times 18$		120	18	$10 \times 112 \times 125 \times 18$		125	18

176

3)公差与配合选择

（1）孔、轴的尺寸公差。根据花键的装配形式要求和花键加工的热处理要求，按表6-8所示选择配合。

表6-8　内、外花键的尺寸公差带（摘自 GB/T 1144—2001）

内 花 键				外 花 键			装配形式
d	D	B		d	D	B	
		拉削后不热处理	拉削后热处理				
H7	H10	H9	H11	f7	a11	d10	滑动
				g7		f9	紧滑动
				h7		h10	固定
H5	H10	H7、H9		f5	a11	d8	滑动
				g5		f7	紧滑动
				h5		h8	固定
H6				f6		d8	滑动
				g6		f7	紧滑动
				h6		h8	固定

注：1. 精密传动用的内花键，当需要控制键侧配合间隙时，槽宽可选 H7，一般情况下可选 H9。

2. d 为 H6 和 H7 的内花键，允许与提高一级的外花键配合

（2）花键的几何公差要求。根据花键的公差与配合的特点及检测项目要求，对花键规定了两种情况下的几何公差项目。

① 如果采用综合检验法检测花键，规定了位置度公差项目（表6-9）。如图6-16所示，它可用综合极限量规检查。

表6-9　位置度公差（摘自 GB/T 1144—2001）　　　　　　　　（mm）

键槽宽或键宽 B		3	3.5~6	7~10	12~18
t_1	键槽宽	0.010	0.015	0.020	0.025
	键宽 滑动、固定	0.010	0.015	0.020	0.025
	键宽 紧滑动	0.006	0.010	0.013	0.016

② 如果采用单项检验法检测花键，规定对称度项目和等分度要求，如图6-17所示。对称度项目的数值选择可按表6-10取值，等分度项目的取值与对称度相同。

表6-10　对称度公差（摘自 GB/T 1144—2001）　　　　　　　　（mm）

键槽宽或键宽 B		3	3.5~6	7~10	12~18
t_2	一般用	0.010	0.012	0.015	0.018
	精密传动用	0.006	0.008	0.009	0.011

注：键槽宽或键宽的等分度公差值等于其对称度公差值

177

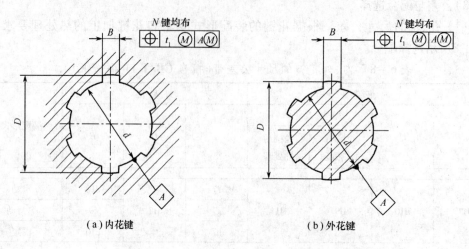

（a）内花键   （b）外花键

图 6-16   适于综合检测的形位公差项目

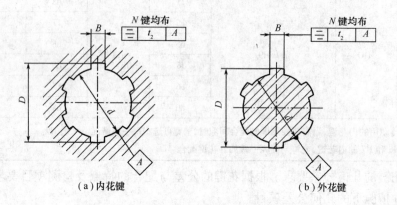

（a）内花键   （b）外花键

图 6-17   适于单项检测的几何公差检验项目

6.3.4   键连接的检测

1. 单键的检测

在单件、小批量生产中,键和键槽的尺寸测量可采用通用量具,如游标卡尺、千分尺等。在成批生产中可采用量规检测,对于尺寸误差,可用光滑极限量规检测;对于位置误差,可用位置量规检测。

2. 花键的检测

矩形花键的检测有单项测量和综合检验两类。

单件小批生产中,用通用量具分别对各尺寸(d、D、B)进行单项测量,并检测键宽的对称度、键齿(槽)的等分度和大、小径的同轴度等形位误差项目。

大批量生产,一般都采用量规进行检验,用综合通规(对内花键为塞规,对外花键为环规)如图 6-18、图 6-19 所示,来综合检验小径 d、大径 D 和键(键槽)宽 B 的作用尺寸,包括上述位置度(等分度、对称度)和同轴度等形位误差。然后用单项止端量规(或其他量具)分别检验尺寸 d、D、B 的最小实体尺寸。合格的标志是综合通规能通过,而止规不应通过。

178

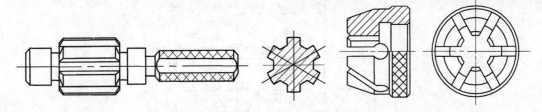

图 6-18　检验内花键的综合塞规　　　　图 6-19　检验外花键的综合环规

6.4　普通螺纹连接的精度设计

6.4.1　螺纹的种类、特点

在机械设计及制造中,常用的螺纹根据用途可以分为如下三类。

1. 紧固螺纹

用于连接或紧固零件的螺纹。使用时要求内外螺纹间有较好的旋合性及连接的可靠性。

2. 传动螺纹

用于传递力、运动或位移。这类螺纹牙型有梯形、矩形及三角形的圆柱螺纹。使用时要求传动准确、可靠,螺纹接触良好。特别对丝杠类,要求传动比恒定;对测微螺纹类,要求传递运动准确,螺纹间隙引起的回程误差要小。

3. 紧密螺纹

用于密封的螺纹结合。主要要求是结合紧密,不泄漏,旋合后不再拆卸。这类螺纹包括管螺纹、锥螺纹、锥管螺纹等,其公称直径规定为管子内径,结合时内、外螺纹公称直径相等,牙型没有间隙,近似于圆柱极限公差与配合中的过盈或过渡配合。

根据螺纹的结构特点,螺纹又可以分为普通螺纹、矩形螺纹、梯形螺纹、锯齿螺纹以及圆弧螺纹。普通螺纹按螺距分粗牙螺纹和细牙螺纹,一般连接或紧固选粗牙螺纹,细牙螺纹连接强度高、自锁性好,一般用于薄壁零件或承受动荷载的连接中,亦用于精密机构的调整装置上。因为普通螺纹使用最为广泛,其公差与配合也最有代表性。所以,本节主要讨论普通螺纹的配合及精度要求,并由此了解螺纹的精度设计方法。

6.4.2　普通螺纹基本牙型及主要几何参数

国家标准《普通螺纹　基本牙型》(GB/T 192—2003)、《螺纹术语》(GB/T 14791—1993)规定了普通螺纹的牙型、术语及几何参数。

普通螺纹的基本牙型为标准三角形顶部截去 $H/8$、底部截去 $H/4$ 的标准形状。主要几何参数如图 6-20 所示。

(1) 大径 D、d(公称直径):与外螺纹牙顶或内螺纹牙底相重合的假想圆柱体的直径。

(2) 小径 d_1、D_1:与外螺纹牙底或内螺纹牙顶相重合的假想圆柱体的直径。

(3) 中径 d_2、D_2:一个假想圆柱的直径,该圆柱的母线通过牙型上沟槽和凸起两者宽

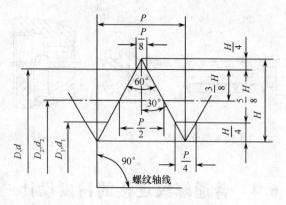

图 6-20　普通螺纹的基本牙型

度相等的地方。此假想圆柱称为中径圆柱。

（4）螺距 P 和导程 P_h：螺距为相邻两牙在中径线上对应两点间的轴向距离。每一公称直径的螺纹，可以有几种不同规格的螺距，其中较大的一个称为粗牙，其余均称为细牙。导程是同一螺旋线上的相邻两牙在中径线上对应两点间的轴向距离。若螺纹是有 n 条螺旋线的多线螺纹，则 $P_h = nP$。

（5）牙型角 α 和牙型半角 $\alpha/2$：牙型角是在螺纹牙型上，两相邻牙侧间的夹角，对公制普通螺纹，牙型角 $\alpha = 60°$。牙型半角是指在螺纹牙型上，牙侧与螺纹轴线的垂线间的夹角，公制普通螺纹牙型半角 $\alpha/2 = 30°$。

（6）螺纹旋合长度：两配合内外螺纹轴线方向相互旋合部分的长度。

对于普通螺纹，其内外螺纹几何参数有如下关系。

对于基本中径，内、外螺纹中径尺寸是相同的，即

$$D_2 = d_2, D_2 = D - 2 \times \frac{3}{8}H, d_2 = d - 2 \times \frac{3}{8}H \tag{6-7}$$

其中 H 为原始三角形的高，即 $H = \frac{\sqrt{3}}{2}P = 0.866025404P$。

对于小径，内外螺纹公称直径也是相同的，即

$$D_1 = d_1, D_1 = D - 2 \times \frac{5}{8}H, d_1 = d - 2 \times \frac{5}{8}H \tag{6-8}$$

螺纹大径的基本尺寸代表了螺纹的公称直径。普通内外螺纹的公称直径是相同的，即

$$D = d$$

6.4.3　螺纹主要几何参数误差对螺纹旋合性的影响

从互换性的角度来看，螺纹的很多几何参数的误差都不同程度地影响其旋合性，主要是中径、大径、小径、螺距和牙型半角等五个几何参数的误差。就一般使用要求来说，外螺纹的大径、小径应分别小于内螺纹的大径、小径，这样，在相配螺纹的大小径处均有一定的间隙，以保证内外螺纹的旋合。如果外螺纹的大、小径之差过小，或者内螺纹的大、小径之差过大，会使螺纹牙型处接触过少而影响内外螺纹的连接强度。因此，螺纹标准对螺纹顶径提出了一定的精度要求。影响螺纹旋合性及连接强度的主要因素有：螺纹的中径误差、螺距误差以及牙型半角误差。

180

1. 中径误差对螺纹旋合性的影响

中径误差是实际中径值对其公称值的偏离。内外螺纹是靠牙侧接触进行连接的,而外螺纹中径大,则必然影响旋合性;若外螺纹中径比内螺纹中径小得多,则必然影响连接的可靠性。因此,必须对中径的加工误差加以限制。

但并不是外螺纹的实际中径等于或小于内螺纹的实际中径,内、外螺纹就可以自由旋合,这是因为除中径误差外,螺距误差、牙型半角误差也直接影响到螺纹的旋合性。

2. 螺距误差对旋合性的影响

螺距误差对螺纹的旋合性的影响如图 6-21(a)所示。图中,假定内螺纹具有基本牙型,内、外螺纹的中径及牙型半角都相同,仅外螺纹螺距有误差。结果,内、外螺纹的牙型在旋合时产生干涉(图中阴影部分),外螺纹将不能自由旋入内螺纹。为了使螺距有误差的外螺纹仍可自由旋入标准内螺纹,在制造中应将外螺纹实际中径减小 f_p(或将标准内螺纹加大 f_p)。见图 6-21(b) f_p 即为螺距误差折算到中径上的值,称为螺距误差的中径补偿值。

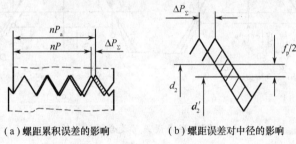

(a)螺距累积误差的影响　　(b)螺距误差对中径的影响

图 6-21　螺距累积误差的影响

从图中可导出

$$\Delta P_\Sigma = |nP_a - nP|$$

$$f_p = |\Delta P_\Sigma| \cot\alpha/2 \ , 取\ \alpha/2 = 30°$$

则

$$f_p = 1.732\ |\Delta P_\Sigma| \qquad\qquad (6-9)$$

同理,当内螺纹螺距有误差时,为了保证旋合性,应将其实际中径加大 f_p(或者将与之配合的标准外螺纹中径减少 f_p)。

3. 牙型半角误差对螺纹旋合性的影响

牙型半角误差是指牙型半角的实际值对公称值的偏离。它主要是由于加工时切削刀具本身的角度误差及安装误差等因素造成的。牙型半角误差也影响内、外螺纹连接时的旋合性和接触均匀性。图 6-22 示出了一理想内螺纹与仅有牙型半角误差的外螺纹结合时,螺纹牙间发生干涉的情形。当实际牙型半角大于牙型半角公称值时,干涉发生在外螺纹牙根;当外螺纹实际牙型半角小于牙型半角公称值时,干涉发生在外螺纹牙顶。欲摆脱干涉,必须将外螺纹中径减小一个数值 $f_{\alpha/2}$,其减小量 $f_{\alpha/2}$ 称为牙型半角误差的中径补偿量,即将牙型半角误差折算到中径上。根据图 6-22 所示,可推导出如下公式:

$$f_{\alpha/2} = \frac{P}{4}\left(K_1 |\Delta\frac{\alpha_1}{2}| + K_2 |\Delta\frac{\alpha_2}{2}|\right)$$

其中,P 为螺距;$\Delta\frac{\alpha_1}{2}$ 为左侧牙型半角误差;$\Delta\frac{\alpha_2}{2}$ 为右侧牙型半角误差。若 P 以 mm 计,

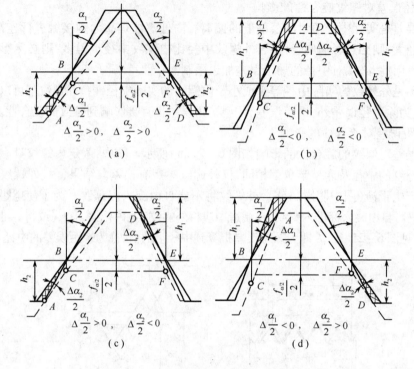

图 6-22 半角误差对旋合性的影响

$\Delta\dfrac{\alpha_1}{2}$ 和 $\Delta\dfrac{\alpha_2}{2}$ 以 (′) 计，$f_{\alpha/2}$ 以 μm 表示，则上式可写为

$$f_{\frac{\alpha}{2}} = 0.073P\left(K_1 |\Delta\dfrac{\alpha_1}{2}| + K_2 |\Delta\dfrac{\alpha_2}{2}| \right) \tag{6-10}$$

牙型半角误差可分四种情况，如图 6-22 所示。上式对于外螺纹，当牙型半角均为正时，K_1、K_2 为 2；当牙型半角误差均为负时，K_1、K_2 为 3。对于内螺纹，当牙型半角误差均为正时，K_1、K_2 均为 3；当牙型半角均为负时，K_1、K_2 为 2。

在螺纹国家标准中，与螺距累积误差的控制相似，同样没有专门规定牙型半角公差以限制牙型半角误差，而是将牙型半角误差折算到中径上，用中径公差来控制牙型半角的制造误差。可见，中径公差综合控制中径误差、螺距误差及牙型半角误差。

6.4.4 作用中径及螺纹合格性的判定

1. 作用中径及中径综合公差

实际上螺纹同时存在中径误差、螺距误差和牙型半角误差。为了保证旋合性，对普通螺纹，螺距误差和牙型半角误差的控制是通过式（6-9）和式（6-10），将误差折算到中径上，用中径综合公差予以控制。因此，螺纹标准中规定的中径公差，实际上是同时限制上述三项误差的综合公差，即

对外螺纹：
$$Td_2 = Td'_2 + Tf_{\text{p}} + Tf_{\alpha/2} \tag{6-11}$$

对内螺纹：
$$TD_2 = TD'_2 + Tf_{\text{p}} + Tf_{\alpha/2} \tag{6-12}$$

式中，TD_2 和 Td_2 分别为内、外螺纹中径综合公差，即标准中表列的内外螺纹中径公差；TD'_2、

Td'_2是内、外螺纹中径本身的制造公差;Tf_p和$Tf_{\alpha/2}$是以当量形式限制螺距、牙型半角误差。

既然中径公差是一项综合公差,即它综合控制中径误差、螺距误差、牙型半角误差,那么,在这三项误差间就存在相互补偿的关系,即在其中某项参数误差较大时,可适当提高其它参数的精度进行补偿,以满足中径总公差的要求。从这种意义上讲,中径公差是相关公差。如像公差配合中引入作用尺寸概念一样,在螺纹结合中引入作用中径概念,它由实际中径与螺距误差、牙型半角误差的中径当量决定,是一个假想的螺纹中径,即

对外螺纹: $$d_{2m} = d_{2a} + (f_p + f_{\alpha/2}) \tag{6-13}$$

对内螺纹: $$D_{2m} = D_{2a} - (f_p + f_{\alpha/2}) \tag{6-14}$$

式中,D_{2m}和d_{2m}分别是内、外螺纹的作用中径;D_{2a}和d_{2a}分别为内、外螺纹的实际中径。

所以,作用中径是在规定的旋合长度内,与含有螺距误差与牙型半角误差的实际螺纹外接的,具有基本牙型的假想螺纹的中径,如图6-23所示。

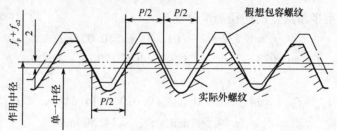

图6-23　螺纹作用中径与单一中径

螺纹的实际中径,在测量中用螺纹的单一中径代替。单一中径是一个假想圆柱的直径,该圆柱的母线通过牙型上沟槽宽度等于基本螺距1/2的地方。

2. 螺纹合格性的判定条件

在螺纹连接中,为保证内、外螺纹的正常旋合,必须使外螺纹的作用中径不大于内螺纹的作用中径,即$D_{2m} \geqslant d_{2m}$。为此,必须使内、外螺纹的作用中径不超出其最大实体中径,内、外螺纹的单一中径(实际中径)不超出最小实际中径,这是泰勒原则在螺纹上的再现,也是螺纹中径的合格条件,即

对外螺纹: $$d_{2m} \leqslant d_{2max}$$
$$d_{2\text{单}-} \geqslant d_{2\min}$$

对内螺纹: $$D_{2m} \geqslant D_{2\min}$$
$$D_{2\text{单}-} \leqslant D_{2\max}$$

【例6-3】 某螺纹副设计为M16-6H/6g,加工完后实测为:内、外螺纹的单一中径$D_{2\text{单}-} = 14.839\text{mm}$, $d_{2\text{单}-} = 14.592\text{mm}$;内螺纹的螺距累积误差,$\Delta P_\Sigma = +50\mu\text{m}$,牙型半角误差$\Delta\dfrac{\alpha_1}{2} = +50'$,$\Delta\dfrac{\alpha_2}{2} = -1°$;外螺纹的螺距累积误差$\Delta P_\Sigma = -20\mu\text{m}$,牙型半角误差$\Delta\dfrac{\alpha_1}{2} = +30'$,$\Delta\dfrac{\alpha_2}{2} = +40'$。问此螺纹副是否合格,能否旋合?

【解】 由普通螺纹基本尺寸及GB/T 197—2003普通螺纹公差与配合表(表6-11~表6-17)中查得M16-6H/6g的螺距$P = 2\text{mm}$,中径基本尺寸D_2,d_2为14.701mm。内螺纹中径下偏差$EI = 0$,中径公差$TD_2 = 212\text{mm}$;外螺纹中径上偏差$es = -38\text{mm}$,中径公

值 $Td_2 = 160mm$。故可知

$$D_{2\,max} = 14.913mm, D_{2\,min} = 14.701mm$$

$$d_{2\,max} = 14.663mm, d_{2\,min} = 14.503mm$$

内螺纹螺距、牙型半角误差的中径补偿量分别是

$$f_p = 1.732 \times 50 = 87\mu m = 0.087mm$$

$$f_{\alpha/2} = 0.073 \times 2 \times (3 \times 50 + 2 \times |-60|) = 39mm = 0.039mm$$

故得

$$D_{2m} = D_{2\,单一} - (f_p + f_{\alpha/2}) = 14.839 - (0.087 + 0.039) = 14.713mm > D_{2\,min} = 14.701mm$$

$$D_{2\,单一} = 14.839mm < D_{2\,max} = 14.913mm$$

所以内螺纹中径合格。

外螺纹螺距、牙型半角误差的中径当量分别是

$$f_p = 1.732 \times |-20| = 35\mu m = 0.035mm$$

$$f_{\alpha/2} = 0.073 \times 2 \times (2 \times 30 + 2 \times 40) = 20\mu m = 0.020mm$$

故得

$$d_{2m} = d_{2\,单一} + (f_p + f_{\alpha/2}) = 14.592 + (0.035 + 0.020) = 14.647mm < d_{2\,max} = 14.663mm$$

$$d_{2\,单一} = 14.592mm > d_{2\,min} = 14.503mm$$

所以外螺纹中径合格。

又因

$$D_{2m} = 14.713mm > d_{2m} = 14.647mm$$

故此螺纹副可以旋合。其公差与配合图解如图 6 – 24 所示。

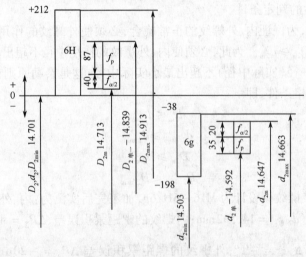

图 6 – 24　螺纹公差图解

6.4.5　普通螺纹的公差与配合

1. 普通螺纹公差标准的基本结构

国家标准《普通螺纹　公差》(GB/T 197—2003)中规定了螺纹的中径、顶径公差,而没

有规定螺距、牙型半角公差,其误差由中径综合公差控制,底径误差由刀具控制。

国家标准将构成公差带的两个独立基本要素——公差带的大小、公差带的位置进行了标准化。如同圆柱公差与配合一样,公差带的大小由公差等级确定,公差带的位置由基本偏差确定。考虑到螺纹旋合长度对螺纹精度的影响,将同一直径的螺纹旋合长度分为 S(短)、N(中)、L(长)三组。各组旋合长度与螺纹公差带组合形成精密、中等、粗糙三组。

2. 公差带大小和公差等级

螺纹中径、顶径公差带是以垂直于螺纹轴线方向给出和计量的,它的大小由公差等级确定,螺纹公差等级系列如表 6-11~表 6-17 所列。

一般来说,为保证螺纹的旋合性,中径公差不大于同级的顶径公差;为达到工艺等价性,内螺纹中径公差是同一公差等级外螺纹中径公差的 1.32 倍。

表 6-11 普通螺纹的公差等级(摘自 GB/T 193—2003)

螺纹直径	公差等级	螺纹直径	公差等级
外螺纹中径 d_2	3,4,5,6,7,8,9	内螺纹中径 D_2	4,5,6,7,8
外螺纹大径 d	4,6,8	内螺纹小径 D_1	4,5,6,7,8

表 6-12 普通螺纹 直径与螺距系列(摘自 GB/T 193—2003)   (mm)

D,d	P	D_2,d_2	D_1,d_1	D,d	P	D_2,d_2	D_1,d_1
2.5	0.45	2.208	2.013		2	14.701	13.835
	0.35	2.273	2.121	16	1.5	15.026	14.376
3	0.5	2.675	2.459		1	15.350	14.917
	0.35	2.773	2.621	18	2.5	16.376	15.294
3.5	0.6	3.110	2.850		2.5	18.376	17.294
4	0.7	3.545	3.242	20	2	18.701	17.835
	0.5	3.675	3.459		1.5	19.026	18.376
4.5	0.75	4.013	3.688	22	2.5	20.376	19.294
5	0.8	4.480	4.134		3	22.051	20.752
	0.5	4.675	4.459		2	22.701	21.835
6	1	5.350	4.917	24	1.5	23.026	23.376
	0.75	5.513	5.188		1	23.350	22.917
8	1.25	7.188	6.647	27	3	25.051	23.752
	1	7.350	6.917		3.5	27.727	26.211
10	1.5	9.026	8.376	30	2	28.701	27.835
	1.25	9.188	8.647		1.5	29.026	28.376
12	1.75	10.863	10.106	33	3.5	30.727	29.211
	1.5	11.026	10.376		4	33.402	31.670
	1.25	11.188	10.674	36	3	34.051	32.752
14	2	12.701	11.835		2	34.701	33.835

表 6-13 外螺纹中径公差(摘自 GB/T 197—2003)　　(μm)

公称直径 D/mm		螺距 P/mm	公差等级						
>	≤		3	4	5	6	7	8	9
1.4	2.8	0.35	32	40	50	63	80	—	—
		0.4	34	42	53	67	85	—	—
		0.45	36	45	56	71	90	—	—
2.8	5.6	0.35	34	42	53	67	85	—	—
		0.5	38	48	60	75	95	—	—
		0.6	42	53	67	85	106	—	—
		0.7	45	56	71	90	112	—	—
		0.75	45	56	71	90	112	—	—
		0.8	48	60	75	95	113	150	190
5.6	11.2	0.75	50	63	80	100	125	—	—
		1	56	71	90	112	140	180	224
		1.25	60	75	95	118	150	190	236
		1.5	67	85	106	132	170	212	295
11.2	22.4	1	60	75	95	118	150	190	236
		1.25	67	85	106	132	170	212	265
		1.5	71	90	112	140	180	224	280
		1.75	75	95	118	150	190	236	300
		2	80	100	125	160	200	250	315
		2.5	85	106	132	170	212	265	335
22.4	45	1	63	80	100	125	160	200	250
		1.5	75	95	118	150	190	236	300
		2	85	106	132	170	212	265	335
		3	100	125	160	200	250	315	400
		3.5	106	132	170	212	265	335	425
		4	112	140	180	224	280	335	450
		4.5	118	150	190	236	300	375	475

表 6-14 内螺纹中径公差(摘自 GB/T 197—2003)　　(μm)

公称直径 D/mm		螺距 P/mm	公差等级				
>	≤		4	5	6	7	8
1.4	2.8	0.35	53	67	85	—	—
		0.4	56	71	90	—	—
		0.45	60	75	95	—	—

（续）

公称直径 D/mm		螺距 P/mm	公差等级				
>	≤		4	5	6	7	8
2.8	5.6	0.35	56	71	90	—	—
		0.5	63	80	100	125	—
		0.6	71	90	112	140	—
		0.7	75	95	118	150	—
		0.75	75	95	118	150	-
		0.8	80	100	125	160	200
5.6	11.2	0.75	85	106	132	170	—
		1	95	118	150	190	236
		1.25	100	125	160	200	250
		1.5	112	140	180	224	280
11.2	22.4	1	100	125	160	200	250
		1.25	112	140	180	224	280
		1.5	118	150	190	236	300
		1.75	125	160	200	250	315
		2	132	170	212	265	335
		2.5	140	180	224	280	335
22.4	45	1	106	132	170	212	—
		1.5	125	160	200	250	315
		2	140	180	224	280	355
		3	170	212	265	335	425
		3.5	180	224	280	335	450
		4	190	236	300	375	475
		4.5	200	250	315	400	500

3. 公差带位置和基本偏差

公差带的位置由基本偏差确定。

考虑到不同要求,标准中对内螺纹规定了 H 和 G 两种基本偏差,对外螺纹规定了 e、f、g、h 四种基本偏差。基本偏差系列如图 6-25 所示。中径和顶径的另一极限偏差由基本偏差与公差值确定。普通螺纹的公差等级及偏差结构如图 6-26 所示。

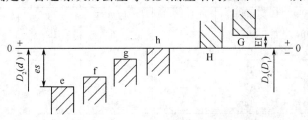

图 6-25 内外螺纹的基本偏差

187

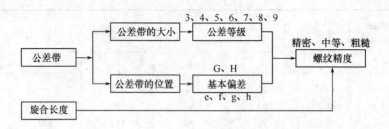

图 6-26　普通螺纹的公差等级及偏差结构

表 6-15　内外螺纹的基本偏差(摘自 GB/T 197—2003)

基本偏差 螺距 P/mm	内螺纹 D_2、D_1		外 螺 纹 d_1、d_2			
	下偏差 EI/μm		上 偏 差 es/μm			
	G	H	e	f	g	h
0.35	+19	0	—	−34	−19	0
0.4	+19	0	—	−34	−19	0
0.45	+20	0	—	−35	−20	0
0.5	+20	0	−50	−36	−20	0
0.6	+21	0	−53	−36	−21	0
0.7	+22	0	−56	−38	−22	0
0.75	+22	0	−56	−38	−22	0
0.8	+24	0	−60	−38	−24	0
1	+26	0	−60	−40	−26	0
1.25	+28	0	−63	−42	−28	0
1.5	+32	0	−67	−45	−32	0
1.75	+34	0	−71	−48	−34	0
2	+38	0	−71	−52	−38	0
2.5	+42	0	−80	−58	−42	0
3	+48	0	−85	−63	−48	0
3.5	+53	0	−90	−70	−53	0
4	+60	0	−95	−75	−60	0
4.5	+63	0	−100	−80	−63	0

表 6-16　外螺纹大径公差(摘自 GB/T 197—2003)　　　　　　　(μm)

螺距 P/mm	公差等级			螺距 P/mm	公差等级		
	4	6	8		4	6	8
0.35	53	85	—	1.25	132	212	335
0.4	60	95	—	1.5	150	236	375
0.45	63	100	—	1.75	170	265	425
0.5	67	106	—	2	180	280	450
0.6	80	125	—	2.5	212	335	530
0.7	90	140	—	3	236	375	600
0.75	90	140	—	3.5	265	425	670
0.8	95	150	236	4	300	475	750
1	112	180	280	4.5	315	500	800

188

表 6 – 17　内螺纹小径公差（摘自 GB/T 197—2003）　　（μm）

螺距 P/mm	公差等级					螺距 P/mm	公差等级				
	4	5	6	7	8		4	5	6	7	8
0.35	63	80	100	—	—	1.25	170	212	265	335	425
0.4	71	90	112	—	—	1.5	190	236	300	375	475
0.45	80	100	125	—	—	1.75	212	265	335	425	530
0.5	90	112	140	180	—	2	236	300	375	475	600
0.6	100	125	160	200	—	2.5	280	355	450	560	710
0.7	112	140	180	224	—	3	315	400	500	630	800
0.75	118	150	190	236	—	3.5	355	450	560	710	900
0.8	125	160	200	250	315	4	375	475	600	750	950
1	150	190	236	300	375	4.5	425	530	670	850	1060

4. 螺纹的旋合长度与螺纹精度

如前所述，标准《普通螺纹 公差》（GB 197—2003）将螺纹按旋合长度分为三组，即短旋合长度组（S）、中等旋合长度组（N）和长旋合长度组（L）。表 6 – 18 给出了不同直径、不同螺距所对应的不同旋合长度的数值，根据使用场合的不同，它们分别用于下述情况。

精密：用于精密螺纹及配合性质变动较小的场合；

中等：用于一般用途的机械构件及通用标准紧固件；

粗糙：用于对精度要求不高或制造比较困难的情况。

通常情况下，以中等旋合长度的 6 级公差等级作为螺纹配合的中等精度，精密级与粗糙级都是相对中等级比较而言。

表 6 – 18　螺纹旋合长度（摘自 GB/T 197—2003）　　（mm）

公称直径 D/mm D(d)		螺距 P/mm	旋合长度			
			S		N	
>	≤		≤	>	≤	>
0.99	1.4	0.2	0.5	0.5	1.4	1.4
		0.25	0.6	0.6	1.7	1.7
		0.3	0.7	0.7	2	2
1.4	2.8	0.2	0.5	0.5	1.5	1.5
		0.25	0.6	0.6	1.9	1.9
		0.35	0.8	0.8	2.6	2.6
		0.4	1	1	3	3
		0.45	1.3	1.3	3.8	3.8
2.8	5.6	0.35	1	1	3	3
		0.5	1.5	1.5	4.5	4.5
		0.6	1.7	1.7	5	5
		0.7	2	2	6	6
		0.75	2.2	2.2	6.7	6.7
		0.8	2.5	2.5	7.5	7.5

公称直径 D/mm D(d)		螺距 P/mm	旋合长度			
			S	N		L
>	≤		≤	>	≤	>
5.6	11.2	0.75	2.4	2.4	7.1	7.1
		1	3	3	9	9
		1.25	4	4	12	12
		1.5	5	5	15	15
11.2	22.4	1	3.8	3.8	11	11
		1.25	4.5	4.5	13	13
		1.5	5.6	5.6	16	16
		1.75	6	6	18	18
		2	8	8	24	24
		2.5	10	10	30	30
22.4	45	1	4	4	12	12
		1.5	6.3	6.3	19	19
		2	8.5	8.5	25	25
		3	12	12	36	36
		3.5	15	15	45	45
		4	18	18	53	53
		4.5	21	21	63	63

6.4.6 螺纹公差配合精度选择

根据螺纹配合的要求,将公差等级和公差位置组合,可得到各种螺纹公差带。但为了减少刀具、量具的规格,表6-19、表6-20列出了内、外螺纹的选用公差带,除特殊情况外,设计时只宜选用表中所列的内外螺纹公差带。表中只有一个公差带代号时,表示顶径公差带与中径公差带相同;有两个公差带代号时,前一个表示中径公差带,后一个表示顶径公差带。

表 6-19　内螺纹选用公差带

精度	公差带位置 H			公差带位置 G		
	S	N	L	S	N	L
精密	4H	5H	6H	—	—	—
中等	5H	6H	7H	(5G)	6G	(7G)
粗糙	—	7H	8H	—	(7G)	(8G)

注:(1)方框内为优先选用;
(2)括号内尽量不选用;
(3)其余推荐选用

表 6-20　外螺纹选用公差带

精度	公差带位置 h			公差带位置 g			公差带位置 f			公差带位置 e		
	S	N	L	S	N	L	S	N	L	S	N	L
精密	(3h4h)	4h	(5h4h)	—	(4g)	(5g4g)	—	—	—	—	—	—
中等	(5h6h)	6h	(7h6h)	(5g6g)	6g	(7g6g)		6f		—	6e	(7e6e)
粗糙	—				8g	(9g8g)					(8e)	(9e8e)

注:(1)方框内为优先选用;
　　(2)括号内尽量不选用;
　　(3)其余为推荐选用

考虑到螺距误差的影响,当旋合长度加长时,应给予较大的公差;旋合长度减短时,可减小公差。因此,在同一螺纹精度下,旋合长度不同,中径应采用不同的公差等级,S 组比 N 组高一级,N 组比 L 组高一级。

内螺纹的小径公差多数与中径公差取相同等级,并随旋合长度缩短或加长而提高或降低一级。

外螺纹的大径公差,在 N 组,与中径公差取相同等级;在 S 组,比中径公差低一级;在 L 组,比中径公差高一级。

内、外螺纹的选用公差带可以任意组合。为了保证足够的接触精度,完工后的零件最好组合成 H/g、H/h 或 G/h 的配合。对直径小于或等于 1.4mm 的螺纹采用 5H/6h、4H/6h 或更紧密的配合。

对需要涂镀保护层的螺纹,镀前一般应按规定的公差带制造。如无特殊规定,镀后螺纹的实际轮廓的任何点均不应超过 H、h 所确定的最大实体牙型。

6.4.7　螺纹公差与配合标记

GB/T 197—2003《普通螺纹 公差》规定了普通螺纹的标记。完整的螺纹标记由如下五部分组成:

| 特征代号 | | 尺寸代号 | — | 公差带代号 | — | 旋合长度代号 | — | 旋向代号 |

1. 螺纹特征代号

螺纹特征代号用"M"表示。

2. 尺寸代号

单线螺纹为"公称直径×螺距"(粗牙螺纹的螺距不标注);

多线螺纹为"公称直径×Ph 导程 P 螺距"。

如果要进一步表明螺纹的线数,可在后面增加括号说明(使用英语进行说明。例如双线为 two starts,三线为 three starts)。

例如,M10:表示公称直径为 10mm,螺距为 1.5mm 的单线粗牙普通螺纹。

M10×1:表示公称直径为 10mm,螺距为 1mm 的单线细牙普通螺纹。

M16 × Ph3P1.5 或 M16 × Ph3P1.5(two starts):表示公称直径为 16mm,螺距为 1.5mm,导程为 3mm 的双线普通螺纹

3. 公差带代号

普通螺纹公差带代号包括中径公差带代号与顶径公差带代号。中径公差带代号在前,顶径公差带代号在后。各直径的公差带代号由表示公差等级的数值和表示公差带位置的字母(内螺纹用大写字母,外螺纹用小写字母)组成。如果中径公差带代号与顶径公差带代号相同,只标注一个公差带代号。螺纹尺寸代号与公差带间用"–"分开。

例如,M10 × 1 – 5g6g:表示中径公差带为 5g,顶径公差带为 6g 的外螺纹。

M10 – 6g:表示中径公差带和顶径公差带为 6g 的粗牙外螺纹。

M10 × 1 – 5H6H:表示中径公差带为 5H,顶径公差带为 6H 的内螺纹。

在下列情况下,中等公差精度螺纹不标注公差带代号。

内螺纹:

—5H 公称直径≤1.4mm 时;

—6H 公称直径≥1.6mm 时。

注:对螺距为 0.2mm 的螺纹,其公差等级为 4 级。

外螺纹:

—6h 公称直径≤1.4mm 时;

—6g 公称直径≥1.6mm 时。

表示内、外螺纹装配时,内螺纹公差带代号在前,外螺纹公差带代号在后,中间用斜线分开。

例如,M20 × 2 – 6H/5g6g:表示公差带为 6H 的内螺纹与公差带为 5g6g 的外螺纹组成配合。

4. 旋合长度代号

对短旋合长度组和长旋合长度组的螺纹,在公差带代号后分别标注"S"和"L"代号。旋合长度代号与公差带间用"–"号分开。中等旋合长度代号"N"在螺纹标记中不标注。

例如,M10 – 5g6g – S:表示短旋合长度的外螺纹。

M6 – 7H/7g6g – L:表示长旋合长度的内、外螺纹。

5. 旋向代号

对左旋螺纹,在旋合长度代号后标注"LH"代号。旋合长度代号与旋向代号间用"–"号分开。右旋螺纹不标注旋向代号。

例如,M8 × 1 – 5g6g – S – LH:表示公称直径为 8mm,螺距为 1mm 的单线细牙普通螺纹,其公差带代号为 5g6g,短旋合长度,左旋。

M14 × P_h6P2 – 7H – L – LH 或 M14 × P_h6P2(three starts) – 7H – L – LH:表示公称直径为 14mm、导程为 6mm、螺距为 2mm 的三线普通内螺纹,其公差带代号为 7H,长旋合长度,左旋。

M8:表示右旋螺纹(螺距、公差带代号、旋合长度代号和旋向代号被省略)。

6.4.8 普通螺纹检测

普通螺纹的检测方法主要有综合检验法和单项测量法两类。

1. 综合检验法

普通螺纹的综合检验法是指用螺纹量规对影响螺纹互换性的几何参数偏差的综合结果进行检验。螺纹塞规用于检验内螺纹;螺纹环规用于检验外螺纹,如图 6 – 27、图 6 – 28 所示。

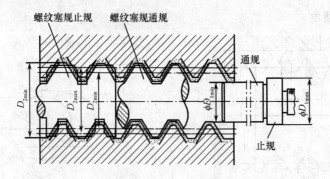

图 6 – 27   用螺纹塞规和光滑极限塞规检验内螺纹

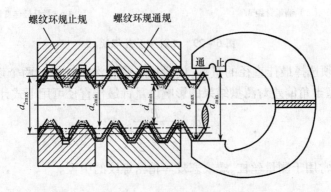

图 6 – 28   用螺纹环规和光滑极限卡规检验外螺纹

螺纹量规是按泰勒原则设计的,分为通规和止规。螺纹通规具有完整的牙型,螺纹长度等于被测螺纹的旋合长度;螺纹止规具有截短牙型,螺纹长度为(2～3)个螺距。螺纹通规用来模拟被测螺纹的最大实体牙型,检验被测螺纹的作用中径的实际尺寸;螺纹止规用来检验被测螺纹的单一中径。

被测螺纹如果能够与螺纹通规自由旋合通过,与螺纹止规不能旋入或者旋合不超过2个螺距,则表明被测螺纹的作用中径没有超出其最大实体牙型的中径,单一中径没有超出其最小实体牙型的中径,被测螺纹合格。

《普通螺纹量规 技术条件》(GB/T 3934—2003)规定了普通螺纹量规的术语和定义、分类、符号、牙型、公差、要求、检验、标志与包装等。

2. 单项测量法

普通螺纹的单项测量是指对被测螺纹的各个几何参数进行测量。单项测量主要用于螺纹工件的工艺分析和螺纹量规、螺纹刀具的测量。

1)三针测量法

三针测量法是用来测量普通螺纹和梯形螺纹中径的方法。如图 6 – 29 所示,三根直径为 d_0 的量针分别放在被测螺纹对径两边的沟槽中,与两牙侧面接触,测出针距 M,则被测螺纹的单一中径 d_{2s} 可用下式计算:

$$d_{2s} = M - d_0 \left[1 + \frac{1}{\sin \frac{\alpha}{2}} \right] + \frac{P}{2} \cot \frac{\alpha}{2} \qquad (6-15)$$

式中 P——被测螺纹的螺距;

α——牙型角。

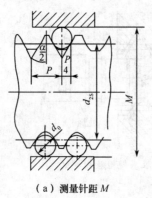 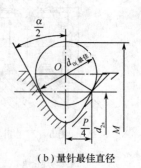

（a）测量针距 M　　　　　　　　　（b）量针最佳直径

图 6-29　三针测量外螺纹

测量时,必须选择最佳直径的量针,使量针与螺纹沟槽接触的两个切点恰好在中径线上,以避免牙型半角偏差对测量结果的影响。量针最佳直径可用下式计算:

$$d_0 = \frac{P}{2\cos\dfrac{\alpha}{2}} \tag{6-16}$$

三针测量法常用于测量丝杠、螺纹塞规等精密螺纹的中径。

2）影像法

影像法测量是指在工具显微镜上将被测螺纹的牙型轮廓放大成像来测量其中径、螺距和牙型半角,也可测量其大径和小径。

3）螺纹千分尺

螺纹千分尺是测量低精度螺纹中径的的量具,如图 6-30 所示。螺纹千分尺带有一套可更换的不同规格的测头,来满足被测螺纹不同螺距的的需要。将锥形测头和 V 形槽测头安装在内径千分尺上,就可以测量内螺纹。

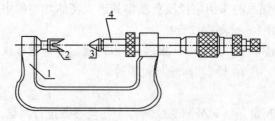

图 6-30　螺纹千分尺

1—千分尺身；2—V 形槽测头；3—锥形测头；4—测微螺杆。

6.5　圆锥配合的精度设计

6.5.1　圆锥公差配合概述

与圆柱体配合比较,影响圆锥配合精度的不仅仅是圆锥直径尺寸误差,还有圆锥角误差。

194

1. 圆锥配合的特点

（1）能保证结合件自动定心。它不仅能使结合件的轴线很好地重合，而且经多次装拆也不受影响。

（2）配合间隙或过盈的大小可以调整。在圆锥配合中，通过调整内、外圆锥的轴向相对位置，可以改变其配合间隙或过盈的大小，得到不同的配合性质。

（3）配合紧密而且便于拆卸。要求在使用中有一定过盈，而在装配时又有一定间隙，这对于圆柱结合，是难于办到的。但在圆锥结合中，轴向拉紧内、外圆锥，可以完全消除间隙，乃至形成一定过盈；而将内、外圆锥沿轴向放松，又很容易拆卸。由于配合紧密，圆锥配合具有良好的密封性，可防止漏气、漏水或漏油。有足够的过盈时，圆锥结合还具有自锁性，能够传递一定的扭矩，甚至可以取代花键结合，使传动装置结构简单、紧凑。

2. 圆锥配合类型

圆锥配合根据结合的形式可分为结构型圆锥配合和位移型圆锥配合。

1）结构型圆锥配合

结构型圆锥配合是由内外圆锥的结构、基准平面之间的尺寸确定装配的最终位置而获得的配合。可以用结构型圆锥配合得到间隙配合、过渡配合和过盈配合，如图 6 - 31 所示。

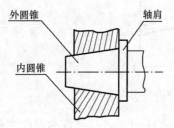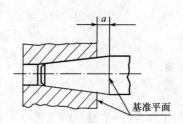

图 6 - 31　结构型圆锥配合

2）位移型圆锥配合

位移型圆锥配合是由内、外圆锥实际初始位置（P_0）开始，作一定的相对轴向位移（E_a）而获得的配合。可以用位移型圆锥配合得到间隙配合和过盈配合，如图 6 - 32 所示。

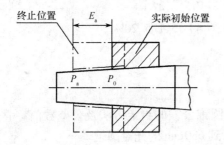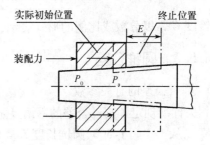

图 6 - 32　位移型圆锥配合

6.5.2　圆锥术语及定义

国家标准《锥度和锥角系列》（GB/T 157—2001）和《圆锥公差》（GB/T 11334—2005）分别规定了圆锥和圆锥公差的术语及定义、圆锥公差的项目、给定方法和公差系列。

（1）圆锥表面：与轴线成一定角度，且一端相交于轴线的一条直线（母线），围绕着该轴线旋转形成的表面，如图6-33（a）所示。

（2）圆锥：由圆锥表面与一定尺寸所限定的几何体。它分为外圆锥和内圆锥。如图6-33（b）、图6-33（c）所示。

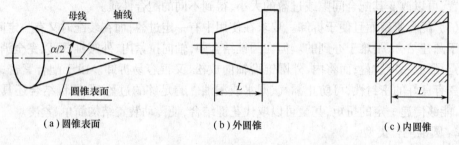

（a）圆锥表面　　　　　　　（b）外圆锥　　　　　　　（c）内圆锥

图6-33　圆锥定义

（3）圆锥角α：在通过圆锥轴线的截面内，两条素线间的夹角。如图6-34所示。

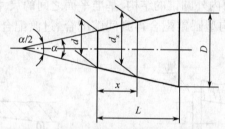

图6-34　圆锥角、圆锥直径和圆锥长度

（4）锥度C：两个垂直圆锥轴线截面的圆锥直径D和d之差与该两截面之间的轴向距离L之比：

$$C = \frac{D - d}{L}$$

锥度C与圆锥角α的关系为

$$C = 2\tan\frac{\alpha}{2} = 1 : \frac{1}{2}\cot\frac{\alpha}{2} \qquad (6-17)$$

锥度C常以分数或比例的形式表示，例如：$C = 1:5$、$1/5$、20%。

6.5.3　圆锥公差

1. 圆锥公差的有关参数

相关标准规定了圆锥公差的术语及定义、圆锥公差的给定方法及公差数值。它适应于锥度C从$1:3$到$1:500$、圆锥长度L从6mm到630mm的光滑圆锥。

（1）公称圆锥：由设计给定的理想形状圆锥，如图6-34所示。

公称圆锥可用两种形式确定：

① 一个公称圆锥直径（最大圆锥直径D、最小圆锥直径d、给定截面圆锥直径d_x）、公称圆锥长度L、公称圆锥角α或公称锥度C；

② 两个基本圆锥直径和基本圆锥长度L。

196

（2）实际圆锥：实际存在而通过测量所得的圆锥。其直径即为实际圆锥直径。

（3）实际圆锥角：在实际圆锥的任一轴向截面内，包容圆锥素线且距离为最小的两对平行直线之间的夹角，如图6-35所示。

（4）极限圆锥：与基本圆锥共轴且圆锥角相等，直径分别为最大极限尺寸和最小极限尺寸的两个圆锥。在垂直圆锥轴线的任一截面上，这两个圆锥的直径差相等。其相应的直径即为极限圆锥直径。如图6-36中的 $D_{\max}$、$D_{\min}$、$d_{\max}$、$d_{\min}$。

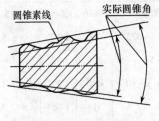
图6-35　实际圆锥角

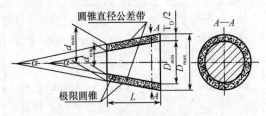
图6-36　极限圆锥直径

（5）圆锥直径公差：圆锥直径公差分为两种情况。

① 圆锥直径公差 T_D：作用于圆锥全长上，圆锥直径的允许变动量。用示意图表示在轴向截面内的圆锥直径公差带为两个极限圆锥所限定的区域，如图6-36所示。

② 给定截面圆锥直径公差 T_{DS}：在垂直圆锥轴线的给定截面内，圆锥直径的允许变动量。它仅使用于给定截面。其公差带为在给定的圆锥截面内，由两个同心圆所限定的区域，如图6-37所示。

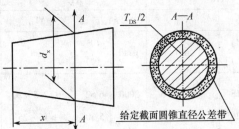
图6-37　给定截面圆锥直径公差带

圆锥直径公差 T_D 是以基本圆锥直径（一般取最大圆锥直径 D）为基本尺寸，按光滑圆柱体极限公差的标准规定选取；若为给定截面圆锥直径公差 T_{DS}，则以给定截面圆锥直径 d_x 为基本尺寸，选取办法与 T_D 相同。

【例6-4】　有一外圆锥，大端直径 $D = 85\text{mm}$，公差等级为 IT7，选基本偏差为 js，则直径公差按 $\phi85\text{js}7$，查光滑圆柱体有关公差表及基本偏差表，得 $\phi85\text{js}7 = \phi85^{+0.0175}_{-0.0175}$。

（6）圆锥角公差 AT（AT_α 或 AT_D）：圆锥角公差为圆锥角所允许的变动量。其公差带为两个极限圆锥角所限定的区域，如图6-38所示。

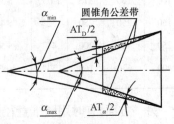
图6-38　极限圆锥角

圆锥角公差 AT 共分 12 个公差等级，用 AT1、AT2、…、AT12 表示。圆锥角公差的数值见表6-21。

表 6-21　圆锥角公差数值(摘自 GB/T 11334—2005)

基本圆锥长度 L/mm		圆锥角公差等级							
		AT5			AT6			AT7	
		ATα		AT_D	ATα		AT_D	ATα		AT_D
大于	至	μrad	(')(")	μm	μrad	(')(")	μm	μrad	(')(")	μm
自6	10	315	1'05"	>2~3.2	500	1'43"	>3.2~5	800	2'45"	>5~8
10	16	250	52"	>2.5~4	400	1'22"	>4.~6.3	630	2'10"	>6.3~10
16	25	200	41"	>3.2~5	315	1'05"	>5~8	500	1'43"	>8~12.5
25	40	160	33"	>4~6.3	250	52"	>6.3~10	400	1'22"	>10.0~16
40	63	125	26"	>5~8	200	41"	>8~12.5	315	1'05"	>12.5~20
63	100	100	21"	>6.3~10	160	33"	>10~16	250	52"	>16~25
100	160	80	16"	>8~12.5	125	26"	>12.5~20	200	41"	>20.0~32
160	250	63	13"	>10~16	100	21"	>16~25	160	33"	>25~40
250	400	50	10"	>12.5~20	80	16"	>20~32	125	26"	>32~50
400	630	40	8"	>16~25	63	13"	>25~40	100	21"	>40~63

基本圆锥长度 L/mm		圆锥角公差等级							
		AT8			AT9			AT10	
		ATα		AT_D	ATα		AT_D	ATα		AT_D
大于	至	μrad	(')(")	μm	μrad	(')(")	μm	μrad	(')(")	μm
自6	10	1250	4'18"	>8~12.5	2000	6'52"	>12.5~20	3150	10'49"	>20~32
10	16	1000	3'26"	>10~16	1600	5'30"	>16~25	2500	8'35"	>25~40
16	25	800	2'45"	>12.5~20	1250	4'18"	>20~32	2000	6'52"	>32~50
25	40	630	2'10"	>16~20.5	1000	3'26"	>25~40	1600	5'30"	>40~63
40	63	500	1'43"	>20~32	800	2'45"	>32~50	1250	4'18"	>50~80
63	100	400	1'22"	>25~40	630	2'10"	>40~63	1000	3'26"	>63~100
100	160	315	1'05"	>32~50	500	1'43"	>50~80	800	2'45"	>80~125
160	250	250	52"	>40~63	400	1'22"	>63~100	630	2'10"	>100~160
250	400	200	41"	>50~80	315	1'05"	>80~125	500	1'43"	>125~200
400	630	160	33"	>63~100	250	52"	>100~160	400	1'22"	>160~250

　　另一方面,有时用圆锥直径公差 T_D 限制圆锥角的误差比较方便,在衡量其圆锥角误差的大小时,应以圆锥长度为 100mm、圆锥直径公差 T_D 时的最大圆锥角允许误差 $\Delta\alpha_{max}$ 值为准,如长度不为 100mm 时,可将数值乘以 $100/L$(L 单位为 mm),再与表 6-22 中的数值比较。

表 6-22　圆锥直径公差所能限制的最大圆锥角误差 $\Delta\alpha_{max}$（摘自 GB/T 11334—2005）

公差等级	圆锥直径/mm						
	>10~18	>18~30	>30~50	>50~80	>80~120	>120~180	>180~250
	$\Delta\alpha_{max}$/μm						
IT4	50	60	70	80	100	120	140
IT5	80	90	110	130	150	180	200
IT6	110	130	160	190	220	250	290
IT7	180	210	250	300	350	400	460
IT8	270	330	390	460	540	630	720
IT9	430	520	620	740	870	1000	1150
IT10	700	840	1000	1200	1400	1600	1850
IT11	1000	1300	1600	1900	2200	2500	2900
IT12	1800	2100	2500	3000	3500	4000	4600
IT13	2700	3300	3900	4600	5400	6300	7200
IT14	4300	5200	6200	7400	8700	10000	11500

注：圆锥长度不等于 100mm 时，需将表中的数值乘于 100/L 的单位为 mm。

圆锥角公差可用角度值 AT_α 或线长度 AT_D 两种形式表示。

① AT_α——以角度单位微弧度或以度、分、秒表示。AT_α 单位为 μrad。

② AT_D——以长度单位微米（μm）表示。

AT_α 和 AT_D 的关系为

$$AT_D = AT_\alpha \times L \times 10^3 \tag{6-18}$$

L 单位为 mm。

【例 6-5】 L 为 50mm，选 AT7，查表 5-11 得 AT_α 为 315μrad 或 1′05″，则

$$AT_D = AT_\alpha \times L \times 10^{-3} = 315 \times 50 \times 10^{-3} = 15.75 \text{ μm}$$

取线长度 AT_D 为 15.8μm。

2. 圆锥公差使用方法及标注

与圆柱面配合有所不同，圆锥配合不但与它配合的直径公差有关，而且还与圆锥角的公差有关，它是比圆柱体配合更复杂的一种配合形式。影响圆锥精度的有直径误差、锥角误差以及形状误差。对圆锥精度的控制有面轮廓度法、基本锥度法以及公差圆锥法三种。

1）面轮廓度法

面轮廓度法是将圆锥看作曲面，用形位公差中的面轮廓度控制其误差。这种方法几何意义明确，方法简单，为一般常用的方法。其标注如图 6-39 所示。

2）基本锥度法

基本锥度法常用于有配合要求的结构型内、外圆锥中。基本锥度法是表示圆锥尺寸公差与其几何形状关系的一种控制方法。它满足包容原则，实际圆锥处处位于两个极限圆锥面内，因此，该方法既控制圆锥表面形状，也控制圆锥直径和圆锥角的大小。若表面形状有进一步要求，可再给出形状公差项目。其用法如图 6-40 所示。

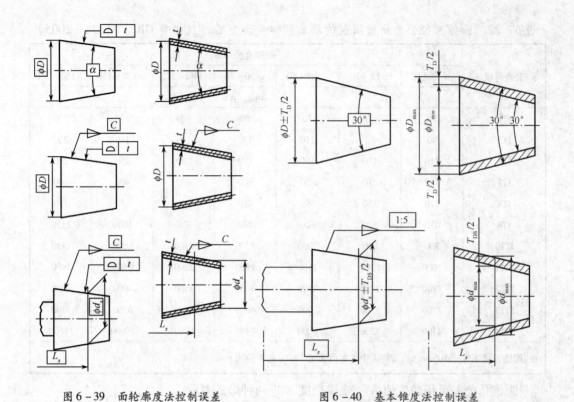

图 6-39　面轮廓度法控制误差　　　　　图 6-40　基本锥度法控制误差

3）公差锥度法

公差锥度法仅适用于对某给定截面圆锥直径有较高要求的圆锥和密封及非配合圆锥。如发动机配气机构中的气门锥面。

公差锥度法是直接给定有关圆锥要素的公差,即同时给出圆锥直径公差和圆锥角公差 AT、不构成二同轴圆锥面公差带的控制方法。此时,给定截面圆锥直径公差仅控制该截面圆锥直径偏差,不再控制圆锥偏差,T_{DS} 和 AT 各自分别控制,分别满足要求。图 6-41 给出示例。

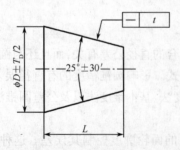

说明:该圆锥的最大圆锥直径应由 $\phi D \pm T_D/2$ 和 $\phi D - T_D/2$ 确定;锥角应在 $24°30'\sim25°30'$ 之间变化;圆锥的素线直线度公差要求为 t。这些要求应各自独立地考虑。

（a）

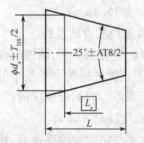

说明:该圆锥的给定截面圆锥直径应由 $\phi d_x + T_{DS}/2$ 和 $\phi d_x - T_{DS}/2$ 确定;锥角应在 $25°-AT8/2\sim25°+AT8/2$ 之间变化;圆这些要求应各自独立地考虑。

（b）

图 6-41　公差锥度法控制误差

这三种方法,也是圆锥公差标注的三种方法。一般情况可直接用面轮廓度法控制圆

200

锥误差。若圆锥是结构型圆锥配合时,可用基本锥度法;若圆锥为非配合圆锥或精度要求较高,可用公差锥度法控制。

6.5.4　圆锥配合

国家标准《圆锥配合》(GB/T 12360—2005)规定了圆锥配合的术语和定义及一般规定。它适用于锥度 C 从 1:3 至 1:500,长度 L 从 6mm 至 630mm,直径至 500mm 光滑圆锥的配合,其公差给出的方法是:给出公称圆锥的圆锥角 α(或锥度 C)和圆锥直径公差 T_D,由 T_D 确定两个极限圆锥。

圆锥配合的质量及其使用性能,主要取决于内、外圆锥的圆锥角偏差、圆锥直径偏差及形状误差的大小。在配合精度设计时,对于一般用途的圆锥配合,可以只规定圆锥直径公差,形状误差应在直径公差带内,圆锥角偏差也由直径公差加以限制。

对圆锥结合质量要求较高时,仍可只规定其直径公差,但在图纸上应注明圆锥的圆度和素线直线度误差允许占直径公差的比例。

当对圆锥结合质量要求很高时,应分别单独规定圆锥角公差及其形状公差。

【例6-6】　某铣床主轴轴端与齿轮孔连接,采用圆锥加平键的连接方式,其基本圆锥直径为大端直径 $D = \phi80$,锥度 $C = 1:16$。试确定此圆锥的配合及内、外圆锥体的公差。

【解】　由于此圆锥配合采用圆锥加平键的连接形式,即主要靠平键传递扭矩,因而圆锥面主要起定位作用。所以圆锥配合按结构型圆锥配合设计,其公差可用基本锥度法控制,即只需给出圆锥的理论正确圆锥角 α(或锥度 C)和圆锥直径公差 T_D。此时,锥角误差和圆锥形状误差都由圆锥直径公差 T_D 来控制。

(1)确定配合基准:对于结构型圆锥配合,标准推荐优先采用基孔制,则内圆锥之直径的基本偏差取 H。

(2)确定公差等级:圆锥直径的标准公差一般为 IT5 ~ IT8。从满足使用要求和加工的经济性出发,外圆锥直径选标准公差 IT7,内圆锥直径公差选标准公差 IT8。

(3)确定圆锥配合:由圆锥直径误差影响分析可知,为使内、外圆锥体配合时轴向位移量变化最小,则外圆锥直径的基本偏差选 k(由光滑圆柱体配合的尺寸公差表查得)即可满足要求。此时,查表可得内圆锥直径为 $\phi80H8 = \phi80^{+0.046}_{0}$,外圆锥直径为 $\phi80k7 = \phi80^{+0.032}_{+0.002}$,如图 6-42 所示。

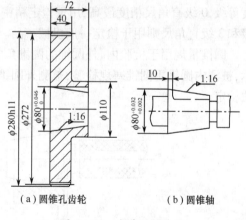

(a)圆锥孔齿轮　　　　(b)圆锥轴

图 6-42　内外圆锥连接

由于锥角和圆锥的形状误差都控制在极限圆锥所限定的区域内,标注时推荐在圆锥直径的极限偏差后加符号"Ⓣ"。

6.5.5　角度与锥度的检测

检测锥度的方法有各种各样,测量器具也有多种类型。目前常用的主要有以下测量方法。

1. 比较测量法

比较测量法是指将角度量具与被测锥度相比较,用光隙法或涂色法估计出被测锥度的偏差,判断被检锥度是否在允许公差范围内的测量方法。常用的角度量具有角度量块、角度样板、直角尺、角度游标尺、多面体、圆锥量规等。

角度量块是角度检测中的标准量具,用来检定、调整测角仪器和器具以及校对角度样板,也可直接用于检验高精度的工件。角度量块有三角形(有一个工作角)和四边形(有四个工作角)两种,如图6-43所示。角度量块的测量范围为10°~350°,可以单独使用,也可利用角度量块附件组合使用,与被测工件比较时,借光隙法估计工件的角度偏差。

角度极限样板是根据被测角度的两个极限角值制成的,分为通端和止端。若用通端角度极限样板检测工件角度时,光线从角顶到角低逐渐增大,而用止端角度极限样板检测时,光线从角低到角顶逐渐增大,则表明被测角的实际值在规定的极限角度之内,被测角合格,如图6-44所示。

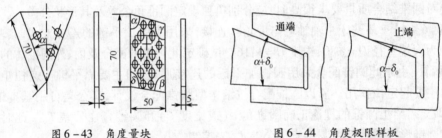

图6-43　角度量块　　　　　　　　　图6-44　角度极限样板

直角尺是指公称角度为90°的角尺,用于检验工件的直角偏差。直角偏差的大小是通过目测光隙或用塞尺来确定的。直角尺按工作角极限偏差的大小分为0~3级四种精度等级,0级直角尺精度最高,用于检定精密量具,1级直角尺用于检定精密工具的制造,2级和3级直角尺则用于检定一般机械产品。

圆锥量规用于检验内、外圆锥的圆锥角实际偏差的大小和锥体直径。如图6-45所示,被测内圆锥用圆锥塞规检验;被测外圆锥用圆锥环规检验。圆锥角偏差的大小用涂色法检定。

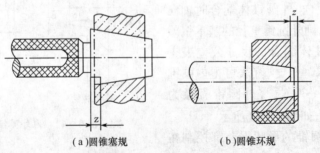

(a)圆锥塞规　　　　　　　　(b)圆锥环规

图6-45　用圆锥量规检验

2. 直接测量法

直接测量法是指从角度测量器具上直接测得被测角度和直径的测量方法。常用的角度测量器具有万能角度尺、光学测角仪、万能工具显微镜和光学经纬仪等。

202

3. 间接测量法

间接测量法是指测量与被测角度有一定函数关系的若干线性尺寸,然后计算出被测角度的测量方法。通常使用指示式测量器具和正弦尺、量块、滚子、钢球进行测量。

利用钢球和指示式测量器具测量内圆锥角,如图 6-46 所示。将直径分别为 D_2、D_1 的钢球 2 和钢球 1 先后放入被测零件 3 的内圆锥面,以被测内圆锥的大头端面作为测量基准面,分别测出两个钢球顶点至该测量基准面的距离 L_2 和 L_1,按下式可求出内圆锥半角 $\alpha/2$ 的数值,并可得大端直径。

$$\sin\frac{\alpha}{2} = \frac{D_1 - D_2}{\pm 2L_1 + 2L_2 - D_1 + D_2} \tag{6-19}$$

当大球突出于测量基准面时,上式中 $2L_1$ 前面的符号取"+"号,反之取"-"号。根据 $\sin\frac{\alpha}{2}$ 值,可确定被测圆锥角的实际值。

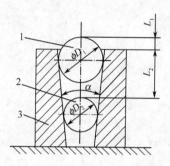

图 6-46 钢球测量内圆锥角

习题与思考题

1. 滚动轴承其极限配合与一般圆柱体的极限配合有何不同?

2. 滚动轴承的精度有几级? 其代号是什么? 最常用的是哪些级?

3. 滚动轴承受载荷的类型与选择配合有哪些关系?

4. 单键与轴槽及轮毂槽的极限配合有何特点?

5. 矩形花键连接的定心方式有哪几种? 如何选择? 小径定心方式有何优点?

6. 假定螺纹的实际中径在中径极限尺寸范围内,是否就可以断定该螺纹为合格品? 为什么? 对紧固螺纹,为什么不单独规定螺距公差及牙型半角公差?

7. 圆锥误差如何控制? 它们的公差各适用于什么情况?

8. 某一旋转机构,选用中系列的 P6(E) 级单列向心球轴承(310),$d = 50\text{mm}$,$D = 110\text{mm}$,额定动负荷 $C = 48400\text{N}$,$B = 27\text{mm}$,$r = 3\text{mm}$,若径向负荷为 5kN,轴旋转,试确定与轴承配合的轴和外壳孔的公差带。

9. 滚动轴承 G210(外径 90mm,内径 50mm,精度为 P0 级)与内圈配合的轴用 k5,与外圈配合的孔用 J6,试画出它们的公差与极限配合图解,并计算极限间隙(过盈)以及平均间隙(过盈)。

10. 用平键连接 $\phi30\text{H8}$ 孔与 $\phi30\text{k7}$ 轴以传递扭矩,已知 $b = 8\text{mm}$,$h = 7\text{mm}$,$t_1 =$

3.3mm。确定键与槽宽的极限配合,绘出孔与轴的剖面图,并标注槽宽与槽深的基本尺寸与极限偏差。

11. 按下面矩形花键连接的公差与配合查表。

$$6 \times 26 \frac{H7}{f7} \times 30 \frac{H10}{a11} \times 6 \frac{H9}{d10}$$

12. 查表决定螺栓 M24 × 2 − 6h 的外径和中径的极限尺寸,并绘出其公差带图。

13. 测得某螺栓 M16 − 6g 的单一中径为 14.6mm,$\Delta P_\Sigma = 35\mu m$,$\Delta \frac{\alpha_1}{2} = -50'$,$\Delta \frac{\alpha_1}{2} = 40'$,试问此螺栓是否合格? 若不合格,能否修复? 怎样修复?

第7章 齿轮传动及螺旋传动精度设计与检测

7.1 概 述

机械传动可分为啮合传动和摩擦传动两类。啮合传动是通过啮合面之间的法向力实现传动,摩擦传动则是通过啮合面之间的切向力(摩擦力)实现传动。机械传动形式很多,有齿轮传动、丝杠螺母传动、蜗轮蜗杆传动、摩擦轮传动、带/链传动、液压传动等。其主要使用要求有:传递运动的精度要求,为保证动力传递可靠的传动平稳和承载能力要求等。

机械零件上的传动要素用于传递运动、位移和动力,或改变运动形式。与结合要素不同,传动要素不是由相互包容的一对要素所形成的配合,而是通过一对要素之间的相互接触和相对运动来实现传递运动和载荷的功能要求。对于传动要素,主要应给出运动要求和承载能力的综合规范。出于工艺和检测原因,通常也可分别规定构成传动要素的各基本几何特征的尺寸、形状、方向和位置精度的规范,因而传动要素规范的构成与应用要比结合要素规范复杂得多。本章仅介绍渐开线圆柱齿轮传动精度设计和螺旋传动精度设计的基本方法。

7.2 齿轮传动的使用要求及误差来源

齿轮传动是一种重要的机械传动形式。齿轮传动具有结构紧凑、能保持恒定的传动比、传动效率高、使用寿命长及维护保养方便等特点,在各种机械产品中应用非常广泛。

齿轮传动由齿轮副、轴、轴承与箱体共同组成,由于组成齿轮传动装置的这些主要零件在制造和装配时不可避免地存在误差,因此必然会影响齿轮传动的质量。凡是采用齿轮传动的机械产品,其工作性能、承载能力和使用寿命等都与齿轮的设计制造精度和装配精度密切相关。为了保证齿轮传动质量,就要规定相应的公差。

7.2.1 齿轮传动使用要求

尽管齿轮传动的类型很多,应用领域广泛,使用要求各不相同,但是对齿轮传动的使用要求可归结为以下四个方面。

1. 传递运动的准确性(运动精度)

传递运动的准确性要求在一转范围内,传动比的变化要小。理论上当主动轮转过角度 φ_1 时,从动轮应当按传动比 i 准确地转过相应的角度 $\varphi_2 = i\varphi_1$。然而由于齿轮副存在加工和安装误差,致使从动轮的实际转角 φ_2' 偏离理论转角 φ_2,从而引起转角误差 $\Delta\varphi_2 = \varphi_2' - \varphi_2$。

传递运动的准确性就是将齿轮在一转范围内的最大转角误差限制在一定范围内,以保证从动轮与主动轮运动的准确协调。

2. 传动平稳性(平稳性精度)

齿轮啮合传动过程中,如果瞬时传动比反复频繁变化,就会引起冲击、振动和噪声。传动平稳性要求齿轮在转过一个齿距角范围内,其瞬时传动比变化要小,即运转要平稳,不产生大的冲击、振动和噪声。为保证传动的平稳性要求,应控制齿轮在转过一个齿的过程中和换齿传动时的转角误差。

3. 载荷分布的均匀性(接触精度)

载荷分布均匀性要求齿轮在啮合传动时,工作齿面接触良好,在全齿宽和全齿高上承载均匀,避免载荷集中于局部区域而可能导致的齿面局部磨损甚至折齿,使齿轮具有较高的承载能力和较长的使用寿命。

4. 合理的齿侧间隙(侧隙)

齿轮啮合传动过程中,必须保证齿轮副始终处于单面啮合状态,工作齿面必须保持接触,以传递运动和动力,而非工作齿面之间则必须留有一定的间隙,即齿侧间隙,简称侧隙。

侧隙用于补偿齿轮的加工误差、装配误差以及齿轮承载受力后产生的弹性变形和热变形,防止齿轮传动发生卡死或烧伤现象,保证齿轮正常传动。侧隙还用于在齿面上形成润滑油膜,以保持良好的润滑。

上述前三项要求是针对齿轮本身提出的精度要求,第四项是对齿轮副的,它是独立于精度之外的另一类问题,无论齿轮精度如何,都应根据齿轮传动的工作条件确定适当的侧隙。

不同用途和不同工作条件下的齿轮传动,对使用要求的侧重点不同,齿轮精度设计的任务就是合理确定齿轮的精度和侧隙。

对机械装置中常用的齿轮,如机床、通用减速器、汽车变速箱、内燃机及拖拉机上用的齿轮,通常对上述前三项使用要求差不多,而有些用途的齿轮则可能对某一项或某几项有特殊和更高要求,如:测量仪器上分度机构和读数装置的齿轮主要要求传递运动的准确性,如果需要正反转还应要求较小的侧隙以减小空回误差;低速、重载齿轮传动(如起重机、轧钢机、重型机械等)对载荷分布均匀性要求高,对侧隙要求较大;对中速中载和高速轻载齿轮(如汽车变速装置等)主要要求传动平稳性;对高速重载齿轮(如航空发动机和汽轮机减速器)则对运动准确性、传动平稳性和载荷分布均匀性的要求都很高,而且要求有较小的侧隙。对工作时有正反转的齿轮传动,侧隙会引起回程误差和反转冲击,应当减小侧隙以减小回程误差。

7.2.2 齿轮传动误差的主要来源

齿轮是一种多参数的传动零件,影响齿轮传动使用要求的误差主要来源于齿轮制造和齿轮副安装两个方面,齿轮传动精度与齿轮、传动轴、箱体和滚动轴承等零部件精度以及安装精度有关。齿轮制造误差来源于由机床、夹具和刀具组成的加工工艺系统,主要有齿坯的制造与安装误差、定位误差、齿轮加工机床误差、刀具的制造与安装误差和夹具误差等。齿轮副安装误差主要有箱体、齿轮支承件、轴、轴套等的制造和装配误差。

齿轮为圆周分度零件,其误差具有周期性,以一转为周期的误差为长周期误差,主要影响传递运动准确性;以一齿为周期的误差为短周期误差,主要影响工作平稳性。按误差变化方向,齿轮误差又可分为径向误差、切向误差和轴向误差。

下面以常用的滚齿加工(图7-1)为例讨论齿轮加工误差的主要来源。

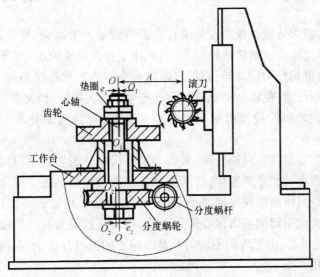

图 7-1 滚齿加工示意图

1. 影响传递运动准确性的主要加工误差

影响运动精度的因素是同侧齿面间的各类长周期误差,主要来源于几何偏心和运动偏心。

1)几何偏心(安装偏心)

几何偏心是指齿坯在机床工作台上安装时,齿坯基准轴线 O_1O_1 与机床工作台回转轴线 OO 不重合而产生的偏心 e_1,如图7-2所示。加工时滚刀轴线 $O'O'$ 与 OO 的距离 A 保持不变,但由于存在几何偏心 e_1,使得滚刀轴线 $O'O'$ 与 O_1O_1 之间的距离不断变化,其轮齿就形成图7-2所示的高瘦、肥矮情况,使齿距在以 OO 为中心的圆周上均匀分布,而在以齿轮基准轴线 O_1O_1 为中心的圆周上,齿距呈不均匀分布(从小到大再从大到小变

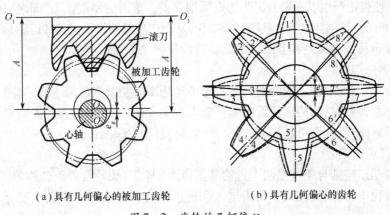

(a)具有几何偏心的被加工齿轮　　　　(b)具有几何偏心的齿轮

图 7-2 齿轮的几何偏心

207

化）。此时基圆中心 O 与齿轮基准中心 O_1 不重合，形成基圆偏心，工作时产生以一转为周期的转角偏差，使传动比不断改变。

几何偏心使齿面位置相对于齿轮基准中心在径向发生变化，使被加工齿轮产生径向偏差。

2）运动偏心

滚齿加工时，机床分度蜗轮的安装偏心会影响到被加工齿轮，使齿轮产生运动偏心，如图 7-2 所示。机床分度蜗轮轴线 O_2O_2 与机床工作台回转轴线 OO 不重合就形成运动偏心 e_2。此时，分度蜗杆匀速旋转，蜗杆与蜗轮啮合节点的线速度相同，但由于蜗轮上啮合节点的半径不断改变，使得分度蜗轮和齿坯产生不均匀回转，角速度以一转为周期不断变化。齿坯的不均匀回转使齿廓沿切向位移和变形，导致齿距分布不均匀，如图 7-3 所示。

图 7-3 中，双点划线为理论齿廓，实线为实际齿廓。齿坯的不均匀回转还会引起齿坯与滚刀啮合节点半径的不断变化，使基圆半径和渐开线形状随之变化。当齿坯转速较高时，节点半径减小，因而基圆半径减小，渐开线曲率增大，相当于产生了基圆偏心。这种由于齿坯角速度变化引起的基圆偏心称为运动偏心，其数值为基圆半径最大值与最小值之差的 1/2。由此可知，由于齿距不均匀和基圆偏心的同时存在，引起齿轮工作时传动比以一转为周期变化。

当仅有运动偏心时，滚刀与齿坯的径向位置并未改变，当用球形或锥形测头在齿槽内测量齿圈径向跳动时，测头径向位置并不改变（图 7-3），因而运动偏心并不产生径向偏差，而是使齿轮产生切向偏差。

2. 影响齿轮传动平稳性的主要加工误差

影响齿轮传动平稳性的主要因素是同侧齿面间的各类短周期误差，主要是齿距偏差和齿廓偏差。造成这类误差的主要原因是滚刀制造和安装误差、机床传动链误差等。

当存在机床传动链误差（如分度蜗杆的安装误差）时，由于分度蜗杆转速高，使得分度蜗轮产生短周期的角速度变化，会使被加工齿轮齿面产生波纹，造成实际齿廓形状与标准的渐开线齿廓形状的差异，即齿廓总偏差。

滚齿加工时，滚刀安装误差会使滚刀与被加工齿轮的啮合点脱离正常啮合线，使齿轮产生由基圆误差引起的基圆齿距偏差和齿廓总偏差。滚刀旋转一转，齿轮转过一个齿，因而滚刀安装误差使齿轮产生以一齿为周期的短周期误差。滚刀的制造误差，如滚刀的齿距和齿形误差、刃磨误差等也会使齿轮基圆半径变化，从而产生基圆齿距偏差和齿廓总偏差。

下面分析齿廓总偏差和基圆齿距偏差对齿轮传动平稳性的影响。

1）齿廓总偏差

根据齿轮啮合原理，理想的渐开线齿轮传动的瞬时啮合点保持不变，如图 7-4 所示。当存在齿廓总偏差时，会使齿轮瞬时啮合节点发生变化，导致齿轮在一齿啮合范围内的瞬时传动比不断改变，从而引起振动、噪声，影响齿轮传动平稳性。

2）基圆齿距偏差

齿轮传动正确啮合条件是两个齿轮基圆齿距（基节）相等且等于公称值，否则将使齿轮在啮合过程中，特别是在每个轮齿进入和退出啮合时产生瞬时传动比变化，如图 7-5 所示。

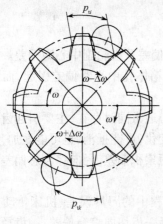

图7-3 具有运动偏心的齿轮

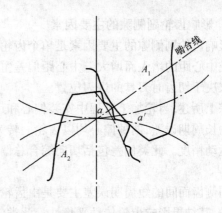

图7-4 齿廓总偏差

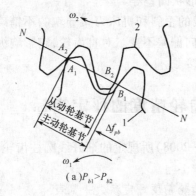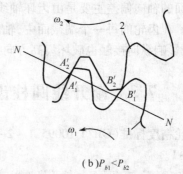

(a)$P_{b1}>P_{b2}$ (b)$P_{b1}<P_{b2}$

图7-5 基圆齿距偏差的影响

设齿轮1为主动轮,其基圆齿距 P_{b1} 为无误差的公称基圆齿距,齿轮2为从动轮,如果 $P_{b1}>P_{b2}$,当第一对齿 A_1、A_2 啮合终了时,第二对齿 B_1、B_2 尚未进入啮合。此时,A_1 的齿顶将沿着 A_2 的齿根"刮行"(顶刃啮合),发生啮合线外的非正常啮合,使从动轮2突然降速,直至 B_1 和 B_2 进入啮合为止,此时从动轮又突然加速,恢复正常啮合。因此在啮合换齿过程中将产生瞬时传动比变化,引起冲击、振动和噪声。$P_{b1}<P_{b2}$ 时同样也影响传动平稳性。

3. 影响载荷分布均匀性的主要加工和安装误差

根据齿轮啮合原理,一对轮齿在啮合过程中,是由齿顶到齿根或由齿根到齿顶在全齿宽上依次接触。如果不考虑弹性变形的影响,对直齿轮,沿齿宽方向接触直线应在基圆柱切平面内,且与齿轮轴线平行;对斜齿轮,接触直线应在基圆柱切平面内,且与齿轮轴线成 β_b 角。沿齿高方向,该接触直线应按渐开面(直齿轮)或螺旋渐开面(斜齿轮)轨迹扫过整个齿廓的工作部分。由于齿轮存在制造和安装误差,轮齿啮合并不是沿全齿宽和齿高接触,齿轮轮齿载荷分布是否均匀,与一对啮合齿面沿齿高和齿宽方向的接触状态有关。

滚齿机刀架导轨相对于工作台回转轴线的平行度误差、齿坯本身制造误差、齿坯安装误差(如齿坯定位端面与基准孔轴线的垂直度误差)等因素会形成齿廓总偏差和螺旋线偏差。齿廓总偏差实质上是分度圆柱面与齿面的交线(即齿廓线)的形状和方向偏差。

4. 影响齿轮副侧隙的主要因素

影响齿轮副侧隙的主要因素是单个齿轮的齿厚偏差及齿轮副中心距偏差。侧隙随着齿厚或中心距的增大而增大。中心距偏差主要是由箱体孔中心距偏差引起,而齿厚偏差主要取决于切齿时刀具的进刀位置。

综上所述,齿轮加工过程中安装偏心和运动偏心通常同时存在,主要引起齿轮同侧齿面间的长周期误差,两种偏心均以齿轮一转为周期变化,可能抵消,也可能叠加,从而影响齿轮运动精度。此类偏差包括切向综合总偏差、齿距累积偏差、径向综合总偏差和径向跳动等。

同侧齿面间的短周期误差主要是由齿轮加工过程中的刀具误差、机床传动链误差等引起的,其结果影响齿轮传动平稳性。此类偏差包括一齿切向综合偏差、一齿径向综合偏差、单个齿距偏差、单个基圆齿距偏差、齿廓形状偏差等。

同侧齿面的轴向偏差主要是由齿坯轴线的歪斜和机床刀架导轨的不精确造成的,如螺旋线偏差。在齿轮的每一个端截面中,轴向偏差不变。对直齿轮,它影响纵向接触;对斜齿轮,它既影响纵向接触也破坏齿高方向接触。

7.3 渐开线圆柱齿轮精度的评定指标

现行齿轮精度标准(GB/T 10095.1~2—2008)所规定的渐开线圆柱齿轮精度的评定参数见表 7-1。

表 7-1 渐开线圆柱齿轮精度评定参数一览表

单个齿轮轮齿同侧齿面偏差	齿距偏差	单个齿距偏差 f_{Pt},齿距累积偏差 F_{Pk},齿距累积总偏差 F_P
	齿廓偏差	齿廓总偏差 F_α,齿廓形状偏差 $f_{f\alpha}$,齿廓倾斜偏差 $f_{H\alpha}$
	螺旋线偏差	螺旋线总偏差 F_β,螺旋线形状偏差 $f_{f\beta}$,螺旋线倾斜偏差 $f_{H\beta}$
	切向综合偏差	切向综合总偏差 F_i',一齿切向综合偏差 f_i'
径向综合偏差和径向跳动		径向综合总偏差 F_i'',一齿径向综合偏差 f_i'',径向跳动 F_r

现行标准将齿轮误差和偏差统称为偏差,而且偏差和偏差允许值(公差)用同一个符号表示,例如 F_α 既表示齿廓总偏差,又表示齿廓总偏差允许值(即齿廓总公差)。单项要素测量所用的偏差符号用 f 和相应下标组成,由若干单项偏差组合而成的累积或总偏差符号则用 F 和相应下标组成。

影响渐开线圆柱齿轮精度的因素可分为轮齿同侧齿面偏差、径向综合偏差和径向跳动。由于其各自的特性不同,各种偏差对齿轮传动精度的影响也不同。

齿距偏差、齿廓偏差及螺旋线偏差是渐开线齿面影响齿轮传动要求(除合理侧隙外)的形状、位置和方向等单项几何参数的精度指标。考虑到各单项误差叠加和抵消的综合作用,还可采用各种综合精度指标,如切向综合偏差、径向综合偏差和径向跳动。

210

7.3.1 轮齿同侧齿面偏差

1. 齿距偏差

渐开线圆柱齿轮轮齿同侧齿面的齿距偏差反映位置变化,它直接反映了一个齿距和一转内任意个齿距的最大变化即转角误差,是几何偏心和运动偏心的综合结果,因而可以比较全面地反映齿轮的传递运动准确性和传动平稳性,是综合性的评定项目。齿距偏差包括单个齿距偏差、齿距累积偏差及齿距累积总偏差。

1)单个齿距偏差 f_{Pt}

单个齿距偏差是指在齿轮的端面平面上,在接近齿高中部的一个与齿轮轴线同心的圆上,实际齿距与理论齿距(公称齿距)的代数差(图 7-6)。

单个齿距偏差是齿轮几何精度最基本的偏差项目之一,反映了轮齿在圆周上分布的均匀性,用来控制齿轮一个齿距角内的分度精度,它影响齿轮啮合换齿过程的传动平稳性。

2)齿距累积偏差 F_{Pk}

齿距累积偏差是指在齿轮的端面平面上,在接近齿高中部的一个与齿轮轴线同心的圆上,任意 k 个齿距的实际弧长与理论弧长的代数差(图 7-6)。

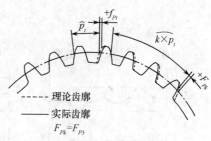

图 7-6 单个齿距偏差和齿距累积偏差($F_{Pk} = F_{P3}$)

F_{Pk} 反映在齿轮局部圆周上的齿距累积偏差,即多齿数齿轮的齿距累计总误差在整个齿圈上分布的均匀性,如果在较少齿数上齿距累积偏差过大,在实际工作中将产生很大的加速度力和动载荷以及振动、冲击和噪声,影响齿轮传动的平稳性,这对高速齿轮尤为重要。对一般齿轮,不需评定 F_{Pk}。

理论上 k 个齿距累积偏差 F_{Pk} 等于所含 k 个齿距的单个齿距偏差之代数和。齿距累积偏差 F_{Pk} 适用于 $k = 2 \sim z/8$(z 为齿数)的圆弧弧段内,通常取 $k = z/8$。对高速齿轮等特殊应用,则需要取更小的值。

3)齿距累积总偏差 F_P

齿距累积总偏差是指在齿轮端面平面上,在接近齿高中部的一个与齿轮轴线同心的圆上,齿轮同侧齿面任意弧段($k = 1 \sim z$)的最大齿距累积偏差。齿距累积总偏差表现为任意两个同侧齿面间实际弧长与理论弧长之差中的最大绝对值,即任意 k 个齿距累积偏差的最大绝对值。齿距积累总偏差用齿距累积偏差曲线的总幅值表示(图 7-7)。

齿距积累总偏差和齿距累积偏差能较全面地反映齿轮一转内传动比的变化,是评价齿轮运动精度的综合指标,但 F_P 和 F_{Pk} 不如 F_i' 全面。

2. 齿廓偏差

渐开线齿轮的齿廓反映形状变化。实际齿廓相对设计齿廓的偏离量称为齿廓偏差,在端平面内垂直于渐开线齿廓的方向计值(图 7-8)。设计齿廓是指与设计规定一致的齿廓,当无特别规定时是指端平面齿廓。齿廓曲线图包括实际齿廓迹线、设计齿廓迹线和平均齿廓迹线。

齿廓工作部分通常为理论渐开线。近代齿轮设计中,对于高速齿轮传动,为了减小基

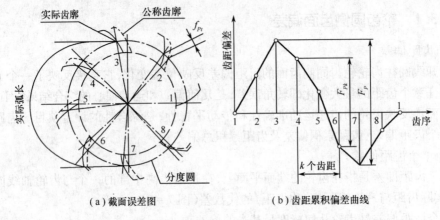

（a）截面误差图　　　　　　　　（b）齿距累积偏差曲线

图 7-7　齿距偏差和齿距累积总偏差

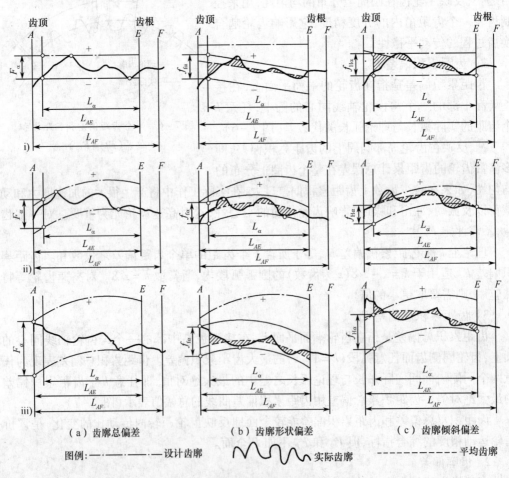

（a）齿廓总偏差　　　　　（b）齿廓形状偏差　　　　　（c）齿廓倾斜偏差

图例：———————设计齿廓　　～～～～实际齿廓　　————————平均齿廓

图 7-8　齿廓偏差

注：ⅰ）设计齿廓：未修形的渐开线；实际齿廓：在减薄区内具有偏向体内的负偏差；
　　ⅱ）设计齿廓：修形的渐开线（举例）；实际齿廓：在减薄区内具有偏向体内的负偏差；
　　ⅲ）设计齿廓：修形的渐开线（举例）；实际齿廓：在减薄区内具有偏向体外的正偏差。

A—轮齿齿顶或倒角的起点；E—有效齿廓起始点；F—可用齿廓起始点；L_{AF}—可用长度；L_{AE}—有效长度。

圆齿距偏差和轮齿弹性变形引起的冲击、振动和噪声,采用以理论渐开线齿廓为基础的修正齿廓,如修缘齿形、凸齿形等。因而设计齿廓可为渐开线齿廓或修形齿廓,如图 7-8 所示。齿廓计值范围 L_α 等于从有效长度 L_{AE} 的顶端和倒棱处减去 8%。

渐开线圆柱齿轮轮齿同侧齿面的齿廓偏差用于控制实际齿廓对设计齿廓的变动,包括齿廓总偏差、齿廓形状偏差和齿廓倾斜偏差。

1)齿廓总偏差 F_α

齿廓总偏差是指在计值范围 L_α 内,包容实际齿廓迹线且距离为最小的两条设计齿廓迹线间的距离(图 7-8(a))。实际齿廓迹线可由齿轮齿廓检验设备测得。齿廓总偏差主要影响齿轮传动平稳性,这是因为具有齿廓总偏差的齿轮,其齿廓不是标准的渐开线,不能保证瞬时传动比为常数,从而产生振动和噪声。

2)齿廓形状偏差 $f_{f\alpha}$

齿廓形状偏差是指在计值范围内,包容实际齿廓迹线的两条与平均齿廓迹线完全相同的两条迹线间的距离,这两条迹线与平均齿廓迹线的距离为常数(图 7-8(b))。平均齿廓迹线是指设计齿廓迹线的纵坐标减去这样一条直线的梯度纵坐标后得到的一条迹线,使得在计值范围内,实际齿廓迹线偏离平均齿廓迹线之偏差的平方和为最小。需用最小二乘法确定平均齿廓迹线的位置和梯度。

3)齿廓倾斜偏差 $f_{H\alpha}$

齿廓倾斜偏差是指在计值范围 L_α 的两端与平均齿廓迹线相交的两条设计轮廓迹线之间的距离(图 7-8(c))。齿廓倾斜偏差主要由压力角偏差引起。齿廓倾斜偏差 $\pm f_{H\alpha}$ 用于反映和控制齿廓倾斜偏差的变化。

齿轮质量分等时只需检验 F_α 即可,为了某些目的也可检测 $f_{f\alpha}$ 和 $f_{H\alpha}$。

3. 螺旋线偏差

在端面基圆切线方向上测得的实际螺旋线对设计螺旋线的偏离量称为螺旋线偏差,如图 7-9 所示。

设计螺旋线为符合设计规定的螺旋线。螺旋线曲线图包括实际螺旋线迹线、设计螺旋线迹线和平均螺旋线迹线。螺旋线计值范围 L_β 等于迹线长度两端各减去 5% 的迹线长度,但减去量不超过一个模数。

螺旋线偏差包括螺旋线总偏差、螺旋线形状偏差和螺旋线倾斜偏差,它影响齿轮啮合过程中的接触状况,影响齿面载荷分布的均匀性。螺旋线偏差用于评定轴向重合度 $\varepsilon_\beta > 1.25$ 的宽斜齿轮及人字齿轮,它适用于大功率、高速高精度宽斜齿轮传动。

1)螺旋线总偏差 F_β

螺旋线总偏差是指在计值范围 L_β 内,包容实际螺旋线迹线的两条设计螺旋线迹线间的距离(图 7-9(a))。可在螺旋线检查仪上测量未修形螺旋线的斜齿轮螺旋线偏差。对于渐开线直齿圆柱齿轮,螺旋角 $\beta = 0$,此时 F_β 称为齿向偏差。

2)螺旋线形状偏差 $f_{f\beta}$

螺旋线形状偏差是指在计值范围 L_β 内,包容实际螺旋线迹线的两条与平均螺旋线迹线完全相同的两条迹线之间的距离,且两条迹线与平均螺旋线迹线之间的距离为常数(图 7-9(b))。

213

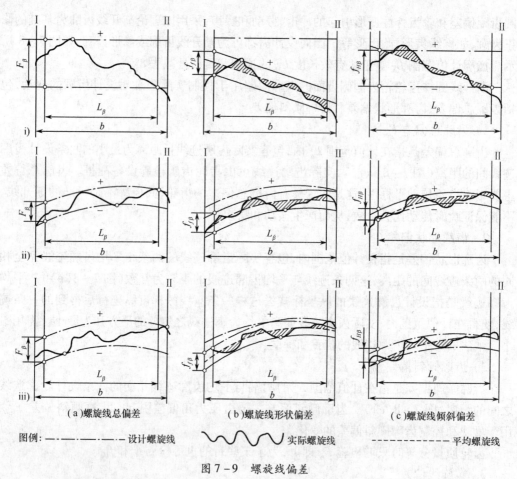

（a）螺旋线总偏差　　　　　（b）螺旋线形状偏差　　　　　（c）螺旋线倾斜偏差

图例：—·—·—·— 设计螺旋线　　∿∿∿∿ 实际螺旋线　　- - - - - - - 平均螺旋线

图 7 - 9　螺旋线偏差

注：ⅰ）设计螺旋线：未修形的螺旋线；实际螺旋线：在减薄区内具有偏向体内的负偏差；

ⅱ）设计螺旋线：修形的螺旋线（举例）；实际螺旋线：在减薄区内具有偏向体内的负偏差；

ⅲ）设计螺旋线：修形的螺旋线（举例）；实际螺旋线：在减薄区内具有偏向体外的正偏差。

3）螺旋线倾斜偏差 $f_{H\beta}$

螺旋线倾斜偏差是指在计值范围 L_β 内两端与平均螺旋线迹线相交的两条设计螺旋线迹线间的距离（图 7 - 9（c））。

齿轮质量分等时只需检验 F_β 即可，为了某些目的也可检测 $f_{f\beta}$ 和 $f_{H\beta}$。

4. 切向综合偏差

1）切向综合总偏差 F_i'

切向综合总偏差是指被测齿轮与理想精确的测量齿轮单面啮合检验时,在被测齿轮转动一整转内,齿轮分度圆上实际圆周位移与理论圆周位移的最大差值,即在齿轮的同侧齿面处于单面啮合状态下测得的齿轮一转内转角误差的总幅度值,它以分度圆弧长计值,如图 7 - 10 所示。

理想精确的测量齿轮简称为测量齿轮,是精度远高于被测齿轮的工具齿轮。正在被测量或评定的齿轮也称为产品齿轮。

切向综合总偏差是几何偏心、运动偏心等各种加工误差的综合反映,因而是评定齿轮传递运动准确性的最佳综合评定指标。

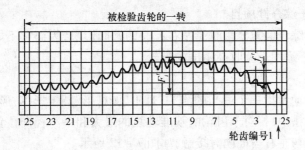

图7-10 切向综合总偏差和一齿切向综合偏差

2) 一齿切向综合偏差 f_i'

一齿切向综合偏差是指一个齿距内的切向综合偏差。实测齿轮与理想精确的测量齿轮单面啮合时,在被测齿轮一个齿距角内,实际转角与公称转角之差的最大幅度值,以分度圆弧长计值,如图7-10所示。它是齿轮切向综合偏差记录曲线上小波纹中幅值最大的那一段所代表的误差。

一齿切向综合偏差反映齿轮工作时引起振动、冲击和噪声等的高频运动误差的大小,是齿轮的齿形、齿距等各项短周期误差综合结果的反映,它直接反映齿轮传动的平稳性,也属于综合性指标。

7.3.2 渐开线圆柱齿轮径向综合偏差和径向跳动

1. 径向综合总偏差 F_i''

径向综合总偏差是指在径向即双面啮合(双啮)综合检验时,产品齿轮的左右齿面同时与测量齿轮接触,并转过一整圈时出现的中心距最大值和最小值之差,即双啮中心距的最大变动量称为径向综合总偏差(图7-11)。

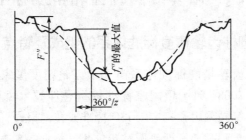

图7-11 径向综合偏差和一齿径向综合偏差

若被测齿轮的齿廓存在径向误差及一些短周期误差(如齿廓形状偏差、基圆齿距偏差等),与测量齿轮保持双面啮合转动时,其中心距就会在转动过程中不断改变,因此,径向综合偏差主要反映由几何偏心引起的径向误差及一些短周期误差。但由于径向总综合偏差只能反映齿轮的径向误差,不能反映切向误差,故不能像 F_i' 那样确切和充分地表示齿轮运动精度。

2. 一齿径向综合偏差 f_i''

一齿径向综合偏差是指被测齿轮与理想精确的测量齿轮双面啮合时,在被测齿轮一个齿距角($360°/z$)内,双啮中心距的最大变动量(图7-11)。f_i'' 反映了基圆齿距偏差和齿廓形状偏差,属于综合性项目。

由于一齿径向综合偏差测量时受左右齿面的共同影响,因而它不如一齿切向综合偏差反映那么全面,不适用于验收高精度的齿轮。

3. 径向跳动 F_r

轮齿的径向跳动是指一个适当的测头(球形、圆柱形、圆锥形、砧形等)在齿轮旋转时逐齿放置于每个齿槽中,相对于齿轮的基准轴线的最大和最小径向位置之差。检查中测头在近似齿高中部与左右齿面同时接触,如图 7-12 所示。

径向跳动是由于齿轮的轴线和基准孔的中心线存在几何偏心引起的,当几何偏心为 e 时,$F_r = 2e$。由几何偏心引起的误差是沿齿轮径向产生的,属于径向误差。几何偏心与径向跳动的关系如图 7-13 所示。

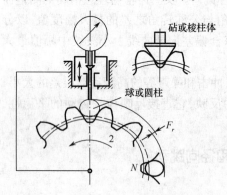 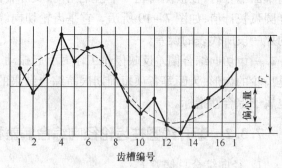

图 7-12　轮齿径向跳动测量原理　　　　图 7-13　几何偏心与径向跳动的关系

7.4　渐开线圆柱齿轮精度标准

7.4.1　渐开线圆柱齿轮精度标准体系的组成及特点

现行的渐开线圆柱齿轮精度标准体系由 3 项齿轮精度国家标准(GB/T 10095.1~2—2008、GB/T 13924—2008)和 4 项国家标准化指导性技术文件(GB/Z18620.1~4—2008)共同构成,它们均等同采用了相应的 ISO 标准或技术报告,见表 7-2。

表 7-2　渐开线圆柱齿轮精度标准一览表

GB/T 10095.1—2008	渐开线圆柱齿轮 精度制 第一部分:轮齿同侧齿面偏差的定义和允许值
GB/T 10095.2—2008	渐开线圆柱齿轮 精度制 第二部分:径向综合偏差与径向跳动的定义和允许值
GB/T 13924—2008	渐开线圆柱齿轮精度 检验细则
GB/Z 18620.1—2008	圆柱齿轮 检验实施规范 第 1 部分:轮齿同侧齿面的检验
GB/Z 18620.2—2008	圆柱齿轮 检验实施规范 第 2 部分:径向综合偏差、径向跳动、齿厚和侧隙的检验
GB/Z 18620.3—2008	圆柱齿轮 检验实施规范 第 3 部分:齿轮坯、轴中心距和轴线平行度的检验
GB/Z 18620.4—2008	圆柱齿轮 检验实施规范 第 4 部分:表面结构和轮齿接触斑点的检验

从几何精度要求考虑,渐开线圆柱齿轮(含直齿、斜齿)设计时,只要齿轮各轮齿的分度准确、齿形正确、螺旋线正确,那么齿轮就是没有误差的理想几何体,也没有任何传动误

216

差。因此,现行标准以单项偏差为基础,在 GB/T 10095.1 中规定了单个渐开线圆柱齿轮轮齿同侧齿面的精度,包括齿距(位置)、齿廓(形状)、齿向(方向)和切向综合偏差的精度,规定了 9 项单项指标。此外还规定了 5 项综合指标。

齿轮的质量最终还是由制造和检测获得,为了保证齿轮质量,必须对检测进行规范化,齿轮精度标准体系中的 4 项指导性技术文件就是为此而设置的,它规定了各项偏差的检测实施规范。

7.4.2 齿轮精度等级

1. 轮齿同侧齿面偏差的精度等级

GB/T 10095.1—2008 对分度圆直径 5mm ~ 10000mm、法向模数 0.5mm ~ 70mm、齿宽 4mm ~ 1000mm 的渐开线圆柱齿轮的同侧齿面偏差规定了 0、1、…、12 共 13 个精度等级,0 级最高,12 级最低。

2. 径向综合偏差的精度等级

GB/T 10095.2—2008 对分度圆直径 5mm ~ 1000mm、法向模数 0.2mm ~ 11mm 的渐开线圆柱齿轮的径向综合总偏差和一齿径向综合偏差规定了 4 ~ 12 共 9 个精度等级,4 级最高,12 级最低。

3. 径向跳动的精度等级

对于分度圆直径 5mm ~ 10000mrn、法向模数 0.5mm ~ 70mm 的渐开线圆柱齿轮的径向跳动,GB/T 10095.2—2008 附录 B 中推荐了 0、1、…、12 共 13 个精度等级,其中 0 级最高,12 级最低。

齿轮精度等级中,0 ~ 2 级的齿轮精度要求非常高,目前国内只有极少数单位能够制造和检测,一般单位尚不能制造;3 ~ 5 级为高精度等级,5 级为基本等级,是计算其他等级偏差允许值的基础;6 ~ 8 级为中等精度等级,使用最为广泛;9 级为较低精度等级;10 ~ 12 级为低精度等级。

7.4.3 齿轮公差(偏差允许值)及计算公式

通过实测偏差值与标准规定的允许值比较,以评定齿轮精度等级。GB/T 10095.1 ~ 2—2008 规定,公差表格中其他精度等级的数值是用对 5 级精度规定的公式乘以级间公比计算出来的。5 级精度齿轮轮齿偏差、径向综合偏差和径向跳动公差(允许值)的计算公式见表 7 - 3。

表 7 - 3　5 级精度齿轮偏差允许值的计算公式

项目名称及代号	偏差允许值计算公式
单个齿距偏差 $\pm f_{Pt}$	$f_{Pt} = 0.3(m_n + 0.4\sqrt{d}) + 4$
齿距累积偏差 $\pm F_{Pk}$	$F_{Pk} = f_{pt} + 1.6\sqrt{(k-1)m_n}$
齿距累积总偏差 F_P	$F_P = 0.3m_n + 1.25\sqrt{d} + 7$
齿廓总偏差 F_α	$F_\alpha = 3.2\sqrt{m_n} + 0.22\sqrt{d} + 0.7$
螺旋线总偏差 F_β	$F_\beta = 0.1\sqrt{d} + 0.63\sqrt{b} + 4.2$

（续）

项目名称及代号	偏差允许值计算公式
一齿切向综合偏差 f_i'	$f_i' = K(4.3 + f_{Pt} + F_\alpha) = K(9 + 0.3m_n + 3.2\sqrt{m_n} + 0.34\sqrt{d})$ 当总重合度 $\varepsilon_r < 4$ 时, $K = 0.2(\varepsilon_r + 4)/\varepsilon_r$; $\varepsilon_r \geqslant 4$ 时, $K = 0.4$
切向综合总偏差 F_i'	$F_i' = F_P + f_i'$
齿廓形状偏差 $f_{f\alpha}$	$f_{f\alpha} = 2.5\sqrt{m_n} + 0.17\sqrt{d} + 0.5$
齿廓倾斜偏差 $\pm f_{H\alpha}$	$f_{H\alpha} = 2\sqrt{m_n} + 0.14\sqrt{d} + 0.5$
螺旋线形状偏差 $f_{f\beta}$	$f_{f\beta} = 0.07\sqrt{d} + 0.45\sqrt{b} + 3$
螺旋线倾斜偏差 $\pm f_{H\beta}$	$f_{H\beta} = 0.07\sqrt{d} + 0.45\sqrt{b} + 3$
径向综合总偏差 F_i''	$F_i'' = 3.2m_n + 1.01\sqrt{d} + 6.4$
一齿径向综合偏差 f_i''	$f_i'' = 2.96m_n + 0.01\sqrt{d} + 0.8$
径向跳动公差 F_r	$F_r = 0.8F_P = 0.24m_n + 1.0\sqrt{d} + 5.6$

表 7-3 中, m_n、d、b 和 k 分别表示法向模数、分度圆直径、齿宽和测量 F_{Pk} 时的跨齿数。

两相邻精度等级的级间公比为 $\sqrt{2}$, 本级数值乘以或除以 $\sqrt{2}$, 即可得到相邻较低或较高等级的公差数值。5 级精度未圆整的计算值乘以 $\sqrt{2}^{(Q-5)}$, 即可得任一精度等级 Q 的计算值, 然后按照圆整规则进行圆整。

标准中各级精度齿轮各个项目的偏差允许值见附表 7-1 ~ 附表 7-11, 它们由表 7-3 中的公式计算并圆整后得到。标准中没有给出 F_{Pk} 的极限偏差数值表, 而是给出了 5 级精度齿轮 F_{Pk} 的计算式, F_{Pk} 可通过计算得到。不同精度等级的 f_i'/K 见附表 7-8。

7.5 渐开线圆柱齿轮精度设计和选用

7.5.1 精度等级的选用

1. 精度等级的选择依据

确定齿轮精度等级的主要依据是齿轮的用途、使用要求、工作条件及其他技术条件。选用精度等级时, 应认真分析齿轮传动的功能要求和工作条件, 如齿轮的用途、运动精度、工作速度、是否正反转、振动、噪声、传动功率、负荷、润滑条件、持续工作时间和寿命等。

2. 精度等级的选用方法

齿轮精度等级的选用方法有计算法和类比法。常用类比法确定齿轮的精度等级。

1）计算法

根据机构最终达到的精度要求, 即整个传动链末端元件传动精度的要求, 应用传动链方法, 计算出允许的转角误差（推算出 F_i'）, 计算和分配各级齿轮副的传动精度, 确定齿轮的运动精度等级; 根据机械动力学和机械振动学, 考虑振动、噪声及圆周速度, 计算确定传动平稳性的精度等级; 在强度计算或寿命计算的基础上确定承载能力的精度等级。

影响齿轮传动精度的因素不仅有齿轮自身的精度,还有安装误差的影响,很难计算出准确的精度等级,计算结果只能作为参考,故计算法仅适用于极少数高精度的重要齿轮和特殊机构使用的齿轮。

2）类比法（经验法）

首先以现有在齿轮用途和工作条件方面相似的、并且已证实可靠的类似产品或机构的齿轮为参考对象,然后根据新设计齿轮的具体工作要求、精度要求、生产条件和工作条件等进行适当修正调整,或采用相同的精度等级,或选取稍高或稍低的精度等级。表7-4~表7-6给出了部分齿轮精度等级的应用,可供设计时参考。

3. 精度等级的选用

在齿轮精度设计时,齿轮同侧齿面各精度项目可选用同一精度等级。机械制造业中常用的齿轮,在大多数工程实践中,对除侧隙之外的其余三项使用要求的精度要求都差不多,齿轮各精度项目可要求相同的精度等级。

对齿轮的工作齿面和非工作齿面可规定不同的精度等级,也可只给出工作齿面的精度等级,而对非工作齿面不提精度要求。对不同偏差项目可规定不同的精度等级。径向综合偏差和径向跳动不一定要选用与同侧齿面的精度项目相同的精度等级。机械传动中常用的齿轮精度等级见表7-4。

表7-4 机械传动中常用的齿轮精度等级

产品或机构	精度等级	产品或机构	精度等级
精密仪器、测量齿轮	2~5	通用减速器	6~9
汽轮机、涡轮机	3~6	拖拉机、载重汽车	6~9
金属切削机床	3~8	轧钢机	6~10
航空发动机	4~8	起重机械	7~10
轻型汽车、汽车底盘、机车	5~8	矿用绞车	8~10
内燃机车	6~7	农用机械	8~11

机械装置中的绝大多数齿轮既传递运动又传递功率,其精度等级与圆周速度密切相关,因此可按齿轮的工作圆周速度来选用精度等级,见表7-5。

表7-5 不同圆周速度下齿轮精度等级的应用情况

工作条件	圆周速度/（m/s）		应 用 情 况	精度等级
	直齿	斜齿		
机床	>30	>50	高精度和精密的分度链末端的齿轮	4
	>15~30	>30~50	一般精度分度链末端齿轮、高精度和精密的分度链的中间齿轮	5
	>10~15	>15~30	Ⅴ级机床主传动的齿轮,一般精度分度链的中间齿轮,Ⅲ级和Ⅲ级以上精度机床的进给齿轮,油泵齿轮	6
	>6~10	>8~15	Ⅳ级和Ⅳ级以上精度机床的进给齿轮	7
	<6	<8	一般精度机床的齿轮	8
			没有传动要求的手动齿轮	9

工作条件	圆周速度/(m/s)		应 用 情 况	精度等级
	直齿	斜齿		
动力传动		>70	用于很高速度的涡轮传动齿轮	4
		>30	用于高速度的涡轮传动齿轮,重型机械进给机构、高速重载齿轮	5
		<30	高速传动齿轮,有高可靠性要求的工业机器齿轮,重型机械的功率传动齿轮,作业率很高的起重运输机械齿轮	6
	<15	<25	高速和适度功率或大功率和适度速度条件下的齿轮,冶金、矿山、林业、石油、轻工、工程机械和小型工业齿轮箱(通用减速器)有可靠性要求的齿轮	7
	<10	<15	中等速度较平稳传动的齿轮,冶金、矿山、林业、石油、轻工、工程机械和小型工业齿轮箱(通用减速器)的齿轮	8
	≤4	≤6	一般性工作和噪声要求不高的齿轮,受载低于计算载荷的齿轮,速度大于1m/s的开式齿轮传动和转盘的齿轮	9
航空、船舶和车辆	>35	>70	需要很高的平稳性、低噪声的航空和船用齿轮	4
	>20	>35	需要高的平稳性、低噪声的航空和船用齿轮	5
	≤20	≤35	用于高速传动有平稳性低噪声要求的机车、航空、船舶和轿车的齿轮	6
	≤15	≤25	用于有平稳性和噪声要求的航空、船舶和轿车的齿轮	7
	≤10	≤15	用于中等速度较平稳传动的载重汽车和拖拉机的齿轮	8
	≤4	≤6	用于较低速和噪声要求不高的载重汽车第一挡与倒挡,拖拉机和联合收割机的齿轮	9
其他			检验7级精度齿轮的测量齿轮	4
			检验8~9级精度齿轮的测量齿轮,印刷机印刷辊子用的齿轮	5
			读数装置中特别精密传动的齿轮	6
			读数装置的传动及具有非直尺的速度传动齿轮,印刷机传动齿轮	7
			普通印刷机传动齿轮	8
单级传动效率			不低于0.99(包括轴承不低于0.985)	4~6
			不低于0.98(包括轴承不低于0.975)	7
			不低于0.97(包括轴承不低于0.965)	8
			不低于0.96(包括轴承不低于0.95)	9

表7-6列出了4~9级齿轮的应用范围、与传动平稳性的精度等级相适应的齿轮圆周速度范围及切齿方法,供设计时参考。

表 7 - 6　各个齿轮精度等级的适用范围

精度等级	圆周速度/(m/s)		面的终加工	工作条件
	直齿	斜齿		
3 级 （极精密）	到 40	到 75	特精密的磨削和研齿；用精密滚刀或单边剃齿后的大多数不经淬火的齿轮	要求特别精密的或在最平稳且无噪声的特别高速下工作的齿轮传动；特别精密机构中的齿轮；特别高速传动（涡轮齿轮）；检测 5~6 级齿轮用的测量齿轮
4 级 （特别精密）	到 35	到 70	精密磨齿；用精密滚刀和挤齿或单边剃齿后的大多数齿轮	特别精密分度机构中或在最平稳、且无噪声的极高速下工作的齿轮传动；特别精密分度机构中的齿轮；高速涡轮传动；检测 7 级齿轮用的测量齿轮
5 级 （高精密）	到 20	到 40	精密磨齿；大多数用精密滚刀加工，进而挤齿或剃齿的齿轮	精密分度机构中或要求极平稳且无噪声的高速工作的齿轮传动；精密机构用齿轮；涡轮齿轮；检测 8 级和 9 级齿轮用测量齿轮
6 级 （高精密）	到 16	到 30	精密磨齿或剃齿	要求最高效率且无噪声的高速下平稳工作的齿轮传动或分度机构的齿轮传动；特别重要的航空、汽车齿轮；读数装置用特别精密传动的齿轮
7 级 （精密）	到 10	到 15	无需热处理、仅用精确刀具加工的齿轮；至于淬火齿轮则必须精整加工（磨齿、挤齿、珩齿等）	增速和减速用齿轮传动；金属切削机床送刀机构用齿轮；高速减速器用齿轮；航空、汽车用齿轮；读数装置用齿轮
8 级 （中等精密）	到 6	到 10	不磨齿，必要时光整加工或对研	无须特别精密的一般机械制造用齿轮；包括在分度链中的机床传动齿轮；飞机、汽车制造业中的不重要齿轮；起重机构用齿轮；农业机械中的重要齿轮，通用减速器齿轮
9 级 （较低精度）	到 2	到 4	无需特殊光整工作	用于粗糙工作的齿轮

7.5.2　齿轮副精度

1. 侧隙和齿厚极限偏差的确定

1）侧隙的分类

齿轮副侧隙是指在节圆上齿槽宽度超过相啮合的轮齿齿厚的量，它是在端平面上或啮合平面（基圆切平面）上计算和规定的。侧隙通常分为法向侧隙和圆周侧隙（图 7 - 14（a））。

法向侧隙 j_{bn} 是指当两个齿轮的工作齿面啮合时，其非工作齿面之间的最短距离，可在法平面或沿啮合线方向上测量。用塞尺直接测量法向侧隙如图 7 - 14(b)所示。圆周侧隙 j_{wt} 是指固定两相啮合齿轮中的一个，另一个齿轮所能转过的节圆弧长的最大值，可沿圆周方向测得。

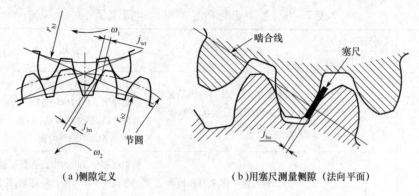

| (a)侧隙定义 | (b)用塞尺测量侧隙（法向平面） |

图 7 – 14　齿轮副侧隙

理论上法向侧隙和圆周侧隙的关系为

$$j_{bn} = j_{wt}\cos\alpha_{wt}\cos\beta_b \qquad (7-1)$$

式中，α_{wt} 为端面工作压力角，β_b 为基圆螺旋角。

所有相啮合的齿轮必定都有一定的侧隙，以保证非工作齿面不会相互接触。在齿轮啮合传动中侧隙会随着速度、温度和负载等而变化。在静态可测量的条件下，必须有足够的侧隙，以保证在带负载运行于最不利的工作条件下时仍有足够的侧隙。

齿轮副（配合）的侧隙值与小齿轮实际齿厚 s_1、大齿轮实际齿厚 s_2、中心距 a、安装和应用情况有关，还受齿轮的形状和位置偏差以及轴线平行度等的影响。设计者应按 GB/Z 18620.2—2008 中关于齿厚公差和侧隙的推荐内容来确定影响侧隙的所有尺寸的公差。

单个齿轮的齿厚会影响齿轮副侧隙。假定齿轮在最小中心距时与一个理想的相配齿轮啮合，所需的最小侧隙对应于最大齿厚。通常从最大齿厚开始减小齿厚来增大侧隙。

2）最小法向侧隙的确定

最小法向侧隙 j_{bnmin} 是当一个齿轮的齿以最大允许实效齿厚与另一个也具有最大允许实效齿厚的相配齿在最紧的允许中心距相啮合时，在静态条件下存在的最小保证侧隙。这是设计者所提供的传统"允许侧隙"，以防备下列情况：箱体、轴和轴承的偏斜；由于箱体的偏差和轴承的间隙导致齿轮轴线的不一致；由于箱体的偏差和轴承的间隙导致齿轮轴线的歪斜；安装误差（如轴的偏心）；轴承径向跳动；温度影响（箱体与齿轮零件的温度差、中心距和材料差异所致）；旋转零件的离心胀大；其他因素，如由于润滑剂的允许污染以及非金属齿轮材料的溶胀等。如果能很好地控制这些因素，最小侧隙值则可以很小。每个因素均可用分析其影响来进行估计，然后可计算出最小要求量。在估计最小期望要求值时也需要经验和判断，因为在最坏情况时的误差不大可能都叠加起来。

齿轮传动设计中，必须保证有足够的最小法向侧隙 j_{bnmin}，以确保齿轮机构正常工作。确定齿轮副最小法向侧隙一般有以下三种方法。

（1）经验法。参考国内外同类产品中齿轮副的侧隙值来确定最小侧隙。

（2）计算法。根据齿轮副的工作条件，如工作速度、温度、负载、润滑等条件来计算齿轮副最小侧隙。

为补偿由温度变化引起的齿轮及箱体热变形所必需的最小侧隙 j_{bnmin1} 为

$$j_{bnmin1} = 1000a(\alpha_1\Delta t_1 - \alpha_2\Delta t_2)2\sin\alpha_n \qquad (7-2)$$

式中,a 为齿轮副中心距(mm);α_1、α_2 为齿轮及箱体材料的线胀系数;Δt_1、Δt_2 为齿轮温度 t_1、箱体温度 t_2 与标准温度(20℃)之差;α_n 为法向压力角。

为保证正常润滑所必需的最小侧隙 j_{bnmin2} 取决于润滑方式及工作速度,其取值参见表 7-7。

表 7-7　最小侧隙 j_{bnmin2} 推荐值　　　　　　　(μm)

润滑方式	齿轮圆周速度/(m/s)			
	≤10	>10~25	>25~60	>60
喷油	$10m_n$	$20m_n$	$300m_n$	$(30~50)m_n$
油池润滑	$(5~10)m_n$			
注:m_n 为法向模数				

由设计计算得到的 j_{bnmin} 为

$$j_{bnmin} = j_{bnmin1} + j_{bnmin2} \tag{7-3}$$

(3)查表法。GB/Z 18620.2—2008 列出了用黑色金属制造齿轮和箱体的工业传动装置推荐的最小侧隙(表 7-8),工作时节圆线速度小于 15m/s,其箱体、轴和轴承都采用常用的商业制造公差。

表中的数值按下式计算:

$$j_{bnmin} = (2/3)(0.06 + 0.0005|a_i| + 0.03m_n) \tag{7-4}$$

为了获得齿轮副最小法向侧隙,必须削薄齿厚,其最小削薄量(即齿厚上偏差值)可通过下式求得:

$$E_{sns1} + E_{sns2} = -j_{bn}/\cos\alpha_n \tag{7-5}$$

式中,E_{sns1}、E_{sns2} 为小齿轮、大齿轮的齿厚上偏差。

表 7-8　对大、中模数齿轮最小侧隙 j_{bnmin} 的推荐值(摘自 GB/Z 18620.2—2008)　(mm)

m_n	最小中心距 a_i					
	50	100	200	400	800	1600
1.5	0.09	0.11	—	—	—	—
2	0.10	0.12	0.15	—	—	—
3	0.12	0.14	0.17	0.24	—	—
5	—	0.18	0.21	0.28	—	—
8	—	0.24	0.27	0.34	0.47	—
12	—	—	0.35	0.42	0.55	—
18	—	—	—	0.54	0.67	0.94

3)齿厚极限偏差的确定

对直齿轮,齿厚偏差是指分度圆柱面上实际齿厚与公称齿厚之差(图 7-15)。对斜齿轮则是指法向齿厚。

齿轮轮齿的配合采用"基中心距制",即在中心距一定的前提条件下,通过控制齿厚的办法获得必要的侧隙。对任何检测方法,所规定的最大齿厚必须减小,以确保径向跳动及其他切齿时变化对检测结果的影响,不致增加最大实效齿厚;也必须减小规定的最小齿厚,使所选择的齿厚公差能实现经济的齿轮制造,且不会被来自精度等级的其他公差所耗尽。

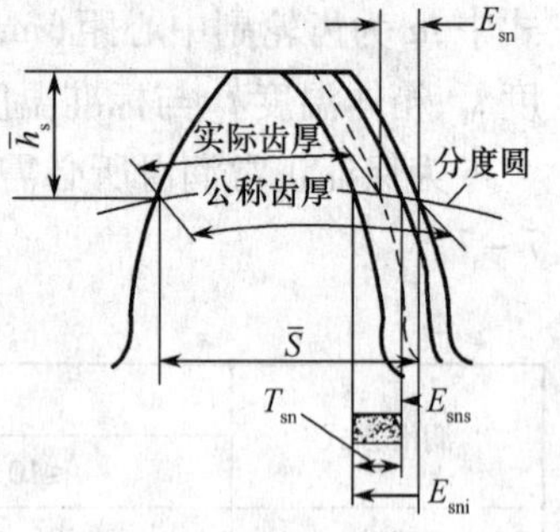

图 7 - 15　齿厚偏差

(1) 齿厚上偏差 E_{sns} 的确定。确定齿厚上偏差时应同时考虑最小侧隙、中心距偏差、齿轮和齿轮副的加工及安装误差。计算式为

$$E_{sns1} + E_{sns2} = -2f_a \tan\alpha_n - \frac{j_{bnmin} + J_n}{\cos\alpha_n} \qquad (7-6)$$

式中,E_{sns1}、E_{sns2} 为小齿轮、大齿轮的齿厚上偏差;f_a 为中心距偏差;J_n 为齿轮加工误差和齿轮副安装误差对侧隙减小的补偿量,即

$$J_n = \sqrt{f_{Pb1}^2 + f_{Pb2}^2 + 2(F_\beta \cos\alpha_n)^2 + (F_{\Sigma\delta}\sin\alpha_n)^2 + (F_{\Sigma\beta}\cos\alpha_n)^2} \qquad (7-7)$$

式中,f_{Pb1}、f_{Pb2} 为小齿轮、大齿轮的基圆齿距偏差;F_β 为小齿轮、大齿轮的螺旋线总公差;$f_{\Sigma\delta}$、$f_{\Sigma\beta}$ 为齿轮副轴线平行度偏差;α_n 为法向压力角。

求得大小齿轮的上偏差之和后,可按等值分配法或不等值分配法确定大、小齿轮的齿厚上偏差。一般使大齿轮齿厚的减薄量大一些,使小齿轮齿厚的减薄量小一些,以使大、小齿轮的强度匹配。在进行齿轮承载能力计算时,需要验算加工后的齿厚是否会变薄,如果 $|E_{sni}/m_n| > 0.05$,在任何情况下都会出现变薄现象。

通常取主动轮和从动轮的齿厚上偏差相等,则由式(7-6)可推得

$$E_{sns} = E_{sns1} = E_{sns2} = -f_a \tan\alpha_n - \frac{j_{bnmin} + J_n}{2\cos\alpha_n} \qquad (7-8)$$

(2) 法向齿厚公差 T_{sn} 的确定。最大侧隙不会影响齿轮传动性能和承载能力,因此在很多应用场合允许较大的齿厚公差或工作侧隙,以获得较经济的制造成本。法向齿厚公差的选择基本上与齿轮精度无关,除非十分必要,不应采用很紧的齿厚公差,这会对制造成本有很大的影响。当出于工作运行的原因必须控制最大侧隙时,则需仔细研究各影响因素,并仔细确定有关齿轮的精度等级、中心距公差和测量方法。可采用 GB/Z 18620.2—2008 附录 A 提供的方法进行计算。

法向齿厚公差建议按下式计算:

$$T_{sn} = (\sqrt{F_r^2 + b_r^2})2\tan\alpha_n \qquad (7-9)$$

式中,F_r 为径向跳动公差;b_r 为切齿径向进给公差,可按表 7 - 9 选用。

表 7 - 9　切齿径向进给公差

齿轮精度等级	4	5	6	7	8	9
b_r 值	1.26IT7	IT8	1.26IT8	IT9	1.26IT9	IT10

(3) 齿厚下偏差的确定。法向齿厚公差 T_{sn} 确定后,即可按下式得到齿厚下偏差 E_{sni}:

$$E_{sni} = E_{sns} - T_{sn} \qquad (7-10)$$

GB/T 10095.2—2008 未规定齿厚偏差,GB/Z 18620.2—2008 也未推荐齿厚极限偏

224

差。齿厚极限偏差由设计者按齿轮副侧隙计算确定。

4）公法线平均长度极限偏差的确定

齿轮齿厚的变化必然引起公法线长度的变化,通过测量公法线长度同样也可以控制侧隙。

公法线长度是指齿轮上几个轮齿的两端异向齿廓间所包含的一段基圆圆弧的长度。对于标准齿轮,公法线长度的公称值 W_k 及跨齿数 k 计算公式为

$$W_k = m[1.476(2k-1) + 0.014Z] \qquad (7-11)$$

$$k = \frac{Z}{9} + 0.5 \qquad (7-12)$$

公法线平均长度上偏差 E_{bns} 和下偏差 E_{bni} 与齿厚偏差之间的对应关系为

$$E_{bns} = E_{sns}\cos\alpha_n - 0.72F_r\sin\alpha_n \qquad (7-13)$$

$$E_{bni} = E_{sni}\cos\alpha_n - 0.72F_r\sin\alpha_n \qquad (7-14)$$

与测量齿厚偏差不同,公法线平均长度偏差测量简便,不受齿顶圆误差的影响,因而公法线平均长度偏差常用于代替齿厚偏差。

2. 齿轮副中心距极限偏差（ $\pm f_a$ ）

齿轮副公称中心距是在考虑了最小侧隙及两齿轮的齿顶和其相啮合的非渐开线齿廓齿根部分的干涉后确定的,应对中心距规定适当的公差。在齿轮仅单向运转而不经常反转时,最大侧隙的控制不是一个重要的考虑因素,此时中心距极限偏差主要取决于对重合度的考虑。

在控制运动用的齿轮中,必须控制其侧隙。当齿轮上的负载常常反向时,对中心距的公差必须仔细考虑的因素见"侧隙和齿厚极限偏差的确定"。

GB/Z 18620.3—2008 未提供中心距极限偏差数值表,可借鉴有关成熟产品的设计来确定。GB/T10095—1988 推荐按第Ⅱ公差组精度等级确定,但与现行标准的中心距偏差定义有所不同。

3. 齿轮副轴线平行度偏差

如果一对啮合的圆柱齿轮的两条轴线不平行,则形成空间的异面（交叉）直线,将影响齿轮的接触精度和齿轮副侧隙,必须加以控制。由于轴线平行度偏差的影响与其向量的方向有关,标准对轴线平面内的偏差 $f_{\Sigma\delta}$ 和垂直平面内的偏差 $f_{\Sigma\beta}$ 做了不同的规定（图7-16）。

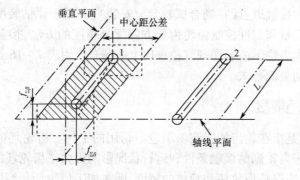

图 7 - 16　轴线平行度偏差

轴线平面内的平行度偏差在两轴线的公共平面上测量,此公共平面由两轴承跨距中较长的一根轴上的轴线(L)和另一根轴上的一个轴承来确定。如果两个轴承的跨距相同,则用小齿轮轴和大齿轮轴的一个轴承中心来确定。在与轴线公共平面相垂直的交错轴平面上测量垂直平面内的平行度偏差。

轴线平面内的平行度偏差影响螺旋线啮合偏差,其影响是工作压力角的正弦函数,而垂直平面上的平行度偏差的影响则是工作压力角的余弦函数。因而在一定量的垂直平面上偏差所导致的啮合偏差要比同样大小的轴线平面内的偏差所导致的啮合偏差大 2 ~ 3 倍。故应对轴线平面内的偏差和垂直平面上的偏差规定不同的最大推荐值。

垂直平面内轴线平行度偏差的推荐最大值为

$$f_{\Sigma\beta} = 0.5(L/b)F_\beta \tag{7-15}$$

式中,L 为轴承中间距即轴承跨距,b 为齿宽。

轴线平面内的平行度偏差的推荐最大值为

$$f_{\Sigma\beta} = 2f_{\Sigma\beta} \tag{7-16}$$

4. 齿轮副接触斑点

接触斑点是指在箱体内或啮合试验台上刚安装好的齿轮副,在轻微制动下运转所产生的接触痕迹。接触斑点用接触痕迹占齿宽 b 和有效齿面高度 h 的百分比来表示,接触斑点分布如图 7-17 所示。

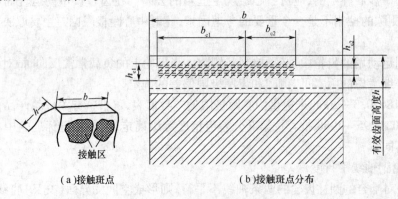

(a)接触斑点　　　　　　　　(b)接触斑点分布

图 7-17　接触斑点分布示意图

检测产品齿轮副的接触斑点(在箱体内安装),可以评估轮齿间的载荷分布。检测产品齿轮与测量齿轮的接触斑点(在啮合试验台上安装),可用于评估装配后的齿轮螺旋线和齿廓精度。作为定量和定性控制齿轮齿长方向配合精度的方法,接触斑点常用于工作现场没有检查仪及大齿轮不能装在现有检查仪上的场合。附表 7-16 给出了直齿轮装配后齿轮副接触斑点的最低要求。

7.5.3　齿轮坯精度

齿轮坯即齿坯,是指在轮齿加工前供制造齿轮用的工件。齿轮坯的尺寸偏差和齿轮箱体的尺寸偏差对于齿轮副的接触条件和运行状况影响极大。齿轮坯的精度对切齿工序的精度影响极大,适当提高齿轮坯和箱体的精度,即在加工齿轮坯和箱体时保持较紧的公差,要比加工高精度的轮齿经济得多。因此,应首先根据拥有的制造设备条件,尽量使齿

226

轮坯和箱体的制造公差保持最小值,可使加工的齿轮有较松的公差,从而获得更经济的整体设计。

1. 基准轴线的确定

1)有关术语定义

(1)工作安装面:用来安装齿轮的面。

(2)制造安装面:齿轮制造或检测时用来安装齿轮的面。

(3)工作轴线:齿轮在工作时绕其旋转的轴线称为工作轴线,它是由工作安装面的中心确定的。工作轴线只有在考虑整个齿轮组件时才有意义。

(4)基准轴线:制造者(检验者)用来确定单个轮齿几何形状的轴线。设计者的责任是确保基准轴线得到足够清楚的表达,以便在制造(检测)中精确体现,从而保证齿轮相对于工作轴线的技术要求得以满足。

(5)基准面:用来确定基准轴线的面称为基准面。基准轴线是由基准面中心确定的。齿轮依此轴线来确定齿轮的细节,特别是确定齿距、齿廓和螺旋线偏差的允许值。

2)确定基准轴线的方法

只有明确其特定的旋转轴线,有关齿轮轮齿精度参数数值才有意义。当测量时齿轮围绕其旋转的轴线改变,这些参数中的多数测量值也将改变。因此在齿轮图纸上必须明确地标注出规定轮齿偏差允许值的基准轴线,事实上整个齿轮的几何形状均以其为准。

通常使基准轴线与工作轴线重合,即以安装面作为基准面。一般情况首先需要确定一个基准轴线,然后将其他所有轴线(包括工作轴线以及其他制造轴线)用适当的公差与之联系。

一个零件的基准轴线是用基准面来确定的,基本实现方法可用两个短的圆柱或圆锥形基准面、一个长的圆柱或圆锥形基准面或者一个短的圆柱形基准面和一个基准端面确定。对于与轴做成一体的小齿轮,则常用中心孔来确定基准轴线。

2. 齿轮坯的精度

由于齿轮的齿廓、齿距和齿向等要素的精度都是相对于公共轴线定义的。因此,对齿轮坯的精度要求主要是指明基准轴线,并给出相关要素的几何公差要求。当制造时的定位基准与工作基准不一致时,还需考虑基准转换引起的误差,适当提高有关表面的精度。

对齿轮坯的公差要求如下。

(1)齿轮坯尺寸公差。齿轮内孔的尺寸精度根据与轴的配合性质要求确定。应适当选择顶圆直径的公差,以保证最小限度设计重合度的同时又有足够的顶隙。表 7-10 给出了齿轮坯的尺寸公差供参考。

表 7-10 齿轮坯的尺寸公差

齿轮精度等级		5	6	7	8	9	10	11	12
孔	尺寸公差	IT5	IT6	IT7		IT8		IT9	
轴	尺寸公差	IT5		IT6		IT7		IT8	
顶圆直径偏差		$\pm 0.05 m_n$							
注:孔、轴的几何公差按包容要求即 Ⓔ									

（2）齿轮坯基准面、工作安装面及制造安装面的形状公差。基准面的形状公差取决于规定的齿轮精度。标准推荐的基准面与安装面的形状公差数值见附表7－12。

（3）工作安装面的跳动公差。当基准轴线与工作轴线不重合时，则工作安装面相对于基准轴线的跳动公差必须在图样上予以控制。标准推荐的齿轮坯安装面的跳动公差见附表7－13。

7.5.4　齿轮齿面表面粗糙度

齿轮表面结构的两个主要特征为表面粗糙度和表明波纹度，它们影响齿轮的传动精度（产生噪声和振动）、表面承载能力和弯曲强度。表面结构对轮齿耐久性的影响表现在齿面劣化（如磨损、胶合或擦伤和点蚀）和轮齿折断（齿根过渡区应力）。

齿轮 Ra 推荐数值见附表7－14，齿轮各基准面 Ra 参考数值见附表7－15。根据齿面粗糙度影响齿轮传动精度、承载能力和弯曲强度的实际情况，参照附表7－14选取表面粗糙度数值。

其他尺寸公差、几何公差和表面粗糙度的选取参照本书有关章节的内容。

7.5.5　齿轮精度在图纸上的标注

齿轮精度标准规定，在技术文件中需叙述齿轮精度要求时，应注明标准编号。关于齿轮精度等级和齿厚偏差的标注建议如下。

1. 齿轮精度等级的标注

当齿轮的检验项目同为某一精度等级时，可标注精度等级和标准编号。如齿轮检验项目同为7级，则标注为7 GB/T 10095.1—2008 或 7 GB/T 10095.2—2008。

若齿轮检验项目的精度等级不同时，如齿廓总偏差 F_α 为6级，而齿距累积总偏差 F_P 和螺旋线总偏差 F_β 均为7级时，则标注为6(F_α)、7(F_P、F_β) GB/T 10095.1—2008。

2. 齿厚偏差的标注

按照 GB/T 6443—1986《渐开线圆柱齿轮图样上应注明的尺寸数据》的规定，应将齿厚（公法线长度、跨球（圆柱）尺寸）的极限偏差数值注在图样右上角参数表中。

7.6　齿轮精度设计示例

【例7－1】　某机床主轴箱传动轴上的一对直齿圆柱齿轮，$z_1 = 26$，$z_2 = 56$，$m = 2.75$，$b_1 = 28$，$b_2 = 24$，两轴承中间距离 $L = 90mm$，$n_1 = 1650r/min$，齿轮材料为钢，箱体材料为铸铁，单件小批量生产。试进行小齿轮精度设计，并绘制齿轮工作图。

【解】（1）确定齿轮的精度等级。

采用类比法。由表7－5查得，齿轮精度等级在3～8级之间。该齿轮用于机床主轴箱，既传递运动，又传递动力，因此可根据圆周线速度确定其精度等级。

$$V = \frac{\pi d n_1}{60 \times 1000} = \frac{\pi m z_1 n_1}{60 \times 1000} = \frac{3.41 \times 2.75 \times 26 \times 1650}{60 \times 1000} = 6.2(\text{m/s})$$

从表7－5查得，该齿轮精度等级选7级。则该齿轮精度表示为7 GB/T 10095.1—2008。

228

（2）确定齿轮副侧隙和齿厚偏差。

该齿轮副中心距为

$$a = \frac{m}{2}(z_1 + z_2) = \frac{2.75}{2}(26 + 56) = 112.75$$

按式（7-4）计算最小侧隙（也可查表 7-8 通过插值法计算）。

$$j_{bnmin} = \frac{2}{3}(0.06 + 0.0005a_i + 0.03m_n)$$

$$= \frac{2}{3}(0.06 + 0.0005 \times 112.75 + 0.03 \times 2.75) = 0.133\text{mm}$$

按式（7-5）并取两个齿轮的齿厚上偏差相等，求齿厚上偏差。

$$E_{sns} = -\frac{j_{bnmin}}{2\cos\alpha_n} = -\frac{0.133}{2\cos20°} = -0.071\text{mm}$$

小齿轮分度圆直径为 $d = mz_1 = 2.75 \times 26 = 71.5\text{mm}$，由附表 7-11 查得，$F_r = 0.030\text{mm}$。

由表 7-9 和标准公差数值表（表 2-1）查得，$b_r = \text{IT9} = 0.074\text{mm}$。

按式（7-9）计算齿厚公差。

$$T_{sn} = \sqrt{F_r^2 + b_r^2} \times 2\tan\alpha_n = \sqrt{0.074^2 + 0.030^2} \times 2\tan20° = 0.058\text{mm}$$

通常用检查公法线平均长度偏差来代替齿厚偏差，按式（7-13）、式（7-14）求公法线平均长度上、下偏差。

$$E_{bns} = E_{sns}\cos\alpha_n - 0.72F_r\sin\alpha_n = -0.071 \times \cos20° - 0.72 \times 0.030 \times \sin20°$$

$$= -0.074\text{mm}$$

$$E_{bni} = E_{bni}\cos\alpha_n - 0.72F_r\sin\alpha_n = -(0.071 + 0.058) \times \cos20° - 0.72 \times 0.030\sin20°$$

$$= -0.129\text{mm}$$

按式（7-11），跨齿数 $k = \frac{Z}{9} + 0.5 = \frac{26}{9} + 0.5 = 3.4$，取 $k = 3$。公法线长度的公称值为

$$W_k = m[1.476(2k-1) + 0.014Z]$$

$$= 2.75 \times [1.476 \times (2 \times 6 - 1) + 0.014 \times 26] = 21.297\text{mm}$$

则公法线长度及其偏差为 $21.297_{-0.129}^{-0.074}$。

（3）确定齿轮精度检验项目及其公差。

该齿轮属于中等精度、小批量生产，没有严格的噪声、振动要求，因此，精度检验项目可选齿距累积总公差 F_P、齿廓总公差 F_α、螺旋线总公差 F_β 和径向跳动公差 F_r。分别查附表 7-2、附表 7-3、附表 7-6 及附表 7-11 得，$F_P = 0.038$，$F_\alpha = 0.016$，$F_\beta = 0.017$，$F_r = 0.030$。

（4）确定齿坯精度。

① 齿轮内孔尺寸偏差。

由表 7-10 查得，齿轮内孔尺寸公差等级为 IT7，即 $\phi30\text{H7}(_0^{+0.021})$。

② 齿顶圆直径及其偏差。

齿顶圆直径为

$$d_a = m_n(z + 2) = 2.75 \times (26 + 2) = 77(\text{mm})$$

由表 7 - 10 中推荐的公式,求得齿顶圆直径偏差为

$$\pm T_{d_a} = \pm 0.05 m_n = \pm 0.05 \times 2.75 = \pm 0.14 (\text{mm})$$

则齿顶圆直径及其偏差为 $\phi 77 \pm 0.14$。

③ 基准面的形状公差。

根据附表 7 - 12 推荐的计算公式求内孔圆柱度公差。

$$0.04(L/b)F_{\beta} = 0.04 \times (90/28) \times 0.017 \approx 0.002 (\text{mm})$$

$$0.1 F_{\text{P}} = 0.1 \times 0.038 \approx 0.004 (\text{mm})$$

取以上两值的较小者,则内孔圆柱度公差值为 0.002mm。

④ 齿坯及齿面表面粗糙度。

可由附表 7 - 14、附表 7 - 15 查得齿坯及齿面表面粗糙度允许值。

齿轮工作图如图 7 - 18 所示。

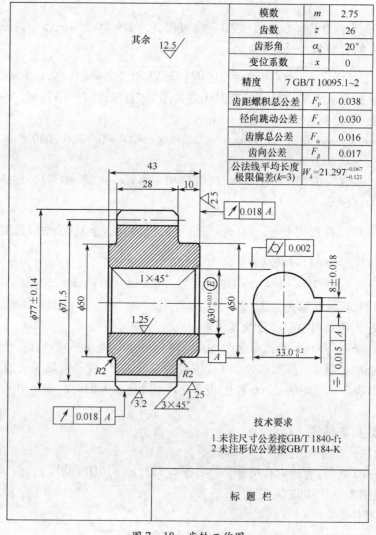

模数	m	2.75
齿数	z	26
齿形角	α_n	20°
变位系数	x	0
精度	7 GB/T 10095.1~2	
齿距累积总公差	F_{P}	0.038
径向跳动公差	F_{r}	0.030
齿廓总公差	F_{α}	0.016
齿向公差	F_{β}	0.017
公法线平均长度极限偏差(k=3)	$W_k = 21.297^{-0.067}_{-0.121}$	

技术要求
1.未注尺寸公差按GB/T 1840-f;
2.未注形位公差按GB/T 1184-K

标 题 栏

图 7 - 18 齿轮工作图

230

7.7 齿轮精度检验

7.7.1 单项检验和综合检验

齿轮的检验可分为单项检验和综合检验。

1. 单项检验

单项检验是对被测齿轮的单个被测项目分别进行测量的方法,它主要用于测量齿轮的单项误差。单项检验项目包括单个齿距偏差、齿距累积偏差、齿距累积总偏差、齿廓总偏差、螺旋线总偏差和齿厚偏差(由设计者确定其极限偏差值)。结合企业贯彻旧标准的经验和我国齿轮制造现状,建议单项检验中增加径向跳动。

2. 综合检验

综合检验是指在被测齿轮与理想精确的测量齿轮相啮合的状态下进行测量,通过测得的读数或记录的曲线,来综合判断被测齿轮精度的测量方法,分为单面啮合综合检验和双面啮合综合检验。单面啮合综合检验项目有切向综合总偏差和一齿切向综合偏差。双面啮合综合检验项目有径向综合总偏差和一齿径向综合偏差。综合测量多用于批量生产齿轮的检验,以提高检测效率,减少测量费用。

7.7.2 齿轮精度检测方法

1. 齿距偏差检验

齿距偏差的检验分为绝对法和相对法,绝对法是测量齿距的实际值(或齿距角度值),相对法是沿齿轮圆周上同侧齿面间距离做比较测量,相对测量方法应用比较广泛。常用的齿距偏差测量仪器有齿距比较仪(齿距仪)、万能测齿仪、光学分度头等。

用带两个触头的齿距比较仪测量齿距偏差如图 7 – 19 所示。该方法属于相对测量法。

测量时,先将固定量爪 5 调整为固定于仪器刻线上的一个齿距值上,然后通过调整定位支脚 1 和 3,使固定量爪 5 和活动量爪 4 同时与相邻两同侧的齿面接触于分度圆上。以任一齿距作为基准齿距,并将指示表 2 调零,然后逐个测量所有齿距,得到各个齿距相对于基准齿距的偏差,齿距偏差的数值可从指示表 2 的示值读出。还可求出齿距累积偏差及齿距累积总偏差。

图 7 – 20 所示为利用分度装置测量齿距偏差。该方法属于绝对测量法。

测量时,把被测齿轮 1 安装在分度装置 4 的心轴 5 上,把被测齿轮的一个齿面调整到起始角 0°的位置,测量杠杆 2 的测头与此齿面接触,并调整指示表 3 的示值零位。然后每转一个公称齿距角($360°/z$),测取实际齿距角对公称齿距角的差值,经数据处理就可求得 ΔF_{P}。

2. 齿廓偏差检验

齿廓偏差的测量方法有展成法(如用渐开线检查仪等)、坐标法(如用万能齿轮测量仪、齿轮测量中心、坐标测量机等)和啮合法。渐开线检查仪分为单圆盘式及万能式两类,其基本原理都是利用精密机构产生正确的渐开线轨迹与实际齿廓进行比较,以确定齿

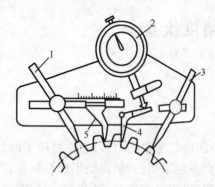

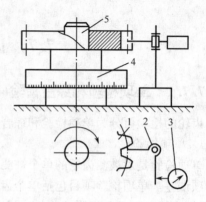

图 7－19　用齿距比较仪测量齿距偏差

1、3—定位支脚；2—指示表；

4—活动量爪；5—固定量爪。

图 7－20　用分度装置测量齿距

1—被测齿轮；2—测量杠杆；3—指示表；

4—分度装置；5—心轴。

廓形状偏差。齿廓总偏差（F_α）通常在基圆盘式或万能式渐开线测量仪上进行测量。对小模数齿轮的齿廓总偏差可在万能工具显微镜或投影仪上进行测量。

用单圆盘式渐开线测量仪测量齿廓总偏差的工作原理如图 7－21 所示。

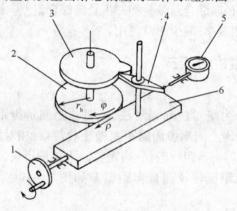

图 7－21　单圆盘式渐开线测量仪的工作原理

1—手轮；2—基圆盘；3—被测齿轮；4—杠杆；5—指示表；6—直尺。

测量仪通过直尺 6 与基圆盘 2 作纯滚动来产生精确的渐开线，被测齿轮 3 与基圆盘 2 同轴安装，指示表 5 和杠杆 4 安装在直尺 6 上，并随直尺移动。测量时，按基圆半径 r_b 调整杠杆 4 的测头位置，使测头位于渐开线的发生线上。然后，将测头与被测齿面接触，转动手轮 1 使直尺移动，由直尺带动基圆盘转动。如果被测齿廓有偏差，则在测量过程中测头相对直尺产生相对移动。齿廓总偏差的数值由指示表读出，或者由记录器记录下来而得到记录齿廓。

3. 切向综合偏差和一齿切向综合偏差的检验

切向综合偏差和一齿切向综合偏差通常用光栅式单面啮合综合检查仪（单啮仪）测量。在单啮仪上测量比较接近齿轮传动的实际工作情况，但其结构复杂，价格昂贵，故单啮仪适用于较重要的齿轮的检测。

4. 径向综合偏差和一齿径向综合偏差的检验

径向综合偏差和一齿径向综合偏差采用齿轮双面啮合检查仪（双啮仪）进行测量，如

图 7−22 所示。在测量径向综合总偏差时可同时得到一齿径向综合偏差。径向综合偏差的测量值受测量齿轮的精度以及产品齿轮与测量齿轮的总重合度的影响。

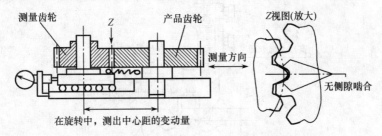

图 7−22　用齿轮双面啮合检查仪测量径向综合偏差

由于双面啮合综合测量时的啮合情况与切齿时的啮合情况相似,因而能够反映齿轮坯和刀具安装调整误差,测量所用的双啮仪远比单啮仪简单,操作方便,测量效率高,故在中等精度大批量生产中应用比较普遍。

5. 径向跳动的测量

径向跳动(F_r)通常用径向跳动检查仪或万能测齿仪来测量,也可以用普通顶尖座和千分表、圆棒、表架组合测量。测头采用球形或锥形。用径向跳动检查仪测量径向跳动如图 7−23 所示。

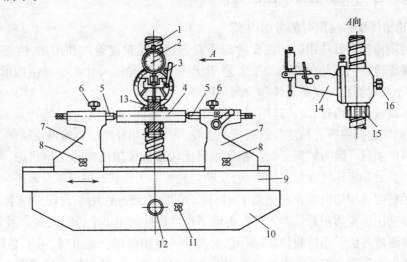

图 7−23　用径向跳动检查仪测量径向跳动

1—立柱;2—指示表;3—指示表抬升器;4—心轴;5—顶尖;6—顶尖锁紧螺钉;7—顶尖座;
8—顶尖座锁紧螺钉;9—顶尖座支承滑台;10—仪器底座;11—滑台锁紧螺钉;12—滑台纵向移动手轮;
13—被测齿轮;14—指示表摇臂支架(可偏转 ±90°);15—指示表支架升降调节螺母;16—指示表支架锁紧螺钉。

测量时,被测齿轮装在心轴上,心轴支承在仪器的两顶尖之间,使百分表测杆上专用的测量头与轮齿的齿高中部双面接触,并记录下测得的数值,逐点测量,其中最大与最小读数值之差,即为该齿轮的径向跳动值。

6. 齿厚偏差的测量

按照定义,齿厚以分度圆弧长计值(弧齿厚),但弧长不便于测量,因此,实际上是按分度圆上的齿弦高定位来测量齿厚。齿厚偏差常用齿厚游标卡尺测量,也可用精度更高的光学测齿仪来测量。用齿厚游标卡尺测量齿厚偏差如图 7-24 所示。

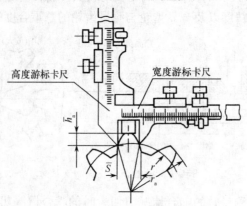

图 7-24 用齿厚游标卡尺测量齿厚偏差

测量时,应先将齿厚游标卡尺垂直的齿高卡尺调整到被测齿轮分度圆上的弦齿高处,然后用齿厚游标卡尺水平的齿宽卡尺测量出分度圆上弦齿厚的实际值,将弦齿厚的实际值减去其公称值,即可得到分度圆弦齿厚的实际偏差。

7.7.3 齿轮精度检验项目的选择

1. 齿轮精度项目选用时的考虑因素

齿轮精度检验项目选用时的主要考虑因素包括齿轮精度等级和用途,检查目的(工序检验或最终检验),齿轮的切齿加工工艺,生产批量,齿轮的尺寸大小和结构形式,项目间的协调,企业现有测试设备条件和检测费用等。

精度等级较高的齿轮,应该选用同侧齿面的精度项目,如齿廓偏差、齿距偏差、螺旋线线偏差、切向综合偏差等。精度等级较低的齿轮,可以选用径向综合偏差或径向跳动等双侧齿面的精度项目。因为同侧齿面的精度项目比较接近齿轮的实际工作状态,而双侧齿面的精度项目受非工作齿面精度的影响,反映齿轮实际工作状态的可靠性较差。

当运动精度选用切向综合总偏差 F_i' 时,传动平稳性最好选用一齿切向综合偏差 f_i';当运动精度选用齿距累积总偏差 F_P 时,传动平稳性最好选用单个齿距偏差。因为它们可采用同一种测量方法。当检验切向综合总偏差和一齿切向综合偏差时,可不必检验单个齿距偏差和齿距累积总偏差。当检验径向综合总偏差和一齿径向综合偏差时,可不必重复检验径向跳动。

精度项目的选用还应考虑测量设备等实际条件,在保证满足齿轮功能要求的前提下,充分考虑测量过程的经济性。

2. 齿轮精度检验项目的确定

GB/T 10095.1—2008 规定,齿距偏差(f_{Pt}、F_{Pk}、F_P)、齿廓总偏差和螺旋线总偏差是属于强制性检测精度指标,而切向综合偏差、径向综合偏差和径向跳动属于非强制性检测精度指标。在采用某种切齿方法加工第一批齿轮时,为了评定齿轮加工后的精度是否达到设计规定的技术要求,需要按强制性检测精度指标对齿轮进行检测,以确定齿轮的精度等级。检测合格后,在工艺条件保持不变的条件下,用相同切齿方法继续生产相同要求的齿轮时,可以采用非强制性检测精度指标来评定齿轮运动精度和传动平稳性精度。

国标虽然也提出了齿轮单面啮合测量参数、双面啮合测量参数、径向跳动等,但明确指出切向综合偏差(F_i'、f_i')、齿廓和螺旋线的形状偏差与倾斜偏差($f_{f\alpha}$、$f_{H\alpha}$、$f_{f\beta}$、$f_{H\beta}$)都不是必检项目,而是出于某种目的,如为检测方便、提高检测效率等而派生的替代项目,有时可作为有用的参数和评定值。

GB/T 10095.2—2008 规定了单个渐开线圆柱齿轮有关的径向综合总偏差 F_i''、一齿径向综合偏差 f_i'' 和齿轮径向跳动 F_r,它们均只适用于单个齿轮的各要素,而不包括相互啮合的齿轮副精度。检验径向综合偏差和径向跳动不能确定同侧齿面的单项偏差,但是包含了两侧齿面的偏差成分,可迅速提供由于生产用机床、工具或产品齿轮装夹而导致的质量缺陷信息。

在检验中,测量全部齿轮指标的偏差既不经济也无必要,因为其中有些指标的偏差对于特定齿轮的功能没有明显影响。有些测量项目可代替别的另一些项目,如切向综合偏差检验能代替齿距偏差检验,一齿切向综合偏差可代替单个齿距偏差,径向综合偏差检验能代替径向跳动检验等。标准中给出的其他参数一般不是必检项目,然而对于质量控制,测量项目的多少可由采购方和供货方协商确定,以充分体现设计第一的思想。

虽然齿轮精度标准及其指导性技术文件中所给出的精度项目和评定参数很多,但是作为评价齿轮制造质量的客观标准,齿轮精度检验项目应当以单项指标为主。为了评定单个齿轮的加工精度,应检验齿距偏差、齿廓总偏差、螺旋线总偏盖及齿厚偏差。

7.8 螺旋传动精度设计

螺旋传动由传动螺纹实现,用于传递动力、运动或位移,如机床丝杠螺母、测微螺杆、螺旋千斤顶等。本节仅介绍两种在机电产品中广泛应用的螺旋传动,即机床丝杠螺母副和滚珠丝杠的精度设计。

7.8.1 机床丝杠螺母副精度设计

1. 传动螺纹概述

机床丝杠螺母副既可用于传递运动和动力,又可用于精确传递位移,具有传动效率高、传动平稳可靠、加工方便等优点,在机械行业普遍使用。

1)传动螺纹的功能要求

与普通螺纹不同,对传动螺纹的使用要求为传动准确、可靠,螺牙接触良好及耐磨等,即:从动件(螺母)的精确轴向位移以保证传动准确,内外螺纹螺旋面的良好接触以保证工作寿命和承载能力。

传动准确就是要求控制主动件(丝杠)等速转动时,从动件(螺母)在全部轴向工作长度 L 内的实际位移对理论位移的最大变动 ΔL,以及在任意给定轴向长度 l 内的实际变动 Δl。内、外螺旋面的接触状况取决于螺纹牙侧的形状、方向与位置误差。牙侧的方向误差可由牙型半角极限偏差控制,形状误差一般由切削刀具保证,轴向位置误差由螺距极限偏差控制,径向位置误差由中径极限偏差控制。牙顶与牙底均留有保证间隙,不参与传动,用以储存润滑油。

2）传动螺纹的牙型

GB/T 5796.1—2005《梯形螺纹 牙型》规定了传动用梯形螺纹基本牙型、公称直径及相应的基本值和公差带。机床丝杠螺母梯形螺纹的基本牙型如图 7-25 所示。

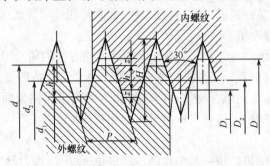

图 7-25　梯形螺纹的基本牙型

与普通螺纹不同,传动用梯形螺纹的设计牙型是设计给定的牙型,它是相对于基本牙型规定出功能所需要的各种间隙和圆弧半径的牙型。机床丝杠螺母副精度要求高,通常采用牙型角为 30°的单线梯形螺纹。梯形螺纹的主要参数有大径(d,D)、中径(d_2,D_2)、小径(d_1,D_1)和螺距 P。梯形螺纹的公称直径为大径。

2. 梯形螺纹丝杠螺母精度标准及应用

GB/T 5796.4—2005《梯形螺纹 公差》规定的公差不能满足机床丝杠螺母的精度要求,为此又专门制定了 JB/T 2886—2008《机床梯形螺纹丝杠、螺母 技术条件》,规定了机床梯形螺纹丝杠螺母的精度等级、精度项目及其相应的公差或极限偏差数值、检验方法等,见附表 7-17～附表 7-25。

1）精度等级

根据功能、用途和使用要求的不同,机床梯形螺纹丝杠及螺母分为 7 个精度等级,即 3、4、5、6、7、8、9 级,其中,3 级最高,9 级最低。3、4 级用于精度要求特别高的场合,如超高精度坐标镗床、坐标磨床和测量仪器;5、6 级用于高精度传动丝杠螺母,如高精度坐标镗床、螺纹磨床、齿轮磨床、不带校正机构的分度机构和测量仪器;7 级用于精确传动丝杠螺母,如精密螺纹车床、镗床、磨床和齿轮机床等;8 级用于一般传动丝杠螺母,如普通车床和铣床;9 级用于低精度传动丝杠螺母,如普通机床进给机构。

为了保证丝杠工作时能准确地传递运动,对丝杠和螺母规定了下列公差或极限偏差。

2）丝杠公差

（1）螺旋线轴向公差。螺旋线轴向误差是指在中径线上实际螺旋线相对于理论螺旋线在轴向偏离的最大代数差值,如图 7-26 所示。

螺旋线轴向误差可分别在丝杠螺纹的任意 2π rad 转角内,在任意 25mm、100mm、300mm 螺纹轴向长度,以及在丝杠螺纹的有效长度内考核,依次分别用 $\Delta L_{2\pi}$、ΔL_{25}、ΔL_{100}、ΔL_{300} 及 ΔL_u 表示。螺旋线轴向公差是指螺旋线轴向实际测量值相对于理论值允许的变动量,用于控制丝杠螺旋线轴向误差,相应的表示符号分别为 $\delta_{L2\pi}$、δ_{L25}、δ_{L100}、δ_{L300} 和 δ_{L_u}。

螺旋线轴向误差虽能较全面反映丝杠转角与轴向位移精度,但其动态测量方法尚未

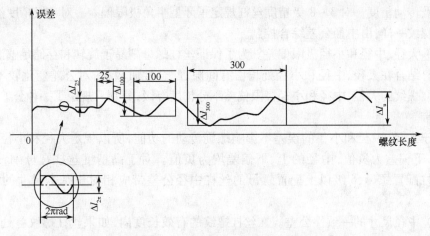

图 7 - 26　螺旋线轴向误差曲线

普及,故目前只对 3 ~ 6 级高精度丝杠规定了螺旋线轴向公差,并规定用动态测量方法进行检测。

(2) 螺距公差及螺距累积公差。丝杠的螺距误差是指在丝杠中径线上螺距的实际尺寸与公称尺寸的最大代数差值,以 ΔP 表示,如图 7 - 27 所示。

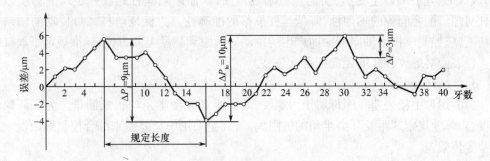

图 7 - 27　螺距误差曲线

螺距累积误差是指在规定的长度内,螺纹任意两同侧表面间的轴向实际尺寸相对于公称尺寸的最大代数差值。在丝杠螺纹的任意 60mm、300mm 螺纹长度内及螺纹有效长度内考核,分别用 ΔP_L (ΔP_{60}、ΔP_{300}) 及 ΔP_{Lu} 表示。螺距公差是指螺距的实际尺寸相对于公称尺寸允许的变动量,以 δ_P 表示,用于控制螺距误差。螺距累积公差是指在规定的螺纹长度内,螺纹牙型任意两同侧表面间的轴向实际尺寸相对于公称尺寸允许的变动量,它包括任意 60mm、300mm 螺纹长度内及螺纹有效长度内的螺距累积公差,分别用 δ_{P60}、δ_{P300} 及 δ_{PLu} 表示,用于控制螺距累积误差。螺距公差及螺距累积公差实际上是控制牙侧轴向位置误差,它不仅影响传动精度,而且影响轴向载荷在螺母全长范围内螺牙牙侧上分布的均匀性。

虽然螺距误差不如螺旋线轴向偏差全面,但对 7 ~ 9 级丝杠,测量螺距误差可在一定程度反映丝杠的位移精度,且测量容易方便,所以规定了螺距公差及螺距累积公差。

(3) 牙型半角极限偏差。丝杠螺纹牙型半角偏差是指丝杠螺纹牙型半角实际值与公称值的代数差,反映牙侧的方向误差,它使丝杠与螺母牙侧面接触不良,直接影响牙侧面

237

耐磨性及传动精度。对 3~8 级精度丝杠规定了牙型半角极限偏差。对 9 级精度丝杠,可同普通螺纹一样,由中径公差综合控制。

(4) 大径、中径和小径极限偏差。为了保证丝杠螺母副易于旋转和存储足够润滑油,丝杠螺母结合在大径、中径和小径处均留有间隙,配合性质较松,对公差变化较不敏感。故对丝杠螺纹的大径、中径和小径极限偏差不分精度等级,分别只规定了一种公差值较大的公差带。

由于大径、中径和小径的误差不影响螺旋传动的功能,所以规定大径和小径的上偏差为零,下偏差为负值,中径的上、下偏差均为负值。对于高精度丝杠螺母副,制造中常按丝杠配置螺母,6 级以上配置螺母的丝杠中径公差带应相对于基本尺寸的零线对称分布。

(5) 中径尺寸的一致性公差。在丝杠螺纹的有效长度内,如果丝杠螺纹各处的中径实际尺寸在公差范围内相差较大,中径尺寸的不一致将影响丝杠螺母配合间隙的均匀性和丝杠螺旋面的一致性。故标准规定了丝杠有效长度范围内中径尺寸的一致性公差,用以控制同一丝杠上不同位置中径实际尺寸的变动。中径极限偏差和中径尺寸一致性公差实际上是控制牙侧面的径向位置误差。

(6) 大径表面对螺纹轴线的径向圆跳动公差。丝杠全长与螺纹公称直径之比(长径比)较大时,丝杠易产生变形,引起丝杠轴线弯曲,从而影响丝杠螺纹螺旋线的精度以及丝杠与螺母配合间隙的均匀性,降低丝杠位移的准确性。为保证丝杠螺母传动的轴向位移精度,应控制丝杠因轴向弯曲而产生的跳动。考虑到测量上的方便,标准规定了丝杠螺纹大径表面对螺纹轴线的径向圆跳动公差。

3) 螺母公差

(1) 螺母中径公差。螺母属于内螺纹,其螺距和牙型半角均很难测量。为保证螺母精度,未单独规定螺距及牙型半角的极限偏差,而是采用中径公差来综合控制螺距误差及牙型半角偏差。

对 6~9 级螺母,采用非配制加工,非配制螺母螺纹的中径极限偏差见附表 7－23。对 5 级以上的高精度丝杠螺母副,为提高精密丝杠合格率,生产中绝大部分按先加工好的丝杠配制螺母,以保证两者的径向配合间隙及接触面积。以丝杠螺纹中径实际尺寸为基数,按 JB/T 2886—2008 规定的螺母与丝杠配制的中径径向间隙来确定配制螺母螺纹中径的极限尺寸。

(2) 螺母螺纹大径、小径公差。丝杠螺母副在大、小径处均有较大的间隙,对其尺寸精度无严格要求,故螺母螺纹大径和小径的极限偏差不分精度等级,分别只规定了一种公差值较大的公差带。

4) 丝杠和螺母的螺纹表面粗糙度

丝杠和螺母螺纹牙型侧面及大径、小径表面的表面粗糙度 Ra 值见附表 7－25。

5) 丝杠和螺母的标记

机床丝杠螺母螺纹的标记由螺纹特征代号 T、公称直径×螺距、螺纹旋向和精度等级等组成。左旋螺纹用 LH 表示,右旋螺纹无特别标记。例如,T55×12－6 表示公称直径 55mm、螺距 12mm、6 级精度的右旋螺纹;T55×12LH－6 表示公称直径 55mm、螺距 12mm、6 级精度的左旋螺纹。丝杠工作图的标注示例如图 7－28 所示。

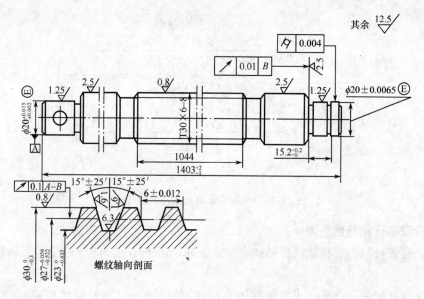

图 7 - 28　丝杠工作图

7.8.2　滚珠丝杠副精度

1. 滚珠丝杠副概述

滚珠丝杠副是由滚珠丝杠、滚珠螺母、滚珠和密封圈等零件组成的高精度机械传动部件。滚珠丝杠副是在丝杠和螺母之间放入适量的滚珠,在螺纹间产生滚动摩擦,它既能把旋转运动转换为直线运动,又能容易地将直线运动转换为旋转运动。

滚珠丝杠是传统滑动丝杠的延伸和发展,其深刻意义如同滚动轴承对滑动轴承所带来的变革。滚珠丝杠目前已基本取代梯形丝杠。因其优异的摩擦特性,滚珠丝杠副广泛应用于各种工业设备、精密仪器和数控机床。滚珠丝杠副作为数控机床直线驱动执行单元,在机床行业广泛运用,极大推动了机床行业数控化技术的发展。

滚珠丝杠副的突出优点有:传动效率高,定位精度高,无间隙,高刚性,既能微量进给又能高速进给,运动平稳,传动的可逆性,使用寿命长。

2. 滚珠丝杠副的主要尺寸参数

滚珠丝杠副的主要几何尺寸参数如图 7 - 29 所示。

(1) 公称直径 d_0。用于标志的尺寸值(无公差)。

(2) 节圆直径 D_{Pw}。滚珠与滚珠螺母体及滚珠丝杠位于理论接触点时,滚珠球心包络的圆柱直径。节圆直径 D_{Pw} 通常等于公称直径 d_0。

(3) 行程 l。转动滚珠丝杠或滚珠螺母时,滚珠丝杠或滚珠螺母的轴向位移量。

(4) 导程 P_h。滚珠螺母相对于滚珠丝杠旋转 2π rad 时的行程。

(5) 公称导程 P_{h0}。通常用于尺寸标志的导程值(无公差)。

(6) 目标导程 P_{hs}。根据实际使用需要提出的具有方向目标要求的导程。目标导程值一般比公称导程稍小一点,用以补偿丝杠在工作时由于温度上升和载荷引起的伸长量。

(7) 公称行程 l_0。公称导程与旋转圈数的乘积。

(8) 目标行程 l_s。目标导程乘以丝杠上的有效圈数即为目标行程。有时目标行程可

239

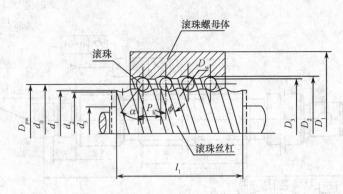

图 7 - 29　滚珠丝杠副的主要尺寸参数

由公称行程和行程补偿值表示。

（9）有效行程 l_u。有效行程是指有精度要求的行程长度,即行程加上滚珠螺母体的长度。

滚珠丝杠副的其他几何尺寸参数还有丝杠螺纹外径 d_1、丝杠螺纹底径 d_2、螺母体外径 D_1、螺母体螺纹底径 D_2、螺母体螺纹内径 D_3、滚珠直径 D_w、丝杠螺纹全长 l_1、公称接触角 α、导程角 ϕ 等。

滚珠丝杠副一般由专门厂家制造,在使用时当型号计算选定后,可以外购或定制。

3. 滚珠丝杠副的精度标准及应用

1）精度等级

按照国家标准《滚珠丝杠副 第 3 部分:验收条件和验收检验》（GB/T 17587.3—1998）,滚珠丝杠副的标准公差等级即精度等级共分 7 个等级,即 1,2,3,4,5,7,10 级,1 级精度最高,依次降低,10 级精度最低。7、10 级一般采用滚轧方法制造,5 级及以上采用研磨方法制造。

2）滚珠丝杠副的几何精度检验项目

滚珠丝杠副的导程精度由行程偏差和行程变动量来表征。根据使用范围及要求,滚珠丝杠副分为定位滚珠丝杠副(P)和传动滚珠丝杠副(T)两大类,不同的滚珠丝杠副类型需要检验的行程偏差项目见表 7 - 11。

表 7 - 11　滚珠丝杠副行程偏差的检验项目

每一基准长度的行程偏差	滚珠丝杠副类型	
	P	T
	检验序号	
有效行程 l_u 内行程补偿值 c	用户规定	$c = 0$
目标行程公差 e_p	E1.1	E1.2
有效行程内允许的行程变动量 V_{up}	E2	—
300mm 行程内允许的行程变动量 V_{300P}	E3	E3
2πrad 内允许的行程变动量 $V_{2\pi p}$	E4	—

（1）有效行程内的行程补偿值 c:在有效行程内,目标行程与公称行程之差。

（2）目标行程公差 e_p:允许的实际平均行程最大与最小值之差 $2e_p$ 的 1/2。

（3）行程变动量 V:平行于实际平均行程 l_m 且包容实际行程曲线的带宽值。在一圈

240

$(2\pi\ \text{rad})$内,带宽可通过每转内测量9次(每隔45°测一次)的值确定,也可通过在一转内连续的测量值来确定(即在有效行程的起点、中部和终点取测量区),具体要由有关这项检验的协议规定。

GB/T 17587.3—1998已规定的行程变动量有:有效行程l_u内行程变动量V_{up},300mm行程内行程变动量V_{300P},2π rad行程内行程变动量$V_{2\pi P}$。

滚珠丝杠副行程偏差和行程变动量(允差)见表7-12。

表7-12 滚珠丝杠副行程偏差和变动量(摘自GB/T 17587.3—1998)

序号	检验项目	允差						
		定位滚珠丝杠副						
		有效行程l_u/mm	标准公差等级					
			1	2	3	4	5	7	10
			e_p/μm					
E1.1	有效行程l_u内的平均行程偏差e_p	≤315	6	8	12	16	23	
		>315~400	7	9	13	18	25	
		>400~500	8	10	15	20	27	
		>500~630	9	11	16	22	32	
		>630~800	10	13	18	25	36	
		>800~1000	11	15	21	29	40	
		>1000~1250	13	18	24	34	47	
		>1250~1600	15	21	29	40	55	
		>1600~2000	18	25	35	48	65	
		>2000~2500	22	30	41	57	78	
		>2500~3150	26	36	50	69	96	
E2	有效行程l_u内行程变动量V_{up}	V_{up}/μm						
		≤315	6	8	12	16	23	
		>315~400	6	9	12	18	25	
		>400~500	7	9	13	19	26	
		>500~630	7	10	14	20	29	
		>630~800	8	11	16	22	31	
		>800~1000	9	12	17	24	34	
		>1000~1250	10	14	19	27	39	
		>1250~1600	11	16	22	31	44	
		>1600~2000	13	18	25	36	51	
		>2000~2500	15	21	29	41	59	
		>2500~3150	17	24	34	49	69	
		注:传动滚珠丝杠副的有效行程l_u内行程变动量V_{up}未规定						
E1.2	有效行程l_u内平均行程偏差e_p	传动滚珠丝杠副						
		$C=0,e_p=2\dfrac{l_u}{300}V_{300p}$,$V_{300p}$见E3						

241

E3	任意 300mm 轴向行程内行程变动量 V_{300p}	定位或传动滚珠丝杠副						
		V_{300p}/mm						
		6	8	12	16	23	52	210
E4	2π 弧度内行程变动量 $V_{2\pi P}$	定位滚珠丝杠副						
		$V_{2\pi P}/\mu\text{m}$						
		4	5	6	7	8		

4. 滚珠丝杠副精度等级的应用

2、4 级为 GB/T 17587.3—1998 不优先采用的标准公差等级。一般机械采用 7、10 级,数控设备一般采用 5、3 级,采用 5 级较多,航空制造设备、精密投影仪及三坐标测量设备等一般采用 3、2 级精度。一般的数控机床使用 4 级精度的滚珠丝杠,精密级的使用 3 级精度,国内大部分数控机床都是采用 5 级精度。

附表 7-1 单个齿距偏差 $\pm f_{pt}$ 允许值（摘自 GB/T 10095.1—2008）

分度圆直径 d/mm	法向模数 m_n/mm	精 度 等 级				
		5	6	7	8	9
		$\pm f_{pt}/\mu\text{m}$				
20 < d ≤ 50	2 < m_n ≤ 3.5	5.5	7.5	11.0	15.0	22.0
	3.5 < m_n ≤ 6	6.0	8.5	12.0	17.0	24.0
50 < d ≤ 125	2 < m_n ≤ 3.5	6.0	8.5	12.0	17.0	23.0
	3.5 < m_n ≤ 6	6.5	9.0	13.0	18.0	26.0
	6 < m_n ≤ 10	7.5	10.0	15.0	21.0	30.0
125 < d ≤ 280	2 < m_n ≤ 3.5	6.5	9.0	13.0	18.0	26.0
	3.5 < m_n ≤ 6	7.0	10.0	14.0	20.0	28.0
	6 < m_n ≤ 10	8.0	11.0	16.0	23.0	32.0
280 < d ≤ 560	2 < m_n ≤ 3.5	7.0	10.0	14.0	20.0	29.0
	3.5 < m_n ≤ 6	8.0	11.0	16.0	22.0	31.0
	6 < m_n ≤ 10	8.5	12.0	17.0	25.0	35.0

附表 7-2 齿距累积总偏差 F_p 允许值（摘自 GB/T 10095.1—2008）

分度圆直径 d/mm	法向模数 m_n/mm	精 度 等 级				
		5	6	7	8	9
		$F_p/\mu\text{m}$				
20 < d ≤ 50	2 < m_n ≤ 3.5	15.0	21.0	30.0	42.0	59.0
	3.5 < m_n ≤ 6	15.0	22.0	31.0	44.0	62.0
50 < d ≤ 125	2 < m_n ≤ 3.5	19.0	27.0	38.0	53.0	76.0
	3.5 < m_n ≤ 6	19.0	28.0	39.0	55.0	78.0
	6 < m_n ≤ 10	20.0	29.0	41.0	58.0	82.0

分度圆直径 d/mm	法向模数 m_n/mm	精度等级				
		5	6	7	8	9
		$F_P/\mu m$				
$125 < d \leqslant 280$	$2 < m_n \leqslant 3.5$	25.0	35.0	50.0	70.0	100.0
	$3.5 < m_n \leqslant 6$	25.0	36.0	51.0	72.0	102.0
	$6 < m_n \leqslant 10$	26.0	37.0	53.0	75.0	106.0
$280 < d \leqslant 560$	$2 < m_n \leqslant 3.5$	33.0	46.0	65.0	92.0	131.0
	$3.5 < m_n \leqslant 6$	33.0	47.0	66.0	94.0	133.0
	$6 < m_n \leqslant 10$	34.0	48.0	68.0	97.0	137.0

附表 7 – 3　齿廓总偏差 F_α 允许值（摘自 GB/T 10095.1—2008）

分度圆直径 d/mm	法向模数 m_n/mm	精度等级				
		5	6	7	8	9
		$F_\alpha/\mu m$				
$20 < d \leqslant 50$	$2 < m_n \leqslant 3.5$	7.0	10.0	14.0	20.0	29.0
	$3.5 < m_n \leqslant 6$	9.0	12.0	18.0	25.0	35.0
$50 < d \leqslant 125$	$2 < m_n \leqslant 3.5$	8.0	11.0	16.0	22.0	31.0
	$3.5 < m_n \leqslant 6$	9.5	13.0	19.0	27.0	38.0
	$6 < m_n \leqslant 10$	12.0	16.0	23.0	33.0	46.0
$125 < d \leqslant 280$	$2 < m_n \leqslant 3.5$	9.0	13.0	18.0	25.0	36.0
	$3.5 < m_n \leqslant 6$	11.0	15.0	21.0	30.0	42.0
	$6 < m_n \leqslant 10$	13.0	18.0	25.0	36.0	50.0
$280 < d \leqslant 560$	$2 < m_n \leqslant 3.5$	10.0	15.0	21.0	29.0	41.0
	$3.5 < m_n \leqslant 6$	12.0	17.0	24.0	34.0	48.0
	$6 < m_n \leqslant 10$	14.0	20.0	28.0	40.0	56.0

附表 7 – 4　齿廓形状偏差 $f_{f\alpha}$ 允许值（摘自 GB/T 10095.1—2008）

分度圆直径 d/mm	法向模数 m_n/mm	精度等级				
		5	6	7	8	9
		$f_{f\alpha}/\mu m$				
$20 < d \leqslant 50$	$2 < m_n \leqslant 3.5$	5.5	8.0	11.0	16.0	22.0
	$3.5 < m_n \leqslant 6$	7.0	9.5	14.0	19.0	27.0
$50 < d \leqslant 125$	$2 < m_n \leqslant 3.5$	6.0	8.5	12.0	17.0	24.0
	$3.5 < m_n \leqslant 6$	7.5	10.0	15.0	21.0	29.0
	$6 < m_n \leqslant 10$	9.0	13.0	18.0	25.0	36.0
$125 < d \leqslant 280$	$2 < m_n \leqslant 3.5$	7.0	9.5	14.0	19.0	28.0
	$3.5 < m_n \leqslant 6$	8.0	12.0	16.0	23.0	33.0
	$6 < m_n \leqslant 10$	10.0	14.0	20.0	28.0	39.0

(续)

分度圆直径 d/mm	法向模数 m_n/mm	精度等级				
		5	6	7	8	9
		$f_{f\alpha}$/μm				
$280 < d \leqslant 560$	$2 < m_n \leqslant 3.5$	8.0	11.0	16.0	22.0	32.0
	$3.5 < m_n \leqslant 6$	9.0	13.0	18.0	26.0	37.0
	$6 < m_n \leqslant 10$	11.0	15.0	22.0	31.0	43.0

附表 7-5　齿廓倾斜偏差 $\pm f_{H\alpha}$ 允许值(摘自 GB/T 10095.1—2008)

分度圆直径 d/mm	法向模数 m_n/mm	精度等级				
		5	6	7	8	9
		$\pm f_{H\alpha}$/μm				
$20 < d \leqslant 50$	$2 < m_n \leqslant 3.5$	4.5	6.5	9.0	13.0	18.0
	$3.5 < m_n \leqslant 6$	5.5	8.0	11.0	16.0	22.0
$50 < d \leqslant 125$	$2 < m_n \leqslant 3.5$	5.0	7.0	10.0	14.0	20.0
	$3.5 < m_n \leqslant 6$	6.0	8.5	12.0	17.0	24.0
	$6 < m_n \leqslant 10$	7.5	10.0	15.0	21.0	29.0
$125 < d \leqslant 280$	$2 < m_n \leqslant 3.5$	5.5	8.0	11.0	16.0	23.0
	$3.5 < m_n \leqslant 6$	6.5	9.5	13.0	19.0	27.0
	$6 < m_n \leqslant 10$	8.0	11.0	16.0	23.0	32.0
$280 < d \leqslant 560$	$2 < m_n \leqslant 3.5$	6.5	9.0	13.0	18.0	26.0
	$3.5 < m_n \leqslant 6$	7.5	11.0	15.0	21.0	30.0
	$6 < m_n \leqslant 10$	9.0	13.0	18.0	25.0	35.0

附表 7-6　螺旋线总偏差 F_β 允许值(摘自 GB/T 10095.1—2008)

分度圆直径 d/mm	齿宽 b/mm	精度等级				
		5	6	7	8	9
		F_β/μm				
$20 < d \leqslant 50$	$10 < b \leqslant 20$	7.0	10.0	14.0	20.0	29.0
	$20 < b \leqslant 40$	8.0	11.0	16.0	23.0	32.0
$50 < d \leqslant 125$	$10 < b \leqslant 20$	7.5	11.0	15.0	21.0	30.0
	$20 < b \leqslant 40$	8.5	12.0	17.0	24.0	34.0
	$40 < b \leqslant 80$	10.0	14.0	20.0	28.0	39.0
$125 < d \leqslant 280$	$10 < b \leqslant 20$	8.0	11.0	16.0	22.0	32.0
	$20 < b \leqslant 40$	9.0	13.0	18.0	25.0	36.0
	$40 < b \leqslant 80$	10.0	15.0	21.0	29.0	41.0
$280 < d \leqslant 560$	$20 < b \leqslant 40$	9.5	13.0	19.0	27.0	38.0
	$40 < b \leqslant 80$	11.0	15.0	22.0	31.0	44.0
	$80 < b \leqslant 160$	13.0	18.0	26.0	36.0	52.0

244

附表 7-7 螺旋线形状偏差 $f_{f\beta}$ 和螺旋线倾斜偏差 $\pm f_{H\beta}$ 允许值
（摘自 GB/T 10095.1—2008）

分度圆直径 d/mm	齿宽 b/mm	精度等级				
		5	6	7	8	9
		$f_{f\beta}$/μm 和 $\pm f_{H\beta}$/μm				
20 < d ≤ 50	10 < b ≤ 20	5.0	7.0	10.0	14.0	20.0
	20 < b ≤ 40	6.0	8.0	12.0	16.0	23.0
50 < d ≤ 125	10 < b ≤ 20	5.5	7.5	11.0	15.0	21.0
	20 < b ≤ 40	6.0	8.5	12.0	17.0	24.0
	40 < b ≤ 80	7.0	10.0	14.0	20.0	28.0
125 < d ≤ 280	10 < b ≤ 20	5.5	8.0	11.0	16.0	23.0
	20 < b ≤ 40	6.5	9.0	13.0	18.0	25.0
	40 < b ≤ 80	7.5	10.0	15.0	21.0	29.0
280 < d ≤ 560	20 < b ≤ 40	7.0	9.5	14.0	19.0	27.0
	40 < b ≤ 80	8.0	11.0	16.0	22.0	31.0
	80 < b ≤ 160	9.0	13.0	18.0	26.0	37.0

附表 7-8 f_i'/K 的比值（摘自 GB/T 10095.1—2008）

分度圆直径 d/mm	法向模数 m_n/mm	精度等级				
		5	6	7	8	9
		(f_i'/K)/μm				
20 < d ≤ 50	2 < m_n ≤ 3.5	17.0	24.0	34.0	48.0	68.0
	3.5 < m_n ≤ 6	19.0	27.0	38.0	54.0	77.0
50 < d ≤ 125	2 < m_n ≤ 3.5	18.0	25.0	36.0	51.0	72.0
	3.5 < m_n ≤ 6	20.0	29.0	40.0	57.0	81.0
	6 < m_n ≤ 10	23.0	33.0	47.0	66.0	93.0
125 < d ≤ 280	2 < m_n ≤ 3.5	20.0	28.0	39.0	56.0	79.0
	3.5 < m_n ≤ 6	22.0	31.0	44.0	62.0	88.0
	6 < m_n ≤ 10	25.0	35.0	50.0	70.0	100.0
280 < d ≤ 560	2 < m_n ≤ 3.5	22.0	31.0	44.0	62.0	87.0
	3.5 < m_n ≤ 6	24.0	34.0	48.0	68.0	96.0
	6 < m_n ≤ 10	27.0	38.0	54.0	76.0	108.0

附表 7 - 9　径向综合总偏差 F_i'' 允许值(摘自 GB/T 10095.2—2008)

分度圆直径 d/mm	法 向 模 数 m_n/mm	精度等级				
		5	6	7	8	9
		F_i''/μm				
20 < d ≤ 50	1.0 < m_n ≤ 1.5	16	23	32	45	64
	1.5 < m_n ≤ 2.5	18	26	37	52	73
50 < d ≤ 125	1.0 < m_n ≤ 1.5	19	27	39	55	77
	1.5 < m_n ≤ 2.5	22	31	43	61	86
	2.5 < m_n ≤ 4.0	25	36	51	72	102
125 < d ≤ 280	1.0 < m_n ≤ 1.5	24	34	48	68	97
	1.5 < m_n ≤ 2.5	26	37	53	75	106
	2.5 < m_n ≤ 4.0	30	43	61	86	121
	4.0 < m_n ≤ 6.0	36	51	72	102	144
280 < d ≤ 560	1.0 < m_n ≤ 1.5	30	43	61	86	122
	1.5 < m_n ≤ 2.5	33	46	65	92	131
	2.5 < m_n ≤ 4.0	37	52	73	104	146
	4.0 < m_n ≤ 6.0	42	60	84	119	169

附表 7 - 10　一齿径向综合偏差 f_i'' 允许值(摘自 GB/T 10095.2—2008)

分度圆直径 d/mm	法 向 模 数 m_n/mm	精度等级				
		5	6	7	8	9
		f_i''/μm				
20 < d ≤ 50	1.0 < m_n ≤ 1.5	4.5	6.5	9.0	13	18
	1.5 < m_n ≤ 2.5	6.5	9.5	13	19	26
50 < d ≤ 125	1.0 < m_n ≤ 1.5	4.5	6.5	9.0	13	18
	1.5 < m_n ≤ 2.5	6.5	9.5	13	19	26
	2.5 < m_n ≤ 4.0	10	14	20	29	41
125 < d ≤ 280	1.0 < m_n ≤ 1.5	4.5	6.5	9.0	13	18
	1.5 < m_n ≤ 2.5	6.5	9.5	13	19	27
	2.5 < m_n ≤ 4.0	10	15	21	29	41
	4.0 < m_n ≤ 6.0	15	22	31	44	62
280 < d ≤ 560	1.0 < m_n ≤ 1.5	4.5	6.5	9.0	13	18
	1.5 < m_n ≤ 2.5	6.5	9.5	13	19	27
	2.5 < m_n ≤ 4.0	10	15	21	29	41
	4.0 < m_n ≤ 6.0	15	22	31	44	62

附表 7 – 11　　径向跳动公差 F_r（摘自 GB/T 10095.2—2008）

分度圆直径 d/mm	法向模数 m_n/mm	精 度 等 级				
		5	6	7	8	9
		$F_r/\mu\text{m}$				
$20 < d \leqslant 50$	$2.0 < m_n \leqslant 3.5$	12	17	24	34	47
	$3.5 < m_n \leqslant 6.0$	12	17	25	35	49
$50 < d \leqslant 125$	$2.0 < m_n \leqslant 3.5$	15	21	30	43	61
	$3.5 < m_n \leqslant 6.0$	16	22	31	44	62
	$6.0 < m_n \leqslant 10$	16	23	33	46	65
$125 < d \leqslant 280$	$2.0 < m_n \leqslant 3.5$	20	28	40	56	80
	$3.5 < m_n \leqslant 6.0$	20	29	41	58	82
	$6.0 < m_n \leqslant 10$	21	30	42	60	85
$280 < d \leqslant 560$	$2.0 < m_n \leqslant 3.5$	26	37	52	74	105
	$3.5 \leqslant m_n \leqslant 6.0$	27	38	53	75	106
	$6.0 < m_n \leqslant 10$	27	39	55	77	109

附表 7 – 12　　基准面与安装面的形状公差（摘自 GB/Z 18620.3—2008）

确定轴线的基准面	公 差 项 目		
	圆度	圆柱度	平面度
用两个"短的"圆柱或圆锥形基准面上设定的两个圆的圆心来确定轴线上的两个点	$0.04(L/b)F_\beta$ 或 $0.1F_p$ 取两者中小值		
用一个"长的"圆柱或圆锥形的面来同时确定轴线的位置和方向。孔的轴线可以用与之相匹配正确地装配的工作心轴的轴线来代表		$0.04(L/b)F_\beta$ 或 $0.1F_p$ 取两者中小值	
轴线位置用一个"短的"圆柱形基准面上一个圆的圆心来确定,其方向则用垂直于此轴线的一个基准端面来确定	$0.06F_p$		$0.06(D_d/b)F_\beta$

附表 7 – 13　　安装面的跳动公差（摘自 GB/Z 18620.3—2008）

确定轴线的基准面	跳动量（总的指示幅度）	
	径 向	轴 向
仅指圆柱或圆锥形基准面	$0.15(L/b)F_\beta$ 或 $0.3F_p$ 取两者中大值	
一个圆柱基准面和一个端面基准面	$0.3F_p$	$0.2(D_d/b)F_\beta$

247

附表7-14 齿轮各主要表面 Ra 推荐数值(摘自 GB/Z 18620.4—2008) (μm)

等级	Ra			等级	Ra		
	模数 m/mm				模数 m/mm		
	$m<6$	$6<m<25$	$m>25$		$m<6$	$6<m<25$	$m>25$
1		0.04		7	1.25	1.6	2.0
2		0.08		8	2.0	2.5	3.2
3		0.16		9	3.2	4.0	5.0
4		0.32		10	5.0	6.3	8.0
5	0.5	0.63	0.80	11	10.0	12.5	16
6	0.8	1.00	1.25	12	20	25	32

附表7-15 齿轮各基准面的表面粗糙度 Ra 推荐数值(供参考) (μm)

齿轮的精度等级 各面的粗糙度 Ra	5	6	7		8	9	
齿面加工方法	磨 齿	磨或珩齿	剃或 珩齿	精插 精铣	插齿或滚齿	滚 齿	铣 齿
齿轮基准孔	0.32~0.63	1.25	1.25~2.5			5	
齿轮轴基准轴颈	0.32	0.63	1.25		2.5		
齿轮基准端面	2.5~1.25	2.5~5			3.2~5		
齿轮顶圆	1.25~2.5	3.2~5					

附表7-16 直齿轮装配后的接触斑点(摘自 GB/Z 18620.4—2008)

精度等级 按 GB/T 10095—2001	b_{c1} 占齿宽的百分比	h_{c1} 占有效齿面 高度的百分比	b_{c2} 占齿宽的百分比	h_{c2} 占有效齿面 高度的百分比
4级及更高	50%	70%	40%	50%
5 和 6	45%	50%	35%	30%
7 和 8	35%	50%	35%	30%
9 至 12	25%	50%	25%	30%

附表7-17 丝杠螺旋线轴向公差(摘自 JB/T 2886—2008) (μm)

精度 等级	$\delta l_{2\pi}$	在下列长度内(mm)的螺旋 线轴向公差			在下列螺纹有效长度内(mm) 螺旋线轴向公差				
		25	100	300	≤1000	>1000~ 2000	>2000~ 3000	>3000~ 4000	>4000~ 5000
3	0.9	1.2	1.8	2.5	4	—	—	—	—
4	1.5	2	3	4	6	8	12		
5	2.5	3.5	4.5	6.5	10	14	19	—	—
6	4	7	8	11	16	91	27	33	39

注:7、8、9级精度丝杠不规定螺旋线轴向公差。$\delta l_{2\pi}$ 为任意一个螺距长度内的螺旋线轴向公差

附表 7-18 丝杠螺纹螺距公差和螺距累积公差(摘自 JB/T 2886—2008) (μm)

精度等级	螺距公差	在下列长度(mm)内螺距累积公差			下列螺纹有效长度内(mm)螺距累积公差				
		60	300	1000	>1000~2000	>2000~3000	>3000~4000	>4000~5000	>5000 每增加1000 应增加
7	6	10	18	28	36	44	52	60	8
8	12	20	35	55	65	75	85	95	10
9	25	40	70	110	130	150	170	190	20

附表 7-19 丝杠螺纹牙型半角的极限偏差(摘自 JB/T 2886—2008)

螺距 P/mm	精度等级						
	3	4	5	6	7	8	9
	半角极限偏差(')						
2~5	±8	±10	±12	±15	±20	±30	±30
6~10	±6	±8	±10	±12	±18	±25	±28
12~20	±5	±6	±8	±10	±15	±20	±25

注:9级精度丝杠不规定牙型半角极限偏差

附表 7-20 丝杠螺纹大径、中径和小径的极限偏差(摘自 JB/T 2886—2008)

螺距 P /mm	公称直径 D/mm		螺纹大径		螺纹中径		螺纹小径	
	自	至	上偏差/μm	下偏差/μm	上偏差/μm	下偏差/μm	上偏差/μm	下偏差/μm
6	30	42	0	-300	-56	-522	0	-635
	44	60				-550		-646
	65	80				-572		-665
	120	150				-585		-720
8	22	28	0	-400	-67	-590	0	-720
	44	60				-620		-758
	65	80				-656		-765
	160	190				-682		-930
10	30	40	0	-550	-75	-680	0	-820
	44	60				-696		-854
	65	80				-710		-865
	200	220				-738		-900
12	30	42	0	-600	-82	-754	0	-892
	44	60				-772		-948
	65	80				-789		-955
	85	110				-800		-978

注:螺纹大径表面作工艺基准时,其尺寸公差及形状公差由工艺提出

附表 7-21 丝杠螺纹中径尺寸的一致性公差(摘自 JB/T 2886—2008) (μm)

精度等级	螺纹有效长度 /mm					
	≤1000	>1000 ~ 2000	>2000 ~ 3000	>3000 ~ 4000	>4000 ~ 5000	>5000 每增加 1000 应增加
3	5	—	—	—	—	—
4	6	11	17	—	—	—
5	8	15	22	30	38	—
6	10	20	30	40	50	5
7	12	26	40	53	65	10
8	16	36	53	70	90	20
9	21	48	70	90	116	30

附表 7-22 丝杠螺纹大径表面对螺纹轴线的径向圆跳动公差
(摘自 JB/T 2886—2008) (μm)

长径比	精 度 等 级						
	3	4	5	6	7	8	9
>20 ~ 25	4	6	10	16	40	63	125
>25 ~ 30	5	8	12	20	50	80	160
>30 ~ 35	6	10	16	25	60	100	200
>35 ~ 40	—	12	20	32	80	125	250
>40 ~ 45	—	16	25	40	100	160	315
>45 ~ 50	—	20	32	50	120	200	400
>50 ~ 60	—	—	—	63	150	250	500

注:长径比系指丝杠全长与螺纹公称直径之比。

附表 7-23 非配制螺母螺纹的中径极限偏差(摘自 JB/T 2886—2008)

螺 距 P/mm		精 度 等 级			
		6	7	8	9
自	至	极限偏差/μm			
2	5	+55 0	+65 0	+85 0	+100 0
6	10	+65 0	+75 0	+100 0	+120 0
12	20	+75 0	+85 0	+120 0	+150 0

附表 7-24　螺母螺纹的大径、中径、小径的极限偏差(摘自 JB/T 2886—2008)

螺距 P/mm	公称直径 D/mm		螺 纹 大 径		螺 纹 小 径	
	自	至	上偏差/μm	下偏差/μm	上偏差/μm	下偏差/μm
6	30	42	+578	0	+300	0
	44	60	+590			
	65	80	+610			
	120	150	+660			
8	22	28	+650	0	+400	0
	44	60	+690			
	65	80	+700			
	160	190	+765			
10	30	42	+745	0	+500	0
	44	60	+778			
	65	80	+790			
	200	220	+825			
12	30	42	+813	0	+600	0
	44	60	+865			
	65	80	+872			
	85	110	+895			

注:螺纹大径或小径表面作工艺基准时,其尺寸公差及形状公差由工艺提出

附表 7-25　丝杠和螺母的螺纹表面粗糙度 Ra 值(摘自 JB/T 2886—2008)(μm)

精度等级	螺纹大径表面		牙 型 侧 面		螺纹小径表面	
	丝杠	螺母	丝杠	螺母	丝杠	螺母
3	0.2	3.2	0.2	0.4	0.8	0.8
4	0.4	3.2	0.4	0.8	0.8	0.8
5	0.4	3.2	0.4	0.8	0.8	0.8
6	0.4	3.2	0.4	0.8	1.6	0.8
7	0.4	6.3	0.8	1.6	3.2	1.6
8	0.8	6.3	1.6	1.6	6.3	1.6
9	1.6	6.3	1.6	1.6	6.3	1.6

注:丝杠和螺母的牙型侧面不应有明显的波纹

习题与思考题

1. 对齿轮传动有哪些使用要求?侧隙对齿轮传动有何意义?

2. 单个齿轮精度的评定指标包括哪些齿轮偏差项目(列出名称、代号及其公差代号)?

3. 齿轮运动精度主要受到哪些齿轮偏差影响?

4. 齿轮传动平稳性主要受到哪些齿轮偏差影响?齿面接触精度主要受到哪些齿轮

偏差影响?

    5. 齿轮切向综合总偏差和齿轮径向综合总偏差有什么差别?

    6. 是否所有的齿轮偏差都取一样的等级? 设计时如何选择精度等级?

    7. 某 7 级精度的齿轮,其所有的偏差项目都达到了 7 级精度,这种说法对吗?

    8. 是否需要检验齿轮所有要素的偏差? 选择检验项目时应考虑哪些因素?

    9. 影响齿轮副精度的有哪些偏差项目?

    10. 如何保证齿轮侧隙? 对单个齿轮,应控制哪些偏差?

    11. 设计中如何选择中心距与轴线平行度的公差?

    12. 设计中如何对齿坯提出技术要求? 齿坯误差如何影响齿轮副精度?

    13. 某机器中有一直齿圆柱齿轮,已知模数 $m=3\mathrm{mm}$,齿数 $z=32$,压力角 $\alpha=20°$,齿宽 $b=60\mathrm{mm}$,传递功率为 6kW,工作转速为 960r/min,按照中小批量生产。试确定该齿轮的精度等级和精度检验项目,并确定检验项目的公差(或极限偏差)数值。

    14. 某齿轮减速器中有一对直齿圆柱齿轮,其功率为 5kW,$m=3\mathrm{mm}$,$z_1=20$,$z_2=79$,$\alpha=20°$,$b=60\mathrm{mm}$。小齿轮最高转速 $n_1=750\mathrm{r/min}$。箱体材料为铸铁,线胀系数 $\alpha_1=10.5\times10^{-6}/℃$。齿轮材料为钢,线胀系数 $\alpha_2=11.5\times10^{-6}/℃$。工作时齿轮最大温升至 60℃,箱体最大温升至 40℃,小批量生产。试进行齿轮精度设计,并绘制齿轮工作图。

    15. 试比较滚珠丝杠副精度标准、梯形螺纹丝杠螺母精度标准、普通螺纹精度标准有哪些不同?

第8章 尺寸链

8.1 尺寸链的基本概念

在机械设计与加工过程中,除了需要进行运动、结构的分析与必要的强度、刚度等设计与计算外,还要进行几何精度的分析计算。零件的几何精度与整机、部件的精度密切相关,整机、部件的精度由零件的精度保证。通过尺寸链的分析计算,可以在保证整机、部件工作性能和技术经济效益的前提下,合理地确定零件的尺寸公差与形位公差,以确保产品质量。

在机械设计和制造中,通过尺寸链的分析和计算,主要解决以下几个问题:

(1) 已知封闭环的尺寸、公差或偏差,求各组成环的尺寸、公差或偏差,称为反计算。多用于零件尺寸设计及工艺设计,如设计新产品时进行合理的公差分配等。

(2) 已知各组成环的尺寸、公差或偏差,求封闭环的尺寸、公差或偏差,称为正计算。多用于设计审核,校核零件规定的公差是否合理,是否满足装配要求。

(3) 已知封闭环和部分组成环的尺寸、公差或偏差,求其他各组成环的尺寸、公差或偏差,称为中间计算。多用于工艺设计,如工序间尺寸的计算或零件尺寸的基面换算等。

8.1.1 尺寸链的定义及特点

在机器装配或零件加工过程中,经常遇到一些相互联系的尺寸链按一定顺序首尾相接形成封闭的尺寸组就定义为尺寸链。

如图 8 – 1(a)所示,当零件加工得到 A_1 及 A_2 后,零件加工时并未予以直接保证的尺寸 A_0 也就随之而确定了。A_0、A_1 和 A_2 这三个相互连接的尺寸就形成了封闭的尺寸组,即零件加工尺寸链。如图 8 – 1(b)所示,将直径为 A_2 的轴装入直径为 A_1 的孔中,装配后得到间隙 A_0,它的大小取决于孔径 A_1 和轴径 A_2 的大小。A_1 和 A_2 属于不同的设计尺寸。A_0、A_1 和 A_2 这三个相互连接的尺寸就形成了封闭的尺寸组,即形成一个装配尺寸链。如图 8 –1(c)所示,内孔需要镀铬使用。镀铬前按工序尺寸(直径)A_1 加工,孔壁镀铬厚度为 A_2、$A_3(A_2 = A_3)$,镀铬后孔径 A_0 的大小取决于 A_1 和 A_2、A_3 的大小。A_1 和 A_2、A_3 皆为同一零件的工艺尺寸。A_0、A_2、A_1 和 A_3 这四个相互连接的尺寸就形成了一个尺寸链。

在尺寸链中有些尺寸是在加工过程中直接获得的,如 A_1、A_2;有些尺寸是间接保证的,如 A_0。由此可见尺寸链的主要特征是:

(1) 封闭性:尺寸链必须是一组首尾相连构成封闭形式的尺寸。其中,应包含一个间接保证的尺寸和若干个对此有影响的直接获得尺寸。

(2) 制约性:尺寸链中任一环发生改变都会促使其他环随之改变。

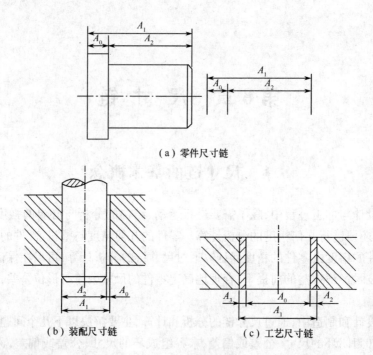

（a）零件尺寸链

（b）装配尺寸链　　　　（c）工艺尺寸链

图 8-1　尺寸链

8.1.2　尺寸链的组成和分类

（1）环:尺寸链中,每个尺寸简称为尺寸链的环。图 8-1 中的尺寸 A_0、A_1、A_2 都是尺寸链的环。

（2）封闭环:根据尺寸链的封闭性,最终被间接保证精度的那个环成为封闭环。如 A_0、A_1、A_2 三个环中,A_0 就是封闭环。加工工艺尺寸链的封闭环都是图上未标注的尺寸。在机器的装配过程中,凡是在装配后才形成的尺寸(例如,通常的装配间隙或装配后形成的过盈),就成为装配尺寸链的封闭环,它是由两个零件上的表面(或中心线等)构成的。

（3）组成环:除封闭环以外的其他环都称为组成环。在零件加工过程或机器的装配时,直接获得的(直接保证)并直接影响封闭环精度的环。组成环一般用下标为阿拉伯数字(1、2、3、…)的英文大写字母表示。如图 8-1 中的 A_1、A_2 就是组成环。组成环可分为增环和减环。

① 增环:在其他环不变的条件下,若某一组成环的尺寸增大,封闭环的尺寸也增大,若该环尺寸减小,封闭环的尺寸也减小,则该组成环称为增环,如图 8-1 中的 A_1。

② 减环:在其他环不变的条件下,若某一组成环的尺寸增大,封闭环的尺寸减小,若该环尺寸减小,封闭环的尺寸增大,则该组成环称为减环,如图 8-1 中的 A_2。

（4）补偿环:尺寸链中预先选定的某一组成环,可以通过改变其大小或位置,使封闭环达到规定的要求。

（5）传递系数:各组成环对封闭环影响大小的系数称为传递系数,用 ξ_i 表示(下标 i 表示为组成环的序号)。对于增环,ξ_i 为正值;对减环,ξ_i 为负值。如图 8-2 所示,图中尺寸链由组成环 A_1、A_2 和封闭环 A_0 组成,组成环 A_1 的尺寸方向与封闭环尺寸方向一致,而组

254

成环 A_2 的尺寸方向与封闭环 A_0 的尺寸方向不一致,因此封闭环的尺寸由式(8-1)表示:

$$A_0 = A_1 + A_2\cos\alpha \tag{8-1}$$

式中,α 为组成环尺寸方向与封闭环尺寸方向的夹角;A_1 的传递系数 $\xi_1 = 1$;A_2 的传递系数 $\xi_1 = \cos\alpha$。

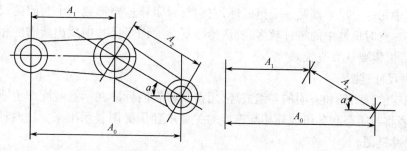

图 8-2　平面尺寸链

尺寸链可按下述特征分类。

1. 按尺寸链的应用情况分类

(1) 零件尺寸链:零件尺寸链的各组成环为同一个零件的设计尺寸所形成的尺寸链,如图 8-1(a)所示。

(2) 装配尺寸链:装配尺寸链的各组成环为不同零件的设计尺寸(零件图上标注的尺寸),而封闭环通常为装配精度,如图 8-1(b)所示。

(3) 工艺尺寸链:工艺尺寸链的各组成环为同一零件在加工过程中由工序尺寸、定位尺寸和基准尺寸之间形成的尺寸链,如图 8-1(c)所示。

2. 按尺寸链各环在空间中的相互位置分类

(1) 直线尺寸链:全部组成环平行于封闭环的尺寸链称为直线尺寸链,如图 8-1(a)、(b)所示的尺寸链均为直线尺寸链。直线尺寸链中增环的传递系数 $\xi_i = +1$,减环的传递系数 $\xi_i = -1$。

(2) 平面尺寸链:平面尺寸链是指全部组成环位于一个平面内,但某些组成环不平行于封闭环的尺寸链,如图 8-2 所示。

(3) 空间尺寸链:指全部组成环位于几个不平行的平面内的尺寸链。

最常见的尺寸链是直线尺寸链。平面尺寸链和空间尺寸链通过采用坐标投影的方法可以转换为直线尺寸链,然后按直线尺寸链的计算方法来计算,所以本章只阐述直线尺寸链的计算方法。

8.1.3　尺寸链的建立

正确地建立尺寸链是进行尺寸链计算的基础。建立装配尺寸链时,首先应清楚产品有哪些技术规范或装配精度要求,因为这些技术规范或装配精度要求是分析和建立装配尺寸链的依据。通常每一项技术规范或装配精度要求都可以建立一个尺寸链。建立尺寸链的具体步骤如下。

1. 确定封闭环

封闭环是在装配过程中最后自然形成的,是机器装配精度所要求的那个尺寸,而这个精度要求通常用封闭环的极限尺寸或极限偏差表示。

2. 查明组成环

组成环是对封闭环有影响的尺寸。在确定封闭环之后,先从封闭环的一端开始,依次找出影响封闭环变动的相互连接的各个尺寸,直到最后一个尺寸与封闭环的另一端连接为止。其中每一个尺寸都是一个组成环,它们与封闭环连接形成一个封闭的尺寸组也就是尺寸链。有时机器中的零件较多,要从错综复杂的许多尺寸中找出所需的相关尺寸是非常困难的,需要认真查找。

3. 画尺寸链图

按确定的封闭环和查明的各组成环,用符号将它们标注在示意装配图上或示意零件图上,或者将封闭环和各组成环相互连接的关系单独用简图表示出来。这两种形式的简图称为尺寸链图。

必须指出,在建立尺寸链时应遵循"最短尺寸链原则"。对于某一封闭环,若存在多个尺寸链,则应选取组成环最少的那一个尺寸链。这是因为在封闭环精度要求一定的条件下,尺寸链中组成环的环数越少,则对组成环的要求就越低,从而可以降低产品的成本。

8.1.4 尺寸链图的画法

要进行尺寸链的分析和计算首先必须画出尺寸链图。绘制尺寸链图时,可从某一加工(或装配)基准出发,按加工(或装配)顺序依次画出各个环。环与环之间不能间断,最后用封闭环构成一个封闭回路。用尺寸链图很容易确定封闭环及断定组成环中的增环或减环

加工或装配以后自然形成的环,就是封闭环。

从组成环中分辨出增环或减环,常用以下两种方法。

(1) 按定义判断。根据增、减环的定义对逐个组成环,分析其尺寸的增减对封闭环尺寸的影响,以判断其为增环还是减环。

(2) 按箭头方向判断。对于环数较多、结构较复杂的尺寸链按箭头方向判断增环和减环是一种简明的方法:按尺寸链图做一个封闭线路(如图 8-3(b)虚线所示),由任意位置开始沿一定指向画一单向箭头,再沿已定箭头方向对应于 $A_0, A_1, A_2, \cdots, A_n$ 各画一箭头,使所画各箭头依次彼此首尾相连,组成环中箭头与封闭环箭头方向相同者为减环,相

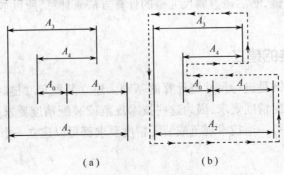

(a)   (b)

图 8-3 尺寸链图

异者为增环。按此方法可以判定,如图 8 - 3 所示的尺寸链中,A_1 和 A_3 为减环,A_2 和 A_4 为增环。

8.2 尺寸链的计算

尺寸链的计算是为了在设计过程中能够正确合理地确定尺寸链中各环的公称尺寸、公差和极限偏差,以便采用最经济的方法达到一定的技术要求。根据不同的需要,计算尺寸链一般分为三类。

(1)正计算:已知图纸上标注的各组成环的公称尺寸和极限偏差,求封闭环的公称尺寸和极限偏差。正计算常用于验证设计和审核图纸尺寸标注的正确性。

(2)反计算:已知封闭环的公称尺寸和极限偏差及各组成环的公称尺寸,求各组成环的极限偏差。反计算常用于设计各零部件有关尺寸的合理极限偏差,即根据设计的精度要求,进行公差分配。

(3)中间计算:已知封闭环和部分组成环的公称尺寸和极限偏差,求某一组成环的公称尺寸和极限偏差。中间计算常用于零件尺寸链的工艺设计,如基准面的换算和工序尺寸的确定。

尺寸链的计算方法分为完全互换法和概率法两种。具体应用时还采取一些工艺措施,如分组装配、修配和调整补偿等。

8.2.1 完全互换法

完全互换法从尺寸链各环的极限值出发来进行计算,又叫极限法。应用此方法不考虑实际尺寸的分布情况,装配时,全部产品的组成环都不需要挑选或改变其大小和位置,装入后即能达到精度要求。

对于直线尺寸链来说,因为增环的传递系数为 +1,减环的传递系数为 -1,其完全互换法计算公式如下。

1. 基本公式

(1)封闭环的公称尺寸:封闭环的公称尺寸等于所有增环公称尺寸之和减去所有减环公称尺寸之和,即

$$A_0 = \sum_{i=1}^{m} \vec{A}_i - \sum_{j=m+1}^{n} \overleftarrow{A}_j \tag{8-2}$$

式中 A_0——封闭环的公称尺寸;$\vec{A}_i$——组成环中增环的公称尺寸;$\overleftarrow{A}_j$——组成环中减环的公称尺寸;m——增环数;n——组成环数。

(2)封闭环的公差:封闭环公差等于各环公差之和,即

$$T_0 = \sum_{i=1}^{n} T_i \tag{8-3}$$

(3)封闭环的极限偏差:封闭环的上偏差 ES_0 等于所有增环上偏差 ES_i 之和,减去所有减环下偏差 EI_j 之和;封闭环的下偏差 EI_0 等于所有增环下偏差 EI_i 之和,减去所有减环上偏差 ES_j 之和。

$$ES_0 = \sum_{i=1}^{m} ES_i - \sum_{j=m+1}^{n} EI_j \qquad (8-4)$$

$$EI_0 = \sum_{i=1}^{m} EI_i - \sum_{j=m+1}^{n} ES_j \qquad (8-5)$$

（4）封闭环的中间偏差：封闭环的中间偏差 Δ_0 等于所有增环中间偏差 Δ_i 之和减去所有减环中间偏差 Δ_j 之和。

$$\Delta_0 = \sum_{i=1}^{m} \Delta_i - \sum_{j=m+1}^{n} \Delta_j \qquad (8-6)$$

中间偏差 Δ 为上偏差与下偏差的平均值：

$$\Delta = \frac{1}{2}(ES + EI) \qquad (8-7)$$

由上面公式总结如下：

（1）尺寸链中封闭环的公差等于所有组成环公差之和，所以封闭环的公差最大，因此在零件工艺尺寸链中一般选择最不重要的环节作为封闭环。

（2）在装配尺寸链中封闭环是装配的最终要求。在封闭环的公差确定后，组成环越多则每一环的公差越小，因此装配尺寸链的环数应尽量减少，即最短尺寸链原则。

入体偏差原则：当组成环为包容面时，基本偏差代号为 H 即其下偏差为零；当组成环为被包容面时，基本偏差代号为 h，即其上偏差为零；当组成环既不是包容面也不是被包容面时，（如中心距）基本偏差为 js，即其上偏差为 $T_i/2$，下偏差为 $-T_i/2$。

2. 尺寸链计算

1）正计算

【例 8-1】 如图 8-4 所示零件尺寸 $A_1 = 30^{+0.05}_{0}$ mm，$A_2 = 60^{+0.05}_{-0.05}$ mm，$A_3 = 40^{+0.10}_{+0.05}$ mm，求 B 面和 C 面的距离 A_0 及其偏差。

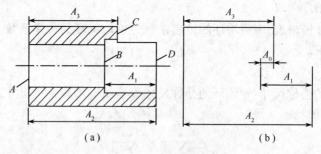

图 8-4　轴套加工尺寸链

【解】　画出尺寸链图 8-4(b)，分析得 A_0 为封闭环，A_1、A_3 为增环，A_2 为减环。

（1）计算封闭环的公称尺寸。

由式（8-1）得

$$A_0 = (A_1 + A_3) - A_2 = 30 + 40 - 60 = 10 \text{mm}$$

（2）计算封闭环的极限偏差

由式（8-3）得

$$ES_0 = (ES_1 + ES_3) - EI_2 = (0.05 + 0.10) - (-0.05) = 0.20 \text{mm}$$

258

由式(8-4)得

$$EI_0 = (EI_1 + EI_3) - ES_2 = (0 + 0.05) - 0.05 = 0\text{mm}$$

那么封闭环的尺寸与极限偏差为：$A_0 = 10^{+0.20}_{0}\text{mm}$。

2) 中间计算

【例8-2】 加工一齿轮中心孔如图8-5,加工工序为：粗镗和精镗孔至 $\phi 39.4^{+0.10}_{0}$,然后插键槽得尺寸 A_3,热处理,磨孔至 $\phi 40^{+0.04}_{0}$。要求磨削后保证 $A_0 = 43.3^{+0.20}_{0}\text{mm}$。求工序尺寸 A_3 的公称尺寸及极限偏差。

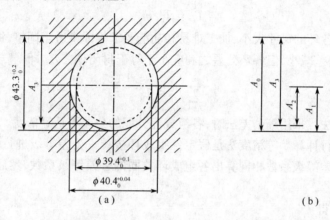

图8-5 孔键槽加工尺寸链计算

【解】 首先确定封闭环。在工艺尺寸链中,封闭环随加工顺序不同而改变,因此工艺尺寸链的封闭环要根据工艺路线去查找。本题加工顺序已经确定,加工最后形成的尺寸就是封闭环,即 $A_0 = 43.3^{+0.20}_{0}\text{mm}$。

其次查明组成环。根据本题特点,组成环为 $A_1 = 20^{+0.02}_{0}$、$A_2 = 19.7^{+0.05}_{0}$、A_3。

再次画出尺寸链图,判断增环和减环。经分析 A_0 为封闭环,A_1、A_3 为增环,A_2 为减环。

(1) 计算工序尺寸 A_3 的公称尺寸。

由式(8-1)得

$$A_0 = (A_1 + A_3) - A_2 = (20 + A_3) - 19.7 = 43.3\text{mm}$$
$$A_3 = 43.3 + 19.7 - 20 = 43.00\text{mm}$$

(2) 计算工序尺寸 A_3 的极限偏差。

由式(8-3)得

$$ES_0 = (ES_1 + ES_3) - EI_2 = (0.02 + ES_3) - 0 = 0.2\text{mm}$$
$$ES_3 = 0.2 - 0.02 = 0.18\text{mm}$$

由式(8-4)得

$$EI_0 = (EI_1 + EI_3) - ES_2 = (0 + EI_3) - 0.05 = 0\text{mm}$$
$$EI_3 = 0.05\text{mm}$$

因此

$$A_3 = 43^{+0.18}_{+0.05}\text{mm}$$

用式(8-2)验算：$T_0 = T_1 + T_2 + T_3$。

$$\begin{cases} T_0 = 0.20 \\ T_1 + T_2 + T_3 = 0.02 + 0.05 + (0.18 - 0.05) = 0.20 \end{cases}$$

故极限偏差的计算正确。

3）反计算

反计算多用于装配尺寸链中，根据给出的封闭环公差和极限偏差，通过设计计算确定个组成环的公差和极限偏差，即进行公差分配。反计算有两种解法：等公差法和等精度法。

（1）等公差法。假定各组成环公差相等，在满足式（8-2）的条件下求出组成环的平均公差，那么各环公差为

$$T_i = T_0/m \qquad (8-8)$$

然后再根据各环的尺寸大小、加工难易和功能要求等因素适当调整，将某些环的公差加大，某些环的公差减小，但各环公差之和应小于等于封闭环公差，即

$$\sum_{i=1}^{m} T_i \leqslant T_0 \qquad (8-9)$$

（2）等精度法。采用等公差法时，各组成环分配的公差不是等精度。要求严格时，可以用等精度法进行计算。等精度法是假定各组成环按统一公差等级进行制造，由公差等级相同也就是公差等级系数相同算出各组成环共同的公差等级系数，然后确定各组成环公差。

由式（8-2）得

$$T_0 = ai_1 + ai_2 + \cdots + ai_m$$

那么

$$a = \frac{T_0}{\sum_{i=1}^{m} i_i} \qquad (8-10)$$

式中，i 为公差单位，当公称尺寸 $D \leqslant 500\text{mm}$ 时，$i = 0.45\sqrt[3]{D} + 0.001D$（$D$ 为组成环公称尺寸所在尺寸段的几何平均值）。

计算出 a 后，按标准查取与其相近的公差等级系数，并通过查表确定各组成环的公差。

用等公差法或等精度法确定了各组成环的公差之后，先留一个组成环作为调整环，其余各组成环的极限偏差按"入体公差原则"确定。

【例8-3】 如图8-6所示装配关系，轴系在齿轮箱装配以后，要求使用间隙 A_0 控制在 1mm ~ 1.75mm 的范围内，已知零件的公称尺寸为 $A_1 = 101\text{mm}$、$A_2 = 50\text{mm}$、$A_3 = A_5 = 5\text{mm}$、$A_4 = 140\text{mm}$，试求各组成环的极限偏差。

【解】 通过画尺寸链图分析增环、减环和封闭环。尺寸链如图8-6(b)所示，其中 A_0 为封闭环，A_1、A_2 为增环，A_3、A_4、A_5 为减环。要求 $A_{0\text{max}} \leqslant 1.75\text{mm}$，$A_{0\text{min}} \geqslant 1\text{mm}$。

方法一：等公差法

（1）封闭环公称尺寸的计算。

$$A_0 = (A_1 + A_2) - (A_3 + A_4 + A_5) = (101 + 50) - (5 + 140 + 5) = 1\text{mm}$$

由题意得

$$T_0 \leqslant 1.75 - 1 = 0.75\text{mm}$$

所以初定

$$A_0 = 1^{+0.75}_{0}\text{mm}$$

（2）计算各组成环的极限偏差。

260

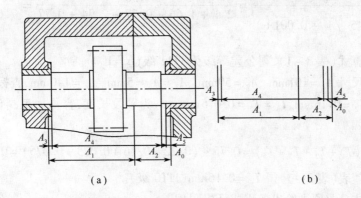

（a）　　　　　　　　　　　　　　　（b）

图 8 – 6　开式齿轮箱装配尺寸链计算

$$T_i = \frac{T_0}{m} = \frac{0.75}{5} = 0.15 \text{mm}$$

然后,根据各组成环的公称尺寸的大小、加工难易和功能要求,以平均公差值为基础调整各组成环公差。A_1、A_2 尺寸大,箱体件难加工,所以其公差给大一些;A_3、A_5 尺寸小且为铜件,加工和测量比较容易,所以其公差可减小,A_4 作为协调环。最后经过对照标准公差数值表(表 3 – 3)给出各组成环的公差为

$$T_1 = 0.22 \text{mm}, \quad T_2 = 0.16 \text{mm}, \quad T_3 = T_5 = 0.075 \text{mm}, \quad T_4 = 0.25 \text{mm}$$

（3）计算各组成环的公差必须满足式(8 – 8)。

$$\begin{cases} T_0 = 0.75 \\ T_1 + T_2 + T_3 + T_4 + T_5 = 0.22 + 0.16 + 0.075 + 0.25 + 0.075 = 0.78 \end{cases}$$

显然不能满足,所以通过对照标准公差数值表(表 3 – 3)将协调环公差减小一级为 $T_4 = 0.16 \text{mm}$ 重新验算。

$$\begin{cases} T_0 = 0.75 \\ T_1 + T_2 + T_3 + T_4 + T_5 = 0.22 + 0.16 + 0.075 + 0.16 + 0.075 = 0.69 \end{cases}$$

满足式(8 – 8)。

（4）人体公差原则给出各组成环极限偏差。

$$A_1 = 101^{+0.22}_{0} \text{mm}, \quad A_2 = 50^{+0.16}_{0} \text{mm}, \quad A_3 = A_5 = 5^{+0.075}_{0} \text{mm}, \quad A_4 = 140^{+0.16}_{0} \text{mm}$$

由式(8 – 3)得

$$ES_0 = (ES_1 + ES_2) - (EI_3 + EI_4 + EI_5)$$
$$= (0.22 + 0.16) - ((-0.075) + (-0.16) + (-0.075)) = 0.69 \text{mm}$$

由式(8 – 4)得

$$EI_0 = (EI_1 + EI_2) - (ES_3 + ES_4 + ES_5) = (0 + 0) - (0 + 0 + 0) = 0 \text{mm}$$

封闭环的尺寸及极限偏差为 $A_0 = 1^{+0.69}_{0} \text{mm}$。

方法二:等精度法

（1）同方法一。

（2）算各组成环的极限偏差。

由式(8 – 9)得

261

$$a_{av} = \frac{T_0}{\sum\limits_{i=1}^{m} (0.45 \sqrt[3]{A_i} + 0.001A_i)} = \frac{750}{2.1 + 1.66 + 0.77 + 2.34 + 0.77} = \frac{750}{7.64} = 98.17$$

查标准公差计算式(表3-1),得公差等级为IT11级($a=100$)。

根据各环尺寸 $A_1 = 101$mm、$A_2 = 50$mm、$A_3 = A_5 = 5$mm、$A_4 = 140$mm,查标准公差表得 $T_1 = 0.22$mm、$T_2 = 0.16$mm、$T_3 = T_5 = 0.075$mm。A_4为轴段长度,容易加工测量,以它为协调环,则

$$T_4 = T_0 - (T_1 + T_2 + T_3 + T_5) = 0.75 - (0.22 + 0.16 + 0.075 + 0.075) = 0.22\text{mm}$$

查标准公差数值表(表3-3)得 $T_4 = 0.16$mm(IT10级)。

(3)按入体公差原则给出各组成环极限偏差。

$$A_1 = 101^{+0.22}_{0}\text{mm}, \quad A_2 = 50^{+0.16}_{0}\text{mm}, \quad A_3 = A_5 = 5^{+0.075}_{0}\text{mm}, \quad A_4 = 140^{+0.16}_{0}\text{mm}$$

与方法一相同,得到封闭环的尺寸及极限偏差为 $A_0 = 1^{+0.69}_{0}$mm。

8.2.2 概率法(统计法)

用极值法解尺寸链的实质是保证完全互换,并不考虑零件实际尺寸的分布规律。在一个装配尺寸链中,即使每一个零件的实际尺寸都等于极限尺寸,装配后也能满足装配精度要求。然而由式(8-2)可知,当装配精度较高(封闭环公差很小)时,各组成环公差必然很小才能保证封闭环的技术要求,这样导致零件加工困难,尤其当组成环的环数较多时更加明显。

采用概率法解尺寸链能够比较合理地解决这一问题。概率法解尺寸链的实质,是按零件在加工中实际尺寸的分布规律,把封闭环的公差分配给组成环。实践已证明,在大批量生产时,大多数零件实际尺寸分布在公差带的中心区域,极少数的实际尺寸接近或等于极限尺寸。在一个机构中,各零件的实际尺寸恰好都处于极限状态的概率更是微乎其微。从这种实际情况出发,在封闭环的公差相同的条件下,采用概率法解尺寸链就可加大各组成环的公差,以利零件的加工,降低生产成本。

零件的实际尺寸按正态分布的情况比较普遍,当然,有时也不排除按非正态分布,如均匀分布、三角分布、瑞利分布和偏态分布等。

1. 封闭环的公称尺寸计算公式

封闭环的公称尺寸计算与完全互换法相同,仍用式(8-1)计算。

2. 封闭环的公差计算

一般情况下,各组成环的尺寸获得无相互联系,是各自独立的随机变量。若它们都按正态分布,各组成环取相同的置信概率 $pc = 99.73\%$(即保证99.73%零件的互换),则封闭环和各组成环的公差分别为

$$T_0 = 6\sigma_0$$
$$T_i = 6\sigma_i$$

式中,σ_0,σ_i分别为封闭环和组成环的标准偏差。

根据正态分布规律,有

$$\sigma_0 = \sqrt{\sum_{i=1}^{m} \sigma_i^2}$$

于是封闭环公差等于各组成环公差平方和的平方根,即

$$T_0 = \sqrt{\sum_{i=1}^{m} T_i^2} \tag{8-11}$$

但有时各组成环的分布不是正态分布,封闭环的公差应按下式计算:

$$T_0 = \frac{1}{k_0} \sqrt{\sum_{i=1}^{m} k_i^2 T_i^2} \tag{8-12}$$

式中 k_0 ——封闭环的相对分布系数;

k_i ——各组成环的相对分布系数。

封闭环的分布特性取决于各组成环的分布特性,各组成环的分布为正态分布时,封闭环也为正态分布。当各组成环分别按不同形式分布时,只要环数 $m \geq 5$,且各组成环的分布范围相差不大时,封闭环趋于正态分布。对于这两种情况,封闭环的相对分布系数 $k_0 = 1$。当组成环的环数 $m < 5$,且不按正态分布时,封闭环的分布为介于三角分布和均匀分布之间的某种分布,可取 $k_0 = 1.22 \sim 1.73$。

相对分布系数是表征实际尺寸分散性特征参数,其大小取决于实际尺寸的分布规律,常见分布曲线的相对分布系数 k 值见表 8-1。

表 8-1 常见分布曲线的 k 值

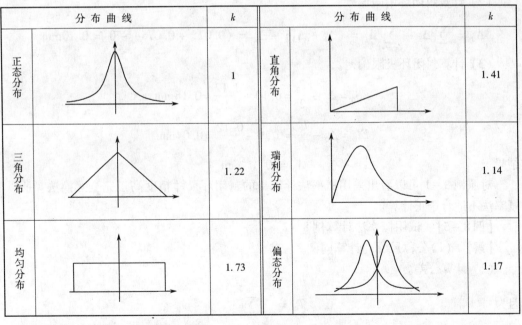

分布曲线		k	分布曲线		k
正态分布		1	直角分布		1.41
三角分布		1.22	瑞利分布		1.14
均匀分布		1.73	偏态分布		1.17

各组成环的相对分布系数 k_i 取决于各环自身的分布规律。大批量生产常采用调整法加工,若工艺状态比较稳定,则零件的实际尺寸一般为正态分布。但实际生产中,由于设备精度、夹具刚度、监测和加工方法等因素的影响,使获得的尺寸分布为非正态分布。如单件小批量生产采用试刀法加工(用通用量具检测)时,轴的实际尺寸多数接近最大极限尺寸,而孔的实际尺寸多数接近最小极限尺寸,尺寸呈偏态分布。又如在无心磨床上磨

263

削轴时,砂轮磨损后没有自动补偿,工件的实际尺寸形成平顶分布,忽略其他因素的影响,轴的尺寸分布则为均匀分布。所以,必须了解各零件的加工方法和工艺条件,才能比较合理地确定各组成环的相对分布系数 k_i。

3. 中间偏差计算公式

$$\Delta_i = (ES_i + EI_i)/2 \qquad (8-13)$$

任意一个组成环的中间偏差 Δ_i 等于其上、下偏差的平均值;封闭环的中间偏差计算公式如式(8-5)所示,用于各组成环为对称分布,如正态分布、三角分布等。

4. 极限偏差计算公式

$$\begin{cases} ES_0 = \Delta_0 + \dfrac{T_0}{2},\ EI_0 = \Delta_0 - \dfrac{T_0}{2} \\[3mm] ES_i = \Delta_i + \dfrac{T_i}{2},\ EI_i = \Delta_i - \dfrac{T_i}{2} \end{cases} \qquad (8-14)$$

各环的上偏差等于其中间偏差加上该环一半公差;下偏差等于其中间偏插减去该环一半公差。用中间偏差计算封闭环极限偏差的方法,同样适用于极值法。

【例 8-4】 使用概率法求解例 8-1。

【解】 (1)计算封闭环公差。

$$T_0 = \sqrt{\sum_{i=1}^{m} T_i^2} = \sqrt{T_1^2 + T_2^2 + T_3^2} = \sqrt{0.05^2 + 0.1^2 + 0.05^2} = 0.12\text{mm}$$

(2)计算封闭环中间偏差。

$$\Delta_0 = \sum_{i=1}^{m} \Delta_i - \sum_{j=m+1}^{m} \Delta_j = (\Delta_1 + \Delta_3) - \Delta_2 = (0.025 + 0.075) - 0 = 0.10\text{mm}$$

(3)计算封闭环极限偏差。

$$ES_0 = \Delta_0 + \frac{T_0}{2} = 0.10 + \frac{0.12}{2} = 0.16\text{mm}$$

$$EI_0 = \Delta_0 - \frac{T_0}{2} = 0.10 - \frac{0.12}{2} = 0.04\text{mm}$$

结果

$$A_0 = 10^{+0.16}_{+0.04}\text{mm}$$

对照例 8-1 可以看出采用概率法计算出的封闭环尺寸精度高于完全互换法。所以概率法不适合于正计算。

【例 8-5】 试用概率法计算例 8-2。

【解】 (1)公称尺寸的计算同例 8-2。

(2)计算公差。

因为

$$T_0 = \sqrt{\sum_{i=1}^{m} T_i^2}$$

所以

$$T_3 = \sqrt{T_0^2 - T_1^2 - T_2^2} = \sqrt{0.2^2 - 0.02^2 - 0.05^2} = 0.193\text{mm}$$

(3)计算中间偏差。

因为

$$\Delta_0 = \sum_{i=1}^{m} \Delta_i - \sum_{j=m+1}^{m} \Delta_j = (\Delta_1 + \Delta_3) - \Delta_2$$

所以

$$\Delta_3 = (\Delta_0 + \Delta_2) - \Delta_1 = 0.10 + 0.025 - 0.01 = 0.115\text{mm}$$

（4）计算极限偏差。

$$ES_3 = \Delta_3 + \frac{T_3}{2} = 0.115 + \frac{0.193}{2} = 0.212\text{mm}$$

$$EI_3 = \Delta_3 - \frac{T_3}{2} = 0.115 - \frac{0.193}{2} = 0.019\text{mm}$$

结果 $$A_3 = 43^{+0.212}_{+0.019}\text{mm}$$

对照例 8-2 可以看出采用概率法计算出的某一组成环环尺寸精度低于完全互换法。

【例 8-6】 试用概率法计算例 8-3。

【解】 （1）同例 8-3。

（2）计算各组成环的极限偏差。

由式（8-10）得

$$a_{\text{av}} = \frac{T_0}{\sqrt{\sum\limits_{i=1}^{m}(0.45\sqrt[3]{A_i} + 0.001A_i)^2}} = \frac{750}{\sqrt{2.2^2 + 1.71^2 + 0.77^2 + 2.48^2 + 0.77^2}} = \frac{750}{\sqrt{15.1}} = 193$$

按 IT12 级查标准公差计算式（表 3-1），正好在 IT12~IT13 级之间 $a_{12}=160$、$a_{13}=250$。

根据各环尺寸 $A_1=101\text{mm}$、$A_2=50\text{mm}$、$A_3=A_5=5\text{mm}$、$A_4=140\text{mm}$，查标准公差表得 $T_1=0.35\text{mm}$、$T_2=0.25\text{mm}$、$T_3=T_5=0.12\text{mm}$。A_4 为轴段长度，容易加工测量，以它为协调环，则

$$T_4' = \sqrt{T_0^2 + T_1^2 + T_2^2 + T_3^2 + T_5^2} = \sqrt{0.75^2 - 0.35^2 - 0.25^2 - 0.12^2 - 0.12^2} = 0.591\text{mm}。$$

查标准公差数值表（表 3-2）得 $T_4 = 0.40\text{mm}$（IT12 级）。

（3）按入体公差原则给出各组成环极限偏差。

$$A_1 = 101^{+0.35}_{0}\text{mm}, \quad A_2 = 50^{+0.25}_{0}\text{mm}, \quad A_3 = A_5 = 5^{0}_{-0.12}\text{mm}$$

（4）粗算 A_4 极限偏差。

因为 $$\Delta_0 = \sum_{i=1}^{m}\Delta_i - \sum_{j=m+1}^{m}\Delta_j = (\Delta_1 + \Delta_2) - (\Delta_3 + \Delta_4 + \Delta_5)$$

所以

$$\Delta_4 = (\Delta_1 + \Delta_2) - (\Delta_3 + \Delta_5 + \Delta_0) = 0.175 + 0.125 - (0.375 - 0.06 - 0.06) = 0.045\text{mm}$$

$$es_4' = \Delta_4 + \frac{T_4'}{2} = 0.045 + \frac{0.591}{2} = 0.34\text{mm}$$

$$ei_4' = \Delta_4 - \frac{T_4'}{2} = 0.045 - \frac{0.591}{2} = -0.25\text{mm}$$

$$es_4'' = \Delta_4 + \frac{T_4}{2} = 0.045 + \frac{0.4}{2} = 0.245\text{mm}$$

$$ei_4'' = \Delta_4 - \frac{T_4}{2} = 0.045 - \frac{0.4}{2} = -0.155\text{mm}$$

（5）确定 A_4 极限偏差。

根据 $es_4''ei_4''$ 查轴的基本偏差表得基本偏差代号为 js（$es = +0.2\text{mm}$），公差带代号为 js12，那么 $ei = -0.2\text{mm}$。

因为 $es_4' = 0.34\text{mm} \geqslant es_4 = 0.2\text{mm}$，$ei_4 = -0.2\text{mm} \geqslant ei_4' = -0.25\text{mm}$，所以组成环 $A_4 = 140\text{js}12(^{+0.2}_{-0.2})\text{mm}$ 满足要求。

对照例 8 – 3 可以看出采用概率法计算出的组成环尺寸精度低于完全互换法。

通过上面三道例题可以看出,用概率法解尺寸链所得各组成环公差比完全互换法的结果大,经济效益较好。

因此,概率法通常用于计算组成环环数较多而封闭环精度较高的尺寸链。但概率法解尺寸链只能保证大量同批零件中绝大多数(99.73%)具有互换性,存在 0.27% 的废品率。对达不到要求的产品必须采取明确的工艺措施,如分组法、修配法和调整法等,以保证质量。

8.3 解尺寸链的其他方法

8.3.1 分组装配法

分组装配法是在成批或大量生产中,将产品各配合副的零件按实测尺寸分组,装配时按组进行互换装配,以达到装配精度的方法。

分组装配法适用于封闭环精度要求很高、生产批量很大而且组成环环数较少的尺寸链。尺寸链环数不多且封闭环的公差要求很严时,采用互换装配法会使组成环的加工很困难或很不经济,为此可采用分组装配法。分组装配法是先将组成环的公差相对于互换装配法所要求之值放大若干倍,使其能经济地加工出来。例如汽车、拖拉机上发动机的活塞销孔与活塞销的配合要求、活塞销与连杆小头孔的配合要求、滚动轴承的内圈、外圈和滚动体间的配合要求,还有某些精密机床中轴与孔的精密配合要求等,就是用分组装配法达到要求。

分组装配法的优点是组成环能获得经济可行的制造公差。缺点是增加了分组工序,生产组织较复杂,存在一定失配零件。

选用分组装配时应具备如下要求:

(1)要保证分组后各组的配合性能、精度与原来的要求相同,因此配合件的公差范围应相等,公差增大时要相同方向增大,增大倍数就是以后的分组数。

(2)要保证零件分组后在装配时能够配套。加工时,零件的尺寸分布如果符合正态分布规律,零件分组后可以互相配套,不会产生各组数量不等的情况。但如有某些因素影响,造成尺寸分布不是正态分布,而使各尺寸分布不对应,产生各组零件数不等而不能配套的情况。这在实际生产中往往是很难避免的,因此只能在聚集相当数量的不配套零件后,通过专门加工一批零件来配套。否则,就会造成一些零件的积压和浪费。

(3)分组不宜太多,尺寸公差只要放大到经济加工精度就可以了。否则,由于零件的测量、分组、保管等工作量增加,会使组织工作过于复杂,易造成生产混乱。

分组装配法只适应于精度要求很高的少环尺寸链(如滚动轴承的内圈、外圈和滚动体的装配就是应用分组装配法的典型例子),一般相关零件只有两三个。这种装配方法由于生产组织复杂,应用受到限制。

与分组装配法相似的装配方法有直接选择装配法和复合选择装配法。前者是由装配工人从许多待装配的零件中,凭经验挑选出合适的零件装配在一起。复合装配法是直接选配法与分组装配法的复合形式。

分组装配法通常用极值法计算公差。

8.3.2 修配法

修配装配法是在装配时修去指定零件上预留量以达到装配精度的方法,简称修配法。

采用修配法时,尺寸链中各尺寸均按在该条件下的经济加工精度制造。在装配时,累积在封闭环上的总误差必然超出其公差。为了达到规定的装配精度,必须把尺寸链中指定零件加以修配,才能予以补偿。要进行修配的组成环俗称修配环,它属于补偿环的一种,也称为补偿环。采用修配法装配时,首先应正确选定补偿环。

在成批生产中,若封闭环公差要求较严,组成环又较多时,用互换装配法势必要求组成环的公差很小,增加了加工难度,并影响加工经济性。用分组装配法,又因环数多会使测量、分组和装配工作变得非常困难和复杂,甚至造成生产上的混乱。在单件小批量生产时,当封闭环公差要求较严,即使组成环数很少,也会因零件生产数量少而不能采用分组装配法。此时,常采用修配装配法达到封闭环公差要求。

修配法的优点是可以扩大各组成环的制造公差;缺点是增加修配工序,需要熟练技术工人,零件不能互换。修配法适用于单件或成批生产中装配精度要求高、组成环数目较多的部件。实际生产中,修配的方式很多,一般有单件修配法、合并加工修配装配法和自身加工修配装配法三种。

修配法采用极值法计算公差。

8.3.3 调整法

调整装配法是在装配时用改变产品中可调整零件的相对位置或选用合适的调整件以达到装配精度的方法。

调整装配法与修配装配法的实质相同,即各有关零件仍可按经济加工精度确定其公差,并且仍选定一个组成环为补偿环(也称调整件),但是在改变补偿环尺寸的方法上有所不同。修配法采用补充机械加工方法去除补偿件上的金属层,而调整法采用调整方法改变补偿件的实际尺寸和位置,来补偿由于各组成环公差放大后所产生的累积误差,以保证装配精度要求。

调整法的优点是可使组成环的公差充分放宽,缺点是在结构上必须有补偿件。调整法是机械产品保证装配精度普遍应用的方法。

调整法通常用极值法计算公差。

根据调整方法的不同,调整装配法分为可动调整装配法、固定调整装配法和误差抵消调整装配法三种。

1. 可动调整装配法

可动调整装配法就是通过改变零件的位置(移动、旋转等)来达到装配精度要求的方法。机器制造中用可动调整装配法的例子很多,如图 8 - 7 所示是调整轴承端盖与滚动轴承之间间隙的结构,既保证轴承有确定的位置又保证给轴提供足够的热伸长间隙。

2. 固定调整装配法

固定调整装配法是在尺寸链中选定一个或加入一个零件作为调整环。作为调整环的零件是按一定尺寸间隔级别制成的一组专门零件。常用的补偿环有垫片、套筒等。改变补偿环的实际尺寸的方法是根据封闭环公差与极限偏差的要求,分别装入不同尺寸的补偿环。为此,需要预先按一定的尺寸要求,制成若干组不同尺寸的补偿环,供装配时选用。

采用固定调整法时,计算装配尺寸链的关键是确定补偿环的组数和各组的尺寸。

3. 误差抵消调整装配法

误差抵消调整装配法是通过调整几个补偿环的相互位置,使其加工误差相互抵消一部分,从而使封闭环达到其公差与极限偏差要求的方法。这种方法中的补偿环为多个矢量。常见的补偿环是轴承的跳动量、偏心量和同轴度等。

误差抵消调整装配法,与其他调整法一样,常用于机床制造中封闭环要求较严的多环装配尺寸链中。但由于需事先测出补偿环的误差方向和大小,装配时需技

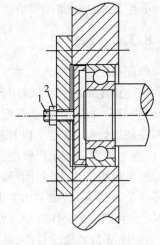

图 8-7 调整轴承端盖与滚动轴承之间间隙的结构
1—调节螺钉;2—螺母。

术等级高的工人,因而增加了装配时和装配前的工作量,并给装配组织工作带来一定的麻烦。此法多用于批量不大的中小批生产和单件生产。

习题与思考题

1. 什么叫尺寸链? 什么叫封闭环、组成环、增环和减环?

2. 尺寸链的两个特点是什么? 其含义如何?

3. 在尺寸链中,如何确定封闭环? 如何判断增减环? 绘制尺寸链的要点有哪些?

4. 求解尺寸链的基本任务有哪些?

5. 求解尺寸链的基本方法有哪些? 各用于什么场合?

6. 某套筒零件的尺寸如图 8-8 所示,试计算其壁厚尺寸。已知加工顺序为:先车外圆 $\phi30_{-0.04}^{0}$,其次镗内孔至 $\phi20_{0}^{+0.06}$。要求内孔对外圆的同轴度误差不超过 $\phi0.02\mathrm{mm}$。

7. 如图 8-9 所示零件,由于 A_3 不易测量,现改为按 A_1、A_2 测量。为了保证原设计要求,试计算 A_2 的公称尺寸与极限偏差。

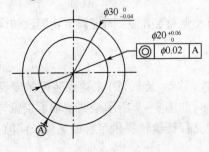

图 8-8 习题 6 图

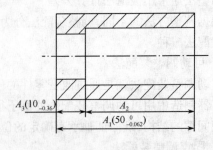

图 8-9 习题 7 图

268

8. 某工厂加工一批曲轴、连杆及衬套等零件如图 8 – 10 所示。经调试运转,发现有的曲轴肩与衬套端面有划伤现象。原设计要求 $A_0 = 0.1\text{mm} \sim 0.2\text{mm}$,而 $A_1 = \phi150^{+0.018}_{0}$,$A_2 = A_3 = \phi75^{-0.02}_{-0.08}$。试验算图样给定零件尺寸的极限偏差是否合理。

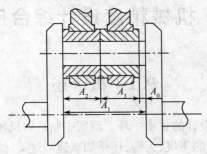

图 8 – 10　习题 8 图

第9章 机械精度设计综合应用实例

9.1 概　述

　　机械精度设计是机器设计的重要一环。现实中制造的机械百分之百精确是不可能实现的,无论是设计复杂精密的飞机、火箭,还是如减速器这类比较简单的机械,一般都需要经过原理概念设计、结构工艺设计以及精度设计这些环节。在进行精度设计时,不仅需要考虑如何实现机械的功能需求,而且需要考虑它能否按要求制造出来,即制造的经济性要求。精度设计的任务就是如何使用有关公差与配合、几何公差、表面粗糙度等项目,对所设计机械各部分提出允差的控制要求,从而制造出满足各项性能指标的机械。

　　精度设计也是机械制造中的一个重要阶段,需要根据机械的性能及工作精度要求,采用统一标准的形式,以利于进行分工组织标准化、系列化生产。例如,对于诸如孔类尺寸的加工,根据设计要求,按标准极限公差要求,提出孔的基本尺寸、标准公差及基本偏差值。在加工时,工装、刀具、量具可进行互换或按标准件外购,利于分工组织生产。

　　【案例9-1】　如图9-1所示,为一张二位四通转阀装配图,工作压力 P =6.3MPa,压力试验应无泄漏。试给出主要件部分的公差与配合要求。

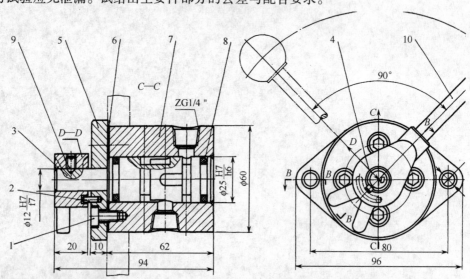

图9-1　二位四通转阀装配图

1—螺钉;2—销;3—滑阀;4—拨叉;5—盖板;6—垫片;
7—阀体;8—O形密封圈;9—螺钉;10—手把。

　　本例用于说明配合在设计中的作用。

　　转阀有两个旋转工位,用于切换压力流体的方向。基本性能要求:滑阀与阀体密封无泄漏,旋转灵活,操作滑阀的拨叉等紧固牢靠。

图 9-1 中,滑阀与阀体是最小间隙为零的间隙配合 $\phi25H7/h6$(配合间隙 0 ~ 41μm),其最小间隙为 0,用于保证滑阀可自由旋转;最大间隙为 41μm,对最大间隙的取值,理论上可从转阀允许的泄漏量计算得到,查阅设计手册,采用类比法,对压力在 10MPa ~ 6.3MPa 的滑阀,得液压阀的间隙值(0 ~ 70μm)。同时为避免转阀泄漏,需增加密封圈,以满足阀的无泄漏密封性能要求。

滑阀与拨叉的小间隙配合 $\phi12H8/f7$(配合间隙 16μm ~ 61μm),其最小间隙保证可自由装配。两件配合的最大间隙及附加螺钉,要求工作时牢靠不致松动,可实现滑阀的旋转操作,又可以拆卸维修。

从【案例 9-1】可以看出,合理的配合可实现设计时的性能要求。

9.2 装配图中的精度设计

9.2.1 装配图中公差与配合确定的方法及原则

1. 精度设计中极限配合的选用方法

在进行装配图设计时,确定公差与配合的方法有类比法、计算法和试验法。计算法和试验法是通过计算或者试验的手段,确定出配合关系的方法,它具有可靠、精确、科学的特点,但是需花费大量的费用和时间,不太经济。类比法是根据零部件的使用情况,参照同类机械已有配合的经验资料确定配合的一种方法。其基本点是统计调查,调查同类型相同结构或类似结构零部件的配合及使用情况,再进行分析类比,进而确定其配合,在进行类比时,需要选用同样或相似类型的性能和结构。

类比法简单易行,所选配合注重于继承过去设计及制造的实际经验,而且大都经过了实际验证,可靠性高,又便于产品系列化、标准化生产,工艺性也较好。由于以上的优点,在极限配合的确定上是一种行之有效的方法。当前,这种方法仍是机械设计与制造的主要方法。本章讨论如何使用类比法进行精度设计。

2. 精度设计中极限配合与公差的选用原则

在装配图精度设计中,公差与配合与机械的工作精度及使用性能要求密切相关。公差与配合的选用需要对设计制造的技术可行性和制造的经济性两者进行综合考虑,选用原则上要求保证机械产品的性能优良,制造上经济可行。也就是说,公差与配合,即配合与精度等级应使机械的使用价值与制造成本综合效果达到最好。因此,选择的好坏将直接影响机械性能、寿命及成本。

例如,仅就加工成本而言,对某一零件,当公差为 0.08 时,用车削就可达到要求;若公差减小到 0.018 时,则车削后还需增加磨削工序,相应成本将增加 25%;当公差减小到只有 0.005 时,则需按车→磨→研磨工序加工,其成本是车削时的 5 ~ 8 倍。由此可见,在满足使用性能要求前提下,不可盲目地提高机械精度。

公差与配合的选用应遵守有关公差与配合标准。国家标准所制定的极限配合与公差、几何公差、表面粗糙度,是一种科学的机械精度表示方法,它便于设计和制造,可满足一般精度设计的选择要求。在精度设计时,应该经过分析类比后,按标准选择各精度数值。

9.2.2　精度设计中的误差影响因素

实际设计时,对影响配合的因素是比较难于定量确定的,一般可从如下几方面因素综合考虑。

1. 热变形影响

国标中的极限与配合中的数值均为标准温度为 +20℃ 时的值。当工作温度不是 +20℃,特别是孔、轴温度相差较大或采用不同线胀系数的材料时,应考虑热变形的影响。这对于在低温或高温下工作的机械尤为重要。

【例 9 – 1】　铝制活塞与钢制缸体的配合,基本尺寸为 $\phi 150$。工作温度:缸体为 $t_H = 120℃$,活塞为 $t_S = 185℃$,线胀系数缸体为 $\alpha_H = 12 \times 10^{-6}(1/℃)$,活塞为 $\alpha_S = 24 \times 10^{-6}(1/℃)$。要求工作时,间隙量保持在 1.0 ~ 0.3 内。试选择配合。

【解】　工作时,由于热变形引起的间隙量的变化为

$$\delta = 150 \times [12 \times 10^{-6}(120 - 20) - 24 \times 10^{-6}(185 - 20)] = -0.414$$

装配时间隙量应为

$$\delta_{min} = 0.1 + 0.414 = 0.514, \quad \delta_{max} = 0.3 + 0.414 = 0.714$$

按要求的最小间隙和最大间隙,选择基本偏差为 $a = -520\mu m$。

$T_f = 0.3 \sim 0.1$, $T_f = T_H + T_S$,公差分配按工艺等价原则 $T_H = T_S = 100 \mu m$。

查公差表取精度为 IT9,得配合为:$\phi 150 H9/a9$,$\delta_{min} = 0.52$,$\delta_{max} = 0.72$。

2. 尺寸分布的影响

尺寸分布与加工方式有关。一般大批量生产或用数控机床自动加工时,多用"调整法"加工,其尺寸分布接近正态分布。正态分布往往靠近对刀尺寸,这个尺寸一般在公差带的平均位置上,如图 9 – 2(a) 所示;对于单件小批量生产,采用的"试切法"加工,加工者加工出的孔、轴尺寸,往往尺寸分布中心多偏向最大实体尺寸,如图 9 – 2(b) 所示。因此,对同一配合,用"调整法"加工还是用"试切法"加工,其实际的配合间隙或过盈有很大的不同,后者往往比前者紧得多。

【例 9 – 2】　某单位按国外图纸生产铣床,原设计规定齿轮孔与轴的配合用 $\phi 50 H7/JS6$,生产中装配工人反映配合过紧而装配困难,而国外样机此处配合并不过紧,装配时也不困难。从理论上说,这种配合平均间隙为 +0.0135,获得过盈的概率只有千分之几,应该不难装配。分析后发现,由于生产时用试切法加工,加工出的尺寸分布偏向最大实体位置,配合平均间隙要小得多,甚至基本都是过盈。此后,将配合调整为 $\phi 50 H7/h6$,则配合得很好,装配也较容易。

3. 装配变形

在机械结构中,常遇到套筒等薄壁类配合零件变形问题。例如,如图 9 – 3 所示结构,某套筒外表面与机座孔的配合为过渡配合 $\phi 70 H7/m6$,套筒内表面与轴的配合为间隙配合 $\phi 60 H7/f7$。由于套筒外表面与机座孔的配合有过盈,当套筒压入机座孔后,套筒内孔将收缩使直径变小。当过盈量为 0.03 时,套筒内孔实际收缩 0.045,若套筒内孔与轴之间原有最小间隙为 0.03。则由于装配变形,此时将有 0.015 的过盈量,不仅不能保证配合间隙要求,甚至无法自由装配。

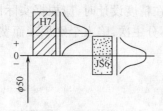
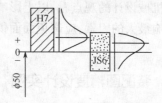

（a）调整法加工的尺寸分布　　　　　　（b）试切法加工的尺寸分布

图 9-2　尺寸分布特性对配合的影响

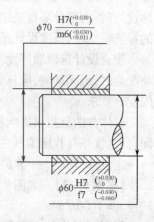

一般装配图上规定的配合应是装配以后的要求,因此,对有装配变形的套筒这类零件,在进行加工时,应对公差带进行必要的修正。例如,将内孔公差带上移,使孔的尺寸加大,或用工艺措施保证。若装配图上规定的配合是装配以前的,则应将装配变形的影响考虑在内,以保证装配后达到设计要求。本例就可在零件图中将套筒内孔 $\phi60H7\left(^{+0.030}_{0}\right)$ 的公差带上移 +0.045 变为 $\phi60\left(^{+0.075}_{+0.045}\right)$,即可满足设计要求。

图 9-3　有装配变形的配合

4. 精度储备

在进行机械设计时,不仅要考虑机构的强度储备,即安全系数的取值,而且还需要考虑机械的使用寿命,也就是要在重要配合部分留有一定的允差储备,即精度储备。

精度储备可用于孔、轴配合,特别适用于间隙配合的运动副。此时的精度储备主要为磨损储备,以保证机械的使用寿命。例如,某精密机床的主轴,经过试验,间隙在 0.015 以下时都能正常工作而不降低精度。那么可以在设计时,将间隙确定为 0.008,这样可以保证在正常使用一定时间后,间隙仍不会超过 0.015,从而保证了机床的使用寿命。

5. 配合确定性系数 η

可用配合确定性系数 η 来比较各种配合的稳定性。其确定性系数定义为

$$\eta = \frac{Z_{av}}{T_f/2}$$

式中　Z_{av}——平均"间隙或过盈";

　　　T_f——配合公差。

对间隙配合,$\eta \geqslant 1$;当最小间隙为零时,$\eta = +1$;而对所有其他间隙配合,$\eta > +1$。对于过渡配合,$-1 < \eta < +1$;对于过盈配合,$\eta \leqslant -1$。因此,按 η 的取值可以比较配合性质及其确定性。

【例 9-3】　比较 $\phi50H7/g6$ 与 $\phi50H8/d6$ 配合的稳定性。

【解】　对于　$\phi50H7/g6$,有 $\eta_1 = \dfrac{29.5}{41/2} \approx 1.44$;

对于 $\phi50H8/d6$ 有 $\eta_2 = \dfrac{119}{78/2} \approx 3.05$。

虽然前者的公差等级比后者高,但就配合的稳定性来说,后者比前者高。

273

从实际机械设计的观点看,以上影响因素在精度设计时,应根据实际情况,找出对公差与配合影响最大的因素,应避免面面俱到、不分主次,陷入个别烦琐而费时的公式推导或计算中。

9.2.3 装配图精度设计实例

装配图中精度设计一般用类比法进行类比。在精度设计时,要理论联系实际,多进行实际调研对比。对于复杂的机械设计,特别是重要部分的关键尺寸,或者进行新品研发,无可比性的重要部件,均要进行必要的理论计算,在必要的时候还应进行实验验证。在实际设计时,大部分部件或结构都可找到类比对象,因此,在精度设计时,类比法仍是设计者的首选。总之,精度设计是一个系统性、综合性、复杂性的工程,一定要认真对待。

配合设计选取顺序比较重要,它是精度设计分析的思路,分析确定各结合部分的公差与配合时,毫无疑问,应从如何保证机械工作的性能要求开始,反向推出各结合部分的极限配合要求。

具体方法是找出影响机械性能的误差传递路线,即起重要作用或关键部分的尺寸及配合,也就是寻找所谓的主要尺寸。实际操作按如下顺序进行:工作部分及主要配合件——→定位件、基准——→非关键件。设计时要逐一分析,按要求标注,不可遗漏。

【案例 9 – 2】 如图 9 – 4 所示是一简化了的轴向柱塞液压泵。设计压力 $P = 20\text{MPa}$,转速 $n = 1800\text{r/min}$。

【解】 轴向柱塞泵是一种常见的液压元件,用于提供给液压系统一定压力下稳定的流量。使用要求液压泵工作平稳,流量稳定,系统泄漏量小,泵在工作时不会出现卡滞等现象。

柱塞泵工作部分要求精度高,间隙小,过盈部分不能过大,其尺寸精度和几何精度均有要求。从使用性能以及与同类型液压元件类比,此设计关键部分精度,孔为 IT6,轴为 IT5,其他定位等部分一律孔取 IT7,轴取 IT6;非关键件部分的孔、轴均取为 IT8 ~ IT10 或不标注配合精度。

柱塞泵工作部分精度也可以根据设计压力(20MPa)、转速(1800r/min)以及根据其允许泄漏量等参数进行分析,计算出柱塞的最小间隙以及最大间隙,再查表给出配合要求。对于柱塞套与本体的配合过盈量及变形,可以通过圆筒形的变形计算出较佳的过盈量(可通过商业有限元软件计算得出过盈量)。本章仅通过类比法进行精度设计,感兴趣的读者可查阅有关流体力学和弹塑性力学书籍进行计算或验证。

分析本例图纸,决定工作性能及精度的关键件应是柱塞副、凸轮及凸轮轴部分,由此可得系统的主要尺寸部分如下。

柱塞泵主要部分尺寸,按重要性顺序:柱塞径向面 $\phi18$ ——→凸轮面——→凸轮轴两支撑面。

定位部分:轴与轴承内圈 $\phi15$ 两处——→轴承外壳孔与轴承外圈 $\phi35$ 两处。

其他部分:柱塞套与本体 $\phi30$ ——→轴承外壳孔体与本体 $\phi42/\phi50$ ——→输入部分 $\phi14$。

以下分析柱塞泵的公差与配合要求。

(1) 柱塞副是工作的关键件,工作时滑动应无卡滞,密封性好,尺寸精度应按孔为

IT6,,柱塞按IT5,如果是单件试生产以及考虑经济性要求,孔取IT7,轴取IT6,取最小间隙滑动配合H/h,但对应的几何精度必须得到保证,以使柱塞轴向滑动顺畅,增加柱塞副互相研磨等精加工工序(加工时可进行分组加工)。(问:互相研磨加工出的柱塞能否互换?)

(2)柱塞套与壳体。要考虑套变形时孔的收缩问题,虽然应取过盈配合,但过盈量不能太大(类比估计过盈范围3μm~7μm)。配合类型选H7/k6或H7/m6,试切法选H7/js6即可。(从工艺及柱塞工作的受力角度思考,本例中的柱塞副结构设计及精度设计有无缺陷?可否加以改进?)

(3)轴承内圈与凸轮轴配合按标准件配合,按类似于基孔制配合,取k6,试切法取js6;轴承外圈与壳孔配合按类似基轴制,取H7。

(4)轴承外壳孔的衬套及衬盖。考虑安装拆卸方便,以达到定位为原则。无附加紧固件的衬套,宜选结果可能有小过盈量的k,m;(思考:本例这部分薄壁套的结构设计是否有缺陷?是否会影响轴承壳孔的尺寸?)有附加固定的衬盖,选h,j,js均可。本例衬套选H/k,衬盖选H/h。

(5)主视图右边φ30处,考虑受轴向力作用,便于安装即可,选H7/g6~H7/k6均可。

(6)输入部分安装尺寸φ14。动力输入部分,依靠单键传递动力,配合以小过盈为佳,选h~m均可,单键小批量选h或k,也可选m。

从加工的方法上考虑,单件试生产还是调整法的生产,主要件部分的公差与配合见表9-1。

表9-1 试切法与调整法的配合比较

	φ18	φ15	φ35	柱塞套φ30	φ42/φ50	φ14	φ30
试切法	H7/h6	js6	H7	H7/js6	H7/js6/h6	h6	H7/h6
调整法	H6/h5	k6	H7	H7/m6	H7/k6/h6	m6	H7/k6

标注结果如图9-4所示。可以看出,此设计更适合于单件试切法生产。

【案例9-3】 某圆锥齿轮减速器,如图9-5所示,设计输入功率$P=4kW$,转速$n=1800r/min$,减速比$i=1.9$,工作温度$t=65℃$。分析并给出结合部分的装配关系。

【解】 圆锥齿轮减速器为一种常见结构形式,工作时需运转平稳,动力传递可靠。该装配图的配合关系较简单,没有特殊的精度及配合要求,可以经过设计计算,查阅设计手册得出相关设计参数。

根据减速器使用要求及设计基本参数,本例应首先确定锥齿轮精度等级,再以此精度作基本参照,类比各部配合要求。

本例中,主要作用尺寸为:主动轴、单键——→φ40配合面——→两个滚动轴承7310——→齿轮孔与主动轴φ45、单键连接——→主动锥齿轮——→从动锥齿轮——→齿轮孔φ65与从动轴、单键连接——→从动轴——→从动轴支承两个轴承7312——→连接尺寸φ50及单键连接。它们所形成的这一作用链,主要影响减速器的性能及精度,由它们形成的尺寸即为主要配合尺寸。具体分析如下:

(1)工作部位配合及精度。锥齿轮的啮合部位直接决定了齿轮能否正常平稳的工作。根据性能要求,对比同类减速器的精度要求及配合,选择齿轮精度为8-GJ。从制造

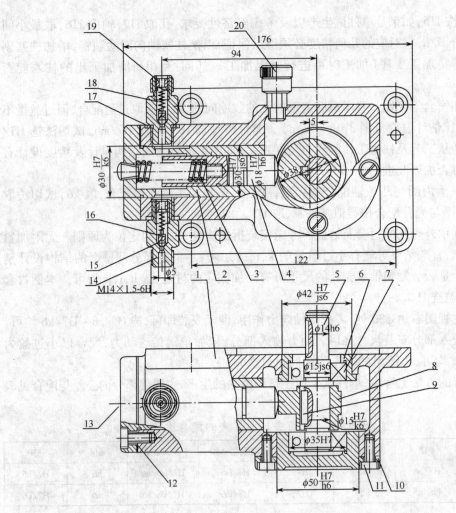

图 9-4 轴向柱塞泵

1—泵体;2—泵套;3—弹簧;4—柱塞;5—凸轮轴;6—衬套;7—滚动轴承;8—凸轮 9—键 5X20;10—衬盖;

11—螺钉;12—垫片;13—螺塞;14—单向阀体;15—钢球;16—球托;17—油封;18—弹簧;19—调节塞;20—油杯。

经济性来讲,减速器精度不宜定得过高,选配合时公差为中等经济精度 7~9 级中的 8 级即可。

两种滚柱轴承为 7310、7312,可根据负荷大小、负荷类型及运转时的径向跳动等项目,查阅手册确定两种均为 P6x 级精度。

① 齿轮孔与传动轴的配合($\phi65H7/r6$,$\phi45H7/r6$)。齿轮孔与传动轴的配合为一般光滑圆柱体孔、轴配合,根据配合基准选用的一般原则,优先选用基孔制,可确定配合基准为基孔制。该配合有单键附加连接以传递转矩,工作时要求耐冲击,且要便于安装拆卸。对于这类配合,一般不允许出现间隙,因此适宜稍紧的过渡配合(指公差带过盈概率较大的过渡配合)。考虑其配合为保证齿轮精度,可以对照齿轮的精度等级要求,选择齿轮孔的精度等级为 IT7 级,按工艺等价的原则,选相配轴等级为 IT6 级。

图例所选的 $\phi65H7/r6$、$\phi45H7/r6$ 从安装的角度分析,所选过盈配合偏紧,安装拆卸比较困难,但是配合稳定性好。本处也可选小过盈配合 $\phi50H7/p6$ 或选偏于过盈的过渡

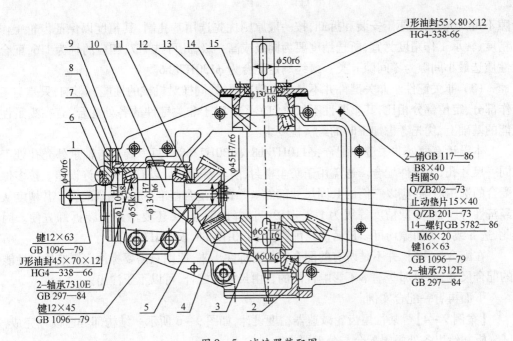

图9-5 减速器装配图

1—机座;2,7,14—轴承盖;3—垫圈;4—大齿轮;5—小齿轮;6,15—密封盖;
8,13—调整垫片;9—套杯;10,12—轴;11—垫片。

配合 ϕ50H7/n6。

齿轮孔与轴配合的单键在工作时起传递扭矩及运动的功能,为一常用多件配合。其轮毂(这里指齿轮孔部件)、轴共同与单键侧面形成同一尺寸的配合,按多件配合的选用原则,用基轴制配合,键宽为基本尺寸,查设计手册,可直接选键与轴槽、键与毂槽配合均为 P9/h9。

② 主动轴、从动轴 ϕ40r6、ϕ50r6,用于传递有冲击的载荷,此尺寸为与外部的配合连接尺寸,有单键附加传递扭矩,安装拆卸要方便,一般不允许有间隙,可用偏于过盈的过渡配合,或者用小过盈的过盈配合,选择理由及方法同 ϕ65H7/r6,本例也可选 ϕ40n6、ϕ50n6。

(2) 支承定位部分。滚动轴承有 2 种:7310(ϕ50/ϕ110),7312(ϕ60/ϕ130)。已经初步确定了轴承精度等级为 P6x,减速器为中等精度,因此轴承径向游隙选 C0 组。分析认为,轴承对负荷的承受也没有特别过高的要求,外圈承受固定负荷的作用,内圈承受旋转负荷的作用。因此,按常规的光滑圆柱体与标准件的配合规定,以轴承为配合基准,即轴承外壳孔与轴承外圈的配合按基轴制配合,内圈与轴颈的配合按类似于基孔制的配合。

如何确定轴承配合性质,可根据承受负荷类型及负荷大小确定,外圈与壳孔的配合按过渡或小间隙(如 g,h 类)配合,内圈与轴颈的配合需选有较小过盈的配合(也可直接查表5-2、表5-3确定),这样,外圈在工作时有部分游隙,可以消除轴承的局部磨损,内圈在上偏差为零的单向布置下,可保证有少许过盈量,工作时可有效保证连接的可靠性。对于配合精度,查阅设计手册,根据轴承的精度等级,确定壳孔精度级别为 IT7,轴颈为 IT6。因此,选择壳孔为 ϕ110H7、ϕ130H7,轴颈为 ϕ50k6、ϕ60k6。本例所选配合较佳。

ϕ130H7/h6 是较重要的定位件配合,起定位支承作用,此处支承轴承、轴等,配合间隙不可太大;为了便于安装和拆卸,按一般原则优先选用基孔制,其精度以保证齿轮工作精度、轴承工作精度为宜,所选精度要为同级或高一级,孔可选 IT7,相应的轴为 IT6,配合性质选最小间隙为零间隙 h 类。最终确定配合为 ϕ130H7/h6。

(3) 非关键件。非关键件并不是没有精度要求,同样对机械的性能有影响,只是与工作部分、定位部分相比,其重要性不如它们罢了。对于非关键件的各处配合,宜在满足性能的基础上,优先考虑加工时的经济性要求。

本设计有两处非关键件配合:ϕ110H7/h8,ϕ130H7/h8。两个端盖与轴承外壳孔处于同一尺寸孔,为多件配合。透盖用于防尘密封,防尘密封处可以有较大允许误差。按多件配合的选用原则,应以它们的共同尺寸部件——孔为配合基准,选基孔制配合。其精度从经济性考虑,可降低精度等级为 IT8 ~ IT9。选择此配合时,还要考虑安装拆卸方便。因此,选 h 或 g 小间隙均可。最后确定配合为 ϕ130H7/h8、ϕ110H7/h8。

在配合标注时,并不是所有的配合都需要标注出来,原则只需要标注出影响机械性能的配合尺寸,而对那些基本不影响性能的自由尺寸的配合,可以不予注出。

下面再看一配合实例。

【案例 9 – 4】 某行星齿轮减速器精度设计,如图 9 – 6 所示。结构部分已设计完成,试分析并给出各处极限配合与公差要求。

【解】 本例为一行星齿轮减速器装配设计图,它是一种常见的减速器形式,具有传动速比大、体积小、效率高、结构简单等特点。减速器工作时要求传动平稳可靠,齿轮啮合正确,运转灵活,无大的冲击或过大的运动间隙,工作温度一般为 45℃ ~ 65℃。

在设计时,减速器能否正常工作,很大程度受齿轮啮合情况的影响,本例精度设计应从行星齿轮件的精度入手。另一方面,加工时,齿轮精度控制比较困难,需优先保证。因此,首先确定齿轮的精度要求,有利于实现减速器的性能要求。

减速器设计时首先需要控制的精度为行星齿轮部件,它很大程度上决定了减速器的主要性能。齿轮精度可根据减速器性能参数以及使用要求,对比实例,对参数进行理论计算,查阅有关设计手册,行星齿轮精度均定为 8 级为宜(即运动精度、工作平稳性精度、接触精度)。具体求解这里不再叙述。相关计算及分析本章不再叙述,感兴趣读者可查阅相关机械设计手册。

各部件公差与配合的确定按类比法进行,通过对比同类行星减速器的配合及精度要求,查阅有关设计手册,进行必要的设计计算,在此基础上,可对减速器工作精度指标进行分解,以获得总的设计精度。

根据减速器总体精度要求,结合齿轮精度等级,可以确定装配图中的关键件及传动中的关键部分尺寸,孔宜选取 IT7,相应的轴选取 IT6(按工艺等价原则)即可满足需求;对于承受载荷较复杂、工作时运动精度要求较高的个别部件或尺寸,可考虑精度调高一级;对于一般部位的配合,从制造经济角度考虑,适当降低精度 1 级 ~ 2 级。具体工作按下面顺序进行:

工作部分及主要配合件——➤定位部分的定位件、基准——➤非关键件。

各部分或部件按如下划分进行配合及公差等级选择。

工作部分及主要配合件:行星齿轮件、齿圈、输入轴、输出轴;

定位部分:系列轴承、ϕ345H7/h6 处;

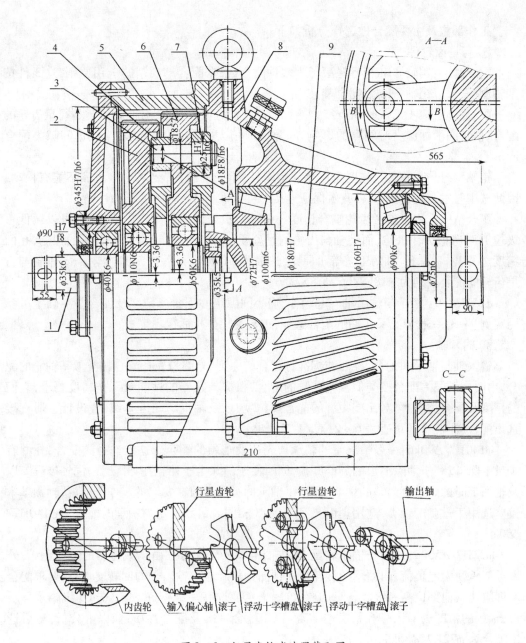

图 9−6　行星齿轮减速器装配图

1—输入偏心轴;2—行星齿轮;3—销轴;4—滚子;5—内齿轮;6—行星齿轮;7—滚子;8—基座;9—输出轴。

非关键件:端盖、透盖、ϕ90H7/f8 处等。

以下分析各部分的公差与配合。

1）工作部位及主要配合件

（1）工作部位及系列支承轴承。行星齿轮及齿圈精度已经确定为 8 级,销轴与行星齿轮、滚子为多件配合;轴承为运动的主要支承件,对轴的旋转精度有决定作用。设计时查手册并对比同类构件,以轴承承受负荷的类型、大小、转速、径向游隙等指标为设计参数,可以确定轴承为 P6 级。

工作部位及主要配合件选择分析如下：

① 行星齿轮件。

配合基准：销轴 $\phi18$ 与行星滚子为多件配合，根据配合基准制的选用原则，这 3 件按基轴制配合，以销轴 $\phi18$ 为配合基准。

配合性质：滚子工作时，需转动灵活，不得有卡滞现象发生，对照相同类型行星齿轮的配合，修正润滑油温度对间隙的影响，间隙应取稍大些，但不能太松旷，故选间隙类配合 F/h。

销轴与行星齿轮件工作时为一整体运动件，承受动载荷，要求连接可靠不能有松动，因此选中等过盈配合 S/h，可有效保证连接的可靠性。

配合精度选用可参考齿轮啮合精度。销轴与滚子为间隙配合，孔的精度可以调低一级选 IT8（考虑为什么？），而销轴与齿轮的过盈配合，需对过盈量变动有较好的控制，孔的精度选 IT7。考虑孔、轴的工艺等价原则，选轴为 $\phi18h6$。最后选定销轴与滚子、销轴与行星齿轮的配合分别为 $\phi18F8/h6$、$\phi18S7/h6$。

$\phi25H7/h6$：滚子与输出轴一起动作，需小间隙定心配合。精度及配合基准确定可参照案例 9 - 3，一般情况下孔轴的配合选择，进行类比分析后得出。

② 输入轴。

输入轴与轴承的配合，参照与标准件配合的原则，外圈与壳孔配合按类似基轴制的配合，内圈与轴颈的配合按类似于基孔制的配合，根据减速器的性能及工作精度要求，它们的精度及配合类型，可对比同类型的配合及精度，以及轴承的精度等级，查设计手册直接选出配合（本配合还可查表 6 - 2、表 6 - 3 选出）。

$\phi140H7/\phi90k6$：一般情况下的轴承与壳孔及轴颈的配合。这样选择的配合，外圈有少量游隙，以利于消除滚道的局部磨损，同时便于消除由于外壳孔加工时的同轴度误差以及轴加工时的同轴度误差的影响，保证了轴承的径向间隙在要求的工作范围内；轴颈基本偏差选用于过渡配合类，选用理由与案例 9 - 3 相同。最后选定与轴承的配合为 $\phi140H7/\phi90k6$。

$\phi72H7/\phi50k5$：外圈与输出轴配合，内圈与输入轴配合。由于减速器的差速比大，外圈近似承受固定负荷，内圈承受旋转负荷，同时，轴承还是输出轴的回转支承点，要求配合精度应比其他部位高一级才行。因此，该轴承精度选高一级较好，这里选 P5 级轴承。从而，轴颈的精度选 IT5，壳孔精度选 IT7。至于配合基准及配合性质，如以上分析，最后选定配合为 $\phi72H7/\phi50k5$。

$\phi110N6/\phi50k6$：配合基准理由与以上轴承配合选择一样。由于轴承内圈承受输出轴的旋转负荷作用，外圈亦要承受旋转负荷的作用，受力情况不好，在选用配合性质时，外圈配合应基本无间隙或有少量过盈量，同时外圈不能有太大的过盈。因此，与轴承外圈配合的壳孔应选在配合时形成过渡配合，但是需要有较大过盈概率的 N6，或选形成的是过盈配合的 P6；内圈与以上轴承选择理由相同，为 k6。最后确定的配合 $\phi110N6/\phi50k6$ 比较合理。

③ 输出轴。

轴承 $\phi180H7/\phi100m6$：此配合基准选择与以上输出轴基准选择方法相同。轴承外圈承受固定负荷作用，选 H7 即可；内圈承受循环负荷作用，与输入轴轴承相比，承受负荷较大,应取稍紧一点,选 m6。其精度选择可根据轴承的精度,类比以上轴承配合的选择精度。最后选定配合为 $\phi180H7/\phi100m6$。

（2）动力输入输出部分的配合。

为什么输入部分选用 $\phi35k6$,而输出部分选用 $\phi75n6$？从扭矩、转速大小考虑,输入扭矩小,速度高,且有单键辅助连接以传递扭矩,考虑到装配要求,选 k6 就可以了;对于输出部分,输出扭矩较大,速度低（原因是本减速器差速比很大）,要求能耐一定的动载荷,且要求便于安装拆卸,故选应有少许过盈的配合,因此,选在配合时能形成较大过盈率的 $\phi75n6$,当然,有时也可选配合时完全过盈的 $\phi75p6$。

2）定位件部分

$\phi345H7/h6$：是起定位作用的尺寸,是输入轴的安放基准,要求定位准确可靠,便于安装拆卸,此配合基本不受力。选用基准按一般配合原则,确定为基孔制配合。本处轴基本偏差选 h,其最小配合间隙为零,可以保证定位要求（也可选 g、j、js 等,只要能保证定位精度即可,但若过盈大,则不易安装）。对其配合精度,根据机械的工作精度,类比同类的配合确定,这里选孔为 IT7,相应的轴为 IT6,最后确定配合为 $\phi345H7/h6$。

3）非关键件

$\phi90H7/f8$：与轴承孔、轴承为多件配合,精度可适当降低,透盖选 IT8 ~ IT9 即可。

标注完极限配合与公差后,验证装配尺寸链是否满足要求也是非常重要的一环,如果不符合机械的使用性能要求,或者不符合公差分配及工艺要求,那么还需调整其配合、精度等级等,以使所选配合既满足设计性能要求,又要制造容易可行。具体验证、计算可见尺寸链部分。

本处所指的主要配合尺寸,是指影响机械性能及精度的尺寸,首先需要得到保证的尺寸。由案例 9 - 1 ~ 案例 9 - 4 分析可见,在精度设计中,公差与配合的选择应根据机械的性能及工作精度要求,区分配合的主要部分和次要部分,区别哪些是主要尺寸,哪些是非主要尺寸。只有抓住影响机械性能及工作精度的主要尺寸中的关键部分,确定出孔、轴的配合精度等级和配合偏差,才能保证整个机械的设计要求。而对非关键件,应兼顾其制造经济性,适当降低精度要求,以提高其制造的经济性。

以上 3 例主要对配合性质和配合精度进行分析,而对设计参数与配合间关系的分析,是通过性能设计计算,综合各项性能指标,查有关设计手册取得,这里省略具体计算及分析。

9.3　零件图中的精度设计

9.3.1　零件图中精度确定的方法及原则

零件图中设计基准、公差项目、公差数值的确定,同样需要根据零件各部分尺寸在机械中的作用来确定,本节仿照实际设计时的步骤和要求,采用类比的方法进行,必要时还需要进行尺寸链的计算验证。

1. 尺寸公差的确定方法

尺寸公差是指不考虑几何误差影响,用于光滑圆柱体的公差。然而,在精度设计时,既需要考虑尺寸大小误差的影响,又需要考虑几何误差的影响。因此,实际使用过程中,尺寸公差控制的是零件的局部尺寸误差,而几何公差控制零件的整体误差。对于精度有一定要求的零件,零件误差控制需要尺寸公差和几何公差综合控制。

理论上,零件图上每一个尺寸都应标注出公差,但这样做会使零件图的尺寸标注失去了清晰性,不利于突出那些重要尺寸的公差数值,一般的做法只是对重要尺寸、精度要求比较高的主要尺寸标注出公差数值,这样可使制造人员把主要精力集中于主要尺寸上。对于非主要尺寸,或者精度要求比较低的部分,可不标出公差值,或在技术要求中作统一说明。

在零件图中,所谓的主要尺寸,是指装配图中参与装配尺寸链的尺寸,这些尺寸一般都具有较高的精度要求,它们的误差对机械性能影响比较大。还有一类尺寸,它属于工作尺寸,其精度对机械性能有直接影响,也需要重点关注。例如水下推进系统的螺旋桨叶片,虽然不参与配合,但它直接影响推进系统的效率,并且在工作时产生一定的噪声,尽管这些尺寸不参与装配尺寸链,但需要严格控制其误差。

确定并标注各部公差项目顺序很重要,若不按要求的顺序进行,往往会造成标注的公差项目混乱,或精度要求不协调,在需要精度高的地方公差等级不高,在不重要的部分反倒将公差等级提的很高,甚至出现标注不全或重复标注的现象。

零件尺寸精度确定顺序大致按主要尺寸部分——非主要尺寸部分确定。分析时区分出主要尺寸与次要尺寸,这样可以优先保证主要尺寸中的关键部分。

零件各部尺寸精度项目确定应按尺寸公差——标注几何公差——表面粗糙度选择确定。设计时应尽量做到设计基准、工艺基准及测量基准重合。

确定了零件的基本尺寸以后,需要对尺寸精度作出选择,即选择适当的尺寸公差值。可从如下几个方面考虑:

(1) 装配图中已标注出配合关系及精度要求,一般直接从装配图中的配合及公差中得出。例如案例 9 – 3 中透盖零件图,直接从 ϕ130H7/h8 查 ϕ130h8 就可得到尺寸公差要求。

(2) 装配图中没有直接要求的尺寸,但它是主要配合尺寸,在零件图中影响设计基准、定位基准以及机械的工作精度,需按尺寸链计算,以求出尺寸公差值。例如基准的不重合误差等,需要进行尺寸链计算。

(3) 为了方便加工、测量的工艺基准、与配合相关的尺寸公差,通过尺寸链计算出的公差,可按具体要求给出公差值。如轴两端面的中心孔,有的仅用于磨削或测量用,可从磨削或测量的精度要求给出。

2. 几何公差的确定方法

几何公差对机械的使用性能有很大影响。在精度设计时,用几何公差与尺寸公差共同保证零件的精度。正确选择几何公差项目和合理确定公差数值,能保证零件的使用要求,同时经济性好。确定零件图中几何公差可以从以下几个方面考虑:

(1) 从保证尺寸精度考虑,零件图中有较高尺寸公差要求的部分,一般根据尺寸精度等级,给出对应几何公差等级。例如,与轴承内圈配合的轴部分尺寸,为保证接触良好,需给出该轴处圆度和素线直线度或圆柱度要求,其几何精度等级可参照配合精度等级确定。

(2) 机械的配合面有运动要求,或装配图中有特殊性能要求的,根据性能要求给出几何公差。例如机床导轨面支承滑动的工作台运动,从运动及承载要求考虑,其平面误差对性能影响较大,因此对平面度提出特别要求。

(3) 主要尺寸之间及主要尺寸与基准之间(设计基准、工艺基准、测量基准)需控制位置的,以及基准不重合可能引起的误差,则根据它们之间相对位置要求,用尺寸链计算,给出所需几何公差。

根据精度设计的特点,一般情况下几何公差的确定可参照尺寸公差等级,直接查几何公差表得出(以下实例没有特别提出,将按此方法求得几何精度等级)。对于工作部分尺寸,必须根据机械的工作精度要求和尺寸链计算确定。

需要注意,不要求对图中每一个尺寸给出几何公差,只需要给出并标注制造时需要保证的有关尺寸。然而,对那些地方的几何精度需要采取一定工艺措施才能达到,或者这些地方对机器工作精度影响较大,最好标出几何精度要求。未注几何公差部分,可以根据未注几何公差的规定保证。

3. 表面粗糙度的确定方法

零件图中标注过尺寸公差及几何公差之后,需确定出控制表面质量的指标——表面粗糙度。主要从以下几个方面考虑选取:

(1) 根据零件图中尺寸公差、几何公差等级所对应的表面粗糙度,可用查表法直接给出。

(2) 机械性能上有专门要求,需根据使用要求专门给出。如滑动轴承配合面用 Ra、Ry 保证了工作时油膜厚度的均匀性。

9.3.2　零件图精度设计实例

零件图精度设计的具体顺序为:性能及尺寸公差——设计基准、工艺基准尺寸公差——一般尺寸公差——工作部分几何公差(指与基准的关系)——基准不重合之间的轴线定位、定向公差——一般部分有特殊要求的几何公差——表面粗糙度。

1. 轴类零件精度设计

【案例 9 – 5】　一球面蜗杆轴,材料为 42CrMo,零件图如图 9 – 7 所示。分析并给出精度要求。

【解】　蜗杆轴为一球面蜗杆。工作尺寸为环面螺旋部分;定位基准为两端 ϕ140 轴颈,它用于安装支承定位;工艺基准为两端中心孔,用于车削和磨削加工;连接部分为两边 ϕ90 处及单键,用于动力的输入及输出。

1) 尺寸公差

(1) 工作尺寸。ϕ350、R274、ϕ151.75 等,按蜗杆蜗轮啮合计算,为设计理论尺寸,若偏离理论尺寸,就会直接造成机械工作精度降低甚至机械无法工作。工作尺寸误差是原理性误差,应从机械的工作原理分析其误差的允许值。因此,工作尺寸精度应优先确定。

(2) 基准作用尺寸。两端 ϕ140n6、装配设计基准 470,总体设计时已经确定,可直接从装配图中得到;左端轴向 65,为轴向加工、装配调整时的基准,可通过尺寸链计算求得;工艺测量基准为两端中心孔。

(3) 其他主要尺寸。连接尺寸,两端处的 ϕ90、单键 25,标注尺寸时可直接从配合图上以及标准中选择;ϕ125 为一般精度尺寸,直接查手册及装配图。

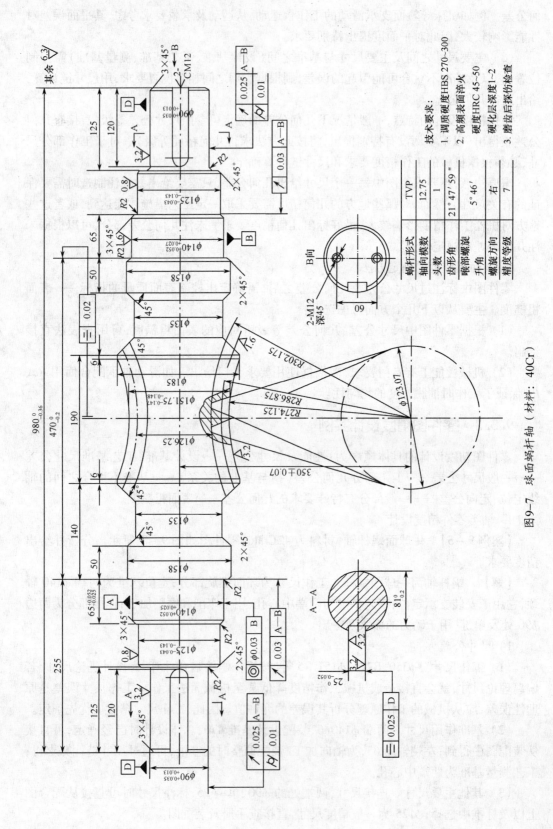

图9-7 球面蜗杆轴（材料：40Cr）

蜗杆形式	TVP
轴向模数	12.75
头数	1
齿形角	21° 47′ 59 ″
喉部螺旋升角	5° 46′
螺旋方向	右
精度等级	7

技术要求：

1. 调质硬度 HBS 270~300
2. 高频表面淬火
   硬度 HRC 45~50
   硬化层深度 1~2
3. 磨齿后探伤检查

284

（4）一般公差。按未注尺寸公差标注即可,但要注意尺寸的完整性。

2）几何公差项目及公差值

（1）工作部位。加工蜗杆工作面时,需轴向对刀,可根据蜗杆工作精度要求,查阅设计手册以及计算得出,取对称度值0.02。

（2）基准。径向以两端 ϕ140 轴线为设计基准,保证两处 ϕ140 同时加工,用同轴度 ϕ0.03 限制;轴向基准,左端 65 端面限制轴向 470,确保蜗杆轴向对刀精度,用端面圆跳动公差值 0.03 限制。

（3）其他主要部位。连接处 ϕ90 圆柱面及单键的标注为传递动力和运动,考虑传递精度及配合,用对 ϕ140 轴线的端面圆跳动值 0.025 保证运动传递精度,配合面用圆柱度值 0.01 保证配合质量（也可用圆度和直线度共同限制圆柱面的形状误差）;单键宽 25 必须对称于 ϕ90 轴线,可根据配合精度要求查表,对称度值 0.025。

考虑蜗杆径向尺寸精度为 IT6,轴向尺寸除 65 为基准尺寸外,没有过高的要求。工作部分尺寸用计算方法,根据蜗杆工作精度、装配等要求,给出对称度值 0.02;其余按查表法求得。

采用查表法确定几何公差精度等级:整个轴径向尺寸公差为 IT6,以尺寸公差等级为参考,可确定各处几何公差。

分析: ϕ140 两处因为相距较远,以其轴线为设计基准,宜降 1~2 级,故选 7 级同轴度; ϕ90 圆柱度、径向跳动公差同样因为基准为轴线,需降 1 级为 7 级;两处端面圆跳动在轴向不易保证,降 1 级为 7 级;单键槽尺寸公差为 IT9,选对称度为 8 级即可。

最后,按所选几何公差等级,查手册确定公差数值,必要时还需用尺寸链验算。

3）表面粗糙度

根据主要尺寸的尺寸公差等级及几何公差等级,可查阅相应的手册确定。

对于轴类零件,应根据轴类回转体的主要特征进行轴类零件精度设计,需注意以下问题:

（1）外圆一般为主要尺寸,应优先保证;轴向尺寸公差较低。

（2）设计基准一般为轴线,工作面往往为外圆柱面。

（3）外圆柱表面之间一般需要有同轴度要求。

（4）设计基准若与加工基准不重合,需控制轴线的不重合度,可以用同轴度、径向跳动等项目。

2. 孔类、箱体类零件精度设计

【案例 9-6】 某常用铣床主轴箱减速器壳体,毛坯为一铸件,零件图如图 9-8 所示。

【解】 本零件需优先保证的尺寸为孔 ϕ47H6、2-ϕ28J7、位置尺寸 29 以及其轴线间的位置关系,它们对铣床主轴的精度影响较大,应优先保证,因此以它们为基准容易满足设计上的要求;右端面 C、左端面 G 为重要的定位基准,也应作为重要的部位用几何公差保证。

1）尺寸公差

孔 ϕ47、2-ϕ28、3-ϕ7 等为重要的尺寸,可从装配图中查得,位置尺寸 29 从设计时的精度计算求得,或者根据精度要求查手册求得。

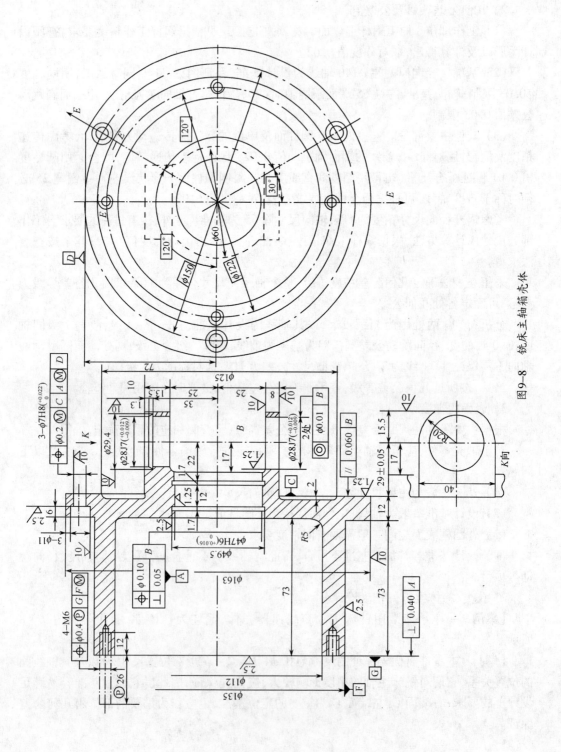

图9-8　铣床主轴箱壳体

一般尺寸公差可按未注公差标注。

2）几何公差

（1）工作部位。几何公差需要对孔 $\phi47H6$、$2-\phi28J7$ 的轴线间的几何关系应优先保证，它在整个零件中精度要求最高。首先，根据零件在铣床中的使用特点及使用要求，选孔 $2-\phi28J7$ 公共轴线、B 为基准，对孔 $\phi47H6$ 提出轴线须交叉并垂直的要求，计算并查设计手册（按对应尺寸精度等级选取相应几何精度等级的公差值，以下相同），取垂直度值 0.05，位置度值 0.10；另外，孔 $2-\phi28J7$ 须同轴，提出同轴度要求 $\phi0.01$。

（2）定位部分。可分右端面 C 和左端面 G，它们是连接其他部件的基准，也对铣床主轴的运动精度有较大的影响。因此，对 C、G 两处应给出定向公差，它们还需以工作部分尺寸孔 $\phi47H6$、$2-\phi28J7$ 的轴线为基准。

（3）其他部分。包括安装部分 4-M6、$3-\phi7H8$，需要保证连接可靠，达到精度要求，取位置度保证其要求，位置度的数值可直接查手册计算得出，最后再验算。

工作部位 $\phi47H6$、$2-\phi28J7$。$2-\phi28J7$ 为设计基准。其几何公差对铣床主轴的工作精度影响比较大，因此应从严控制，参照尺寸精度 IT7 和设计的工作精度要求，其同轴度可比尺寸精度高 1 级，为 6 级，查表取值为 0.010；$\phi47H6$ 对 B 的垂直度为线对线要求，保证比较困难，与孔尺寸精度 IT6 级比，宜降低 1~2 级，选 8 级垂直度为 0.050，其位置度可根据工作的精度要求计算，也可用类比的方法，比较同类的精度取值，可定为 0.10；两端面垂直度和平行度较易加工，可以保证，选对应的垂直度和平行度为 IT7，其公差值分别为 0.040、0.060 即可。

其余螺孔和光孔的位置度值确定，可根据装配精度要求，保证可装配性即可。

3）表面粗糙度

根据尺寸公差等级及几何公差等级，查手册选取；基准的粗糙度要求可参考几何公差的等级要求，也可以从手册查到。

对于孔类零件的精度设计，可根据孔类零件的主要特征，从如下几个方面考虑：

（1）孔自身的主要尺寸公差，一般按配合要求取值。

（2）孔的位置及方向较难控制，是几何公差的主要控制项目，所选数值可参考尺寸公差等级给出定位公差和定向公差的等级，必要时还要进行尺寸链计算验证。

（3）设计基准及工艺基准应根据零件的使用要求决定，以基准重合为原则，尽量以箱体或孔的端面为基准，以利于保证精度。

（4）孔的位置方向常用几何公差中的平行、垂直、位置度等作为控制项目。

至此，查看全部尺寸，进行必要尺寸链校验，按精度设计的原则进行检查，检查其完整性、重点精度的保证情况以及公差数值是否均衡。

总结以上应用案例，在进行精度设计时，应遵循以下精度设计原则。

1. 重点性原则

精度分配要根据设计时的性能指标和工作精度，突出重点部分、重要尺寸，主次分明。设计时优先保证决定机械性能及工作精度的主要部件尺寸。这种分配原则有利于精度表示的清晰性，设计时可以确保设计的机械性能指标实现，制造时技术人员抓住重点，集中注意力解决制造技术问题。如上面的减速器实例，首先应考虑的是齿轮的正确啮合及工作精度要求。

2. 协调性原则

精度设计时,各部件及其尺寸、精度等级不可忽高忽低,或者等级相差很大。若使用要求相差不大,确定各处的精度及配合就不应有太大的差别,一般相差 1 级 ~ 2 级即可。这种分配有利于控制制造成本,并且制造精度容易保证。如案例 9 - 3 中两种轴承的选用,其精度等级和配合性质就基本相同。

3. 完整性原则

在精度设计中,对于影响机械性能及工作精度不大的部件及尺寸,设计时可按未注公差尺寸要求,按自由尺寸精度值取值,或者在图纸技术要求中给予约定,但对于那些影响机械性能及工作精度的部件及尺寸,一定不能遗漏,否则会造成设计缺陷。

习题与思考题

1. 如何理解精度设计应遵循的三个原则?

2. 进行装配图设计时,确定公差与配合的顺序是什么?

3. 学习本章后,仔细体会尺寸公差、几何公差以及表面粗糙度在精度设计中的作用,在零件图中为什么要按尺寸公差——→几何公差——→表面粗糙度的顺序进行设计? 有什么好处?

4. 如图 9 - 5 所示,若考虑该减速器加工方法为试切法加工,公差与配合的标注应如何修改? 试标出它们用"试切法"加工时的极限配合与公差。

5. 如图 9 - 9 所示一蜗杆零件图,试分析其所给的尺寸关系,哪些是主要尺寸?

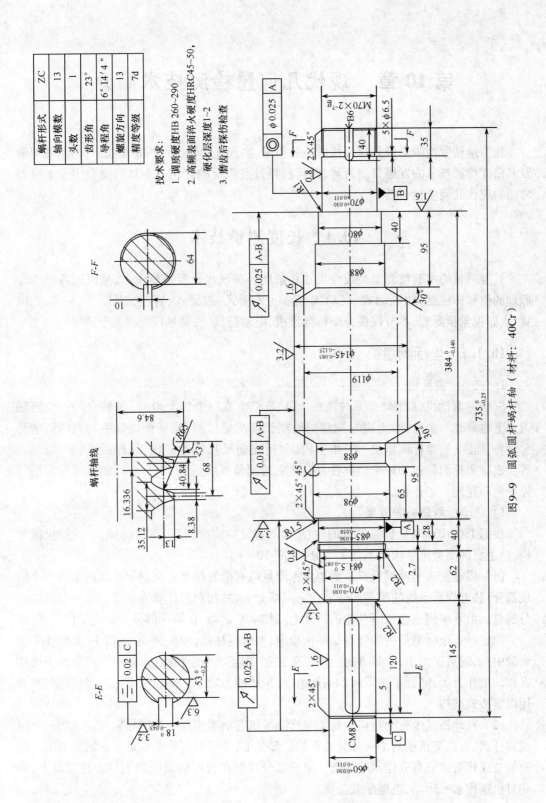

技术要求：
1. 调质硬度HB 260~290
2. 高频表面淬火硬度HRC45~50，
   硬化层深度1~2
3. 磨齿后探伤检查

蜗杆形式	ZC
轴向模数	13
头数	1
齿形角	23°
导程角	6°14′4″
螺旋方向	13
精度等级	7d

F-F

E-E

蜗杆轴线

图9-9　圆弧圆柱蜗杆轴（材料：40Cr）

289

第10章 现代几何量检测技术简介

几何量精度检测测量是保证机电产品质量、实现互换性生产的重要技术保障,几何量及其精度检测技术的发展日新月异,并且获得日益广泛的应用。本章简要介绍若干典型常用的现代几何量检测技术。

10.1 长度测量技术

长度测量的主要被测量是线性尺寸和角度。在现代长度测量中,大量使用各种工作原理的位移传感器,如电动式、气动式、栅式(光栅式、磁栅式、容栅式等)、光学式、光电式、机器视觉检测等,本节仅简介坐标测量机、电动量仪、气动量仪及激光干涉仪。

10.1.1 坐标测量机

1. 三坐标测量机

三坐标测量机(CMM)是一种能在 X、Y、Z 三个或三个以上坐标(圆转台的一个转轴习惯上也算作一个坐标)上进行测量的通用长度测量仪器,是一种高效率的通用精密测量设备。正交式坐标测量机一般由主机(包括光栅尺)、控制系统、软件系统和三维测头等组成。坐标测量机的每个坐标各自有独立的测量系统。大、中型坐标测量机常采用气浮导轨和花岗石工作台。

1) 三坐标测量机的分类

根据 ISO 10360《坐标测量机的验收、检测和复检检测》第一部分的规定,按照机械结构,对主要的测量机结构类型作如下分类(图 10-1)。

(1) 固定桥式坐标测量机。此类坐标测量机有沿着相互正交的导轨而运动的三个组成部分,装有探测系统的第一部分装在第二部分上,并相对其作垂直运动。第一和第二部分的总成沿着牢固装在机座两侧的桥架上端作水平运动,在第三部分上安装工件。

固定桥式坐标测量机的优点是结构稳定,整机刚性强,中央驱动,偏摆小,光栅在工作台的中央,阿贝误差小,X、Y 方向运动相互独立,相互影响小;缺点是被测量对象由于放置在移动工作台上,降低了机器运动的加速度,承载能力较小。高精度坐标测量机通常都采用固定桥式结构。

(2) 移动桥式坐标测量机。此类坐标测量机有沿着相互正交的导轨而运动的三个组成部分,装有探测系统的第一部分装在第二部分上,并相对其作垂直运动。第一和第二部分的总成相对第三部分作水平运动。第三部分被架在机座的对应两侧的支柱支承上,并相对机座作水平运动,机座承载工件。

移动桥式坐标测量机的开敞性好,结构刚性好,承载能力较大,本身具有台面,受地基影响相对较小,精度比固定桥式稍低,是目前中小型坐标测量机的主流结构形式,占中小

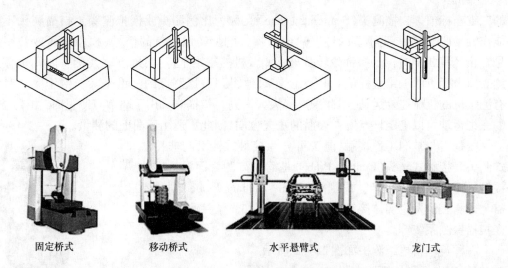

固定桥式　　　　　移动桥式　　　　　　水平悬臂式　　　　　龙门式

图 10 - 1　三坐标测量机的种类

型坐标测量机总量的 70% ~80% 。

（3）龙门式坐标测量机。此类坐标测量机有沿着相互正交的导轨而运动的三个组成部分，装有探测系统的第一部分装在第二部分上并相对其作垂直运动。第一和第二部分的总成相对第三部分作水平运动。第三部分在机座两侧的导轨上作水平运动，机座或地面承载工件。

龙门式坐标测量机一般为大中型测量机，要求较好的地基。立柱影响操作的开阔性，但减少了移动部分质量，有利于提高精度及动态性能。近年来也出现了带工作台的小型龙门式坐标机。龙门式坐标测量机（高架桥式测量机）最长可达数十米，由于其刚性较水平臂坐标测量机要好得多，对大尺寸工件的测量具有足够的精度，是大尺寸工件高精度测量的首选。

（4）水平悬臂式坐标测量机。此类坐标测量机有沿着相互正交的导轨而运动的三个组成部分，装有探测系统的第一部分装在第二部分上并相对其作水平运动。第一、第二部分的总成相对第三部分作垂直运动，第三部分相对机座作水平运动，并在机座上安装工件；水平悬臂式坐标测量机还可再细分为水平悬臂移动式、固定工作台式和移动工作台式。

水平臂式坐标测量机在 X 方向很长，Z 方向较高，整机开敞性比较好，因而在汽车工业领域得到广泛使用，是测量汽车各种分总成、白车身时最常用的坐标测量机。

在正交式测量系统整体结构形式选择时，需要综合考虑被测工件的尺寸、类型和精度要求。

按应用场合不同，三坐标测量机可分为生产型和计量型。

2）三坐标测量机的测头系统

测头是坐标测量机的关键部件，测头精度的高低很大程度决定了测量机的测量重复性及精度。在测量不同的零件时需要选择不同功能的测头。

按照触发方式，测头可分为触发测头与扫描测头。触发测头（Trigger Probe）又称为开关测头。触发测头的主要任务是探测零件并发出锁存信号，实时地锁存被测表面坐标点

291

的三维坐标值。扫描测头（Scanning Probe）又称为比例测头或模拟测头。扫描测头不仅能作触发测头使用，更重要的还能输出与探针的偏转成比例的信号（模拟电压或数字信号），由计算机同时读入探针偏转及坐标测量机的三维坐标信号（作触发测头时则锁存探测表面坐标点的三维坐标值），以保证实时地得到被探测点的三维坐标。由于取点时没有测量机的机械往复运动，因此采点率大大提高。扫描测头用于离散点测量时，由于探针的三维运动可以确定该点所在表面的法矢方向，因此更适用于曲面的测量。

按是否与被测工件接触，测头可分为接触式测头与非接触式测头。接触式测头（Contact Probe）是需与待测表面发生实体接触的探测系统。非接触式测头（Non – Contact Probe）则是不需与待测表面发生实体接触的探测系统，例如光学探测系统、激光扫描探测系统等。

一种英国雷尼绍测头如图 10 – 2 所示。

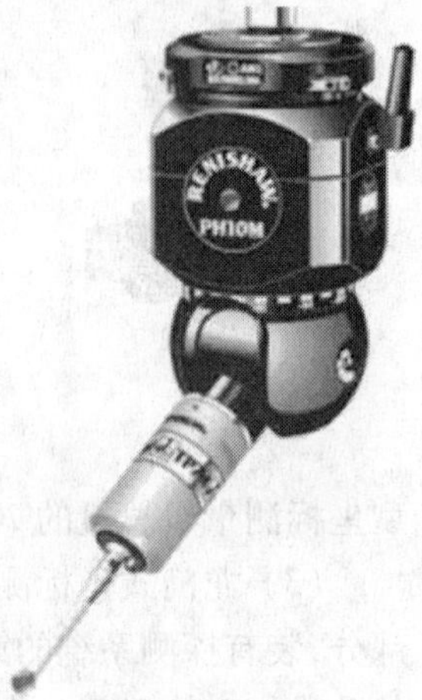

3）三坐标测量机的应用

三坐标测量机的主要优点有：

（1）通用性强，可实现空间坐标点的测量，能方便地测量零件的三维轮廓尺寸和几何精度。

（2）测量结果的重复性好。

（3）可与数控机床、加工中心等数控加工设备进行数据交换，是实现逆向工程的重要手段。

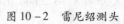

图 10 – 2　雷尼绍测头

（4）既可用于检测计量中心，也可用于生产现场。

因此，三坐标测量机目前广泛应用于机械制造、汽车、电子工业、五金、塑胶、仪器制造、航空航天和国防工业等领域，特别适用于测量复杂形状表面轮廓尺寸，如齿轮、凸轮、蜗轮、蜗杆、模具、精密铸件、电子线路板、显像管屏幕、涡轮机叶片、汽车车身、发动机零件以及飞机型体等带有空间曲线、曲面的工件，还可以用于对箱体、机架类零件的坐标尺寸、孔距和面距、形状和几何公差等进行精密检测，从而完成零件检测、外形测量和过程控制等任务。三坐标测量机还常与数控机床、数控加工中心配套，成为柔性制造系统及其他现代制造系统的一个重要组成部分。

三坐标测量机符合新一代 GPS 的测量要求，能够严格按照新一代 GPS 的定义来测量局部尺寸和几何误差，能够实现几何要素的分离、提取、滤波、拟合、集成及改造等操作。

2. 关节臂式坐标测量机

关节臂式坐标测量机是一种新型的便携式坐标测量机。它是一种由几根固定长度的臂通过绕互相垂直轴线转动的关节（分别称为肩、肘和腕关节）互相连接，在最后的转轴上装有探测系统的坐标测量装置。关节臂式坐标测量机的结构原理及实物照片如图 10 – 3所示。

显然，关节臂测量机不是一种直角坐标测量系统，它的每个臂的转动轴或者与臂轴线垂直，或者绕臂自身轴线转动（自转），一般用三个" – "隔开的数来表示肩、肘和腕的转动自由度，例如，2 – 2 – 3 配置可以有 a0 – b0 – d0 – e0 – f0 和 a0 – b0 – c0 – d0 – e0 – f0 – g0角度转动的关节臂测量机。目前，关节臂测量机的关节数一般小于 7，而且一般为手动测量机。

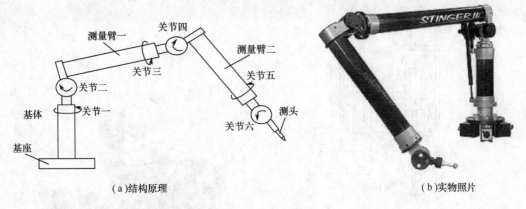

（a）结构原理　　　　　　　　　　　　　　　（b）实物照片

图 10 – 3　关节臂坐标测量机

在检测空间一固定点时,关节臂测量机与直角坐标系测量机完全不同。在测头确定的情况下,直角坐标测量机各轴的位置 X、Y、Z 对固定空间点是唯一的、完全确定的,而关节臂测量机各臂对测头测量一个固定空间点却有无穷多个组合,即各臂在空间的角度和位置不是唯一的,而是无穷多个,因而各关节在不同角度位置的误差极大影响了对同一点的位置检测误差。由于关节臂测量机的各臂长度固定,引起测量误差的主要因素为各关节的转角误差,转角误差的测量和补偿对提高关节臂测量机的测量精度至关重要。因此,关节臂测量机的精度比传统的框架式三坐标测量机精度要低,精度一般为 $10\mu m$ 级以上。

关节臂测量机可广泛应用于汽车制造、航空、航天、船舶、铁路、能源、重机、石化等不同工业领域中大型零件和机械的精确测量,能够满足生产及装配现场高精度的测试需求。

10.1.2　电动量仪

按传感器原理,电动量仪可分成电感式、电涡流式、感应同步器式、电容式、压电式、光栅式和磁栅式等。按用途电动量仪可分为测微仪、轮廓仪、圆度仪、电子水平仪和渐开线测量仪等。电感测微仪是一种应用广泛的电动量仪,它是一种采用电感式传感器将被测尺寸的微小变化转换成电信号来进行测量的仪器。电感测量法的原理是利用线性差动变压器式传感器(LVDT)或线性差动自感式传感器(LVDI),将位移的变化量转换为互感或自感的变化。差动变压器式传感器的灵敏度高、分辨力高,能测出 $0.1\mu m$ 甚至更小的机械位移变化,而且传感器的输出信号强,有利于信号的传输;重复性好,在一定位移范围内,输出特性比较稳定,线性度好。电感传感器的工作原理如图 10 – 4 所示。

电感测微仪由量仪主体、电感传感器测头及指示(显示)单元等部分组成,配上相应的测量装置(如测量台架等),能够完成各种精密测量。电感测微仪的测头采用电感传感器,工件的微小位移经电感式传感器的测头带动两线圈内衔铁移动,使两线圈内的电感量发生相对的变化。电感测微仪实物照片如图 10 – 5 所示。

电感测微仪广泛应用于精密机械制造、晶体管和集成电路制造以及国防、科研、计量部门的精密长度测量。它既适用于实验室内高精度对比测量又适用于自动化测量,能够完成各种精密测量,可用于检查工件的厚度、内径、外径、直线度、平面度、圆度、平行度、垂直度和跳动等。它既可像机械式测微仪和光学式测微仪一样单独使用,也可以安装在其他仪器设备上作为测微装置使用。

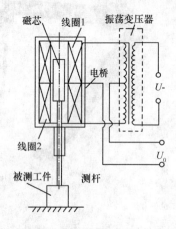

图 10 - 4　电感传感器的工作原理　　　　图 10 - 5　电感测微仪实物照片

10.1.3　气动量仪

气动量仪的测量原理是比较测量法。按照工作原理,气动量仪可分为流量式气动量仪、压力式气动量仪、流速式和真空式等。气动量仪系统由稳定气源、气动量仪本体、气动测量头、气电转换器、测量标准件和机械结构部件等构成。目前,气动量仪本体主要包括浮标式气动量仪、指针式气动量仪和电子式气动量仪三种。

气电量仪又称为电子柱式气动测量仪,是一种先进新颖的气动量仪。它是基于压力式工作原理,将工件尺寸的变化量转换成压缩空气流量或压力的变化,然后通过气电转换器将气流信号转换为电信号,由 LED 组成的光柱显示示值。

气动量仪具有以下突出优点:

(1) 测量项目多,如长度、形状和位置误差等,特别是对某些用机械量具和量仪难以解决的测量,例如用气动测量比较容易实现深孔内径、小孔内径、窄槽宽度等的测量。

(2) 气动量仪的放大倍数较高,人为误差较小,不会影响测量精度;工作时无机械摩擦,不存在回程误差。

(3) 结构简单,工作可靠,调整、使用和维修都十分方便。

(4) 测量头与被测表面不直接接触,可以实现非接触测量。能够减少测量力对测量结果的影响,同时避免划伤被测件表面,对薄壁零件和软金属零件的测量尤为适用。由于非接触测量,可以减少测量头的磨损,延长使用期限。

(5) 气动量仪主体和测量头之间采用软管连接,可实现远距离测量。

(6) 操作方法简单,读数容易,能够进行连续测量,易于判断各尺寸是否合格。

同一台气动量仪本体,只要配上不同的气动测量头,就能实现对工件多种参数的测量。气动量仪的可测量项目有内径、外径、槽宽、两孔距、深度、厚度、圆度、锥度、同轴度、直线度、平面度、平行度、垂直度、通气度和密封性等。

气动量仪(气电量仪)的实物照片如图 10 - 6 所示。

气动量仪在机械制造行业得到了广泛的应用,尤其适用于在大批量生产中测量内、外尺寸,也可用于测量孔距和孔轴配合间隙。

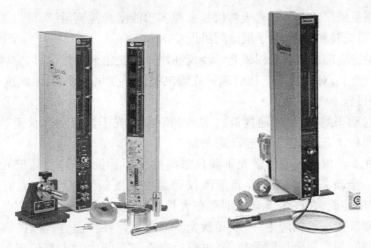

图 10 - 6　气动量仪实物照片

10.1.4　激光干涉仪

激光干涉仪是根据激光干涉信号与测量镜位移之间的对应关系来实现位移测量。目前应用的激光干涉仪主要是基于迈克尔逊干涉仪的单频激光干涉仪和双频激光干涉仪。激光干涉仪主要运用了光波干涉原理,在大多数激光干涉测长系统中,都以稳频氦氖激光器为光源,并采用了迈克尔逊干涉仪或类似的光路结构。双频激光干涉仪是在单频激光干涉仪的基础上发展而来的一种外差式干涉仪。双频激光干涉仪的工作原理如图 10 - 7 所示。

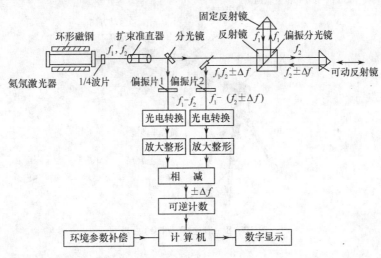

图 10 - 7　双频激光干涉仪的工作原理

双频激光干涉仪具有以下优越性。

（1）精度高。双频激光干涉仪以激光波长作为标准对被测长度进行度量,即使不做细分也可达到微米量级,细分后更可达到纳米量级。双频激光干涉仪利用放大倍数较大的前置交流放大器对干涉信号进行放大,即使光强衰减 90%,依然可以得到有效的干涉信号,避免了直流放大器存在的直流电平信号漂移问题。

（2）应用范围广。双频激光干涉仪是一种多功能激光检测系统,可以实现非接触式精密测量,容易安装和对准,易于消除阿贝误差。

（3）环境适应能力强。双频激光干涉仪利用频率变化来测量位移,它将位移信息载于 f_1 和 f_2 的频差上,对由光强变化引起的直流电平信号变化不敏感,因此抗干扰能力强,环境适应能力强。

（4）实时动态测量,测量速度高。现代的双频激光干涉仪测速普遍达到 $1m/s$,有的甚至达到每秒十几米,适于高速动态测量。

双频激光干涉仪的发明使激光干涉仪最终摆脱了计量室的束缚,把几何量计量发展推向了又一个新高峰。双频激光干涉仪是目前精度最高、量程最大的长度计量仪器,以其良好的性能,在许多场合特别是在大长度、大位移精密测量中广泛应用。配合各种折射镜和反射镜等相应附件,双频激光干涉仪可以在恒温、恒湿、防震的计量室内检定量块、量杆、刻尺和坐标测量机等,也可以在普通车间内为大型机床的刻度进行标定;既可以对几十米的大量程进行精密测量,也可以对手表零件等微小运动进行精密测量;既可以对如位移、角度、直线度、平面度、平行度、垂直度和小角度等多种几何量进行精密测量,也可以用于特殊场合,诸如半导体光刻技术的微定位和计算机存储器上记录槽间距的测量等。

双频激光干涉仪属于可溯源的计量型仪器,常用于检定数控机床、数控加工中心、三坐标测量机、测长机和光刻机等的坐标精度及其他线性指标,还可用作为测长机、高精度三坐标测量机等的测量系统。激光干涉仪的应用如图 10-8 所示。

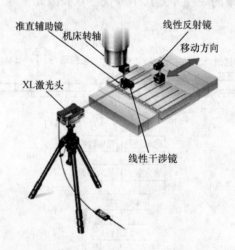

图 10-8　激光干涉仪的应用

10.2　几何公差测量技术(圆度仪)

圆度仪是目前技术最成熟、应用最广泛的一种几何公差测量仪器。目前,圆度仪仍然是圆度误差测量的最有效手段。圆度仪是一种利用回转轴法测量工件圆度误差的测量工具。按照结构的不同,可将圆度仪分为传感器回转式和工作台回转式两种形式,如图 10-9所示。

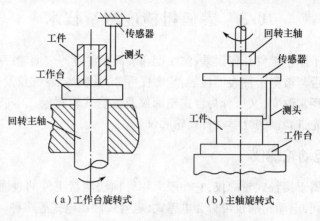

（a）工作台旋转式　　　（b）主轴旋转式

图 10 - 9　圆度仪工作原理示意图

1. 工作台旋转式

传感器和测头固定不动，被测零件放置在仪器的回转工作台上，随工作台一起回转。这种仪器常制成紧凑的台式仪器，易于测量小型零件的圆度误差。由于测量时被测零件固定不动，可用来测量较大零件的圆度误差。工件随工作台主轴一起转动记录被测零件回转一周过程中测量截面上各点的半径差。

2. 主轴旋转式

被测零件放置在工作台上固定不动，仪器的主轴带着传感器和测头一起回转。测头随主轴回转测量时应调整工件位置使其和转轴同轴。

与两种工作原理对应的圆度仪实物照片如图 10 - 10 所示。

（a）东京精密圆度/圆柱度仪（主轴旋转式）　　（b）日本三丰圆度/圆柱度仪（工作台旋转式）

图 10 - 10　圆度仪实物照片

圆度仪是一种精密计量仪器，对环境条件有较高的要求，通常被计量部门用来抽检或仲裁产品的圆度和圆柱度误差。但是垂直导轨精度不高的圆度仪不能测量圆柱度误差，而具有高精度垂直导轨的圆度仪才可直接测得零件的圆柱度误差。圆度仪可用于圆环、圆柱等回转体工件外圆或内孔的圆度、圆柱度、波纹度、同轴度、同心度、垂直度、平行度等参数的测量。

297

10.3　表面粗糙度测量技术

　　轮廓仪是用于测量工件几何误差、波纹度和表面粗糙度等表面轮廓结构特征的仪器。按测量时触针是否与被测工件表面接触,轮廓仪可分为接触式轮廓仪及非接触式轮廓仪;按工作地点是否经常改变,又可分为台式轮廓仪及便携式轮廓仪。本节仅介绍应用广泛的电动轮廓仪和先进新颖的光学触针式轮廓仪。

10.3.1　电动轮廓仪

　　电动轮廓仪属于接触式轮廓仪,它一般采用针描法测量工件的表面轮廓。按照传感器转换原理的不同,电动轮廓仪可分为电感式、电容式和压电式等多种。电动轮廓仪的工作原理如图 10−11 所示。

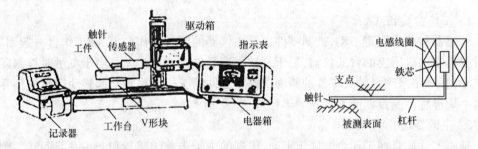

图 10−11　电动轮廓仪工作原理

　　电动轮廓仪由传感器、驱动箱和电器箱等三个基本部件组成。电感传感器是轮廓仪的主要部件之一,传感器测杆以铰链形式和驱动箱连接,能自由下落,从而保证触针始终与被测表面接触。在传感器测杆的一端装有金刚石触针,按照 ISO 标准推荐值,触针针尖圆弧半径通常仅为 $2\mu m$、$5\mu m$ 或 $10\mu m$,在触针的后端镶有导块,形成一条相对于工件表面宏观起伏的测量的基准,使触针的位移仅相对于传感器壳体上下运动,导块能消除宏观几何形状误差和减小纹波度对表面粗糙度测量结果的影响。

　　测量时将触针搭在被测工件上,使之与被测表面垂直接触,利用驱动机构以一定的速度拖动传感器。由于被测表面轮廓峰谷起伏,触针在被测工件表面滑行时,将产生上下移动,此运动经支点使电感传感器磁芯同步地作上下运动,从而使包围在磁芯外面的两个差动电感线圈的电感量发生变化,产生与粗糙度成比例的模拟信号,信号经过放大、电平转换后进入数据采集系统,测量结果可在显示器上读出,也可打印或与 PC 机通信。一种电动轮廓仪实物照片如图 10−12 所示。

　　电动轮廓仪的测量准确度高,测量速度快,测量结果稳定可靠,操作方便,可以直接测量某些难以测量到的零件表面,如孔、槽等的表面粗糙度,又能直接按某种评定标准读数或是描绘出表面轮廓曲线的形状,但是被测表面容易被触针划伤,为此应在保证可靠接触的前提下尽量减少测量力。

10.3.2　光学式轮廓仪

　　非接触式轮廓仪一般采用光学技术实现被测工件表面轮廓的测量,又称为光学式轮

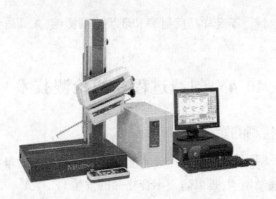

图 10 - 12　日本三丰轮廓仪

廓仪。光学式轮廓仪用光学触针代替了机械式触针,能实现非接触测量,可防止划伤被测零件表面。按照工作原理,光学式轮廓仪主要有光强法轮廓仪、基于偏振光干涉聚焦原理的光学轮廓仪、外差式光学轮廓仪、光学显微干涉法轮廓仪、基于白光干涉仪的光学轮廓仪和基于共焦显微原理的光学轮廓仪等类型。一种三维光学轮廓仪(3D Profiling)如图10 - 13 所示。

　　激光非接触式表面粗糙度仪基于激光光触针测量法,无可动部件、无探针,也不需要预先设置、操作,使用极其简单、方便。在距离被测表面 2.5mm 处进行非接触测量时,耗时仅为 0.5s,因此可实现对工件表面粗糙度的快速检测。它既可作为便携式仪器使用,又可与机床、自动线配合,以对工件表面进行动态测量或对自动线上零部件的指定位置做 100% 的检测,能真正发挥在线检测的作用。

　　具有纳米级分辨率和精度的表面形貌测量技术已经比较成熟,美国 NANOVEA 公司生产的一种三维非接触式表面形貌仪如图 10 - 14 所示。

图 10 - 13　三维光学轮廓仪(形貌仪)　　图 10 - 14　美国 NANOVEA 三维非接触式表面形貌仪

　　该仪器采用白光轴向色差原理对样品表面进行快速、高分辨率、高重复性的三维测量,性能优于白光干涉轮廓仪与激光干涉轮廓仪,可达到纳米级的分辨率,测量范围可从纳米级粗糙度到毫米级的表面形貌和台阶高度。它可测透明、半透明、高漫反射、低反射率、抛光、粗糙等多种材料,不受样品反射率和环境光的影响,尤其适合测量高坡度高曲折度的材料表面。

10.4 制造过程在线检测技术

10.4.1 在线检测的定义

制造过程检测可分为离线检测和在线检测。传统制造中的质量检测大多数是离线检测,属于事后检测和被动检测,难以防止不合格品的发生。

在线检测也称实时检测,是指在加工生产线中,在加工制造过程中对工件、刀具、机床等进行实时检测,并依据检测的结果做出相应的处理。在线检测是一种基于计算机自动控制的检测技术,整个检测过程由数控程序来控制。在线检测已经成为现代制造系统在线质量控制系统的主要组成部分。

闭环在线检测的优点是能够保证数控机床精度,扩大数控机床功能,改善数控机床性能,提高数控机床加工效率。将自动检测技术融于数控加工之中,采用在线检测方式,能使操作者及时发现工件加工中存在的问题,并反馈给数控系统。在线检测提供了加工过程中的工序测量能力,在线检测既可节省工时,又能提高测量精度。由于利用了机床数控系统的功能,使数控系统能及时得到检测系统所反馈的信息,从而能及时修正系统误差和随机误差,以改变机床的运动参数,更好地保证加工质量,促进加工测量一体化。

10.4.2 在线检测的典型应用形式

根据测量位置和方式的不同,在线检测有两种具体应用形式,一种是在加工生产线的不同工位布置不同测量设备和检测站,主要是对相关工序的工件的加工精度进行检测。另一种是在机床内部加工过程中的主动测量,即在工件加工过程中,通过安装在机床系统的主动测量设备,直接测量工件的加工精度。这两种应用形式都是保证用最短的工艺时间生产出质量最好的、没有任何误差的产品,及时发现加工不合格的产品,减少后续的加工工序的浪费。

按检测时是否停机,在线检测可分为加工过程中进行检测的在线检测和停机后不卸下工件进行检测的在机检测两类。在机测量的对象可以是工件、夹具或刀具,在数控机床、加工中心上的应用日益广泛。到目前为止,对机械加工过程中工件尺寸直接在线测量技术研究最多的是车削过程和磨削过程,而且主要是对工件直径的在线测量。对工件尺寸在线检测更多的是采用在机检测的办法。

10.4.3 在线检测系统的基本构成原理

数控机床在线检测系统的组成如图 10-15 所示。

数控机床在线检测系统的基本构成如下:

(1) 机床本体。机床本体是实现加工、检测的基础,其工作部件是实现所需基本运动的部件,其传动部件的精度直接影响着加工和检测的精度。

(2) 数控系统。目前数控机床一般都采用 CNC 数控系统。

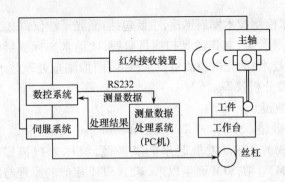

图 10 - 15　数控机床在线检测系统的基本构成

（3）伺服系统。伺服系统是数控机床的重要组成部分,用以实现数控机床的进给位置伺服控制和主轴转速(或位置)伺服控制。伺服系统的性能是决定机床加工精度、测量精度、表面质量和加工效率的主要因素。

（4）自动测量系统。自动测量系统由接触触发式测头、信号传输系统和数据采集系统组成,是数控机床在线检测系统的关键部分,直接影响着在线检测的精度。

数控机床在线检测系统的关键部件为测头,使用测头可在加工过程中进行尺寸测量,根据测量结果自动修改加工程序,改善加工精度。

测头按功能可分为工件检测测头和刀具测头,按信号传输方式可分为硬线连接式、感应式、光学式和无线电式,按接触形式可分为接触测量和非接触测量。应用时可根据机床的具体型号选择合适的配置。测头的在线检测应用如图 10 - 16 所示。

图 10 - 16　雷尼绍测头的在线检测应用

在线检测系统可用于数控车床、加工中心、数控磨床、专机等大多数数控机床上,此时,数控机床既是加工设备,又兼具坐标测量机的某些测量功能。

10.5　纳米检测技术

10.5.1　纳米检测技术概述

科学技术向微小领域发展,由毫米级、微米级继而涉足到纳米级。微纳米技术研究、探测物质结构的功能尺寸及分辨能力已达到微米至纳米级尺度,使人类在改造自然方面深入到分子、原子级的纳米层次。微纳米技术的发展,离不开微米级和纳米级的测量技术与设备。近年来纳米检测技术发展迅速,主要包括:激光干涉仪,扫描探针显微镜,扫描电子显微镜,透射电子显微镜,共焦激光扫描显微镜,微纳米坐标测量机,图像干涉测量技术,激光多普勒测量技术,激光散斑测量技术,频闪图像测量处理技术,光流场测量技术,电子探针 X 射线显微分析仪等。

1. 扫描探针显微镜

以扫描隧道显微镜(Scanning Tunning Microscope,STM)和原子力显微镜(Atomic Force Microscope,AFM)为基础发展起来的显微镜,统称为扫描探针显微镜(Scanning Probe Microscope,SPM)。在 STM 诞生以来,基于 STM 相似的原理与结构,相继出现了一系列利用探针与样品的不同相互作用来探测表面或界面纳米尺度信息的扫描探针显微镜,用于获取通过 STM 无法获取的有关表面结构和性质的各种信息。SPM 利用探针和被测样品表面的相互作用,来探测到其表面形状纳米尺度上的导电特性、静电力、表面电荷分布、物理特性、化学特性以及不同环境下的特性。扫描探针显微镜已经成为研究纳米技术的重要工具,能用于直接观测原子尺度结构的实现,使得原子级的操作、装配和改形等成为可能。

基于 STM 的基本原理,随后又发展了一系列扫描探针显微镜(SPM),如扫描力显微镜(SFM)、弹道电子发射显微镜(BEEM)和扫描近场光学显微境(SNOM)等,这些新型显微技术都是利用探针与样品之间的不同相互作用来探测表面或界面在纳米尺度上表现出的物理性质和化学性质。光子扫描隧道显微镜(Photon Scanning Tunning Microscope,PSTM)的原理和工作方式与 STM 相似,它也是利用光子隧道效应探测样品表面附近被全内反射所激起的瞬衰场,其强度随距界面的距离成函数关系,以获得表面结构信息。

利用类似于 AFM 的工作原理,检测被测表面特性对受迫振动力敏元件产生的影响,在探针与表面 10nm ~ 100nm 距离范围,可以探测到样品表面存在的静电力、磁力、范德华力等作用力,相继开发了磁力显微镜(Magnetic Force Microscope,MFM)、静电力显微镜(Electrostatic Force Microscope,EFM)、摩擦力显微镜(Lateral Force Microscope,LFM)等多种原理的扫描力显微镜(Scanning Force Microscope,SFM)。

2. 光学干涉测量技术

光学干涉测量技术主要有激光干涉测量技术、光学干涉显微镜测量技术、X 射线干涉测量技术和白光干涉测量技术等。

光学干涉显微镜测量技术包括外差干涉测量、显微相移干涉测量技术、超短波长干涉测量、基于 F – P(Febry – Perot)标准的测量等,随着新技术、新方法的利用亦达到了纳米级测量精度。外差干涉测量技术具有高的位相分辨率和空间分辨率,如光外差干涉轮廓仪具有 0.1nm 的分辨率,基于频率跟踪的 F – P 标准具测量技术具有极高的灵敏度和准确度,其精度可达 0.001nm,但其测量范围受激光器的调频范围的限制,仅有 0.1μm。而扫描电子显微镜(Scanning Electric Microscope,SEM)可使几十个原子大小的物体成像。

以 SPM 为基础的扫描探针显微观测技术只能给出纳米级分辨率,却不能给出表面结构准确的纳米尺寸,缺少一种简便的面向纳米精度(0.10nm ~ 0.01nm)尺寸测量的定标手段。扫描 X 射线干涉测量技术是微纳米测量的一项新技术,它利用单晶硅的晶面间距作为亚纳米精度的基本测量单位,加上 X 射线波长比可见光波波长小两个数量级,有可能实现 0.01nm 的分辨率。与其他方法相比,该方法对环境要求低,测量稳定性好,结构简单,是一种很有潜力的、方便的纳米测量技术。

3. 微纳米坐标测量技术

微纳米坐标测量机是利用运动平台带动被测样品产生与测头之间的相对运动,经过测头瞄准定位来获得被测样品表面的坐标信息,以实现表面形貌、表面结构参数等的测量。微纳米坐标测量机可以实现纳米量级的一维、二维和三维空间测量,一般测量范围为 $1\mu m \sim 5\,000\mu m$,分辨率为 $0.1nm \sim 1\,000nm$。纳米测量机不但解决了计量溯源问题,实现了真正意义的纳米测量,而且能够操作一簇分子和原子甚至单个原子,可用于微机械、纳米管、纳米材料处理等领域。

本节仅介绍纳米技术的两大主体仪器,即隧道扫描显微镜和原子力显微镜。

10.5.2 扫描隧道显微镜

扫描隧道显微镜(STM)是一种利用量子力学理论中的电子隧道效应探测物质表面结构的仪器。STM 于 1981 年由 G. Binning 及 H. Rohrer 在 IBM 公司苏黎世实验室发明,两位发明者因此与恩斯特·鲁斯卡分享了 1986 年诺贝尔物理学奖。STM 的工作原理如图10 – 17 所示。

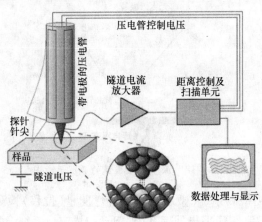

图 10 – 17　扫描隧道显微镜(STM)的工作原理

一个小小的电荷被放置在探针上,一股电流从探针流出,通过整个材料,到达底层表面。当探针通过单个的原子,流过探针的电流量便有所不同。电流在流过一个原子的时候有涨有落,如此便极其细致地探出它的轮廓。在许多的流通后,通过绘制电流量的波动,可得到组成一个网格结构的单个原子的美丽图片。STM 的基本构成包括隧道针尖、使用压电陶瓷材料的三维扫描控制器、电子学控制系统、在线扫描控制和离线数据分析软件以及隔震系统等。

STM 具有极高的空间分辨率,其平行和垂直于表面的分辨率分别可达到 0.1nm 和 0.01nm,能分辨出单个原子,可广泛应用于表面科学、材料科学和生命科学等研究领域。STM 具有比原子力显微镜更高的分辨率,可以让科学家观察和定位单个原子。在低温下(4K)可以利用 STM 探针尖端精确操纵原子,因此在纳米科技领域它既是重要的测量工具又是重要的加工操作工具。

STM 基于量子的隧道效应,在工作时要监测探针和样品之间的隧道电流,因此它只限于直接观测导体和部分半导体的表面结构。对于非导电材料,必须在其表面覆盖一层导电膜,导电膜的存在往往掩盖了表面结构的细节。此外,STM 对测量环境要求极高,由于仪器工作时针尖与样品的间距一般小于 1nm,同时隧道电流与隧道间隙呈指数关系,因此任何微小的振动或微量尘埃都会对仪器的稳定性产生影响。必须隔绝振动和冲击两种类型的扰动,特别是隔绝振动。

10.5.3 原子力显微镜

为了弥补 STM 只能用于观测导体和半导体表面结构的缺陷,G. Binnig 等人将扫描隧道显微镜与探针式轮廓仪相结合,于 1986 年发明了原子力显微镜(AFM)。与扫描隧道显微镜(STM)最大的差别是,原子力显微镜不是利用电子隧道效应,而是利用原子之间的范德华力(Van Der Waals Force)作用来观测样品的表面特性。AFM 的工作原理如图 10-18 所示。

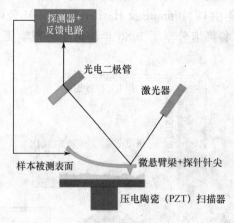

图 10-18　原子力显微镜的原理示意图

AFM 主要由作用力检测系统(微悬臂)、探针弯曲量(位移)检测系统、三维微动扫描装置、反馈控制系统、数字图像采集处理系统、粗动扫描定位系统及振动隔离系统等构成。AFM 的关键组成部件是头上带有尖细探针的微悬臂,这种悬臂通常由硅或者氮化硅构成,大小为十几至数百微米,探针尖端的曲率半径为纳米量级,用于扫描样品表面。

原子力显微镜的基本原理是将一个对微弱力极其敏感的微悬臂一端固定,另一端为一微细的针尖,针尖与样品表面轻轻接触。由于针尖尖端原子与样品表面原子间存在极微弱的作用力(吸引力或排斥力),AFM 利用微细探针在样品表面划过时带动高敏感性的微悬臂梁随表面的起伏而在垂直于样品的表面方向上做上下起伏运动。利用光学检测法或隧道电流检测法测出微悬臂梁的位移,实现探针尖端原子与表面原子间作用力的检测,从而获得样品表面的三维形貌信息。通过检测针尖与样品充分接近时相互之间的短程相互作用力,可获得样品表面原子级分辨图像。在不同的情况下,AFM 测到的作用力可能是机械接触力、范德华力、毛吸力、化学键、静电力、磁力、卡西米尔效应力和溶剂力等。

原子力显微镜是继扫描隧道显微镜之后发明的又一种具有原子级高分辨率的新型纳米检测仪器,可在大气和液体环境下对各种材料和样品进行纳米区域的物理性质包括形貌进行探测,可直接进行纳米操纵。AFM 弥补了扫描隧道显微镜的不足,既可观察导体,也可观察非导体。AFM 测量对样品无特殊要求,可测量固体表面、吸附体系等。

与扫描电子显微镜相比,电子显微镜只能提供二维图像,而 AFM 提供真正的三维表面图。AFM 不需要对样品的任何特殊处理,如镀铜或碳,这种处理对样品会造成不可逆转的伤害。电子显微镜需要运行在高真空条件下,而 AFM 在常压下甚至在液体环境下都可以良好工作,因此可以用来研究生物宏观分子甚至活的生物组织。和扫描电子显微镜(SEM)相比,AFM 的缺点是成像范围太小,速度慢,受探头的影响太大。

与扫描隧道显微镜相比,原子力显微镜能够观测非导电样品,因此具有更为广泛的适用性。STM 主要用于自然科学研究,而相当数量的 AFM 已经用于工业技术领域。AFM 已广泛应用于半导体、纳米功能材料、生物、化工、食品、医药研究和科研院所各种纳米相关学科的研究实验等领域中,成为纳米科学研究的基本工具。

习题与思考题

1. 简述三坐标测量机的结构特点及用途。
2. 举例说明双频激光干涉仪的典型应用。
3. 非接触式轮廓仪有哪些优点?
4. 在线检测有哪些优点? 试举例说明在线检测技术的应用特点。

参 考 文 献

[1] 杨练根,曹丽娟,宫爱红. 互换性与技术测量. 武汉:华中科技大学出版社,2010.

[2] 甘永立. 几何量公差与检测.9 版. 上海:上海科学技术出版社,2010.

[3] 朱定见,葛为民. 互换性与测量技术. 大连:大连理工大学出版社,2010.

[4] 夏家华,沈顺成,等. 互换性与技术测量基础. 北京:北京理工大学出版社,2010.

[5] 韩丽华,班新龙. 公差配合与测量技术基础. 北京:中国电力出版社,2010.

[6] 王长春,孙步功. 互换性与测量技术基础. 北京:北京大学出版社,2010.

[7] 孙全颖,唐文明,陈明,徐晓希. 机械精度设计与质量保证.哈尔滨:哈尔滨工业大学出版社,2009.

[8] 高晓康,陈于萍. 互换性与测量技术(修订版). 北京:高等教育出版社,2009.

[9] 胡小宁,等. 微纳米检测技术. 天津:天津大学出版社,2009.

[10] 黄镇昌. 互换性与测量技术.广州:华南理工大学出版社,2009.

[11] 孙京平,魏伟. 互换性与测量技术基础. 北京:中国电力出版社,2009.

[12] 魏斯亮,李时俊. 互换性与技术测量. 北京:北京理工大学出版社,2009.

[13] 武良臣,吕宝占. 互换性与技术测量. 北京:北京邮电大学出版社,2009.

[14] 厉始忠. ISO 1328 – 1 :1995 圆柱齿轮精度制应用指南. 北京:化学工业出版社,2008.

[15] 徐学林. 互换性与测量技术基础. 长沙:湖南大学出版社,2008.

[16] 苟向锋. 几何精度控制技术. 北京:中国铁道出版社,2008.

[17] 庞学慧,武文革,成平云. 互换性与测量技术基础. 北京:国防工业出版社,2007.

[18] 万书亭. 互换性与技术测量. 北京:电子工业出版社,2007.

[19] 邢敏芳. 互换性与技术测量. 北京:清华大学出版社,2007.

[20] 胡照海. 公差配合与测量技术. 北京:人民邮电出版社,2006.

[21] 马海荣. 几何量精度设计与检测. 北京:机械工业出版社,2004.

[22] 杨沿平. 机械精度设计与检测技术基础. 北京:机械工业出版社,2004.

[23] 韩进宏,迟彦孝,等. 互换性与技术测量. 北京:机械工业出版社,2004.

[24] 刘巽尔. 极限与配合. 北京:中国计划出版社,2004.

[25] 刘巽尔. 形状和位置公差. 北京:中国计划出版社,2004.

[26] 何频.公差配合与技术测量习题及解答. 北京:化学工业出版社,2004.

[27] 刘品,张也晗. 机械精度设计与检测基础.哈尔滨:哈尔滨工业大学出版社,2003.

[28] 孙玉芹,孟兆新. 机械精度设计基础. 北京:科学出版社,2003 .

[29] 潘淑清. 几何精度规范学. 北京:北京理工大学出版社,2003.

[30] 景旭文. 互换性与测量技术基础. 北京:中国标准出版社,2002.

[31] 机械工程标准手册——基础互换卷. 北京:中国标准出版社,2001.

306

［32］蒋庄德. 机械精度设计. 西安:西安交通大学出版社,2000.

［33］廖念钊. 互换性与技术测量基础. 北京:中国计量出版社,1998.

［34］李柱,席宏卓,等. 互换性与技术测量. 武汉:华中科技大学出版社,1988.

［35］国家标准机械制图应用示例图册. 北京:中国标准出版社,1985.

［36］李柱,等. 互换性与技术测量. 北京:中国标准出版社,1984.